全国高等学校（安徽考区）计算机水平考试配套教材

计算机应用能力体系培养系列教材
工程应用型院校计算机系列教材
安徽省高等学校“十三五”省级规划教材

总主编◎胡学钢

办公软件高级应用
（MS Office）

主　编◎王永国
副主编◎丁亚涛　郑尚志　袁　琴　李小荣

BANGONG RUANJIAN GAOJI YINGYONG
(MS OFFICE)

北京师范大学出版集团
BEIJING NORMAL UNIVERSITY PUBLISHING GROUP
安徽大学出版社

图书在版编目(CIP)数据

办公软件高级应用：MS Office / 王永国主编. 合肥 ：安徽大学出版社，2025. 8. - -（计算机应用能力体系培养系列教材）. - - ISBN 978-7-5664-3039-7

Ⅰ. TP317. 1

中国国家版本馆 CIP 数据核字第 2025A5R060 号

办公软件高级应用(MS Office)
BANGONG RUANJIAN GAOJI YINGYONG(MS OFFICE)

王永国 主编

出版发行： 北京师范大学出版集团
安 徽 大 学 出 版 社
(安徽省合肥市肥西路 3 号 邮编 230039)
www. bnupg. com
www. ahupress. com. cn

印　　刷： 江苏凤凰数码印务有限公司
经　　销： 全国新华书店
开　　本： 787 mm×1092 mm　1/16
印　　张： 21
字　　数： 448 千字
版　　次： 2025 年 8 月第 1 版
印　　次： 2025 年 8 月第 1 次印刷
定　　价： 69. 00 元
ISBN 978-7-5664-3039-7

策划编辑： 刘中飞　宋　夏
责任编辑： 宋　夏
责任校对： 陈玉婷
装帧设计： 李　军
美术编辑： 李　军
责任印制： 赵明炎

前　言

本书是编者根据《全国高等学校(安徽考区)计算机水平考试二级MS Office办公软件高级应用考试纲要》编写而成的,是高等学校“计算机应用基础”课程的后续课程教材,目的是提升学生的信息技术综合素养。本书在实际办公环境中开展具体应用,更贴近实际应用操作,可使学生掌握更加专业、娴熟的办公技能,进而使其拥有较强的信息处理能力,增强其职场竞争力。

本书分为三个部分。第一部分为基础篇,着重围绕考试纲要的内容,结合案例介绍计算机的基础知识以及MS Office 2016套件中的Word、Excel与PowerPoint的高级应用,各章精选的案例代表性强,所配的习题丰富且针对性强,有助于学生消化章节内容和进行学习检测。第二部分为提高篇,主要介绍MS Office 2016的文档安全、宏与VBA应用,有助于增强学生的安全意识,提高工作效率。第三部分为考试篇,重点介绍考试的基本情况及模拟练习软件的安装与使用,助力学生顺利通过相关考试。前五章由课程目标、课程思政、教学内容、习题等部分组成,便于教师在课堂教学中渗透,也有助于学生进一步提高和拓展计算机操作与应试能力。

本书配有教学素材、习题素材和习题答案等电子资源,学生可搜索“京师智教”,注册登录后,输入本书书名,进入“教学资源”栏目下载使用。本书还配有教学大纲、课件、教案等教师用电子资源。授课教师可以与作者(QQ:76929693,E-mail:ygwang21@163. com)或安徽大学出版社(E-mail:329318343@qq. com)联系获取。

本书内容新颖、图文并茂、案例典型、讲解详细、重点突出、实用性与可操作性强，可作为高等学校各专业《办公软件高级应用(MS Office)》课程的教材，也可作为参加全国计算机等级考试(二级 MS Office 高级应用与设计)的辅导用书，还可作为企事业单位办公人员办公软件高级应用技术的培训教材或计算机爱好者的自学参考书。

本书第 1 章由郑尚志编写，第 2 章由李小荣编写，第 3、4 章由丁亚涛编写，第 5、6 章由王永国、袁琴编写，全书的统稿由王永国完成。许多同仁或为本书的出版提供了很多资料，或提出了宝贵的建议，在此向他们表示感谢。

本书的出版得到安徽大学质量工程项目支持。由于编者学识有限，敬请诸位同行、专家和读者指正。

我们感谢每一位选择本书的读者、同仁，希望您能从本书中有所收获！

编　者

2025 年 4 月

目录

基础篇

提 高 篇

考 试 篇

基 础 篇

第1章 计算机基础

【课程目标】

了解:计算机的发展、类型、特点及其应用领域;计算机软件系统和硬件系统的组成;计算机网络的概念、组成和分类;计算机与网络信息安全的概念和信息安全管理的办法;因特网网络服务的概念、原理和应用。

理解:计算机主要技术指标的含义;多媒体技术的概念。

掌握:计算机中数据的表示与存储;多媒体技术的应用;计算机病毒的特征、分类与防治。

应用:熟练使用打印机、扫描仪、复印机、投影仪、传真机等常用办公设备。

【课程思政】

在课堂教学设计中,通过讲解计算机的发展历程使学生了解我国在计算机语言开发和芯片设计与制造上的短板。使学生了解国产操作系统鸿蒙、麒麟等的崛起不仅打破了技术垄断,而且保障了信息安全,为中国操作系统的发展打开了新局面。以此激发学生的爱国主义热情和坚持追求科学真理的"开拓创新精神"。

计算机被称为"计算工具"和"智能工具",这两个名称从不同角度反映出其强大的功能和价值。首先,计算机具有强大的计算能力,能够高效、准确地完成复杂的数学运算、大数据检索与数据分析任务。通过强大的算法和数据处理能力,计算机能够处理海量信息,为用户提供决策支持。其次,随着人工智能和机器学习技术的不断发展,计算机在模式识别、自然语言处理、图像和视频分析等领域展现出越来越强的智能水平,这些技术的应用不仅提升了计算机的智能程度,还极大地扩展了计算机的应用范围，使计算机成为人类解决复杂问题的重要工具。简而言之，计算机既是强大的计算工具，又是人类发挥智能与创造力的得力助手，为现代社会的发展和进步提供了强大的动力。

1.1 概 述

现代意义上的计算机起源于20世纪40年代初的一项秘密军事任务：美国国防部委托宾夕法尼亚大学的一个科学家小组研发一种计算工具，以协助他们进行复杂的弹道轨迹的计算，从而加快新式武器的研制进程。这一项目的成果在1945年年底得以呈现，它就是人类历史上第一台真正的"计算机"，即ENIAC（Electronic Numerical Integrator And Computer，电子数值积分计算机）。

ENIAC的研发深受科学家约翰·冯·诺伊曼(John von Neumann)的一份关键性报告的影响。冯·诺伊曼为计算机的设计奠定了重要的思想基础，因此冯·诺伊曼被称为"现代计算机之父"。ENIAC的问世，标志着人类正式步入计算机时代。

冯·诺伊曼报告中的核心概念指出，计算机是一种可以接收输入、存储与处理数据，并产生输出的电子设备。尽管计算机在外观和功能上可能显得复杂，但其本质相对简单。在计算机内部，所有的信息——程序、图形、声音及文字等都是以二进制形式存在的，即所有数据都是由0和1两个数字的不同组合来表示、处理与演化的。实际上，从20世纪40年代至今，绝大多数计算机都建立在冯·诺伊曼的架构和理论基础之上，因此，这些计算机都被称为"冯·诺伊曼型计算机"。随着时间的推移，计算机技术在不断演进，但其核心原理和架构仍然深受冯·诺依曼理论的影响。

1.1.1 计算机的发展历史与趋势

1. 计算机的发展历史

人类最初采用人手作为计算工具，随后采用石子、木棒、结绳记事。中国在春秋战国时期使用竹子做的算筹完成记数，在唐代的时候开始使用早期的算盘计算。1642年，法国数学家布莱兹·帕斯卡(Blaise Pascal)发明了手动的齿轮计算机。1936年，美国数学家艾肯根据巴贝奇的思想发明了分析机。在第二次世界大战的特殊背景下，美国陆军为了完成新式武器的炮弹弹道轨迹等许多复杂问题的计算，出资48万美元资助宾夕法尼亚大学的一个科学家小组于1946年2月造出了世界上第一台电子数值积分计算机埃尼阿克(ENIAC)，如图1.1.1所示。

美籍匈牙利科学家冯·诺依曼提出了计算机的存储程序概念，奠定了计算机的基本结构。在第一台计算机ENIAC发展的半个多世纪中，英国科学家艾伦·图灵(Alan Turing)提出了图灵机的理论模型，发展了可计算性理论，奠定了人工智能的理论基础。

图 1.1.1 计算机 ENIAC

从第一台计算机诞生至今，一般依据计算机所采用的主要部件把计算机的发展分成几个时期，也称为“几代”，此即为计算机技术的演进过程。

第一代（1946～1958 年）：采用电子管作开关元件，使用机器语言；

第二代（1959～1964 年）：主要采用晶体管分立元件，开始使用高级语言；

第三代（1965～1971 年）：开始使用中、小规模集成电路代替晶体管分立元件，并开始使用操作系统；

第四代（1971 年至今）：开始使用大规模和超大规模集成电路（Very Large Scale Integration，VLSI），并行处理。

这四个时期的代表性部件分别是电子管，晶体管，中、小规模集成电路，大规模、超大规模集成电路。

目前，广泛应用的计算机大多属于第四代，采用 VLSI 是第四代计算机的主要特征之一。1971 年，英特尔（Intel）公司制成了第一代微处理器（Microprocessor）4004，这一大规模集成电路（Large Scale Integration，LSI）芯片集成了 2250 个晶体管组成的电路，其功能几乎可与 ENIAC 相匹敌。随后十年间，微处理器从第一代迅速发展到第四代。用微处理器或 VLSI 代替规模较小的集成电路，成为进一步提高计算机性能的自然选择。

计算机技术无疑是当前发展最为迅猛的科技领域之一，其进步不仅深刻影响着信息科学，还广泛渗透到社会生活的各个方面。目前，第五代计算机的研究正处于积极探索阶段，这一代计算机的研发预示着一次重大的技术革新，它将采用全新的工作原理和体系结构，很可能不再遵循传统的冯·诺依曼型架构，而是向更加高效、更加灵活的计算模型演进。

2. 我国计算机技术的发展

在我国，计算机技术的发展起步较晚，但进步迅速。从 1958 年我国研制出第一台电子管计算机开始，到后来的晶体管计算机、集成电路计算机，直至现在以大规模集成电路为基础的现代计算机，我国在硬件技术方面取得了显著成就。

特别是在超级计算机领域，我国实现了从跟跑到并跑再到领跑的跨越。例如，天河二号超级计算机在 2019 年跑出了每秒 33.86 千万亿次的速度，一度位居全球第一，展示了我国在高性能计算领域的强大实力。此外，我国在量子计算、生物计算等前沿领域也展开了积极探索，并取得了一定成果。

在国际上，我国计算机技术的地位和影响力不断提升。根据多项国际评估报告和排行榜显示，我国计算力水平位居全球前列，超级计算机性能多次领先世界。同时，我国在人工智能、量子计算等前沿领域的研究也取得了显著成果，得到了国际同行的广泛认可。此外，我国计算机企业在国际市场上的竞争力也在不断增强。华为、联想、阿里巴巴等企业在全球范围内开展了广泛的业务合作和技术交流，为我国计算机技术的国际化发展奠定了坚实基础。

20 世纪中期，尽管人们已经预见了工业机器人的大量应用和太空飞行的实现，但很少有人能够深刻预见计算机技术对人类社会的巨大潜在影响。如今，计算机技术发展迅猛，已经深入人类社会的各个领域，成为推动社会进步的重要力量。在新的世纪里，我们有理由相信，计算机技术的发展将继续沿着创新、高效、智能的方向前进，为人类社会带来更多的惊喜和变革。

3. 计算机的发展方向

从当前的技术趋势来看，电子计算机技术正沿着巨型化、微型化、网络化、智能化和多媒体化这五大方向迅速发展。

巨型化并非单纯指计算机体积的增大，而是强调其运算速度的提升、存储容量的扩展以及功能的全面优化。这类计算机系统的运算速度通常超过每秒 1 亿次，存储容量更是突破了百万兆字节的大关。巨型机在航空航天、军事工业、气象预测、人工智能等多个关键学科领域中发挥着举足轻重的作用，尤其在处理复杂的大型科学计算任务时，其优势更是其他机种难以匹敌的。

微型化的发展则得益于大规模和超大规模集成电路技术的突飞猛进。得益于现代集成电路技术的革新，计算机的核心部件——运算器和控制器，如今已被成功集成在一块大规模或超大规模集成电路芯片上，形成了中央处理单元(即微处理器)，这也为个人计算机的问世奠定了坚实的基础。如今，我们不仅可以看到放置在办公桌上的台式微型机，还有便于携带的笔记本电脑，以及可以轻松握在手中的掌上电脑等多种形态的计算设备。

网络技术在 20 世纪后期实现了飞速发展，其内涵早已超越了“辅助计算机主机与终端通信”的初始概念。众多计算机通过相互连接，构建了一个规模庞大、功能丰富的网络系统，实现了信息的即时传递和资源的广泛共享。如今，网络技术已从计算机技术的辅助角色，晋升为与计算机技术紧密相连、不可分割的重要部分，催生了“网络电脑”这一全新概念。这一转变不仅体现在名称上的调整，更深刻反映了计算机技术与网络技术的深度融合。新一代的个人计算机已将网络接口集成到主板上，使得计算机接入网络变得如同电话机接入市内电话交换网一样便捷。当前正蓬勃发展的智能化大厦，其计算机网络布线与电话网络布线已在大楼建设和装修过程中同步实施；在一些先进国家和地区，信息传输的“光纤”网络已几乎铺设到了每个家庭门口。这从一个侧面生动展现了计算机技术的发展已与网络技术的发展紧密相连、不可分割。

智能化则是计算机发展的另一个重要方向，它要求计算机能够具备人类的智能，包括图像识别、定理证明、自主学习、探索创新、联想推理以及理解人类语言等能力。当前人类正积极研发的智能计算机，旨在创造出一种具有类似人类思维能力的机器，能够“说”“看”“听”“想”“做”，并有能力替代人类完成一些体力劳动和脑力劳动，这类机器通常被称为“机器人”。近年来，机器人技术发展迅猛，已越来越广泛地应用于人们的工作、生活和学习之中。

多媒体化是指计算机能够综合处理多种媒体信息的能力，包括文本、图形、图像、音频和视频等。多媒体化不仅仅是多种媒体的简单集合，而且是以计算机为中心，将处理多种媒体信息的技术集成在一起，用于扩展人与计算机的交互方式。

4. 计算机核心部件与未来技术展望

计算机技术飞速发展的核心驱动力在于芯片制造技术的不断革新。过去的五十年间，光刻技术作为芯片制造的主流工艺，通过紫外线照射刻有线路图的掩膜，将线路图准确地蚀刻在硅片表面。随着紫外光波长的逐步缩短，芯片上的线宽得以大幅度缩减，进而在同一尺寸的芯片上集成更多的晶体管，持续推动着半导体工业的进步。然而，当紫外光波长缩减至193纳米以下时，传统的石英透镜组会吸收光线而非折射或弯曲，这成为现有技术的瓶颈。为此，科研人员正积极探索下一代光刻技术，包括极紫外光刻、离子束投影光刻、角度限制投影电子束光刻以及X射线光刻等前沿技术。

然而，硅基芯片制造技术的发展并非无止境。受磁场效应、热效应、量子效应及制造难度的制约，当线宽降至0.1纳米及以下时，必将催生新的制造技术。那么，哪些技术将引领下一次的计算机技术革命呢？

目前，至少有四种技术展现出潜在的革命性影响：纳米技术、光技术、生物技术和量子技术。尽管这些技术在当前计算机领域的实用化尚存挑战，但鉴于现有技术即将触及发展极限，而这些技术又蕴含着引发计算机技术革命的巨大潜力，因此它们正逐渐成为科研的热点。

1)光计算机

20 世纪 90 年代中期,业界曾预言光计算机将引领计算机革命。尽管初期的热情已逐渐消退,但光计算机的研究并未止步。随着芯片处理速度的飞速提升,数据传输速度已成为亟待解决的问题。传统的金属引线已难以满足大规模信息传输的需求。因此,未来的计算机可能是光与电的完美结合,即利用极细的激光束与高速芯片相结合,通过透镜、棱镜和反射镜等光学元件,实现数据在芯片间的自由空间光学传输。

2)生物计算机

相较于光计算机,生物计算机的实现更为复杂,但其潜力也更为巨大。生物系统的信息处理基于生物分子的计算和通信过程,具有大规模并行处理和分布式存储的独特优势。基于这一理念,沃丁顿在 20 世纪 80 年代提出了自组织的分子器件模型。近年来备受瞩目的 DNA 计算便是这一思路的具体实践。然而,目前的 DNA 计算模型更适用于组合判定问题,对于直接进行数学计算尚存不便。生物计算机若要成为一种通用计算机,其发展需建立在与图灵机类似的计算模型之上。若能在本世纪内解决这一计算模型问题,生物计算机将展现出惊人的运算速度和存储容量。

3)分子计算机

科学家在分子级电子元件研究领域取得了显著进展。该领域的核心在于制造出功能与传统三极管、二极管及微电路等其他重要部件相同或相似的单个分子。化学家、物理学家和工程师已通过一系列示范试验证明:单个分子能传导和转换电流,并具备信息存储能力。

4)量子计算机

量子计算机目前仍处于理论与现实的交汇点。多数专家预测,量子计算机将在未来十几年内问世。量子计算机采用基于量子力学原理的深层次计算模式,其最小信息单元为量子比特。与传统二进制计算机的 0 和 1 状态不同,量子比特能同时以多种状态存在。这种数据结构对于并行结构计算机的信息处理极为有利。量子计算机具有信息传输无须时间(即超距作用)以及信息处理所需能量极低的神奇特性。

1.1.2 计算机的特点和分类

1. 计算机的特点

计算机之所以能够得到如此广泛的应用,与其独特且不断演进的特点密不可分。这些特点在现代技术背景下可以归纳为以下几个方面。

(1)运算速度快。现代电子计算机的速度已经可以达到每秒亿次,甚至更高。

(2)计算精度高。由于计算机内部采用二进制数字进行运算,并借助高精度算法和硬件支持,数值计算的精度不断提升。例如,现代计算机可以轻松地将圆周率计算到小数点后数亿位。

(3)逻辑判断能力强。逻辑判断能力是计算机智能的基础。随着人工智能技术的发展,计算机在逻辑推理、决策制定等方面展现出越来越强的能力。1997年,“深蓝”击败国际象棋世界冠军卡斯帕罗夫是这一能力的早期展示。

(4)存储容量大且易于扩展。电子计算机可以将海量的信息存储在存储器中,从硬盘、固态硬盘到云存储,存储容量不断攀升。同时,存储技术的快速发展也使得存储系统易于扩展和升级。

(5)可在程序控制下自动操作。计算机能够摆脱人的直接干预,按照预设的程序自动、连续地进行各种操作。这是计算机与其他计算工具的本质区别。

(6)具备高度可编程性和灵活性。现代计算机具有高度可编程性,可以通过编写和修改程序来适应不同的任务和应用场景。这种灵活性使得计算机在各个领域都有着广泛的应用。

2. 计算机的分类

可以根据不同的标准对计算机进行分类。通常,根据计算机的系统规模大小和功能的强弱,可以将计算机分为以下几类。

(1)巨型机:用于大规模科学计算和数据处理,如天气预报、核能研究等。

(2)大型机:适用于大型企业或机构的数据处理和事务管理。

(3)中型机:满足中等规模组织或部门的数据处理需求。

(4)小型机:适用于小型企业或部门,提供基本的计算和数据存储功能。

(5)微型机:最常见的计算机类型,包括台式机、便携机(笔记本)、一体机、掌上机(如智能手机、平板电脑)等。

1989年11月,美国电气和电子工程师协会(IEEE)提出将计算机划分为主机、小型机、个人计算机、巨型机、小巨型机和工作站六类。然而,随着技术的不断发展,特别是个人计算机的普及和移动互联网的兴起,这种分类方法已经显得过于简化。目前,计算机的分类更加多元化和细致化,包括但不限于服务器、工作站、个人电脑、嵌入式系统、智能手机、平板电脑等。未来,随着物联网、云计算、人工智能等技术的进一步发展,计算机的分类将会更加丰富。

1.1.3 计算机的应用领域

1. 传统应用领域

计算机的应用极其广泛,包括科研、生产、国防、文化、卫生等众多领域。计算机的传统应用领域如下。

(1)科学计算(数值计算)。自从世界上首台计算机诞生以来,科学计算就一直是电子计算机的重要应用领域之一。例如,空气动力学、核物理学、量子化学和天文学等领域都需要依靠计算机进行复杂的计算。在军事方面,如导弹的发射及其飞行轨道的计算、人造卫星与运载火箭的轨道计算等,都离不开计算机的支持。此外,计算机在数学、力学、晶体结构分析、石油勘探、土木工程设计及天气预报等领域也有着广泛的应用。

(2)数据处理(信息管理)。数据包括文字、数字、声音、图形、图像和影像等编码形式。数据处理涉及数据的采集、转换、分组、计算、存储、检索、排序等一系列操作。当前,计算机应用最多的方面就是数据处理,例如企事业管理、档案管理、人口统计、情报检索、图书管理、金融统计等。

(3)过程控制。计算机在生产过程的自动控制方面发挥着重要作用。例如,在化工厂中,计算机可以控制配料、温度和阀门的开关等;在炼钢厂中,计算机可以控制加料、炉温和冶炼时间等;在机床厂中,计算机则用于控制机床加工精密零件。工业生产的全过程通过计算机控制后,可以使物质和能源消耗达到最合理的水平,同时提高产品质量和减轻工人劳动强度。此外,在民航系统、铁路运输调度系统以及城市的交通管理系统等过程控制中,计算机也具有不可替代的优势。

2. 现代应用领域

20 世纪 70 年代后期,个人计算机进入办公室、学校和家庭,标志着计算机应用的社会化和家庭化的开始。尤其是随着互联网应用技术的飞速发展,计算机的应用产生了许多新理念,引起了从经济基础到上层建筑、从生产方式到生活方式的深刻变革。

1)计算机辅助系统

计算机辅助系统包括:CAD,CAM,CAE,CAT 和 CS 等。

(1)计算机辅助设计 CAD(Computer Aided Design):通过计算机帮助各类设计人员进行设计,取代传统的从图纸设计到加工流程编制和调试的手工计算及操作过程,使设计速度加快,精度和质量大大提高,在飞机设计、建筑设计、机械设计、船舶设计、大规模集成电路设计等领域应用非常广泛。

(2)计算机辅助制造 CAM(Computer Aided Manufacturing):用计算机进行生产设备的管理、控制和操作的技术。在超大规模集成电路的设计和生产过程中,要经过设计制图、照相排版、光刻、扩散和内部连接等多道复杂工序,如果采用人工操作则难以解决,而采用计算机辅助技术则可以很好地解决各个难点。

(3)计算机辅助教育 CAE(Computer Aided Education):包括计算机辅助教学 CAI(Computer Aided Instruction)和计算机管理教学 CMI(Computer Managed Instruction)。其中,CAI 通过人机交互方式帮助学生自学、自测,代替教师提供丰富的教学资料和各种问答方式,使教学内容生动形象、图文并茂。

(4)计算机辅助测试 CAT(Computer Aided Test):利用计算机处理大批量数据,完成各种复杂的测试工作。

(5)计算机模拟CS(Computer Simulation):利用计算机模拟技术进行工程、产品、决策的试验,以及模拟军事演习和模拟训练。

2)办公自动化

办公自动化(Office Automation,OA)系统分为事务型、管理型和决策型三种。

(1)事务型OA系统,又称电子数据处理(Electronic Data Processing, EDP)系统或业务信息系统(Operational Information System),主要供秘书和业务人员处理日常事务,如公文的编辑与打印、报表的填写与统计、文档检索、活动安排以及日常的数据处理等。

(2)管理型OA系统,又称管理信息系统(Management Information System, MIS)。它是一个以计算机为基础,对各单位或政府机关实行全面管理的信息系统。例如,计划管理系统、财务管理系统、人事管理系统、统计管理系统等。

(3)决策型OA系统(又称决策支持系统,Decision Supporting System,DSS),它在事务处理和信息管理的基础上,增加了决策辅助功能。在办公活动中,管理和决策都是领导人员的基本职能。该系统可帮助领导人员进行适当的决策。

3)娱乐休闲

计算机在娱乐休闲方面的应用也非常广泛,仅次于办公自动化。从单机游戏、局域网多人游戏到互联网游戏,从播放多媒体音乐和影视光盘到在线享受丰富的音乐和影视内容,计算机已经成为众多家庭娱乐休闲的"智能伙伴"。

随着计算机技术的应用与发展,信息技术(Information Technology,IT)产业中除了PC(Personal Computer,个人计算机)外,还出现了IA(Information Appliance,信息家电)类新产品。PC与IA形成了IT产业的两大阵营。IA是PC发展到一定阶段的产物,它的出现扩大了信息类新产品的应用范围。网络电视、视频电话、智能掌上设备、消费类网络终端、网络游戏设备,乃至投影机、文字处理机、数字摄像机、数码相机等具有网络功能的设备都属于IA的范畴,它们共同编织着现代生活的科技画卷。

1.1.4 计算机的前沿技术

随着科技的飞速发展,计算机技术已经渗透到我们生活的方方面面。现在,人工智能、大数据、云计算、物联网、移动互联网、区块链以及虚拟现实等技术,已经成为推动社会进步的重要力量。

1. 计算思维

计算思维于2006年由美国卡内基·梅隆大学计算机科学系主任周以真教授首次明确提出,它是一种深层次、概念化的思维方式,强调问题的抽象、算法的应用以及通过自动化来解决问题,已经成为数字时代每个人都应具备的基本技能。

1)计算思维的概念

计算思维指的是运用计算机科学的基础概念进行问题求解、系统设计以及理解人类行为,其核心在于如何将复杂问题转化为可以通过计算步骤来解决的问题。它运用计算机科学的基础概念来解决问题,这些概念包括但不限于算法、数据结构、抽象、分解等。通过运用这些概念,计算思维能够帮助我们将复杂的问题简化,找到有效的解决方案。它不仅关注问题的解决,还注重解决方案的效率和可行性。

2)计算思维的特征

(1)抽象与模型化:计算思维强调对问题的抽象能力,即将具体问题转化为可计算的模型。这种抽象不仅有助于简化问题,还能使问题的解决方案更加明确和可操作。例如,在图像处理中,可以将图像抽象为像素矩阵,从而方便进行各种图像处理和分析操作。

(2)算法与自动化:计算思维注重算法的设计和实现。算法是一系列明确指定的步骤,用于解决问题或完成特定任务。通过设计合适的算法,可以实现问题的自动化解决,从而提高工作效率。在数据分析领域,算法被广泛应用于大量数据的处理和分析,以快速提取有用信息。

(3)分解与递归:对于复杂问题,计算思维鼓励我们将问题分解为更小的、可管理的子问题。这种分解有助于降低问题的复杂度,并使解决方案更加模块化。而对于一些具有重复结构的问题,递归成为一种有效的解决策略。递归即函数调用自身的过程,它允许我们用相同的解决方案来处理相似但规模较小的问题。

(4)优化与评估:计算思维还涉及对解决方案的优化和评估。在设计和实施解决方案时,我们需要考虑其效率和可行性。这包括对算法的时间复杂度和空间复杂度的分析,以确保解决方案在实际应用中的性能。

3)计算思维的应用

计算思维作为一种普适的思维方式,在多个领域都有着广泛的应用。

(1)教育领域。在教育领域,计算思维被视为21世纪学生必备的核心素养之一。通过培养学生的计算思维能力,可以提高他们的问题解决能力、创新能力,培养其批判性思维。多篇文献指出,将计算思维融入教育体系是提升学生信息素养和创新能力的重要途径。

(2)科学研究领域。在科学研究领域,计算思维为研究者提供一种全新的视角和方法论。通过运用计算思维,科学家可以更好地模拟和分析复杂系统的行为,从而推动科学研究的进步。例如,在生物学、物理学和化学等领域,计算思维被广泛应用于模拟实验、数据分析等方面。

(3)工程与技术领域。在工程与技术领域,计算思维为工程师提供了一种系统化的方法来设计和优化复杂系统。通过运用算法、数据结构和抽象等计算机科学概念,工程师可以更加高效地解决各种实际问题。例如,在软件开发、网络通信和人工智能等领域,计算思维都发挥着重要作用。

(4)日常生活。在日常生活中,计算思维能帮助我们更好地解决问题和做出决策。例如,在规划旅行路线时,我们可以运用算法来优化行程安排;在处理大量信息时,我们可以利用数据结构来提高信息检索的效率。

2. 人工智能

人工智能(Artificial Intelligence,AI)是一门研究、开发用于模拟、延伸和扩展人的智能的理论、方法、技术及应用系统的新兴技术科学,它是计算机科学的一个分支,旨在创造出能以与人类智能相似的方式做出反应的智能机器。

人工智能的发展经历了多个阶段,从早期的符号主义到连接主义,再到如今的深度学习。随着计算机技术的飞速发展和数据量的激增,人工智能得以快速发展并广泛应用于各个领域。

人工智能产业链包括基础层、技术层和应用层。基础层主要涉及芯片、传感器等硬件设备和云计算等基础设施;技术层则涵盖机器学习、深度学习等核心算法与技术;应用层是将人工智能技术应用于各个行业和领域,如智能家居、自动驾驶等。

1)人工智能主要技术

(1)计算机视觉。计算机视觉是人工智能领域的一个重要分支,旨在让计算机能够识别和理解图像和视频。计算机视觉技术已广泛应用于安防监控、智能交通、医疗影像分析等领域。例如,通过图像识别技术,可以实现人脸识别、物体检测等功能。

(2)智能语音。智能语音技术主要涉及语音识别和语音合成两个方面。语音识别是将人类语音转换为文本信息的过程,而语音合成则是将文本信息转换为人类可听的语音。智能语音技术在智能家居、智能客服、语音助手等方面具有广泛应用。

(3)自然语言处理。自然语言处理(Natural Language Processing,NLP)是研究能实现人与机器之间用自然语言进行通信的各种理论和方法。NLP技术可以实现对文本的自动分析、理解、生成和翻译等功能,被广泛应用于智能问答、情感分析、机器翻译等领域。

(4)智能机器人。智能机器人是一种能够感知、思考和行动的高度智能化机器系统。通过结合计算机视觉、智能语音和自然语言处理等技术,智能机器人可以实现与人类的交互和协作,被广泛应用于工业生产、医疗护理、教育、娱乐等领域。

2)机器学习与深度学习

(1)机器学习。机器学习是人工智能领域的一个重要分支,它利用算法和统计模型使计算机系统能够从数据中"学习"并自动改进其性能。机器学习技术广泛应用于数据分类、聚类、回归预测等任务。

(2)深度学习。深度学习是机器学习的一个子集,它利用深度神经网络模型来处理和分析大规模数据。深度学习技术在图像识别、语音识别、自然语言处理等领域取得了显著的成果,并逐渐成为人工智能领域的主流技术之一。

3)人工智能在实际中的应用

(1)智能家居。通过结合计算机视觉、智能语音和自然语言处理等技术,人工智能可以实现智能家居设备的自动化控制和智能化管理,提高家居生活的便捷性和舒适性。

(2)自动驾驶。自动驾驶技术利用计算机视觉、传感器融合和深度学习等技术实现车辆的自主导航和驾驶功能。随着技术的不断发展,自动驾驶汽车已逐步实现商业化应用,为人们带来更加安全和高效的出行体验。

(3)医疗诊断。人工智能在医疗领域的应用日益广泛,如利用深度学习技术对医学影像进行分析,提高诊断的准确性和效率;同时,智能机器人也在手术辅助、康复训练等方面发挥着重要作用。

(4)金融领域。人工智能在金融领域的应用包括风险评估、客户分析、投资建议等。通过利用大数据和机器学习技术,金融机构可以更准确地评估客户信用等级和投资风险,为客户提供更加个性化的金融服务。

综上所述,人工智能作为当今科技领域的热门话题,其发展和应用前景十分广阔。随着技术的不断进步和创新,人工智能将在更多领域发挥重要作用,为人们的生活带来更多便利,并提升工作效率。

3. 大数据

大数据,顾名思义,是指数据量极大、来源复杂、类型多样的数据集合。随着信息技术的飞速发展,尤其是互联网、物联网、云计算等技术的普及,大数据已经成为当今时代的重要特征和宝贵资源。它不仅指数据量的庞大,还包括数据类型的多样性、处理速度的快速性以及数据价值的稀疏性等特点。

大数据技术正在改变我们处理和分析海量信息的方式。例如,在零售行业,通过分析客户的购物数据,企业可以精准地预测市场需求,优化库存管理。此外,大数据还在城市规划、交通管理等领域发挥着重要作用。

1)大数据的特征

(1)数据量大。大数据的首要特征就是数据量巨大,通常以PB(Petabytes,千万亿字节)、EB(Exabytes,百亿亿字节)甚至更大的单位来衡量。

(2)类型多样。大数据不仅包括传统的结构化数据,如数据库中的表格数据,还包括非结构化数据,如文本、图片、视频、音频等。

(3)处理速度快。大数据要求快速处理,包括数据采集、存储、处理和分析的速度都要快,以满足实时性或近实时性的需求。

(4)价值密度低。虽然大数据中蕴含着巨大的价值,但价值密度相对较低,需要从海量数据中挖掘出有用的信息。

2)大数据的价值

大数据的价值主要体现在以下几个方面。

(1)决策支持。通过对大数据的分析,企业可以更加精准地了解市场需求、客户行为和竞争对手动态,从而做出更科学的决策。

(2)优化运营。大数据可以帮助企业优化生产流程、降低成本、提高效率。

(3)创新服务。基于大数据的分析结果,企业可以开发出更符合用户需求的新产品或服务。

(4)风险管理。在金融、保险等领域,大数据有助于更准确地评估风险并制定相应的应对策略。

3)大数据的现在和未来

当前,大数据已经渗透到各行各业,成为推动经济社会发展的重要力量。无论是电商平台的精准营销、智能交通的路况预测,还是医疗健康的疾病分析、社会治理的公共安全预警,大数据都发挥着不可或缺的作用。

展望未来,大数据将与云计算、人工智能等技术更紧密地结合,推动各行各业的数字化转型和智能化升级。同时,随着5G、物联网等技术的普及,大数据的来源将更加广泛,但其处理和分析的难度也将不断增加。

4)大数据隐私

大数据在带来便利的同时,也引发了人们对隐私泄露的担忧。在数据采集、存储和处理过程中,如何确保个人隐私不被泄露成为亟待解决的问题。目前,业界已经采取了一系列技术措施来加强大数据环境下的隐私保护,如数据加密、匿名化处理、访问控制等。未来,随着技术的不断进步和法律法规的完善,大数据隐私保护将更加严密和可靠。

5)大数据技术

(1)数据采集与预处理技术。该技术包括日志收集、网络爬虫、ETL(Extract 提取;Transform 转换; Load 加载)工具等,用于从各种数据源中采集并清洗数据。

(2)数据存储与管理技术。如分布式文件系统(如 Hadoop HDFS)、NoSQL 数据库(如 MongoDB、Cassandra)等,用于存储和管理海量数据。

(3)数据处理与分析技术。该技术包括 MapReduce、Spark 等大数据处理框架,以及机器学习、深度学习等数据分析方法。

(4)数据可视化技术。如 Tableau、Power BI 等工具,用于将数据分析结果以直观的方式呈现出来。

6)大数据的应用

大数据的应用场景非常广泛,几乎涵盖了所有行业领域。以下是一些典型的应用示例。

金融行业:利用大数据进行风险控制、客户画像、投资分析等。

电商行业:通过大数据分析用户购买行为,实现个性化推荐和精准营销。

医疗健康:利用大数据进行疾病预测、患者健康管理、药物研发等。

智能交通:通过大数据分析交通流量、路况等信息,优化交通规划和管理。

社会治理:大数据在公共安全、环境监测、城市规划等方面也发挥着重要作用。

综上所述,大数据已经成为当今时代不可或缺的重要资源和技术支撑。通过不断深入研究和应用大数据技术,我们将能够更好地挖掘数据价值、优化决策过程、推动经济社会发展。

4. 云计算

1)云计算概述

云计算是一种基于互联网的计算方式,它能够按需共享软硬件资源和信息给计算机和其他设备。云计算的核心思想是“按需服务”,用户无须购买和维护大量的物理硬件,只需通过网络以按需、易扩展的方式获得所需资源和服务。

云计算的概念起源于20世纪60年代,是网格计算、分布式计算、并行计算、效用计算、网络存储、虚拟化、负载均衡等传统计算机技术和网络技术发展融合的产物。但直到21世纪初,随着网络技术、虚拟化技术和分布式计算的发展,云计算才从最初的概念逐渐走向实际应用。近年来,随着企业对增强数据处理能力和降低成本的需求增加,云计算得到了迅速的推广和应用。

2)云计算特点

(1)超大规模。云计算具有相当大的规模,能赋予用户前所未有的计算能力。

(2)虚拟化。用户可以在任意位置、使用各种终端获取应用服务。所请求的资源来自“云”,而不是固定的、有形的实体。

(3)高可靠性。“云”使用了数据多副本容错、计算节点同构可互换等措施来保障服务的高可靠性,使用云计算比使用本地计算机更加可靠。

(4)通用性。云计算不针对特定的应用,在“云”的支撑下可以构造出千变万化的应用,同一个“云”可以同时支撑不同应用的运行。

(5)高可扩展性。“云”的规模可以动态伸缩,满足应用和用户规模增长的需要。

(6)按需服务。“云”是一个庞大的资源池,用户可按需购买,像自来水、电、煤气那样计费。

(7)成本极低。“云”具有特殊的容错措施,可以采用低成本节点来构成“云”;“云”的自动化集中式管理使大量企业无须负担日益高昂的数据中心管理成本;“云”的通用性则使资源的利用率较传统系统大幅提升,因此用户可以充分享受“云”的低成本优势。

3)云计算的服务模式及类型

云计算的服务模式主要分为三种:基础设施即服务(Infrastructure as a Service,IaaS)、平台即服务(Platform as a Service,PaaS)、软件即服务(Software as a Service,SaaS)。

(1)基础设施即服务(IaaS):提供给消费者的服务是对所有设施的利用,包括处理、存储、网络和其他基本的计算资源,用户能够部署和运行任意软件,包括操作系统和应用程序。消费者不管理或控制任何云计算基础设施,但能控制操作系统的选择、储存空间、部署的应用,也有可能获得有限制的网络组件(如防火墙、负载均衡器等)的控制权。

(2)平台即服务(PaaS):将软件研发的平台作为一种服务,以SaaS的模式提交给用户。因此,PaaS也是SaaS模式的一种应用。但是,PaaS的出现可以加快SaaS的发展,尤其是加快SaaS应用的开发速度。

(3)软件即服务(SaaS):它是一种通过Internet提供软件的模式,厂商将应用软件统一部署在自己的服务器上,客户可以根据自己的实际需求,通过互联网向厂商定购所需的应用软件服务,按定购的服务多少和时间长短向厂商支付费用,并通过互联网获得厂商提供的服务。

4)云计算核心技术

云计算的核心技术包括虚拟化、分布式计算、云存储和自动化管理技术等。

(1)虚拟化。虚拟化技术可以将物理硬件与操作系统分开,使多个操作系统可以同时运行在同一台物理服务器上,从而提高资源的利用率和管理效率。

(2)分布式计算。云计算通过分布式计算技术,将大规模的计算任务分解成多个小部分,然后分配给多个计算节点进行处理,最后汇总结果,从而实现高效、快速的计算。

(3)云存储。云计算采用分布式存储系统,将数据分散存储在多个独立的节点上,并通过冗余存储和容错技术来确保数据的可靠性和可用性。

(4)自动化管理技术。云计算平台需要具备自动化管理功能,包括资源监控、自动部署、故障恢复等,以降低运维成本和提高服务质量。

5)云计算在实际中的应用

云计算在实际中的应用已经渗透到各行各业,以下是一些典型的应用场景。

(1)云办公。随着网络带宽的增加和云计算技术的发展,越来越多的企业和个人开始采用云办公模式。通过云计算平台,用户可以随时随地进行文档编辑、数据处理、会议协作等工作,大大提高了工作效率和便捷性。

(2)云存储和备份。个人和企业可以将重要数据存储在云端,并通过设置备份策略来确保数据的安全性。云存储不仅提供了海量的存储空间,还具有高度的可扩展性和强大的数据恢复能力。

(3)大数据分析。云计算为大数据分析提供了强大的计算能力和巨大的存储空间。通过云计算平台,企业可以快速地处理和分析海量数据,从而洞察市场趋势、优化业务流程并提高决策效率。

(4)科学研究。科学研究领域需要处理大量的数据和进行复杂的计算模拟,云计算平台可以提供高性能的计算资源和存储资源,为科学研究提供有力支持。

(5)云游戏。云游戏是云计算在游戏领域的应用。通过将游戏运行在云端服务器上,并通过网络将游戏画面传输到用户的终端设备上,云游戏可以让用户随时随地享受高质量的游戏体验。

综上所述,云计算作为一种新兴的信息技术,正以其独特的优势和广泛的应用前景,引领着信息技术的发展潮流。随着技术的不断进步和创新,云计算将在更多领域发挥重要作用,为人们的生活和工作带来更多便利和效益。

5. 移动互联网

1)移动互联网概述

移动互联网,顾名思义,是指通过移动设备(如智能手机、平板电脑等)连接互联网的技术和应用。它结合移动通信和互联网技术,为用户提供随时随地访问网络的便利。

移动互联网的发展得益于智能手机和无线通信技术的飞速进步。从早期的 2G 网络到现在的 5G 网络,移动通信技术的革新为移动互联网的普及和高速发展奠定了坚实基础。如今,移动互联网已经成为人们日常生活中不可或缺的一部分。

2)移动互联网特点

(1)便携性。用户可以随时随地通过移动设备接入互联网,不受地理位置限制。

(2)实时性。移动互联网提供了实时的信息交互,用户可以即时获取和分享信息。

(3)个性化。基于大数据分析,移动互联网能够为用户提供个性化的内容和服务。

(4)多样性。移动互联网应用涵盖了社交、购物、娱乐、教育等多个领域,满足了用户多样化的需求。

3)移动互联网的核心技术

移动互联网的核心技术主要包括以下几个方面。

(1)无线通信技术。从 2G 到 5G,无线通信技术的不断进步为移动互联网提供了更高速、更稳定的网络连接。5G 技术的应用更是将网络速度提升到了新的高度,为高清视频、实时游戏等高带宽应用提供了可能。

(2)云计算技术。云计算为移动互联网提供了强大的后端支持,使数据存储、处理和分析变得更加高效。通过云计算，用户可以轻松访问各种在线服务和应用。

(3)大数据技术。大数据技术能够收集、存储和分析海量的用户数据，为移动互联网应用提供精准的用户画像和个性化推荐。

(4)人工智能技术。人工智能技术在移动互联网中的应用日益广泛，如语音识别、图像识别等，为用户提供了更加智能和便捷的服务体验。

4)移动互联网的应用

(1)社交媒体。社交媒体是移动互联网的重要组成部分，如微信、微博等平台已经成为人们日常社交的重要工具。用户可以通过这些平台随时随地与朋友保持联系，分享生活点滴。

(2)移动支付。移动支付是移动互联网时代的产物，它使得支付变得更加便捷。通过扫描二维码或 NFC 技术，用户可以轻松完成购物、缴费等操作。

(3)在线教育。移动互联网为在线教育提供了广阔的发展空间。用户可以通过手机或平板电脑随时随地学习新知识，不受时间和空间的限制。

(4)智能交通。移动互联网在智能交通领域也发挥着重要作用。通过导航系统，用户可以轻松规划出行路线。同时，智能交通系统还可以实时监测路况，为用户提供最佳的出行建议。

(5)远程医疗。借助移动互联网技术，远程医疗逐渐成为现实。患者可以通过手机或平板电脑与医生进行在线沟通，获取专业的医疗建议和治疗方案。

5)移动互联网的挑战与展望

尽管移动互联网带来了诸多便利，但也面临着一些挑战，如网络安全问题、用户隐私保护等。未来，随着技术的不断进步和创新，移动互联网将在更多领域发挥重要作用。例如，与物联网(Internet of Things，IoT)的融合将使得智能家居、智能城市等概念成为现实；同时，虚拟现实(Virtual Reality，VR)和增强现实(Augmented Reality，AR)技术的发展也将为移动互联网带来新的应用场景和体验。

综上所述，移动互联网作为信息技术与通信技术融合的产物，已经渗入生活的方方面面。它不仅改变了我们的工作方式和生活模式，还为各行各业带来了巨大的创新和机遇。随着技术的不断进步和应用场景的不断拓展，移动互联网将继续引领着信息技术的发展潮流。

6. 物联网

1)物联网概述

物联网是指通过信息传感设备，如射频识别(Radio Frequency Identification，RFID)、红外感应器、全球定位系统、激光扫描器等，按照约定的协议，实现任何物品与网络的信息交换和通信，以实现智能化识别、定位、跟踪、监控和管理的网络。简言之，物联网就是“物物相连的互联网”。

物联网的概念最早可以追溯到1999年,但近年来,随着通信技术、传感技术和云计算的飞速发展,物联网才得到了广泛的关注和应用。目前,全球各国都在积极布局物联网产业,预计未来几年将迎来爆发式增长。

2)物联网特点

(1)全面感知。利用RFID、传感器等可以随时随地获取物体的信息。

(2)可靠传输。通过各种电信网络与互联网的融合,将物体的信息实时准确地传递出去。

(3)智能处理。利用云计算、模糊识别等各种智能计算技术,对海量数据和信息进行分析和处理,对物体进行智能化控制。

3)物联网核心技术

(1)传感技术。传感技术是物联网的关键技术之一,它通过传感器、RFID等技术手段,实现对物体状态的实时监测和数据采集。

(2)网络通信技术。物联网需要通过各种有线和无线网络技术,将采集到的数据传输到数据中心进行处理。这些技术包括但不限于ZigBee、LoRa、NB-IoT等。

(3)云计算技术。云计算为物联网提供了强大的数据处理和存储能力,使得海量的物联网数据能够得到有效的分析和利用。

(4)大数据技术。大数据技术能够处理和分析物联网产生的海量数据,挖掘出有价值的信息,为决策提供支持。

4)物联网的应用

(1)智能家居。物联网技术使得家居设备能够互联互通,实现远程控制和智能化管理。例如,通过智能手机或智能音箱控制电灯、空调等家电,提高生活的便捷性和舒适度。

(2)智慧交通。物联网技术在智慧交通领域有着广泛的应用,如智能信号灯控制、车辆追踪与管理、智能停车等。这些应用有助于缓解交通拥堵、提高交通效率、减少交通事故。

(3)工业物联网。在工业领域,物联网技术可以实现设备的远程监控、预测性维护、生产流程优化等功能。这不仅可以提高生产效率,还能降低运营成本。

(4)智慧农业。物联网技术可以实时监测土壤、气候等条件,为农业生产提供精准的数据支持。这有助于提高农产品的产量和质量,实现农业的可持续发展。

(5)智慧城市。通过物联网技术,城市管理者可以实时监测城市运行状况,如空气质量、交通流量等。这有助于及时发现问题并采取相应的措施,提高城市管理的效率和水平。

5)物联网的挑战与展望

尽管物联网带来了前所未有的便利和效率提升,但它也面临着诸多挑战,如数据安全与隐私保护、设备兼容性与标准化问题、网络覆盖与传输效率等。未来，随着技术的不断进步和创新，我们有理由相信这些挑战将会被逐一攻克。

展望未来，物联网将与人工智能、大数据等技术深度融合，持续推动各行各业的数字化转型和升级。智能穿戴设备、无人驾驶汽车、远程医疗等前沿应用将进一步升级迭代，为人类社会带来更加美好的未来。同时，政府和企业也需要加强合作与监管，确保物联网技术的健康发展和社会效益的最大化。

7. 互联网＋

1)互联网＋概述

互联网＋代表的是一种新的经济形态，即充分发挥互联网在生产要素配置中的优化和集成作用，将互联网的创新成果深度融合于经济社会各领域之中。它并不是简单的两者相加，而是利用信息通信技术以及互联网平台，让互联网与传统行业进行深度融合，创造新的发展生态。

互联网＋的概念在中国由政府提出并推动，旨在通过互联网技术促进传统产业转型升级。近年来，随着移动互联网、大数据、云计算、物联网等技术的迅猛发展，互联网＋已经渗透到各个行业，成为推动经济社会发展的重要引擎。

2)互联网＋特点

(1)跨界融合。互联网＋打破了传统行业的边界，实现了跨行业的融合与创新。

(2)创新驱动。互联网＋以创新驱动发展，推动传统产业转型升级。

(3)重塑结构。互联网＋正在重塑传统的经济结构、社会结构和文化结构。

(4)尊重人性。互联网＋强调以人为本，尊重人的需求和个性，为人们提供更加个性化的产品和服务。

(5)开放生态。互联网＋倡导开放、共享的理念，构建开放的生态系统，促进各方的共赢发展。

(6)连接融合。互联网＋通过产业、资源与服务的深度连接与融合，实现信息的互通互联，提高整个社会的运行效率。

3)互联网＋核心技术

(1)移动互联网技术。移动互联网技术是互联网＋的重要基础，它实现了信息的随时随地获取和分享，为各行业提供了便捷的信息交互平台。

(2)大数据技术。大数据技术能够处理和分析海量的数据，挖掘出有价值的信息，为决策提供科学依据，是互联网＋时代的重要技术支撑。

(3)云计算技术。云计算技术为各行业提供了弹性的、可扩展的计算资源和服务，降低了信息化建设的成本，提高了数据处理的效率。

(4)物联网技术。物联网技术通过智能设备之间的互联互通，实现了对物理世界的智能感知和控制，为各行业提供了智能化的解决方案。

4)互联网+的应用

(1)医疗领域。通过互联网+,医疗服务得以实现远程化、智能化。患者可以通过在线平台进行预约挂号、在线咨询等服务,医生也可以利用互联网+进行远程会诊、电子病历共享等操作,大大提高了医疗服务的效率和质量。

(2)教育领域。互联网+为教育领域带来了革命性的变化。在线教育平台的兴起,使得学习不再受时间和空间的限制。学生可以通过网络课程、在线辅导等方式进行自主学习,教师也可以利用互联网+进行远程授课、在线答疑等操作,实现了教育资源的共享和优化配置。

(3)金融领域。互联网+金融是近年来发展迅速的新兴领域。通过互联网+,金融机构可以提供在线支付、线上投资理财、线上保险等服务。同时,互联网金融也降低了金融服务的门槛,使更多人能够享受到金融服务的便利。

(4)交通领域。互联网+交通为人们的出行提供了更加智能化的解决方案。通过互联网+,人们可以实时查询交通信息、预订交通工具等。同时,智能交通系统也可以利用大数据和物联网技术优化交通流量、提高交通安全等。

(5)零售业。互联网+零售改变了传统的购物方式。消费者可以通过在线购物平台浏览和购买商品,享受更加便捷的购物体验。同时,零售商也可以利用互联网+进行精准营销、库存管理等操作,提高销售效率和客户满意度。

5)互联网+的挑战与展望

尽管互联网+带来了诸多便利和机遇,但也带来了一些挑战,如数据与隐私泄露、技术迭代迅速、传统行业与互联网融合难等。未来,随着互联网技术的不断进步和创新,以及政府对互联网+政策的支持和引导,这些挑战有望得到有效的应对。

展望未来,互联网+将继续在各个领域发挥重要作用。它将进一步推动传统产业的转型升级,促进经济社会的持续发展。同时,互联网+也将为人们的生活和工作带来更多的便利和效率提升。在这个过程中,我们需要不断学习和掌握新技术、新应用,以适应互联网+时代的发展需求。

8. 区块链

1)区块链概述

区块链是一种去中心化、分布式的数据库技术,它以“块”的形式记录和存储交易数据,并使用密码学算法保证数据传输和访问的安全。每个数据块均包含一定数量的交易记录、时间戳、链上地址等关键信息,并且每个数据块都被数字签名和加密算法保护,以确保其完整性和真实性。

区块链技术的起源可以追溯到2008年中本聪发表的《比特币白皮书》,其中详细阐述了比特币的工作原理以及区块链的基本概念。自那时起,区块链技术逐渐引起全球范围内的关注和研究。近年来,随着技术的进步和应用场景的拓展,区块链已经从最初的金融领域延伸至供应链管理、物联网、版权保护等多个领域。

2)区块链的特点

(1)去中心化。区块链技术不依赖于任何中心机构或服务器,数据存储在多个节点上,实现了数据的去中心化管理。

(2)分布式存储。区块链网络中的每个节点都拥有完整的数据副本,确保了数据的可靠性和可用性。

(3)不可篡改。通过复杂的加密算法和共识机制,区块链保证了数据一旦被记录,就无法被篡改或删除。

(4)透明性。区块链上的所有交易记录都是公开的,任何人都可以查看和验证,这增加了数据的透明度。

3)区块链核心技术

(1)分布式网络。区块链技术基于分布式网络构建,每个节点都具有相等的权利和义务,共同维护网络的稳定运行。

(2)共识机制。为了确保所有节点上的数据具有一致性,区块链采用了各种共识机制,如工作量证明(PoW)、权益证明(PoS)等。这些机制通过算法确保数据的有效性和安全性。

(3)加密算法。区块链使用先进的加密算法,如 SHA-256、ECDSA 等,对数据进行加密和签名,以保护数据的隐私和完整性。

(4)智能合约。智能合约是一种自动执行的合同,它允许在没有第三方干预的情况下执行预定义的操作。这使得区块链技术能够支持更复杂的业务逻辑和自动化流程。

4)区块链的应用

(1)金融领域。区块链技术在金融领域的应用尤其广泛,包括数字货币交易、跨境支付、证券交易等。通过区块链技术,可以降低交易成本,提高交易效率,并增强交易的透明度和安全性。

(2)供应链管理。区块链技术可用于跟踪和追溯商品的来源和流向,确保供应链的透明度和可追溯性。这有助于打击假冒伪劣产品,提高消费者信心。

(3)物联网。通过结合区块链技术,物联网设备可以实现安全的数据交换和通信。这有助于构建一个更加智能、高效和安全的物联网生态系统。

(4)版权保护。区块链技术可以为创作者提供不可篡改的版权证明,有效保护知识产权。通过区块链记录作品的创作时间和作者信息,可以便捷地解决版权纠纷问题。

(5)身份验证。区块链技术还可以用于身份验证,例如使用数字身份进行投票、系统登录等。这可以提高身份验证的准确性和安全性,防止身份盗窃和冒用。

5)区块链的挑战与展望

尽管区块链技术具有诸多优势,但在实际应用中仍面临一些挑战,如可扩展性问题、能耗问题以及监管和法律问题等。未来,随着技术的持续突破与优化,区块链有望在更多领域发挥巨大潜力,为社会发展和人们的生活带来更多便利和安全保障。

综上所述,区块链技术以其独特的优势正在逐渐改变我们的生活方式和工作模式。通过深入了解区块链的原理和应用场景,我们可以更好地把握这一技术的发展趋势和未来挑战,从而做出更明智的决策和投资选择。

9. 虚拟现实

1)虚拟现实概述

虚拟现实是一种利用计算机技术生成的模拟环境,它能够通过多种传感设备使用户投入到该环境中,实现用户与模拟环境进行自然交互的技术。这种模拟环境通常是一个三维的、高度逼真的虚拟世界,用户可以在其中进行自由探索和交互。

虚拟现实技术的发展可以追溯到上世纪五六十年代,近年来,随着计算机技术、图形处理技术以及传感器技术的飞速发展,虚拟现实技术得到了广泛的应用和推广。目前,虚拟现实技术已经成为计算机领域的一个重要分支,并在各个领域展现出巨大的应用潜力。

2)虚拟现实特点

(1)沉浸感。虚拟现实技术通过模拟真实的环境和场景,使用户感受到身临其境的沉浸感。

(2)交互性。用户可以通过各种传感设备与虚拟世界进行自然交互,如手势识别、语音识别等。

(3)构想性。虚拟现实技术不仅可以模拟真实的世界,还可以创造出人们想象中的虚拟世界,拓展人类的认知和想象空间。

3)虚拟现实核心技术

(1)环境建模技术。虚拟环境的建模是虚拟现实技术的核心内容。它涉及三维图形的生成、显示和处理技术,以及如何将这些技术应用于虚拟环境的创建中。

(2)立体声合成和立体显示技术。在虚拟现实系统中需保持声音方向与用户头部运动的相关性,同时在复杂的场景中实时生成立体图形。此外,还需解决立体显示技术中的一系列问题,如刷新频率、分辨率和跟踪速度等,以保证用户获得高质量的立体视觉体验。

(3)传感交互技术。为了实现用户与虚拟环境之间的自然交互,虚拟现实系统需要采用各种传感器来检测用户的动作和位置,如数据手套、头盔显示器等。这些传感设备可以捕捉用户的动作和意图,并将其转化为计算机可理解的指令,从而实现用户与虚拟世界的交互。

(4)系统集成技术。由于虚拟现实系统中包括大量的感知信息和模型,因此系统的集成技术起着至关重要的作用。系统集成技术包括信息的同步技术、模型的标定技术、数据转换技术、数据管理模型、识别和合成技术等。这些技术共同确保虚拟现实系统的稳定性和流畅性。

4)虚拟现实的应用

(1)教育领域。虚拟现实技术正在推动教育模式变革。通过构建虚拟教室、实验室等教育环境,学生可以进行身临其境的学习体验。例如,在医学教育中,学生可以通过虚拟现实技术进行手术模拟训练,提高实际操作能力。此外,虚拟现实技术还可以用于历史、地理等学科的场景重现,帮助学生更好地理解和掌握知识。

(2)娱乐领域。虚拟现实技术在游戏和影视娱乐方面也有广泛的应用。通过佩戴虚拟现实头盔等设备,用户可以沉浸在高度逼真的游戏世界中,享受前所未有的游戏体验。同时,虚拟现实技术也为电影制作提供了全新的拍摄和观看方式,使观众能够身临其境地感受电影情节。

(3)医疗领域。在医疗领域,虚拟现实技术被广泛应用于手术模拟、康复训练以及心理治疗等方面。通过构建虚拟的手术环境,医生可以在无风险的情况下进行手术模拟训练,提高手术技能。同时,虚拟现实技术还可以帮助患者进行康复训练,如模拟日常生活场景进行训练,提高患者的生活质量。此外,虚拟现实技术还可以用于心理治疗,如暴露疗法等,帮助患者克服心理障碍。

(4)军事领域。虚拟现实技术在军事领域也有着重要的应用。通过构建虚拟的战场环境,士兵可以进行实战模拟训练,提高作战和应对突发情况的能力。同时,虚拟现实技术还可以用于军事装备的研发和测试,降低研发成本和风险。

(5)工业领域。在工业领域,虚拟现实技术被用于产品设计、生产流程模拟以及员工培训等方面。通过构建虚拟的产品模型和生产环境,企业可以在产品设计阶段进行仿真测试,进而优化设计。同时,虚拟现实技术还可以用于员工培训,提高员工的操作技能和安全意识。

综上所述,虚拟现实技术以其独特的优势和广阔的应用前景正在逐渐渗透我们生活的方方面面。随着技术的不断进步和创新及其应用场景的不断拓展,虚拟现实技术将在未来发挥更加重要的作用。

1.2　数制与字符编码

计算机中的信息,主要是指以数字形式存储的各种文字、语言、图形、图像、动画、声音等,而表示信息的数据是指信息的具体表现形式,是各种物理符号的组合,反映了信息的内容。在计算机内部,信息是通过数据来表达的,同时数据本身也是一种信息。

1.2.1 数制

数制是指使用一组固定的数字，并遵循一套统一的规则来表示数值的方法。数制的种类繁多，除了人们常用的十进制，还有七进制（如一周有七天）、十二进制（如一年有十二个月）、六十进制（如一分钟有六十秒）等。

在特定数制中，只能使用一组固定的数字来表示数的大小。在进制中，允许选用的基本数码的个数称为该进制的“基数”。如十进制的基数是 10，使用 0～9 十个数字，二进制的基数为 2，使用 0 和 1 两个数字。每一位的单位大小称为“位权”，如十进制的个位的单位大小为“1”，十位的大小为“10”等。

1. 二进制的特点

任何一个数制的大小都可以按“权”展开并转换为十进制。在日常生活中，人们习惯使用十进制。在计算机中，数据都是用二进制而不是用十进制或其他进制表示的。原因在于二进制具有以下特点。

(1)电路简单。计算机是由逻辑电路组成的，逻辑电路通常只有两个状态，例如晶体管的饱和与截止、开关的接通与断开、电压电平的高与低等。这两种状态正好用来表示二进制数的两个数码 0 和 1。

(2)可靠性高。用两种状态来表示二进制的两个数码，数字传输和处理不容易出错，因此电路工作可靠。

(3)逻辑性强。计算机工作原理是建立在逻辑运算基础上的，逻辑代数是逻辑运算的理论依据。二进制只有两个数码，正好代表逻辑代数中的“真”和“假”。

(4)运算简单。二进制运算法则简单，且算术运算都可通过逻辑运算来实现。

2. 四种常用的数制

由于二进制的一位表示的数值太小，如果要表示较大的数值，所用的二进制位数就会很长，无论是书写还是记忆都不方便，比如用 4 个字节(32 位)存放整数 128 时，其形式为：

0000 0000 0000 0000 0000 0000 1000 0000

如此长的数显然不便于人们辨识。因此就派生了八进制和十六进制，每三位二进制数可以转换为一位八进制数，每四位二进制数可以转换为一位十六进制数。在表示相同数值时，进制的基数越大，数的表达长度越短。

计算机为何要引入八进制和十六进制呢？原因如下。2、8、16 分别是 2 的 1 次方、3 次方、4 次方，使得这三种进制之间可以直接互相转换。八进制或十六进制保持了二进制数的表达特点，也可以说：八进制或十六进制实质上就是二进制的一种压缩表达形式。

以下是四种常用数制的表示方法。

(1)十进制。用 10 个数码(0～9)表示所有的数,基数是 10,采用逢十进一的计数方法,十进制的符号表示为“D”。

(2)二进制。用 2 个数码(0 和 1)表示所有的数,基数是 2,采用逢二进一的计数方法。例如,10 在二进制中表示十进制的 2。二进制的符号表示为“B”。

(3)八进制。用 8 个数码(0～7)表示所有的数,基数是 8,采用逢八进一的计数方法。例如,八进制的 11 表示十进制的 9。八进制的符号表示通常为“O”(注:在某些情况下,为了避免与数字 0 混淆,也可能会使用“Q”,但“O”是更标准和常见的表示)。

(4)十六进制。用 16 个数码(0～9、A～F)表示所有的数,基数是 16,采用逢十六进一的计数方法。例如,十六进制的 2A 表示十进制的 32＋10＝42。十六进制的符号表示为“H”。

3. 进制间的相互转换

1)二进制数、八进制数和十六进制数转换为十进制数

转换原则:按权展开,相加求和。

【例 1.1】 将二进制数 10001011B 转换成十进制数。

$$\begin{aligned}10001011B&=1\times2^7+0\times2^6+0\times2^5+0\times2^4+1\times2^3+0\times2^2+1\times2^1+1\times2^0\\&=128+8+2+1\\&=139\end{aligned}$$

2)十进制数转换为二进制数

转换原则如下。

整数:除 2 取余数,倒排列;

小数:乘 2 取整数,顺排列。

【例 1.2】 将十进制数 34.25 转换成二进制数。

34÷2＝17 …余 0

17÷2＝8 …余 1

8÷2＝4 …余 0

4÷2＝2 …余 0

2÷2＝1 …余 0

1÷2＝0 …余 1

0.25×2＝0.5 …取整得 0

0.5×2＝1.0 …取整得 1

34.25＝100010.01(B)

3)二进制数与八进制数、十六进制数的相互转换

(1)二进制数转换成八进制数。

转换原则:三位一组法。

【例 1.3】 将二进制数 100101010011 转换成八进制数。

```
100  101  010  011  (高位不足三位补0填充)
 ↓    ↓    ↓    ↓
 4    5    2    3
```

100101010011B=4523(Q)

(2)二进制数转换成十六进制数。

转换原则:四位一组法。

【例 1.4】 将二进制数 1010001011111001B 转换成十六进制数。

```
1010  0010  1111  1001(高位不足四位补0填充)
 ↓     ↓     ↓     ↓
 A     2     F     9
```

1010001011111001B=A2F9(H)

4. 数据的表示单位

无论是数值数据还是非数值数据,在计算机内部均以二进制形式表示。二进制在计算机科学中有不同的度量单位。

(1)位(bit)。位是计算机存储数据的最小单位。一个二进制位能表示 $2^1=2$ 种状态。为了表示更多的信息,需要将多个位组合起来作为一个整体,每增加一位,所能表示的信息量就翻倍。例如,ASCII 码用七位二进制组合编码,能表示 $2^7=128$ 个不同的信息。

(2)字节(Byte)。字节是数据处理的基本单位,计算机以字节为单位存储和解释信息。规定一个字节等于八位二进制,即 1 B=8 bit。通常,一个字节可存放一个 ASCII 码,两个字节可以存放一个汉字的国标码。

此外,在计算机领域,存储器容量通常使用字节的倍数单位来度量,如 B、KB、MB 和 GB 等,它们的关系如下。

1 KB=2^{10} B=1024 B

1 MB=$2^{10}\times2^{10}$ B=1024×1024 B=1048576 B

1 GB=$2^{10}\times2^{10}\times2^{10}$ B=1024×1024×1024 B=1073741824 B

(3)字(Word)。计算机处理数据时,CPU 通过数据总线一次能处理的数据长度(以二进制位数计)称为字。一个字通常由一个或多个字节组成。字长是衡量计算机性能的重要指标,字长越长,该计算机性能越好。

不同的计算机字长是不相同的,常见的有 8 位、16 位、32 位和 64 位等。

1.2.2 字符编码

1. 编码基础

计算机仅能识别二进制数据,因此,计算机内部的所有信息都必须通过二进制的

0和1进行编码。在处理西文符号时,计算机通常使用单字节(即八位二进制数)来表示。例如,字母"B"可以用二进制01000010B或十六进制42H来表示。当用键盘输入英文字母A时,存入计算机的是A的二进制编码01000001,这个编码代表的是文字信息"A",而非数值量。

2. 西文字符与ASCII码

ASCII(American Standard Code for Information Interchange)是美国标准信息交换代码,同时也是国际上广泛使用的英文字符编码标准。为了与国际标准兼容,我国制定了与之对应的国家标准GB/T 1988—1998。ASCII码涵盖了52个英文大小写字母、10个数字字符、32个标点符号和运算符,以及34个控制字符,共计128个字符;每个字符都占用八个二进制位,即一个字节(Byte),其中最高位为0,其余七位表示不同的字符信息。ASCII编码的具体内容如表1.2.1所示

表1.2.1 七位ASCII码表

$D_6D_5D_4$ / $D_3D_2D_1D_0$	000	001	010	011	100	101	110	111
0000	NUL	DLE	SP	0	@	P	`	p
0001	SOH	DC1	!	1	A	Q	a	q
0010	STX	DC2	"	2	B	R	b	r
0011	ETX	DC3	#	3	C	S	c	s
0100	EOT	DC4	$	4	D	T	d	t
0101	ENQ	NAK	%	5	E	U	e	u
0110	ACK	SYN	&	6	F	V	f	v
0111	BEL	ETB	'	7	G	W	g	w
1000	BS	CAN	(	8	H	X	h	x
1001	HT	EM	)	9	I	Y	i	y
1010	LF	SUB	*	:	J	Z	j	z
1011	VT	ESC	+	;	K	[	k	{
1100	FF	FS	,	<	L	\	l	|
1101	CR	GS	-	=	M	]	m	}
1110	SO	RS	.	>	N	^	n	~
1111	SI	US	/	?	O	_	o	DEL

利用表1.2.1,可查出字母、数字及各种符号的ASCII码。查找时,首先需要确定字符在表中的行和列,再根据"行"确定字符的高三位编码($D_6D_5D_4$),根据"列"确定字符的低四位编码($D_3D_2D_1D_0$),最后将这两部分编码组合在一起,就得到了该字

符的 ASCII 码。例如,字符"A"的 ASCII 码用二进制表示为 1000001,用十六进制表示为 41H,用十进制表示为 65。

字符的 ASCII 码值的大小规律如下。

a～z＞A～Z＞0～9＞空格＞控制符。

3. 汉字及其编码(国标码)

所有的英文单词均由 26 个基本字母拼组而成。加上数字等其他符号,常用的西文字符也仅有 95 种。因此,ASCII 码采用七位编码已经足够。而汉字为象形文字,不同于英文单词,如果一字一码,1000 个汉字需要 1000 个码才能区分。显然,汉字编码比西文字符复杂得多。

在汉字编码中,汉字交换码用二进制代码的形式表示。由于汉字具有特殊性,因此随着汉字输入、存储、处理和输出过程的不同,所使用的汉字代码也不相同。如汉字录入需用输入码(外码);计算机内部的汉字存储和处理要用机内码;汉字显示需用显示字模点阵码;汉字输出需用字形码;在汉字字库中查找汉字字模要用地址码。

1)汉字交换码

1981 年,我国颁布了《信息交换用汉字编码字符集・基本集》(代号 GB2312－80)。它是汉字交换码的国家标准,因此又称"国标码"。GB2312 标准收入了 6763 个常用汉字(其中一级汉字 3755 个,二级汉字 3008 个),以及英、俄、日文字母与其他符号 682 个,共有 7445 个符号。

GB2312 规定,每个字符由一个两字节代码组成;每个字节的最高位恒为"1",以区别英文的 ASCII 码,其余七位用于组成各种不同的码值。两个字节的代码,共可表示 128×128＝16384 个符号。由于 GB2312 基本集仅有 7445 个符号,所以码位足够使用。

而港台地区计算机中的汉字则用 BIG5 编码,共收入了 13053 个汉字,汉字部分均以部首为序。

2003 年 3 月 17 日我国发布了 GB18030－2003《信息技术信息交换用汉字编码字符集基本集的扩充》汉字编码标准。GB18030 总编码空间超过 150 万个码位,收录了 27484 个汉字,为汉字研究、古籍整理等领域提供了统一的信息平台基础。

GB18030 标准采用单字节、双字节和四字节三种方式对字符进行编码。从 GB2312 编码开始,其他标准都是采用双字节对汉字进行编码。

GB18030 与 GB2312 一脉相承,较好地解决了旧系统向新系统的转换问题。由于 GB2312 标准收入的 6763 个常用汉字为双字节编码,因此我们通常按双字节编码来估算汉字文件的存储空间大小。

2)汉字机内码

在计算机内部传输、存储、处理的汉字编码称为汉字机内码。为了实现中、西文兼容,通常利用字节的最高位来区分某个码值是代表汉字还是西文字符。若最高位为“1”,则视其为汉字字符,为“0”则视其为西文字符。所以,汉字机内码在国标码的基础上,把每个字节的最高位一律由“0”改为“1”。例如汉字“大”的国标码为3473H,两个字节的最高位均为“0”,如图1.2.1(a)所示。把两个字节最高位全改成“1”,变成B4F3H,就可得“大”字的机内码,如图1.2.1(b)所示。由此可见,同一汉字的交换码与机内码内容并不相同,而对于ASCII字符来说,机内码与交换码则是完全一致的。

顺便指出,当两个相邻字节的机内码值为3473H时,因它们的最高位都是“0”,计算机将把它们识别为两个ASCII字符——“4”和“s”,如图1.2.1(c)所示。

3473H	00110100	01110011	代表汉字“大”

(a)汉字“大”的国标码

B4F3H	10110100	11110011	代表汉字“大”

(b)汉字“大”的机内码

3473H	00110100	01110011	代表西文“4s”

(c)“4s”的ASCII机内码

图1.2.1 国标码和汉字/ASCII机内码的比较

3)汉字输入码

西文输入时,输入码与机内码是一致的。汉字输入则不同,假设要输入“大”字,在键盘上并无标有“大”字的按键。如果采用“拼音输入法”,则需在键盘上依次按下“d”和“a”两个按键,这里的“da”便是“大”字的输入编码。如果换一种汉字输入法,输入编码大概率也得换。换句话说,汉字输入码不仅不同于它的机内码,而且当改变汉字输入法时,同一个汉字的输入码也大概率会随之变更。

但是,无论采用哪一种汉字输入法(拼音、五笔或区位码),当用户向计算机输入汉字时,存入计算机中的总是它的机内码,与所采用的输入法无关。实际上,不管使用何种输入法,在输入码与机内码之间总是存在着一一对应的关系,通过“输入法程序”把输入码转换为机内码。为方便汉字的键盘录入而设计的编码,称为输入码,或称为“外码”,而机内码则是供计算机识别的“内码”,其码值是唯一的。输入码与机内码的关系如下。

各种汉字输入码(外码)→ 输入法(键盘管理)程序 →统一的汉字机内码(内码)

4)汉字字形码

字形码是指文字字形存储在字库中的数字化编码。字形码用于文字显示和打印。汉字是以点阵方式表示字形的,常见的汉字点阵有16×16、24×24、32×32、48×48等。点数愈多,输出的字体愈美观,但汉字库占用的存储空间也愈大。汉字字库由所有汉字的字模码构成。一个汉字字模码所占的字节数由汉字的点阵决定。例如,一个16×16点阵的汉字占16行,每行16个点,在存储时用16/8=2个字节来存放一行上的16个点信息,因此,一个16×16点阵的汉字占32个字节。

常用的字模码有 4 种:简易型 16×16 点阵,字模码占 32 个字节;普通型 24×24 点阵,字模码占 72 个字节;提高型 32×32 点阵,字模码占 128 个字节;精密型 48×48 点阵,字模码占 288 个字节。

根据汉字库中汉字字形码的存储方式不同,可把汉字库分为软字库和硬字库两种。软字库是将汉字库文件存储在软盘或硬盘中;硬字库是利用汉卡,而汉卡被安装在机器的扩展槽中。

1.3 计算机系统

一个完整的计算机系统由硬件系统和软件系统两大核心部分构成。计算机的运行不仅需要必备的硬件设备支持,还需要软件环境的配合。

1.3.1 计算机硬件系统

计算机硬件系统是指在计算机中能够触摸和看见的电子器件。这些电子器件和机器装置按照系统的结构要求,组成一个有机的整体。它们是实现计算机系统工作的物质基础,也是计算机运行的首要条件。没有硬件系统,软件系统就失去了发挥作用的平台。

尽管计算机在短短的几十年中发生了翻天覆地的变化,功能越来越强大,应用越来越广泛,但其系统结构仍然属于美籍匈牙利科学家冯·诺依曼在 1946 年提出的冯·诺依曼计算机结构。冯·诺依曼计算机的硬件系统主要由五大基本部件组成:运算器、控制器、存储器、输入设备和输出设备。这些部件以运算器为中心,相互联系,共同协作,如图 1.3.1 所示。

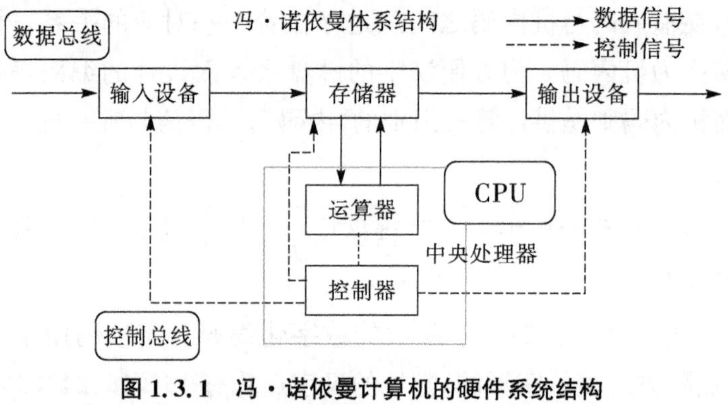

图 1.3.1 冯·诺依曼计算机的硬件系统结构

现代计算机的硬件组成如图 1.3.2 所示,它们通过系统总线连成一体。

- 硬件
  - 主机
    - 中央处理器(CPU)
      - 控制器
      - 运算器
      - 寄存器
    - 内存储器
      - 只读存储器(ROM)
      - 随机存取存储器(RAM)
      - 高速缓冲存储器(Cache)
  - 外部设备
    - 外存储器(软盘、硬盘、光盘、磁带等)
    - 输入设备(键盘、鼠标、光笔、扫描仪等)
    - 输出设备(显示器、打印机、绘图仪等)
    - 其他(网卡、调制解调器、声卡、显卡、视频卡等)

图 1.3.2　现代计算机的硬件组成

1. CPU

CPU,即中央处理器(Central Processing Unit),是计算机的"大脑"和指挥中心。它由运算器、控制器和寄存器组成,负责执行程序指令和处理数据。目前,全球领先的 CPU 生产商主要包括 Intel 公司和 AMD 公司。CPU 技术的迅速发展不断推动着微型计算机的升级换代。值得一提的是,我国在 CPU 研发方面也取得了显著成就,例如,我国于 2002 年成功研发的"龙芯一号"以及于 2005 年发布的"龙芯二号",后者的性能可与 Intel 的 1GHz 奔腾 4 相媲美。

(1)运算器:也被称为算术逻辑单元(Arithmetic Logic Unit,ALU),是计算机的核心运算组件。它主要负责执行算术运算,如加、减、乘、除等,以及逻辑运算,如 AND、OR、NOT 等具有逻辑判断能力的操作。

(2)控制器:作为计算机的指挥和控制中心,它的主要任务是从存储器中检索指令,对这些指令进行解码,并根据指令要求向计算机的其他部件发送相应的控制信号,以确保各部件能够协调一致地工作。

(3)寄存器:是计算机中具有有限存储容量的高速存储部件,可用来暂存指令、数据和地址,包括通用寄存器、专用寄存器和控制寄存器。寄存器拥有非常高的读/写速度,所以寄存器之间的数据传送速度非常快。

随着技术的不断进步,现代 CPU 还集成了许多其他功能,比如多线程处理、节能技术以及集成显卡等,旨在提高处理效率和响应速度。这些技术的发展不仅使得个人计算机的性能得到显著提升,还拓展了计算机在各个领域的应用范围。

2. 内存储器

存储器是计算机用来存放程序和数据的记忆部件,所有程序和数据都以二进制代码的形式存放在存储器中。计算机要执行的程序和使用的数据必须先存放在存储器中。存储器主要分为内存储器和外存储器两种类型。

内存储器,又称为主存储器,是计算机硬件的必要组成部分,对确保计算机的正常工作至关重要。内存的容量与性能是影响计算机整体性能的关键因素。

内存储器分为只读存储器(Read-Only Memory,ROM)、随机存取存储器(Random Access Memory,RAM)和高速缓冲存储器(Cache)。只读存储器的特点是只能读取信息而不能用一般的方法写入信息,即信息传送具有单向性,但其存储的信息在断电后不会丢失。随机存取存储器又称为随机读写存储器,其特点是既可以写入信息也可以读取信息,即信息传送具有双向性,但其存储的信息在断电后会丢失。高速缓冲存储器用于加速 CPU 和主存储器之间的数据交换。

在微型机的内存中,系统主板的自检程序是存放在只读存储器 ROM 中的。而我们通常所讲的内存条其实是随机存取存储器 RAM。当前,内存条主要有 SDRAM 和 DDR 两大类型,如图 1.3.3 所示。

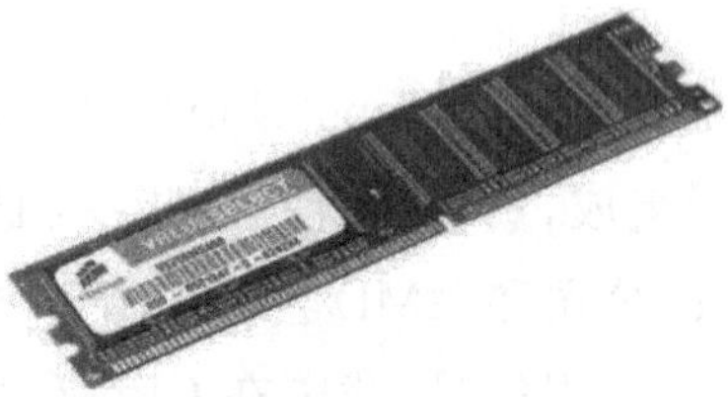

图 1.3.3 内存条

内存条插在主板上。有些软件系统(如图像处理、三维动画程序)对内存的要求较高。如果当前内存不足,用户可以通过在主板上的内存插槽中添加内存条进行扩充。

内存的主要技术指标如下。

(1)容量。这一指标直接影响系统的整体性能。一般有 8GB、16GB、32GB 等。

(2)存取时间。内存的存取时间决定了内存的读/写速度,其单位是纳秒(ns)。

(3)奇偶校验位。内存条的奇偶校验位可以用于保证数据的正确读写。目前,有无奇偶校验位一般均不影响系统正常工作。

(4)接口类型。内存的接口类型一般包括 SIMM 类型接口和 DIMM 类型接口。

1)只读存储器

只读存储器主要有掩模 ROM、PROM、EPROM、EEPROM 和 Flash Memory 几类。

(1)掩模 ROM。生产厂家按照事先设计的模板在制造时连同内容一起生产,用户不能进行修改,主要适用于大批量生产。

(2)PROM。厂家生产的是空存储器,用户可以一次写入自己的程序,但写入后不能擦除。

(3)EPROM。一种可多次编程的只读存储器,也是目前应用最为广泛的一类 ROM,但擦除需用紫外线照射,所以要配专用的擦除器。

(4)EEPROM。电可擦除的只读存储器,只要给定所需的擦除电压,就可以更新信息,但成本较高。

(5)Flash Memory。它又被称为闪存,U 盘和 MP4 等都属于此类存储器。它具有 EEPROM 的特点,但与一般 ROM 不同的是其读取数据的时间与动态随机存取存储器相近。

2)随机存取存储器

随机存取存储器主要包括静态 RAM 与动态 RAM 两种。

(1)静态 RAM:采用双稳态触发器作为存储的基本单元,稳定性好,存取速度快。

(2)动态 RAM:采用电容作为存储单元,需要定时刷新,但容易集成。计算机的内存条采用的就是动态 RAM。

3)高速缓冲存储器

高速缓冲存储器(Cache)是计算机系统的重要组成部分,旨在解决 CPU 与主存(动态存储器 DRAM)之间速度不匹配的问题。由于 CPU 的处理速度远高于 DRAM,直接在它们之间进行数据交换会导致 CPU 频繁等待,从而降低整机性能。虽然静态存储器(SRAM)速度较快,但其价格高昂且集成度低,不适合作为主存。因此,引入高速缓存作为 CPU 与 DRAM 之间的缓冲区。高速缓存使用少量的 SRAM,可以集成在处理器芯片内(称为片内 Cache 或一级 Cache),或者位于处理器芯片之外(称为二级 Cache)。片内 Cache 容量虽小但非常灵活,能显著提升微处理器的性能。而二级 Cache 作为 CPU 和主存之间的真正缓冲,其容量通常比一级 Cache 大一个数量级以上。高速缓存的工作原理是保存主存储器内容的部分副本,并在 CPU 读/写数据时首先访问 Cache。如果 Cache 中有 CPU 所需的数据(称为命中),则 CPU 能在零等待状态下迅速完成数据读/写;如果 Cache 中没有所需数据(称为未命中),则 CPU 需要访问主存。因此,访问 Cache 的命中率是提高系统效率的关键。

3. 外存储器

外存储器,简称外存,是计算机存储系统的重要组成部分,作为内存的延伸和扩充,它主要用于存储那些不经常访问但又需要长期保存的系统文件、应用程序、用户数据等。与内存不同,CPU 并不直接访问外存,而是通过内存作为中介进行间接访问。即,当 CPU 需要执行外存中的程序或访问其中的数据时,这些数据或程序会首先被加载到内存中,随后才能被 CPU 访问和处理。因此,外存的主要作用是扩大整个存储系统的容量,但它并不能替代系统内存的快速访问功能。

外存储器主要包括磁盘存储器、光盘存储器、固态硬盘和 U 盘等。相较于内存,外存的容量通常更大,但数据的访问速度会相对较慢。

1)硬盘

(1)硬盘类型。

①硬盘按工作原理分为机械硬盘与固态硬盘。

机械硬盘使用铝合金圆盘作为基材,并涂覆有磁性材料来记录数据。现代常见的硬盘尺寸为3.5英寸(约9 cm),其内部结构包括密封的磁头、盘片和驱动器。硬盘存储器由电机和硬盘组合而成,通常被安装在计算机的主机箱内,如图1.3.4所示。

图1.3.4 机械硬盘

这种硬盘可以包含多个盘片,这些盘片都安装在同一根轴上,盘片之间留有足够的空间以安置磁头。所有盘片上相同编号的磁道组成一个柱面。硬盘的存储容量取决于磁头数量、柱面数量以及每个磁道的扇区数量。硬盘容量可以通过以下公式计算:512字节/扇区×磁头数×柱面数×每磁道扇区数。不同型号的硬盘在各项参数上可能有所不同。

固态硬盘(Solid State Drives,SSD)是用固态电子存储芯片阵列制成的硬盘,由控制单元和存储单元(FLASH芯片、DRAM芯片)组成。固态硬盘在接口的规范和定义、功能及使用方法上与普通硬盘完全相同,在产品外形和尺寸上也与普通硬盘完全一致,如图1.3.5所示。

图1.3.5 固态硬盘

固态硬盘的存储介质分为两种,一种是采用闪存(FLASH芯片)作为存储介质,另外一种是采用DRAM作为存储介质。

基于闪存的固态硬盘(Solid State Drive based on Flash Memory):采用FLASH芯片作为存储介质,通常简称为SSD(Solid State Drive)。它的外观有多种样式,例如:笔记本硬盘、微硬盘、存储卡、U盘等。这种SSD固态硬盘最大的优点就是可以移动，而且数据保护不受电源控制，能适应于各种环境，适合于个人用户使用。

影响固态硬盘性能的因素主要有主控芯片、NAND闪存介质和固件。

固态硬盘的优点体现在读写速度快、防震抗摔性、低功耗、无噪音、工作温度范围大、轻便。它的缺点主要有：受容量、寿命限制（闪存具有擦写次数限制），售价较高。

在机械硬盘时代养成的“良好习惯”，未必适合固态硬盘。对于固态硬盘的使用和保养，需要注意以下几点。

A. 不要使用碎片整理。碎片整理是应对机械硬盘变慢问题的一个好方法，但对于固态硬盘来说这完全就是一种“折磨”。消费级基于闪存的固态硬盘的擦写次数是有限制的，碎片整理会大大减少其使用寿命。其实，固态硬盘的垃圾回收机制已经是一种很好的“磁盘整理”方式了，无须进行其他整理。Windows的“磁盘整理”功能是机械硬盘时代的产物，并不适用于SSD。

B. 小分区与少分区。在固态硬盘上彻底删除文件，是将无效数据所在的整个块（Block）擦除。具体过程是：先把块内的有效数据集中起来，转移到其他空闲的块中，然后对包含无效数据的块进行擦除操作。这意味着在分区时不要把SSD的容量都分满，而是预留一部分空间，这种方式称为“小分区”。

“少分区”则是另外一种概念，关系到“4K对齐”对固态硬盘的影响。一方面主流SSD容量都不是很大，分区越多意味着浪费的空间越多，另一方面分区太多容易导致分区错位，在分区边界的磁盘区域的性能可能受到影响。最简单地保持“4K对齐”的方法就是用Windows自带的分区工具进行分区，这样能保证分出来的区域都是4K对齐的。

C. 保留足够的剩余空间。固态硬盘存储数据越多，性能会有所下降。如果某个分区长期处于使用量超过90%的状态，则可能会增加其出现故障的风险。

D. 及时刷新固件。“固件”好比主板上的BIOS，负责控制固态硬盘的一切内部操作，其状态会直接影响固态硬盘的性能、稳定性及使用寿命。及时更新官方发布的最新固件不仅能提升固态硬盘的性能和稳定性，还可以修复之前出现的BUG。

E. 学会使用恢复指令。固态硬盘的Trim重置指令可以将其性能完全恢复到出厂状态。但不建议过多使用，因为对固态硬盘来说，每进行一次Trim重置就相当于完成一次完整的擦写操作，对磁盘寿命会有影响。

随着互联网的飞速发展，人们对数据信息的存储需求也在不断提升，现在多家存储厂商都已推出便携式固态硬盘，更有支持USB Type-C接口的移动固态硬盘和支持指纹识别的固态硬盘推出。

②硬盘按便携性可分为固定式硬盘与移动式硬盘。

固定式硬盘：永久安装在计算机主机箱内，不便于移动。

移动式硬盘：通过USB接口与计算机连接，便于携带，且即插即用。这种硬盘容量通常较大,适用于备份多媒体数据和其他重要文件。

(2)硬盘性能指标。

硬盘的性能通常通过存储容量、数据传输速度、访问时间以及平均无故障时间等指标来衡量。

(3)硬盘准备工作。

新购买的硬盘在使用前需要经过低级格式化、硬盘分区和高级格式化等处理。

①低级格式化:对新硬盘的磁道和扇区进行划分,并在扇区地址域上记录地址信息。这个过程通常由制造商在硬盘出厂前完成。

②硬盘分区:为了方便管理和使用大容量存储空间,可以将硬盘划分为多个逻辑存储区域,每个区域称为一个分区。分区的主要目的是建立系统可识别的硬盘区域,并将必要的引导程序和分区信息写入硬盘的第一个扇区。

③高级格式化:在分区完成后,需要对每个分区进行高级格式化,以便系统能够按照指定的格式存储文件。这个过程会建立文件分配表,并使硬盘具备系统启动功能。

2)光盘

光盘利用光学原理来读写数据,具有极高的稳定性和耐久性。光盘表面由小坑(Dent)和平坦部分(Pit)组成,通过激光头捕捉光照的不同反射来读取数据。根据性能和用途不同,光盘主要分为 CD-ROM 和 DVD 两种类型。

(1)CD-ROM:只读光盘,由厂家在生产时写入数据或程序。其标准尺寸为5.25英寸(约 13cm),容量为 650 MB,需要使用光盘驱动器来读取信息。

(2)DVD:新一代光盘产品,容量远大于 CD-ROM,常见容量有 4.7GB、8.5GB 等。DVD 光盘也有只读、一次写入和可重复写入等多种类型。

3)U 盘

U 盘是一种便携式外存储器,可直接插入计算机的 USB 接口进行读/写操作,具有容量大、体积小、可靠性高和便携性强等优点,已经广泛取代了传统的软盘,并成为现代计算机用户常用的数据存储设备之一。

在计算机存储系统中,内存和外存各自发挥着不同的作用。内存通常由半导体材料制成,具有较快的存取速度,但存储容量有限。外存容量大,但存取速度慢。充分发挥各种存储设备的长处,将其有机地组织起来,就构成了具有层次结构的存储系统。所谓存储系统的层次结构,是指将不同存储容量、不同存取速度的存储设备,按照一定的体系结构组织起来,使所存放的程序和数据按层次分布在各存储设备中。存储系统的层次结构如图 1.3.6 所示。

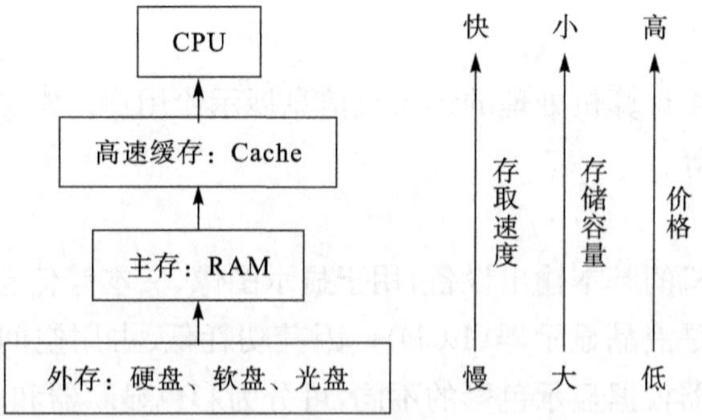

图 1.3.6 存储系统的层次结构

4. 输入设备

输入设备是用户与计算机交互的桥梁，用于将指令和数据送入计算机。在现代计算机系统中，常用的输入设备多种多样，包括键盘、鼠标、扫描仪、视频摄像头、数码相机和数码摄像机等，还有一些专业的设备如模数(A/D)转换器等。

1)键盘

现代键盘大多采用104键或更多键的布局，特别配备了用于快速调用Windows操作系统菜单的功能键，提升了操作效率。

2)鼠标

鼠标主要分为机械鼠标、光学鼠标和光学机械鼠标。鼠标通常配备两个或三个按键，用户可以轻松地移动鼠标进行光标定位，并通过按键进行选择和输入。

3)扫描仪

扫描仪是一种计算机输入设备，用于将纸张、照片等介质上的文字或图形数字化后输入计算机。其主要性能指标包括扫描分辨率、数据传输速率和可扫描尺寸。目前，大多数扫描仪采用USB接口，数据传输速率快且稳定。扫描仪的分辨率有光学分辨率和最大分辨率之分，其中光学分辨率是决定扫描质量的关键因素。市场上常见的有300DPI、600DPI和1200DPI等规格，分辨率越高，扫描得到的图像质量越好，但价格也会相应上升。

4)视频摄像头

视频摄像头是捕捉动态图像和声音的计算机输入设备，常用于网络视频通话等场景。现代视频摄像头多通过USB接口与计算机连接，实现即插即用。

5)数码相机和数码摄像机

数码相机和数码摄像机能够记录高质量的图像和视频，并可作为计算机的输入设备。其拍摄的内容保存在存储卡或数码录像带上，可以方便地导入计算机进行后期编辑和处理。

5. 输出设备

输出设备负责将计算机处理的结果或信息展示给用户。常见的输出设备有显示器、打印机、绘图仪等。

1)显示器

显示器是计算机的基本输出设备，用于显示图像、文本等信息。目前广泛使用的显示器的类型主要是液晶显示器(LCD)。因其功耗低、占用空间小且显示效果清晰而受到欢迎。显示器根据显示色彩的不同，可分为彩色显示器和单色显示器。

显示器需要配备相应的显示卡(也称为显示适配器或显卡)。显卡上的存储器称为显存(VRAM)，它负责存储刷新屏幕所需的信息(即图像数据)。显卡的容量、位宽等对系统的显示性能有着直接影响。

LCD 显示器和 OLED 显示器具有较高的分辨率和刷新率，如常见的分辨率有 1920×1080(全高清)、3840×2160(4K 超高清)等。

2)打印机

打印机是将计算机中的文字、图像等数据输出到纸张上的设备，主要分为针式打印机、喷墨打印机和激光打印机三大类，且每种类型都可选配单色或彩色打印功能。若需将计算机中的内容打印出来，就必须使用打印机。在打印效果方面，激光打印机通常能提供最佳的打印质量；针式打印机的打印效果相对较差，特别是在打印图像时；而喷墨打印机则能满足一般家庭和办公环境的打印需求。现代打印机除了传统的并行接口外，更常见的是通过 USB 接口连接，也有打印机支持无线网络连接，如 Wi-Fi 直连或蓝牙连接。

市场上存在众多打印机品牌，如 Canon(佳能)、Epson(爱普生)、HP(惠普)以及联想等，它们各自具有不同的技术特点和市场定位。

6. 其他外部设置

1)音效系统

音效系统负责计算机的声音输入与输出，其核心组件包括声卡、扬声器设备(如音箱或耳机)以及麦克风。现代计算机普遍具备多媒体功能，因此声卡已成为标配。声卡的质量和性能影响着计算机的音频输出和输入质量。通过配置声卡，并连接扬声器或耳机，用户可以播放音频文件；同时，通过连接麦克风，用户还可以进行录音或语音通信。

2)调制解调器和网络适配器

调制解调器(Modem)通过电话线路或其他传输介质连接到因特网。它分为外置式、内置式和 PC 卡式等类型，通常采用串行接口、USB 接口或通过 Wi-Fi、蓝牙等进行无线连接。随着技术的发展，许多现代设备已经集成了调制解调器的功能。

在宽带网络中，主要使用网络适配器(网卡)进行连接。目前市场上主流的网卡支持 10/100/1000 Mbps 自适应速率，甚至更高速度，如 2.5 Gbps、5 Gbps 或 10 Gbps。这些高速网卡一般采用 PCI Express(PCI-E)总线标准，因为它提供了更高的数据传输速率和性能。同时，随着 USB 3.0、USB 3.1 以及 Thunderbolt 等更高速接口技术的普及，部分外置网卡也开始采用这些接口。

3)总线

I/O 总线是外围设备与 CPU 和内存之间的数据通道，主要由地址总线(AB)、数据总线(DB)和控制总线(CB)三部分组成。地址总线负责传输要访问的内存或设备的地址信息，其宽度决定了系统能直接访问的最大内存容量。例如，如果地址总线宽度为 20 位，则系统最大可访问的内存容量为 1 MB。数据总线用于在 CPU 和内存或其他设备之间传输数据，其宽度代表了一次能并行传输的二进制数据位数，这是影响计算机性能的关键因素。数据总线的宽度和传输速度共同决定了数据传输的效率，是衡量计算机性能的重要指标。

(1)内部总线。

目前，内部总线中具有代表性的包括以下两种。

①ISA(工业标准体系结构)：最大总线宽度是 16 位，最高时钟频率为 8 MHz。由于其传输速率较低，现在已较少使用。

②PCI(外设互联标准)：最大总线宽度为 32 位或 64 位，支持更高的数据传输速率，广泛应用于当前的计算机系统中。

(2)外部总线。

对于外部总线，常见类型如下。

①RS-232 接口：一种历史较悠久的串行通信标准接口，虽然传输速度相对较慢，但因其简单可靠而仍在某些特定应用中使用。

②USB(通用串行总线)接口：USB 接口已成为现代计算机中不可或缺的接口标准，支持多种外部设备(如键盘、鼠标、数字相机、扫描仪等)的连接，具备即插即用和热插拔的特性。其树状结构允许最多连接 127 个外部设备，极大地提高了外部设备连接的灵活性和便捷性。USB 接口的普及和广泛应用，极大地推动了计算机与外部设备的互联互通。

1.3.2 计算机的基本工作原理

现代计算机是一种高度自动化的电子装置，其能实现自动化信息处理的核心在于采用了“存储程序”的工作原理，这一原理为现代计算机的体系结构和基本工作方式奠定了基础。

1. 计算机工作原理概述

计算机能完成各种复杂任务，是通过执行一系列精确编排的步骤来实现的，这些步骤被统称为程序,每一步操作则被称为计算机指令。

1)计算机指令(Instruction)

计算机执行的所有操作都是通过程序来指挥的。程序由一系列指令构成,这些指令按照特定的逻辑和顺序排列。控制器依赖这些指令来指挥计算机进行工作,而程序员则通过编写指令来表达他们的意图。一台计算机能识别和执行的全部指令集合被称为该计算机的指令集(Instruction Set)。

每条计算机指令通常由操作码和操作数两部分构成。操作码指明了要执行的具体操作,比如加法或减法;而操作数则指定了参与操作的数据或其存储位置。例如:

操作码→ADD AX,9←第二个操作数

↑

第一个操作数的存放地址

在这条指令中,ADD是操作码,AX是第一个操作数的存放地址,9是第二个操作数。执行这条指令就是将AX中的数和9相加,再将结果存回AX中。

2)工作原理

计算机通过执行预先编写好的程序来完成各项任务。因此,理解计算机如何执行程序是掌握计算机工作原理的关键。

计算机执行指令的过程大致分为两个步骤。

(1)指令的获取与分析。计算机根据程序的顺序,从内存中读取下一条要执行的指令,并将其送入控制器的指令寄存器中。随后,计算机会解析这条指令,即根据指令中的操作码来确定应该执行何种操作。

(2)指令的执行。在解析完指令后,控制器会发出相应的控制信号,指挥计算机的各个部件完成指令所要求的操作。同时,计算机会为获取和执行下一条指令做好准备。

可见,计算机的工作流程是一个不断循环的“获取指令—分析指令—执行指令”的过程。尽管一台计算机的指令数量是有限的,但通过这些指令的组合和编排,可以创建出许多不同的程序,从而使计算机能够完成多种多样的任务。从本质上讲,计算机的工作就是执行程序的过程。

2. 存储程序原理

程序是由一系列机器指令按照特定逻辑组合而成的。为了实现计算机的自动运行,这些指令需要被事先存储在计算机的存储器中。在计算机运行时,CPU会按照程序设定的逻辑从内存中读取并执行这些指令。这就是所谓的存储程序原理。

存储程序原理是计算机能够自动、连续工作的基石。这一原理由冯·诺依曼领导的研究小组在1946年正式提出并论证。时至今日,大多数微型计算机仍然遵循这一设计原则,因此也被称为冯·诺依曼计算机。这种设计思想的核心就是存储程序的概念。

1.3.3　计算机系统的主要技术指标

衡量计算机系统的主要技术指标如下。

1. 字长(Word Length)

字长是指计算机运算部件能同时处理的二进制数据的位数,它决定了计算机的运算精度、寻址速度以及数据处理速度。通常,字长越长,计算机的运算精度越高,处理能力也相应越强。微型计算机的字长从早期的8位、16位(如8086、80286处理器),发展到后来的32位(如Pentium系列处理器),再到现在的64位(广泛应用于现代处理器中)。

2. 运算速度

运算速度通常用来衡量CPU每秒能执行的指令数量,传统上用MIPS(每秒百万条指令)来表示。然而,在现代计算机中,更常用的指标是主频(Clock Speed),即CPU的时钟频率,单位通常是GHz(吉赫兹)。主频越高,计算机的处理速度往往越快。目前,主流处理器的主频已经达到3 GHz至5 GHz,甚至更高。但值得注意的是,主频并不是决定运算速度的唯一因素,CPU的架构、缓存大小、指令集等也起着重要作用。

3. 存储容量(Memory Capacity)

存储容量指的是计算机内部配置的随机存储器(RAM)的总容量。RAM直接与CPU相连,为其提供运行的程序和存储的数据,并保存处理结果。内存的大小对计算机的整体性能有着直接影响。在实际应用中,许多软件需要足够的内存空间才能流畅运行。例如,Windows 10/11操作系统通常建议配备至少8 GB的RAM,而对于AutoCAD、大型游戏和三维动画软件等专业应用,可能需要16 GB或更大的内存。目前,市场上主流的微型计算机通常配备8 GB、16 GB或更大的内存。

4. 系统总线的传输速率

系统总线的传输速率对计算机的输入/输出性能有着直接影响。除了传统的PCI总线外,现代计算机还配备了更高速的接口,如PCI-Express(PCI-E),其传输速率可达数十GB/s,远超早期的总线标准。

5. 外部设备配置

随着技术的不断进步,微型计算机的外部设备配置也在持续更新。除了基础的键盘、鼠标和显示器外,现代计算机还常配备高速的固态硬盘(SSD)、USB 3.0/3.1/3.2接口、高清甚至4K分辨率的显示器、无线网卡和蓝牙等。对于多媒体和创意工作,可能还需要专业的音频设备、高分辨率摄像头以及VR/AR设备等。

6. 软件配置

为适应硬件发展和用户需求的变化，软件配置也在不断更新。现代计算机通常预装了最新的操作系统（如 Windows 10/11、macOS、Linux 等）、高效的程序设计语言（如 Python、Java、C＋＋等）、功能强大的数据库管理系统、高速的网络通信软件以及各种专业的应用软件。

除了上述性能指标外，机器的兼容性（Compatibility）、系统的可靠性（Reliability，即平均无故障工作时间）和系统的可维护性（Maintainability，即故障的平均排除时间）也是重要的考量因素。同时，随着云计算、大数据、人工智能等技术的快速发展，计算机系统的性能指标也在不断扩展和完善。

1.3.4 计算机软件系统

1. 计算机软件概述

1)程序

计算机的机器指令是指计算机执行某种操作（如加法、减法、传送数据、控制信号发送等）的命令。这种指令的功能可以通过计算机的逻辑电路直接实现，因此能够被计算机硬件直接识别并执行。一台计算机可能包含几十条到数千条不同的指令，所有这些指令的集合构成了计算机的指令系统。指令系统是计算机基本功能具体而集中的体现。

无论计算机执行多么复杂和高级的任务，都是通过将指令适当地排列成一个序列，并逐条执行这些指令来完成的。这种把指令排列成一定的执行顺序并能完成特定目标工作的指令序列，就被称为程序。软件设计师在指令系统的基础上建立程序系统，以扩充和发挥计算机的功能。

2)软件

软件是指为管理、运行、维护及应用计算机而开发的程序、数据和相关文档的集合。一个完整的计算机系统由硬件系统和软件系统两部分组成。

3)软件的分类

软件一般可分为系统软件和应用软件两大类，如图 1.3.7 所示。系统软件是为了用户方便地使用计算机及其输入/输出设备，并充分发挥计算机系统的功能而开发的程序系统。它包括操作系统（如 Windows、macOS、Linux 等）、语言编译程序、数据库管理软件等。应用软件则是为了某种特定使用目的而编写的程序系统，如文字处理软件（如 Word）、专业的财务软件、人事管理软件、计算机辅助设计软件（如 AutoCAD）、绘图软件（如 3DS Max）等。

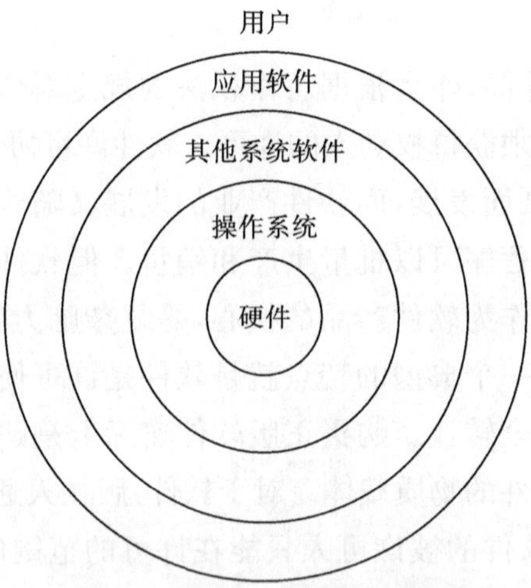

图 1.3.7 软件系统层次示意图

4)软件的版权

与其他类型作品的版权保护制度相似,软件版权制度的基本作用也是平衡软件版权人与社会公众的利益。软件版权既要充分保护版权人的权益,也要保障公众使用软件进行生产和科研的权利。

用户从软件出版单位和计算机商家购买软件时,获得的只是使用该软件的许可,而软件的版权人和出版单位则分别保留了软件的版权和专有出版权。软件许可合同的作用就是指导用户如何使用软件并对软件的使用进行限制。

在版权意义上,软件可分为公用软件、商业软件、共享软件和免费软件。其中,商业软件、共享软件和免费软件都属于享有版权保护的范畴。

(1)公用软件。公用软件其版权已被放弃,不受版权保护,可以复制、修改、开发衍生软件并销售。

(2)商业软件。商业软件受版权保护。对商业软件进行逆向开发或开发衍生软件都须经版权人允许。但为了预防原版软件意外损坏,可以进行存档复制。为了适应实际的计算机环境,也可以进行必要的修改。

(3)共享软件。共享软件实际上是一种商业软件,但它是在试用基础上提供的一种商业软件,所以也被称为试用软件。共享软件的作者通常通过公告板、在线服务、出售磁盘和个人之间的复制来发行其软件。发行共享软件的目的是让潜在的用户通过试用来决定是否购买。如果试用者希望在试用期过后继续使用该软件,就需要支付少量费用并进行登记,以便作者进一步提供软件的更新版本、故障排除方法和其他支持。

(4)免费软件。免费软件是免费提供给公众使用的软件,常通过和共享软件相同的发行方式发行。

5)软件使用许可

软件是一种特殊的作品,作者根据著作权法的规定对作品享有独占权。如果他人需要使用该软件,就必须获得权利人的许可。软件许可协议就是软件许可合同,其发展随着软件产业的发展而发展,而软件产业的发展又随着计算机技术的发展而发展。软件也是产品,软件程序可以批量生产和销售。但软件产品与普通商品有一个明显的不同,那就是程序作为软件产品的核心,是复杂脑力劳动的结果。因此,在软件产品的商业化运作中,一个典型的特点就是软件是许可使用而不是简单的商品买卖,更不意味着权利的完全转让。购买正版软件实际上是购买了软件的合法许可使用权,而不仅仅是正版软件的物质载体。对于软件,版权人通常以许可的方式行使其版权。以这种方式使用软件的被许可人只能在许可的范围内使用软件。未经许可,被许可人不得擅自处置其持有的软件复制品。

通常来说,按照软件许可协议的订立方式划分,软件许可协议有两种类型:开封生效的许可协议(Shrinkwrap Licenses)和点击生效的许可协议(Clickwrap Licenses)。

(1)开封生效的许可协议。当人们到软件商店购买软件时,会发现软件是有包装的。通常情况是,只有打开玻璃纸或塑料纸的包装后才能看到打印的软件使用许可协议和软件本身。但一般只有付款买下软件后,才允许打开软件的包装。

(2)点击生效的许可协议。这是开封生效的许可协议的电子形式。它与开封生效的许可协议非常类似,只不过它是在安装软件之前或者是在互联网上请求一种服务时在计算机屏幕上出现的。点击生效的许可协议有一个重要的特点就是如果消费者不点击“我同意”,程序就无法进行,用户将无法使用该软件。与开封生效的许可协议极为类似,点击生效的许可协议的有效性也引起了很大争议。

2. 操作系统

操作系统(Operating System,OS)是计算机中最重要的系统软件。操作系统用于控制和管理计算机硬件和软件资源,合理地组织计算机工作流程,以及方便用户使用计算机。操作系统是程序的集合,扮演着计算机与用户、应用程序以及硬件之间的桥梁角色。安装了操作系统的计算机称为虚拟机(Virtual Machine),它是对裸机的扩展。

1)操作系统的功能

操作系统的功能一般包括以下五个部分。

(1)CPU管理(处理器管理)。CPU是计算机系统的核心硬件,其性能和使用情况直接影响系统整体表现。由于CPU资源昂贵且速度远超其他硬件,有效管理CPU资源成为操作系统的核心任务。在多任务环境中,操作系统通过进程管理实现CPU分配,包括进程调度、控制、同步与互斥、通信以及死锁检测与处理等,确保CPU

资源得到充分利用。

(2)存储器管理。存储器是计算机系统的另一重要资源。作业在CPU上运行时,其代码和数据须驻留内存。操作系统负责为作业分配内存空间,并在作业结束时回收其所占用的内存空间,同时保护每个作业的内存空间不受干扰。为解决内存需求与供给之间的矛盾,操作系统采用虚拟存储管理技术,提供大于实际物理内存的存储空间,通过内外存交换和地址映射技术,使更多作业能并发运行。

(3)文件管理。文件是计算机中信息的主要存放形式。文件管理的目的是长期、有组织地存储文件,并提供方便的存取接口。文件管理的主要功能包括文件存储空间的分配和回收、目录管理、文件存取控制、安全与维护、逻辑与物理地址映射,以及文件系统的安装、卸载和检查等,以便用户共享和访问文件。

(4)设备管理。计算机外部设备种类繁多,控制复杂。设备管理的主要任务是提高CPU与设备的并行性,充分利用设备资源。设备分为块设备和字符设备,通过通道、控制器和中断机制进行数据传输。设备管理包括设备的分配和回收、设备的控制和信息传输技术以及设备驱动。设备相关的代码通常由设备制造商或软件生产商提供,以可装卸形式植入操作系统的内核。

(5)用户接口。操作系统提供用户接口,方便用户使用计算机。内核通过系统调用提供友好接口,便于用户程序操作文件、目录,申请和释放内存,进行I/O操作和控制进程。操作系统还提供命令级接口,包含一系列程序命令,方便用户与系统交互。近年来,图形用户界面如Windows 10等,以图形和菜单为主要显示界面,以鼠标为主要输入方式,受到广泛欢迎,对计算机普及起到重要作用。

2)操作系统的分类

操作系统种类繁多,各具特色,其分类可基于不同视角。从计算机体系结构来看,可分为单机操作系统(含单任务与多任务)、多机多用户操作系统、网络操作系统及分布式操作系统。而按操作系统的工作方式划分,它则包括单用户系统、批处理系统、分时系统、实时系统等。以下是几种主要操作系统的简要介绍。

(1)单用户操作系统:面向单一用户,所有资源均供其使用,用户对系统拥有绝对控制权。此类操作系统起源于早期的系统监控程序,逐渐发展为独立的操作系统,专为一台机器、一个用户设计。

(2)批处理操作系统:分为单道批处理系统与多道批处理系统,允许多个用户以高速、非人工干预的方式进行成组作业和程序执行。作业成组提交给系统,由计算机顺序自动完成后再给出结果,减少了用户作业建立和打断的时间。

(3)分时操作系统:基于主从式多终端计算机体系结构,一台主计算机可连接多个终端,提供多用户同时操作。主计算机采用时间分片方式轮流为各终端用户服务,使每个用户都能感觉到有一台计算机在专门为其服务。

(4)实时操作系统:主要应用于那些需要及时响应外部事件的领域。这类系统的核心特性是对输入的即时响应以及对输出的按需、无延迟处理。实时控制系统,通常也被称作计算机控制系统,是以计算机为中心的过程控制系统的典型代表。它不仅在生产过程中发挥着重要作用,如自动数据采集、生产过程监测以及执行机构的自动控制等,还广泛应用于监测制导性控制场景,例如武器装备的制导、交通控制、自动驾驶与跟踪,以及导弹、火箭与航空航天器的发射等领域。

(5)网络操作系统。在信息化浪潮的推动下,计算机网络蓬勃兴起,网络操作系统也随之成为关键一环。网络操作系统是一种构建于单机操作系统之上的开放式软件系统,它主要应对的是各类不同计算机系统的互联运行需求,要实现不同单机操作系统之间的资源共享、用户操作协同,以及与单机操作系统的高效交互。通过这些功能,它能够有效解决多个网络用户(甚至全球范围内的远程网络用户)对共享资源的争用问题,实现资源的合理分配与有效管理。

(6)分布式操作系统:大量计算机通过网络连接,形成分布式系统,具有极高的运算能力和广泛的数据共享能力。其优点包括能以低成本获得高性能和具有较高的可靠性。当某个 CPU 系统发生故障时,整个系统仍能工作,适用于高可靠环境,如核电站等。

3. 程序设计语言

算法的实现需要借助语言进行描述。人们日常理解的算法通常使用自然语言阐述,但要想让计算机理解和执行算法,就必须使用程序设计语言来编写。程序设计语言是专为编写计算机程序而设计的语言,它基于一组符号和规则构建。这些规则定义了符号如何组合成程序中的指令序列。程序设计语言包含三个核心要素:语法、语义和语用。语法规定了程序的结构,即编程符号的组合方式,但不解释这些符号的具体意义或用法。语义则明确了符号在特定上下文中的含义。语用关注的是程序与使用者之间的互动关系。

程序设计语言的基本成分包括:①数据成分,用于描述程序所涉及的数据;②运算成分,定义程序中的运算操作;③控制成分,管理程序中的流程控制;④传输成分,用于表达程序中数据的传递。

1)程序设计语言分类

程序设计语言大致可分为机器语言、汇编语言和高级语言。

(1)机器语言。计算机能直接执行的指令称为机器指令,所有机器指令的集合称为该计算机的指令系统,由机器指令所构成的编程语言称为机器语言。

机器语言用二进制编码表示每条指令,它是计算机能识别和执行的语言。用机器语言编写的程序称为机器语言程序或指令程序(机器码程序)。因为机器只能直接识别和执行这种机器码程序,所以它又被称为目标程序。由于机器语言对人类来说难以记忆和理解，用机器语言编写程序不易记忆、不易查错、不易修改，因此编写和维护机器语言程序相当困难。

(2)汇编语言。为了简化编程过程，人们引入了汇编语言，它使用符号来代替机器语言中的二进制指令。汇编语言程序需要通过汇编器转换成机器语言程序后才能执行。虽然汇编语言比机器语言更易读，但仍然需要程序员对计算机硬件有深入的了解。

(3)高级语言。高级语言更接近自然语言，它使程序员能够更高效地编写复杂程序。高级语言程序需要通过编译器或解释器转换成机器语言程序。高级语言的优点是易于学习、可移植性好，并且能够提高开发效率。

用高级语言编写的程序称为高级语言源程序。同汇编语言源程序一样，计算机也不能理解和执行高级语言源程序。于是，人们设计了各种编译程序和解释程序，用于将高级语言源程序翻译成计算机能直接理解并执行的二进制代码的目标程序。

高级语言源程序的翻译有两种方式：一种是解释方式，另一种是编译方式。

2)常用的高级程序设计语言

常用的高级语言主要有三类：面向过程的程序设计语言、面向问题的程序设计语言和面向对象的程序设计语言。

(1)面向过程的程序设计语言。传统的高级程序设计语言几乎都是面向过程的程序设计语言，在程序设计中需要将任务的每个步骤逐一编写出来，对问题的描述接近于对问题的求解过程，易于掌握和书写。常用到的这类高级语言有 BASIC、FORTRAN、PASCAL、C 等。

(2)面向问题的程序设计语言。通常把面向问题的数据库系统语言称为甚高级语言。面向过程的高级语言要仔细告诉计算机每一步“怎么做”，而面向问题的甚高级语言就只需告诉计算机“做什么”，不需要告诉它“怎么做”，它就会自动完成所需的操作。

(3)面向对象的程序设计语言。传统的高级语言，用户不仅要告诉计算机“做什么”，而且要告诉计算机“怎么做”，也就是把每一步的操作事先都设想好，用高级语言编写成程序，让计算机按指定好的步骤去执行。近年来出现了“面向对象”的程序设计语言。对象是指由数据以及与之相关方法所构成的软件实体。在程序设计中，能够使用软件中的对象来代表现实世界里的实际对象。

目前流行的这类程序设计语言有 Python、JAVA、C＋＋、VC、VB、PowerBuilder、Delphi 等。程序设计语言是软件的重要方面，其发展趋势是模块化、简明化、形式化、并行化和可视化。

4. 应用软件

应用软件是为满足用户特定需求而开发的软件，根据功能的不同，应用软件可以分为多个类别。

(1)管理信息类软件。此类软件广泛应用于企业、政府和商业机构,用于管理各种信息,如:财务管理软件、人事管理软件、商店管理软件等。

(2)字表处理软件。字表处理软件是日常办公中最常用的应用软件之一,如Microsoft Office、WPS等,它们提供了文档编辑、表格制作和演示文稿等功能。

(3)教育软件。教育软件市场产品丰富,包括面向家庭的学习软件、学校辅助教学软件以及科普知识软件等。

(4)游戏软件。游戏软件近年来持续增长,涵盖了各种类型和风格的游戏,为用户提供娱乐和休闲体验。

(5)翻译软件。翻译软件包括词典类和全文翻译类,帮助用户转换和理解不同的语言。

(6)杀毒软件。杀毒软件用于检测和清除计算机病毒,保护计算机系统的安全。

(7)其他应用软件和工具软件。此类软件包括图形图像处理、音视频处理、网络应用、数据处理、电子图书阅读、科学计算以及各类实用工具等。这些软件丰富了计算机的功能和应用场景。

1.4 多媒体

在当今IT行业迅猛发展的时代,多媒体技术已经深入社会的每一个角落,从工业生产管理到学校教育,从公共信息咨询到商业广告,甚至军事指挥与训练,以及我们的家庭生活和娱乐,多媒体技术都使我们的世界更加丰富多彩。

1.4.1 多媒体定义

国际电话电报咨询委员会CCITT把媒体(Media)分成五类。

(1)感觉媒体:指直接作用于人的感觉器官,使人产生直接感觉的媒体。如引起听觉反应的声音,引起视觉反应的图像等。

(2)表示媒体:指传输感觉媒体的中介媒体,即用于数据交换的编码。如图像编码(JPEG)、文本编码(ASCII)和声音编码(WAV)等。

(3)表现媒体:指进行信息输入和输出的媒体。如键盘、鼠标等输入媒体以及显示器、打印机等输出媒体。

(4)存储媒体:指用于存储表示媒体的物理介质。如硬盘、ROM及RAM等。

(5)传输媒体:指用于传输表示媒体的物理介质。如电缆、光缆等。

简而言之,多媒体就是多种媒体形式的结合。这些媒体形式包括文本、图形、图像、动画、音频和视频等。人们通过计算机技术对其进行综合处理和控制,从而获得丰富的视听体验并能进行交互式操作。

1.4.2 多媒体技术

多媒体技术不是各种信息媒体的简单复合，而是一种把文本、图形、图像、动画和声音等形式的信息结合在一起，并通过计算机进行综合处理和控制，支持完成一系列交互式操作的信息技术。

多媒体技术具有以下几个主要特点。

(1)集成性：多媒体能够整合多种信息通道，统一获取、存储、组织和合成信息。

(2)控制性：以计算机为中心，多媒体技术可以综合处理和控制各种媒体信息，并按用户需求以多种媒体形式展现。

(3)交互性：与传统媒体的单向传播不同，多媒体技术允许用户主动选择和控制信息。

(4)非线性：借助超文本链接，多媒体技术以更灵活、多变的方式呈现信息。

(5)实时性：用户可以实时控制相应的多媒体信息，实现即时反馈和互动。

(6)信息使用的方便性：用户可以根据自己的需求方便地获取信息。

(7)信息结构的动态性：多媒体内容可以根据用户需求进行重组和定制。

1.4.3 多媒体计算机系统

多媒体计算机系统由硬件和软件两部分组成。硬件主要包括多媒体终端设备、网络设备等；而软件则包括多媒体操作系统、处理工具和应用软件等。

(1)硬件系统：除了常规计算机硬件外，多媒体计算机还包括音频卡、输入/输出设备(如话筒、录音机、音箱等)、多媒体网络接口、视频卡、采集卡、扫描仪以及交互控制接口等。这些硬件使得计算机能够处理和展示多种媒体信息。

(2)软件系统：其核心是多媒体操作系统，它负责实时任务调度、多媒体数据转换和同步控制等功能。此外，软件系统还包括多媒体处理系统工具，如开发工具软件，以及根据用户需求定制的应用软件。

在 Windows 10 操作系统中，用户可以体验到多媒体技术的强大功能。例如，通过 Windows Media Player，用户可以播放各种音频和视频文件；而 Office 2016 中的 PowerPoint 则允许用户创建包含丰富多媒体元素的演示文稿，如动画、音频和视频等，使用户的演示更加生动和有吸引力。

综上所述，多媒体技术已成为我们日常生活中不可或缺的一部分，它丰富了我们的视听体验，提高了信息获取的便利性和效率。作为计算机专业的学生或从业者，掌握多媒体技术是十分必要的。

1.4.4 数据表示与数据压缩

1. 多媒体的数据表示

多媒体数据在计算机中主要以文件形式存储，这些文件包含了一系列的二进制数据。常见的多媒体数据文件格式如表 1.4.1 所示。

表 1.4.1 常见多媒体数据文件格式

文件类型	扩展名
音频	WAV、MP3、AAC、FLAC、OGG、M4A
图像	JPEG、PNG、GIF、BMP、TIFF、HEIF
视频	MP4、AVI、MKV、MOV、WEBM、RM

2. 多媒体的数据压缩和编码技术标准

目前广泛应用的压缩编码标准主要包括 H. 264/AVC、H. 265/HEVC、JPEG、JPEG 2000，以及 MPEG 系列(如 MPEG-2，MPEG-4)。

(1)H. 264/AVC：一种被广泛使用的视频压缩标准，提供了高效的视频压缩性能。

(2)H. 265/HEVC：是 H. 264 的继任者，提供了更高的压缩效率，特别适用于高分辨率视频压缩。

(3)JPEG 和 JPEG 2000：用于静态图像的压缩标准，JPEG 2000 提供了更高的压缩比和更好的图像质量。

(4)MPEG 系列：用于视频和音频的压缩，其中 MPEG-4 特别适用于网络流媒体和低比特率应用。

1.4.5 多媒体工具软件

多媒体与人之间的交互最终是通过多媒体工具实现的。在现今的数字化时代，多媒体工具已经成为我们日常生活和工作的重要组成部分。这些工具按照应用功能大致可以分为图形制作和图像浏览工具、多媒体播放和音频工具、视频播放工具、流媒体播放工具以及多媒体节目制作工具等。下面介绍在个人多媒体计算机中最为流行的几种多媒体应用软件。

1. 图形制作和图像浏览工具

在图形制作方面，Adobe Photoshop 和 3DS MAX 无疑是行业内的佼佼者，它们为设计师和艺术家们提供了强大的创作平台。此外，CorelDraw 和 Freehand 等专业级的图形处理软件也广受好评。对于图像浏览，ACDSee 是 Windows 环境下非常流行的软件，而 Photodex Corporation 的 CompuPic 则因其高性能而受到许多用户的推荐。

2. 多媒体播放和音频工具

在多媒体播放领域,软件种类繁多。例如,Video for Windows 能够对视频序列及其伴音进行处理,实现流畅的播放效果。此外,像 Multimedia Xplorer 这样的软件也提供了丰富的多媒体播放功能。对于音频工具,Winamp 以其高保真音质和多种音频格式支持而受到用户的喜爱。同时,RealPlayer 和 RealSystem G2 等也是音频播放的优选工具。特别值得一提的是,对于音乐爱好者来说,Jet-Audio 和 Jet-MIDI 以其出色的音质和广泛的多媒体格式支持成为首选。

3. 视频播放工具

在视频播放方面,家用计算机通常使用如 VLC Media Player、PotPlayer 等高性能播放器来观看 VCD、DVD 或其他视频文件。这些播放器支持多种视频格式,提供了高品质的播放体验。同时,微软的 Windows Media Player 和 Real Networks 公司的 RealOne Player 也是广受欢迎的视频播放软件。此外,QuickTime 不仅是一种视频格式,还是一个功能强大的视频播放工具,支持在线浏览 MOV 电影文档和 QuickTime VR 的虚拟实境网页。

4. 流媒体播放工具

在流媒体播放领域,PPStream 和 PPLive 等基于 P2P 技术的软件解决方案为用户提供了稳定、流畅的视频直播体验。这些工具能够支持超大规模用户直播,并有效解决了网络视频点播服务的带宽和负载有限问题。

5. 多媒体节目制作工具

对于多媒体节目制作人员来说,多媒体写作工具至关重要。例如,基于脚本语言的 Toolbook 能够帮助创作者精确控制媒体数据的播放;而基于流程图的 Authorware 和 IconAuther 则通过直观的流程图来安排节目内容;另外,基于时序的 Action 通过时间轴线来实现多媒体内容的同步控制。这些工具为多媒体节目的创作提供了强大的支持。

1.5 计算机病毒及其防治

随着信息技术的迅猛发展和网络应用的广泛普及,计算机病毒已成为威胁信息安全的重要因素。为了保障个人和企业的数据安全,了解计算机病毒及其防治方法显得尤为重要。

1.5.1 计算机病毒概述

1. 计算机病毒的定义

计算机病毒是一种恶意软件，它能够复制自身并感染其他计算机程序。这些病毒通常会破坏数据、干扰计算机操作，甚至导致系统崩溃。与生物学中的病毒相似，计算机病毒也具有很强的传染性和破坏性。

《中华人民共和国计算机安全保护条例》中对病毒的定义如下。计算机病毒是指编制或者在计算机程序中插入的、破坏计算机功能或者毁坏数据、影响计算机使用、并能自我复制的一组计算机指令或者程序代码。

2. 计算机病毒的特征

计算机病毒具有多种特征，这使得它们能够在计算机系统中迅速传播并造成损害。

(1)寄生性：病毒通常附着在其他程序上，通过修改这些程序来复制自身。

(2)潜伏性：病毒可能在计算机系统中长时间潜伏而不被发现，直到满足触发条件后才开始发作。

(3)传染性：病毒能够通过复制自身并感染其他程序或文件来传播。

(4)破坏性：病毒会破坏数据、干扰计算机操作，甚至导致系统崩溃。

(5)变异性：某些病毒能够在传播过程中自动改变形态，以逃避反病毒软件的检测。

3. 计算机病毒的分类

计算机病毒可根据其感染方式和传播特性进行分类。常见的病毒类型如下。

(1)引导型病毒：感染计算机启动扇区的病毒，通常在系统启动时加载并执行。

(2)文件型病毒：感染可执行文件和命令文件的病毒，当执行被感染的文件时，病毒会被激活并传播。

(3)混合型病毒：同时具有引导型病毒和文件型病毒特性的病毒，其传染机会更多、破坏性更大。

(4)宏病毒：隐藏在文档或模板宏中的病毒，在感染文档执行时会被激活并传播。

1.5.2 计算机病毒的预防、检测与清除

1. 计算机病毒的预防

计算机病毒的防治要以预防为主，防患于未然。以下是一些常见的预防病毒的措施。

(1)安装可靠的防病毒软件，并定期更新病毒库以应对新出现的病毒威胁。

(2)定期对计算机进行主动查毒操作,及时发现并清除潜在的病毒威胁。

(3)及时更新操作系统和应用软件的安全补丁,以修复可能的安全漏洞。

(4)谨慎使用公用软件和共享软件,避免使用盗版软件以减少病毒感染的风险。

(5)在使用来源不明的移动介质和软件前,先进行病毒检测以确保安全。

(6)避免打开未知的邮件及其附件,不浏览可疑的网站以防范网络钓鱼和恶意软件攻击。

(7)定期对重要数据文件进行备份以防感染病毒导致数据丢失。

(8)加强安全意识教育,让计算机用户了解病毒防范知识并严格遵守安全规章制度。

2. 计算机病毒的检测与清除

当计算机出现异常情况时,如频繁重启、运行速度明显变慢、存储空间变小或文件丢失等现象,可能表明计算机已感染病毒。此时,可以采取以下措施进行病毒检测和清除。

(1)自动检测。使用专业的防病毒软件进行全盘扫描以检测潜在的病毒威胁。这些软件能够深入检查磁盘文件、引导扇区以及内存中的病毒迹象。

(2)清除病毒。一旦发现病毒,应立即采取措施进行清除。防病毒软件通常提供清除功能,尝试恢复被病毒破坏的文件和数据。若无法清除病毒,则可以考虑对染毒文件进行隔离处理以防止病毒进一步传播。在清除病毒后,建议对系统进行全面检查以确保所有潜在威胁已被消除。

1.5.3　常用杀毒软件

随着互联网技术的不断进步和全球化的发展,计算机病毒和恶意软件的威胁也日益加剧。因此,选择一款高效且全面的杀毒软件至关重要。杀毒软件,也被称为反病毒软件,其主要功能是检测和清除计算机病毒、恶意软件及其他威胁计算机安全的程序。现代杀毒软件通常集成了实时监控、病毒扫描、恶意软件清除以及自动更新病毒库等多种功能,是保护计算机安全不可或缺的工具。

目前市场上存在多种知名的杀毒软件,如360安全卫士、卡巴斯基、诺顿、小红伞、瑞星杀毒软件以及金山毒霸等。这些软件各有特点,但其共同目标都是为用户提供安全、稳定的计算机使用环境。

以360安全卫士为例,这是一款由360公司推出的云安全杀毒软件,用户可以免费下载和使用。通过访问360官方网站,用户可以轻松获取并安装这款软件。360安全卫士凭借其强大的功能和用户友好的界面,受到了广泛好评。其特点如下。

(1)利用先进的人工智能算法,具备出色的"自学习、自进化"能力,能够快速响应并处理新生木马病毒。

(2)实时监控功能强大,能够及时发现并捕获病毒威胁,同时优化系统资源占用,确保计算机运行流畅。

(3)采用智能引擎调度技术,支持同时启用小红伞和 BitDefender 等顶级反病毒引擎,显著增强对计算机病毒的检测和清除能力。

(4)软件升级迅速且频繁,每日多次更新病毒库,确保用户始终获得最新的病毒防护。

(5)操作界面简洁直观,易于上手,方便用户快速掌握使用方法。

(6)依托 360 安全中心的可信程序数据库,有效降低误杀率,保障用户数据的安全。

(7)提供全面的 U 盘病毒防御功能,有效阻止病毒通过 U 盘传播和执行。

在选择杀毒软件时,建议用户根据自己的需求和计算机配置进行综合考虑。同时,定期更新软件并运行全盘扫描是保持计算机安全的重要措施。

1.6 网络与信息安全

1.6.1 因特网基础及应用

因特网(Internet),也被称为“国际互联网”,是全球最大的计算机网络。它由各种不同类型的计算机网络组成,包括本地局域网、地区性的城域网以及国际性的广域网。

1. 因特网简介

因特网的历史并不悠久,其起源可追溯到冷战时期。最初,它是作为美国国防部在 20 世纪 60 年代末创建的 ARPANET 网络的一部分而诞生的。这个网络将几个军事和研究用的计算机主机连接起来,目的是在核打击导致传统军事通信系统瘫痪时,提供一个备用的战时通信指挥系统。这就是 Internet 的雏形。

到了 20 世纪 80 年代中期,美国国家科学基金会(National Science Foundation, NSF)决定建立一个基于 IP 协议的计算机网络,以便全国的科学家、工程师和学生能够共享之前仅为少数人使用的昂贵计算机资源。通过 56K 的电话线,各大超级计算机中心被连接起来,先建立地区子网,再连接到计算机中心,从而形成了国家科学基础网(NSFNet)。1989 年,这个网络被更名为 Internet(因特网)。

早期的因特网用户主要是研究人员和科学家,其使用也相对复杂。然而,随着简单易用、界面友好的因特网访问工具的出现,其使用范围迅速扩大。目前,Internet 正在以惊人的速度增长,其中商业用户的增长速度尤其迅速。

近年来,因特网又面临着一次更大规模的发展。随着联网主机数量的不断增加和网络规模的扩大,IP 地址资源变得越来越紧张。同时,随着应用资源的丰富和网络信息量的不断增加,对网络带宽的需求也在日益增长。传统的 Internet 速度已经无法满足这些需求,因此一些发达国家已经开始研究新一代的网络协议 IPv6。

在中国,因特网的发展也给社会带来了巨大的影响。目前,我国的 Internet 用户数量正在迅速增加。随着我国在因特网上的主要应用从传统的 Web 浏览和 E-mail 通信扩展到更多领域,如 IP 电话、电子政务和电子商务等,因特网的应用范围正在不断扩大。

2. 因特网协议

TCP/IP 协议是 Internet 使用的核心协议。它不是一个单一的协议,而是一系列协议的总称。其中,TCP 提供传输层服务,IP 提供网络服务。TCP/IP 协议涵盖了 Internet 应用和网络传输的各个方面,如 SMTP(简单邮件传输协议)用于邮件传输,HTTP 协议用于 Web 访问等。其核心是 TCP 和 IP 两个协议。

与 OSI 参考模型相比,TCP/IP 协议的体系结构有了显著简化,如表 1.6.1 所示。

表 1.6.1 TCP/IP 与 OSI 模型的比较

OSI 模型	TCP/IP 模型
应用层	应用层
表示层	
会话层	
传输层	传输层(TCP/IP)
网络层	网络层(IP)
数据链路层	网络接口层
物理层	

TCP/IP 分层协议各层的功能如下。

(1)应用层:负责支持各种网络应用,如 Web 浏览(HTTP)、电子邮件(SMTP)和文件传输(FTP)等。

(2)传输层:主要负责将应用层的数据传递给终端的应用层,主要包括传输控制协议(TCP)和用户数据报协议(UDP)。TCP 提供了一种可靠的数据流服务,在 IP 协议的基础上提供端到端的面向连接的可靠传输。

(3)网络层:主要负责数据包的路由选择和数据转发功能,确保数据包能够到达目的主机(但不检查数据包是否被正确接收)。其中最重要的协议是 IP 协议。

(4)网络接口层:定义数据帧的组成规则以及网络中传输数据的规则。数据帧是数据在网络中传输的单位。

3. 因特网地址与域名

在因特网上,每一台接入的设备都被视为主机。主机之间相互通信时,需要精确地描述源主机和目标主机的位置。这些信息通常通过 IP 地址和域名来表示。

1)IP 地址

在因特网中,每台主机都会被分配一个独特的 32 位整数地址(二进制),这就是所谓的 IP 地址。这个地址就像是主机在因特网上的身份证,它是确定某台主机的唯一依据,并在所有与该主机的通信中发挥作用。

(1)表示方法。

IP 地址常采用点分十进制表示法,即被写成由小数点分隔的四个十进制整数。例如,“202.38.64.1”就是一个典型的 IP 地址。每个整数实际上对应一个 8 位的二进制数。

IP 地址由网络号码和主机号码两部分构成。这种结构方便我们在 Internet 上进行寻址:首先,根据 IP 地址中的网络号码找到对应的网络;接着,利用主机号码定位到具体的主机。因此,IP 地址不仅标识了一台计算机,还指出了这台计算机所连接的网络。

(2)分类。

为了更有效地管理 IP 地址,同时考虑到不同网络之间的差异,IP 地址被划分为多个类别。其中,A 类、B 类、C 类主要供普通用户或组织使用;D 类为组播地址,主要为 Internet 体系结构委员会(IAB)所使用;E 类则是保留地址。

A 类地址的网络部分为 8 位,首位为 0,主机部分为 24 位。地址范围从 1.0.0.0 到 127.255.255.255。

B 类地址的网络部分为 16 位,前两位为 10,主机部分为 16 位。地址范围从 128.0.0.0 到 191.255.255.255。

C 类地址的网络部分为 24 位,前三位为 110,主机部分为 8 位。地址范围从 192.0.0.0 到 223.255.255.255。

此外,还存在一些特殊的 IP 地址,例如网络地址(主机部分全为 0)、广播地址(主机部分全为 1)等,这些地址不能分配给普通主机。同时,网络部分全为“1”或全为“0”的 IP 地址也是不可用的。

随着互联网的不断扩张,入网主机的数量激增,传统的 IPv4 地址资源日益紧张。为此,一种新的 IP 地址标准——IPv6 已经推出,以应对未来的地址需求。

2)域名系统

尽管 IP 地址能够实现计算机间的通信,但其由四个数字组成的格式对于用户来说难以记忆。因此,人们期望有一种更直观、易记的名称来替代 IP 地址。为了满足这一需求,Internet 引入了域名系统(Domain Name System,DNS)。DNS 通过分层的命名方式,为网络上的每台计算机分配一个唯一的、易于记忆的名称。例如,“email.tsinghua.edu.cn”就代表一台 IP 地址为“166.111.8.51”的清华大学的邮件服务器。

DNS的一般结构如下。

计算机名.组织机构名.网络名.最高层域名

其中，最高层域名也被称为顶级域名，它代表了建立网络的部门、机构或网络所属的国家或地区。顶级域名大致可分为组织性顶级域名和地理性顶级域名两类。组织性顶级域名通常由三个字母的缩写来表示机构的类型(如表1.6.2所示)，而地理性顶级域名则使用两个字母的缩写来代表国家。例如，“.CN”代表中国，“.AU”代表澳大利亚等。组织机构名称和计算机名一般由用户自定义，但需要向相应的域名管理机构申请并获得批准。

如果在使用域名系统时遇到错误提示，尝试直接使用IP地址可能能够解决问题。在可以使用Internet域名地址的地方，通常也可以使用IP地址进行访问。

表1.6.2 组织性顶级域名

最高层域名	机构类型	最高层域名	机构类型
.com	商业系统	.store	商场
.edu	教育系统	.web	主要活动与WWW有关的实体
.gov	政府机关	.arts	文化娱乐
.mil	军队系统	.rec	消遣性娱乐
.net	网络资源	.inf	信息服务
.org	非盈利性组织	.nom	个人
.fire	商业或公司		

4. 因特网的基本应用

随着多媒体技术和网络技术的深度融合，Internet的功能得到了前所未有的拓展。如今，我们不仅可以通过Internet进行基本的通信和信息检索，还能享受到电子商务、在线教育、远程医疗等多元化的服务。

1)基本知识

WWW，即World Wide Web，万维网，它已成为我们获取全球信息的主要窗口。通过WWW，能够轻松地浏览和检索世界各地的信息，无论是新闻、学术研究还是娱乐内容，都一应俱全。

HTML的全称为超文本标记语言。它包括一系列标签，通过这些标签可以将网络上的文档格式统一，使分散的Internet资源连接为一个逻辑整体。HTML文本是由HTML命令组成的描述性文本，HTML命令可以说明文字，图形、动画、声音、表格、链接等。

超文本技术为我们提供了更为丰富的信息浏览体验。这种技术允许文本中包含图形、图像以及“热链接”，用户只需单击这些“热链接”，即可迅速跳转到相关联的内容或页面。

在 Internet 的世界里,众多 WWW 服务器构成了信息的海洋。每个 WWW 服务器通常都设有一张类似书籍目录的主控菜单,我们称之为“主页”或“首页”(HomePage)。这些主页上都会有一个 URL(统一资源定位符)框,用于显示当前访问文档的网络地址。

2)电子邮件概述

电子邮件,或称 E-mail,已成为现代人沟通交流的重要工具。通过计算机网络,用户可以发送和接收包含文字、图像、声音、视频等多种类型的信息。这种通信方式不仅速度快,而且经济实惠、操作简单,因此被广泛应用于个人和企业之间的信息交流。

电子邮件地址是用户进行电子邮件通信的唯一标识,其格式通常为“邮箱名@电子邮件服务器域名”。例如,example@email. com,其中“example”是用户自定义的邮箱名,“@”是分隔符,“email. com”是电子邮件服务器的域名。

随着技术的发展,现代电子邮件服务还提供了丰富的功能,如邮件过滤、自动回复、邮件归档等,以满足用户多样化的需求。同时,为了保证信息安全,许多电子邮件服务也提供了加密传输、双重认证等安全措施。

3)Internet 接入方式

为了接入 Internet 这个信息丰富的网络,用户需要通过某种方式连接到 ISP(Internet 服务提供商)。ISP 不仅提供 Internet 的接入点,还负责为用户提供各种网络服务和信息。随着 Internet 的不断演进,用户的上网方式也日趋多样化,主要包括以下几种接入方式。

(1)局域网接入:通过网线、交换机等设备将特定区域内的计算机连接起来,实现资源共享和高速数据传输。这种接入方式广泛应用于企业、学校等组织。

(2)ADSL 接入:利用现有的电话线路,通过非对称数字用户线(ADSL)技术实现高速 Internet 接入。这种方式既保留了电话通话功能,又能实现多台计算机同时上网。

(3)有线电视接入:借助有线电视的同轴电缆,用户能够享受高速且稳定的 Internet 连接,同时不影响电视观看。

(4)无线接入:利用蜂窝移动通信、移动卫星、蓝牙等无线技术接入 Internet,为用户提供极大的便利性和移动性。

同时,Internet 的接入方式也在不断创新。除了传统的有线连接,无线接入和移动网络技术正日益成为主流,使我们能够在任何时间、任何地点无缝接入 Internet。

4)Internet 应用

Internet 的应用已经深入到我们生活的方方面面。

(1)浏览网页与信息检索：通过浏览器，我们可以轻松浏览各种网页，获取全球范围内的信息。同时，强大的搜索引擎如百度、必应等，使我们能够迅速找到所需的信息。

(2)电子邮箱与通信：电子邮箱已成为我们日常生活和工作中不可或缺的工具，它提供了一种便捷、低成本的通信方式。

(3)新型办公模式：SOHO(Small Office Home Office)模式的兴起，使得许多工作可以在家中通过 Internet 完成，实现了数字化的生活与工作方式。

(4)BBS 与社交网络：通过 BBS、博客、微博等平台，人们可以自由地发表观点、交流思想，并与他人建立联系。

(5)网络电话与视频会议：借助 Internet 的通信功能，我们可以实现低成本的网络通话和视频会议，极大地提高了沟通效率。

(6)电子商务与电子政务：Internet 为商业活动和政府服务提供了全新的平台，实现了线上交易以及政务信息的透明化和高效处理。

(7)娱乐与生活服务：Internet 还为我们的娱乐生活提供了丰富的资源，包括音乐、电影、游戏等，使我们的生活更加多姿多彩。

5)Microsoft Edge 浏览器

Microsoft Edge，简称 Edge，是微软公司推出的新一代网页浏览器，用于替代早期的 Internet Explorer(IE)。Edge 拥有现代化的用户界面和更高的性能，支持最新的网页标准，为用户提供更快、更安全的浏览体验。与 IE 相比，Edge 在功能、安全性和速度上都有显著的提升。

用户可以通过 Edge 浏览器浏览文本、播放多媒体内容、观看电影、收听网络广播以及下载文件等。启动 Edge 浏览器的方法有多种，例如：

(1)单击任务栏中的 Edge 图标；

(2)双击计算机桌面上的 Edge 浏览器图标；

(3)通过“开始”菜单找到并单击“Microsoft Edge”。

Edge 浏览器的界面简洁直观，通常包括标题栏、地址栏、浏览窗口、收藏夹等部分。其中，地址栏集成了搜索功能，用户可以直接在其中输入网址或搜索关键词。此外，Edge 还支持多种扩展程序，用户可以根据自己的需求进行个性化定制。

1.6.2 信息安全

1. 我国信息安全面临的挑战

在当今数字化时代，信息安全显得尤为重要。我国的信息安全状况虽有一定改善，但仍面临诸多挑战，主要表现为以下几点。

(1)信息与网络安全的防护能力较弱。

对我国金融系统计算机网络现状，专家们有一个形象的比喻：用不加锁的储柜存放资金(网络缺乏安全防护)；让“公共汽车”运送钞票(网络缺乏安全保障)；使用“邮寄”传送资金(转账支付缺乏安全渠道)；用“商店柜台”存取资金(授权缺乏安全措施)；拿“平信”邮寄机密信息(敏感信息缺乏保密措施)等。

(2)对引进的信息技术和设备缺乏保护信息安全所必不可少的有效管理和技术改造。

我国从发达国家和跨国公司引进和购买了大量的信息技术和设备。在这些关键技术和设备(如计算机硬件、软件)中，有一部分可能隐藏着“特洛伊木马”，这对我国政治、经济、军事等的安全存在着巨大的潜在威胁。但由于受技术水平等的限制，许多单位和部门对从国外，特别是从美国等引进的关键信息设备可能被预做手脚的情况无从检测和排除，以致于我国许多单位和部门几乎是在“抱着定时炸弹”工作。

(3)基础信息产业薄弱，核心技术依赖国外。

在硬件上，我国计算机制造业虽有很大的进步，但其中许多核心部件都是原始设备制造商的，我们对其的研发、生产能力较弱，关键部件处于受制于人的地位。在软件上，面临市场垄断和价格歧视的威胁。美国微软几乎垄断了我国计算机软件的基础和核心市场。离开了微软的操作系统，国产的大多软件都失去了操作平台。

(4)信息安全管理机构缺乏权威。

信息安全特别是在经济等领域的安全管理条块分割、相互隔离，缺乏沟通和协调。没有国家级的信息安全最高权威机构以及与国家信息化进程相一致的信息安全工程规划。

目前，国家信息安全的总体框架已经搭就。我国已制定和发布了涵盖网络安全、数据安全、个人信息保护等领域的一系列国家标准和国家军用标准。国家信息安全基础设施正在逐步升级优化，包括国际出入口监控中心、安全产品评测认证中心、病毒检测和防治中心、关键网络系统灾难恢复中心、系统攻击和反攻击中心、电子保密标签监管中心、网络安全紧急处置中心、电子交易证书授权中心、密钥恢复监管中心、公钥基础设施与监管中心、信息战防御研究中心等。

(5)信息犯罪在我国有快速发展之趋势。

西方一些国家采取各种手段，特别是电子信息手段，来窃取我国的各类机密，包括核心机密。此外，随着信息设备特别是互联网的大幅普及，各类信息犯罪活动亦呈现出快速发展之势。近年来，境外一些反华势力在因特网上频频散发反动言论，各种计算机病毒及黑客对计算机网络的侵害亦屡屡发生。

(6)信息安全技术及设备的研发和应用有待提高。

近年来，我国在立法和依法管理方面加大了力度，推进计算机信息网络安全技术和产品的研究、开发和应用，建立了计算机病毒防治产品检验中心、计算机信息系统安全专用产品质量检验中心，加强了对计算机信息网络安全产品的管理。目前，我国信息网络安全技术及产品发展迅速，其中，计算机病毒防治、防火墙、安全网管、黑客入侵检测及预警、网络安全漏洞扫描、主页自动保护、有害信息检测、访问控制等一些关键性产品已实现国产化。但是这些产品安全技术的完善性、规范性、实用性还存在许多不足，特别是在多平台的兼容性、多协议的适应性、多接口的满足性等方面存在很大距离，理论基础和自主技术手段也需要发展和强化。

2. 常见的信息安全问题

在计算机日常操作中，用户常遇到的信息安全问题有数据丢失、恶意攻击、信息泄露等。

(1)计算机病毒：具有传染性和破坏性的恶意程序，对系统造成损害。

(2)黑客攻击：黑客利用漏洞非法入侵系统，导致服务拒绝、数据泄露等严重后果。

(3)信息泄露与丢失：敏感信息被未经授权地访问或丢失，对个人和组织造成损失。

(4)非法访问与拒绝服务：未经授权访问信息资源或合法访问被无条件拒绝。

(5)恶意攻击与信息战：利用各种手段破坏信息资源，争夺信息控制权。

(6)人为行为：操作不当、泄露信息、错误执行指令等。

3. 引发信息安全问题的因素

信息安全问题的产生不仅源于技术因素，还包括人为因素和管理因素。

(1)技术因素涉及硬件和软件故障。硬件故障如内存条接触不良、存储设备损坏等；软件故障则包括系统配置不完善、软件漏洞、软件冲突等。

(2)人为因素包括误操作和恶意行为。误操作如忘记保存文件、删除重要数据等；恶意行为则指制造恶意软件、黑客攻击等。

(3)管理因素主要体现在管理人员素质不高、重视程度不够以及用户信息安全意识淡薄等方面。

4. 信息安全管理的方法

进行信息安全问题防范需要综合考虑时间与经济成本。为应对各种潜在的安全问题，必须从管理、技术等多个角度进行全面规划，以在数据安全与保护成本之间找到最佳平衡点。

建立健全的安全管理制度与防范措施是约束系统访问者的关键。技术方面的制度应明确规定操作程序及规范，如数据备份的时机、备份类型以及具体的备份步骤。同时，管理制度应明确哪些人员可以访问系统以及他们各自的访问权限如何。

1)物理保护

物理上的保护包括提供符合技术规范要求的使用环境和限制对硬件的直接

访问。

(1)使用环境。应确保环境温度、湿度控制在适宜范围内,避免静电对电子部件和存储设备的潜在损害。同时,应建立稳定的电源保障系统,配备不间断电源(UPS)设备,以防止突然停电或电压波动对系统或数据造成损害。

(2)限制接触。它指对系统设备进行物理加固,如使用锁具、监控摄像头等手段,严格限制非授权人员对机房或重要设备的接触。

2)访问控制

访问控制主要是对用户访问权限的精细管理,包括用户身份验证、权限分配和访问监控,可在多个层次上实施。

(1)操作系统访问控制。操作系统应实施强密码策略,用户登录时需要账号与密码,并根据用户角色和职责分配相应的访问权限。

(2)应用软件访问控制。应用软件应提供灵活的权限管理功能,允许管理员根据业务需求为用户分配不同的数据访问和操作权限。

(3)数据库访问控制。数据库管理系统应支持细粒度的访问控制,确保只有经过授权的用户才能访问敏感数据,并能追踪和记录数据访问行为。

3)网络保护

网络保护涉及多种技术,目前常用的方法包括网络隔离、防火墙配置、入侵检测系统(IDS)以及数据加密技术。

(1)防火墙配置。防火墙是保护网络边界安全的关键组件。它根据安全策略过滤进出网络的数据包,阻止未授权的网络访问。

(2)入侵检测与防御。入侵检测系统能够实时监控网络流量和用户行为,及时发现并响应潜在的安全威胁。此外,入侵防御系统(IPS)能够主动阻断恶意流量,增强网络的安全性。

(3)服务器安全加固。服务器作为网络中的核心节点,其安全性至关重要。应采取多种措施加固服务器安全,如安装最新的安全补丁、关闭不必要的服务和端口、实施最小权限原则等。

4)数据加密

数据加密是保护数据在传输和存储过程中不被窃取或篡改的关键技术。通过使用加密算法和密钥对数据进行加密,可以确保数据的机密性和完整性。

现代密码学已经发展出多种高效的加密算法,如AES(高级加密标准)和RSA(一种非对称加密算法)。这些算法在保护网络通信、电子交易和敏感数据存储方面发挥着重要作用。

5)数据备份与恢复

数据备份是防止数据丢失的最后防线。通过定期备份数据到可靠的存储介质上，可以确保在发生硬件故障、自然灾害或人为错误时迅速恢复数据。

一个完善的备份策略应包括定期全备份和增量备份，以及定期测试备份数据的可恢复性。此外，还应制定灾难恢复计划，明确在发生严重故障时如何快速恢复业务运行。

在备份系统的实现上，除了传统的磁带机、磁带库等磁介质备份设备外，还可以考虑使用云存储等新型备份方式，以提高数据的可用性和可靠性。同时，备份软件的选择也至关重要，它应具备自动化管理、数据压缩和加密等功能，以简化备份流程并提高数据安全性。

1.7 常用办公设备的使用

1.7.1 打印机

1. 打印机概述

打印机，这一科技创新产品，由约翰·沃特(John Vaught)、戴夫·唐纳德(Dave Donald)等人共同发明，它能够将计算机的运算结果或中间结果，以人可识别的数字、字母、符号和图形等形式，精准地按照规定的格式印在纸上。随着技术的不断进步，现代打印机正朝着更轻便、更小巧、低功耗、高速度以及智能化的方向发展。

尽管数字化趋势日益明显，但全球纸张的消费量以及打印机的销量仍然保持稳健增长，这证明了打印机在现代社会中不可或缺的地位。从1885年全球第一台打印机的问世，到现今各式各样的针式打印机、喷墨打印机和激光打印机的普及，打印机技术和应用领域不断扩展与深化。

2. 打印机分类

按数据传输方式分类，可将打印机分为串行打印机和并行打印机。

按工作原理分类，可将打印机分为击打式打印机和非击打式打印机两大类。在非击打式打印机中，串式点阵字符打印机主要有喷墨式打印机和热敏式打印机两种。

按工作方式分类，可将打印机分为针式打印机、喷墨式打印机和激光打印机。针式打印机依赖打印针与纸张的物理接触进行打印，而喷墨打印机和激光打印机则通过喷射墨粉来形成文字和图像。

按用途分类，可将打印机分为办公和事务通用打印机、商用打印机、家用打印机以及专用打印机。专用打印机涵盖了诸如存折打印机、平推式票据打印机等特定应用领域的设备。

3. 打印机特点

现代打印机融合了多项先进技术，展现出高速打印、高分辨率输出、支持多样化打印介质、节能环保以及智能管理等诸多特点。不同类型和型号的打印机在打印速度、质量等方面各有优势。

4. 常用打印机

(1)针式打印机:曾长时间占据重要地位,因其低成本、易用性和特殊用途(如单据打印)而受到青睐,但打印质量和噪音问题限制了其在高质量、高速商用打印领域的应用。

(2)喷墨打印机:因其良好的打印效果和较低价位在中低端市场占有一席之地。它还能处理多种打印介质,如信封、信纸、胶片、照片纸等。

(3)激光打印机:作为高科技产品,激光打印机提供了高质量、快速、低成本的打印解决方案。无论是黑白还是彩色打印,激光打印机都展现出高效和精准的特点。

(4)其他打印机:包括热转印打印机和大幅面打印机等,这些专业打印机在特定领域如印前处理、图形输出和室内装潢等方面发挥着重要作用。

5. 打印机耗材

打印机耗材包括原装耗材、通用耗材和兼容耗材,国产和进口品牌众多,主要有硒鼓、墨盒、碳粉和色带等。不同打印机类型使用不同的耗材,如针式打印机主要使用色带,激光打印机使用墨粉和硒鼓,而喷墨打印机则使用墨水和一体式墨盒。在选择耗材时,需考虑打印质量、成本以及环保性等因素。随着技术的进步,耗材的性价比和环保性能也在不断提升。

6. 打印机的安装

打印机的安装通常包括硬件连接和软件驱动安装两个步骤。对于 USB 接口的打印机,只需将 USB 线连接到计算机和打印机即可。随后,开启打印机和计算机,根据操作系统提示安装相应的驱动程序。现代操作系统如 Windows 10 通常能自动识别并推荐相应的驱动程序,大大简化了安装过程。

7. 打印及使用注意事项

为了确保打印机正常运行并延长其使用寿命,用户在使用过程中应遵循一系列操作规范。这包括但不限于:避免在打印机工作时切断电源;禁止在打印机上放置其他物品;定期维护打印头以及使用合适的打印介质等。此外,对于打印量大的情况,应给予打印机适当的休息时间以防止过热损坏。遵循这些规范不仅能保障打印质量,还能有效预防潜在的安全风险。

1.7.2 扫描仪

1. 扫描仪概述

扫描仪(Scanner)是一种能够利用光电技术和数字处理技术,通过扫描方式将纸质文档、照片、图像等实体资料转换成数字化格式的设备。随着科技的发展，扫描仪已成为办公室和家庭不可或缺的工具，极大地提高了数据处理和存档的效率。

2. 工作原理、核心部件及用途

1)工作原理

扫描仪利用光电转换原理，通过发出强光照射扫描对象，接收反射或透射的光线，并将其转换为电信号。这些信号经过模数转换器(A/D转换器)转换成计算机能识别的数字信号，再通过驱动程序和软件处理，生成计算机可识别和编辑的图像文件。

2)核心部件

扫描仪的核心部件主要是光学读取装置和模数转换器。光学读取装置中，CCD(电荷耦合器件)和CIS(接触式图像感应装置)是两种常见的图像传感器类型。CCD由大量光电三极管构成，结合红、绿、蓝三色的滤色镜，能实现彩色扫描。而CIS则采用触点式感光元件，其特点在于体积小、重量轻且生产成本低，但分辨率和扫描速度相对有限。

3)用途

扫描仪作为一种高效的数据输入设备，在现代办公和多媒体制作中扮演着重要角色。其主要用途如下。

(1)组织和编辑文档中的图像。扫描仪能够快速捕捉纸质文档中的图像，并将其数字化，使得用户能够方便地编辑和管理这些图像资料，提高文档的生动性和直观性。

(2)快速转换印刷文本为电子文档。借助OCR技术，扫描仪能够将印刷文本或手写文字迅速转换为可编辑和可搜索的电子文档。这不仅提高了数据处理的效率，还便于文档的存档和检索。

(3)辅助设计和复制样品。对于印制板、面板标牌等样品的设计和复制，扫描仪能够提供高精度的图像捕捉，确保复制过程的精确性和高效性。

(4)多媒体产品制作。在制作多媒体产品时，扫描仪可以方便地获取高质量的数字图像，这些图像经编辑后能丰富产品的视觉呈现效果。

(5)实现视觉信息的有效集成和交换。扫描仪有助于将各类文献和资料中的视觉信息集成并转换为电子文件，便于知识的传播和共享。

3. 扫描仪的分类

根据应用和需求的不同，扫描仪可分为以下几类。

(1)平板式扫描仪：这类扫描仪特别适用于扫描书籍、照片等平面物品。其稳定的扫描平台和高质量的光学系统确保了扫描结果的清晰度。

(2)馈纸式扫描仪：这类扫描仪专为处理大量连续文档设计，如书稿、报告等。其自动化和高速扫描功能使其成为企业、政府机构等文档处理密集场所的理想选择。

(3)便携式扫描仪:小巧轻便的设计使得这类扫描仪非常适合移动办公或现场扫描。无论您身处何地,都能轻松地完成扫描任务。

(4)专业扫描仪:针对特定需求设计的扫描仪,如底片扫描仪和胶片扫描仪等,这类设备通常具备更高的分辨率和色彩准确性,以满足专业领域的严格要求。例如,底片扫描仪能够高精度地扫描摄影底片,而胶片扫描仪则广泛应用于医疗影像等专业领域。

4. 扫描仪的安装

(1)连接设备:通过 USB、SCSI 等接口将扫描仪与计算机连接。

(2)安装驱动程序:根据扫描仪型号,从官方网站下载并安装相应的驱动程序。

(3)测试扫描:安装完成后,进行测试扫描以确保设备正常工作。

5. 扫描仪的操作

扫描过程相对简单。将要扫描的材料放置在扫描仪的扫描区域内,启动扫描软件,并点击“扫描”按钮。扫描仪会将图像捕捉到图像编辑软件中,并以文件形式存储。为了获得最佳的扫描效果,需要了解影响扫描质量的因素。

在选择扫描分辨率时,需综合考虑扫描的图像类型和输出打印的方式。高分辨率扫描需要更多时间和资源,因此在保持良好图像质量的前提下,应尽量选择适当的分辨率。

6. 使用技巧

(1)智能模式选择。现代扫描仪通常配备智能识别功能,能自动检测扫描对象的类型(如照片、文档等)并推荐最佳扫描模式。利用这一功能可以快速且准确地选择合适的扫描设置。

(2)自动分辨率调整。根据输出需求,让扫描仪自动调整分辨率。例如,如果扫描的文件仅用于电子存档,则可以选择较低的分辨率以节省空间和时间。

(3)预设参数与自定义配置。保存常用的扫描参数为预设配置,以便快速启动扫描任务。同时,根据特定需求自定义参数,如色彩模式、锐化级别等。

(4)批量扫描与自动分割。对于大量文档,使用批量扫描功能,并让扫描仪自动分割每页文档,可以节省手动处理时间。

(5)多页扫描与合并。对于多页文档,使用连续扫描功能并将所有页面合并为一个文件,便于存档和分享。

(6)云同步与分享。利用扫描仪的云连接功能,直接将扫描文件上传到云端存储或分享,提高工作效率。

(7)OCR 技术。利用光学字符识别(OCR)技术,将扫描的文档转换为可编辑的文本格式，便于后续处理。

(8)色彩校正与增强。利用扫描仪的色彩校正功能，自动调整色彩平衡和亮度，使扫描结果更接近原稿。同时，可手动增强特定颜色或细节。

(9)无线连接与移动应用。通过 Wi-Fi 或蓝牙将扫描仪与移动设备连接，使用专用应用进行远程控制和扫描操作。

(10)安全功能。确保扫描仪具备数据加密和用户验证等安全功能，以保护敏感信息不被泄露。

7. 维护

(1)防尘与防潮。确保扫描仪放置在干燥、无尘的环境中，以延长其使用寿命并保持最佳性能。

(2)软件更新与安全防护。及时更新扫描仪软件和驱动程序，以修复潜在的安全漏洞并提高设备性能。

(3)定期校准。按照制造商的推荐，定期对扫描仪进行校准，以确保扫描质量和色彩准确性。

(4)避免过度使用。虽然现代扫描仪设计耐用，但长时间连续使用可能导致过热或磨损。合理安排扫描任务，给设备适当的休息时间。

(5)备份重要数据。在更新软件或进行其他可能影响数据的操作之前，务必备份所有重要扫描文件。

(6)专业维修服务。如遇故障或性能问题，联系制造商或授权服务中心以获取专业维修服务，避免自行拆修造成进一步损坏。

1.7.3 复印机

1. 复印机概述

复印机，作为现代办公的必备设备，已经由早期的模拟方式逐渐发展为数字式。数字式复印机不仅能如实复印文献，还能进行图像的存储、传输及编辑排版，如图像合成、信息增减、局部放大或缩小等。当前，多功能化、彩色化、低成本化、小型化以及高速化都仍是复印机发展的重要趋势。

2. 复印机分类

复印机按工作原理可分为光化学复印、热敏复印、静电复印和数码激光复印等类型。

3. 工作原理

静电复印机结合了静电成像、光学、电子与机械技术，成像方法多样，如间接式静电复印法(卡尔逊法)、NP 静电复印法等。现代静电复印机多采用间接式静电复印法和 NP 静电复印法。

4. 常用功能

(1)复印:数码复印机不仅可替代传统复印机,更提供了缩放、海报、名片等多种特色复印功能。

(2)打印:作为打印机的延伸,数码复印机在打印速度、质量、处理能力上与传统打印机无异,甚至在某些方面更优。

(3)扫描:相较于普通扫描仪,数码复印机更注重文档扫描,其扫描速度、批量及双面扫描能力出众。

(4)网络:数码复印机可接入网络,成为企业信息化系统的重要一环,其智能化、独立操作的信息处理能力强大。

5. 使用常识

(1)电源要求:复印机通常使用 200V 至 240V 电压,50Hz 频率。连接电源时,应避免电压过高或过低,且插座应为三相,电源线不可折叠或受压。

(2)墨粉选择:优质墨粉对复印效果至关重要,劣质墨粉可能产生有害物质,影响复印效果及复印机寿命。

(3)换墨时机:控制面板上的提示可帮助判断何时更换墨粉,及时更换对保持复印效果十分重要。

(4)预热与连续复印:预热是复印机工作前的必要步骤,而连续复印功能可大幅提高工作效率。

(5)纸张选择:纸张质量直接影响复印效果,应与所用墨粉兼容。

6. 注意事项

(1)环境要求:复印机应放置在防高温、防尘、防震的环境中,远离水源。

(2)避免重物压迫:不要在复印机上放置过重的物品,以防损坏设备或影响性能。

随着技术的不断进步,复印机的功能和性能也在持续提升。为了充分发挥其效能并延长使用寿命,用户应了解并掌握正确的使用方法及注意事项。

1.7.4 投影仪

1. 投影仪概述

投影仪,又称投影机,是一种可以将图像或视频投射到幕布、墙壁等平面上的设备,广泛应用于家庭娱乐、教育培训、商务演示等场合。通过投影仪,用户可以轻松地在大屏幕上分享和观看高清内容,提升视听体验。

2. 投影仪分类

投影仪可根据显示技术、光源、用途以及便携性进行分类。

(1)按显示技术分类,投影仪可分为LCD、DLP和LCOS三种类型。LCD投影仪利用液晶显示面板成像,色彩还原度好,适合对色彩要求高的场合。DLP投影仪则通过微小的反射镜片反射光线成像,具有体积小、对比度高的特点,非常适合动态图像展示。而LCOS投影仪结合了LCD和DLP的优点,高分辨率且色彩表现力强,但成本相对较高。

(2)按光源分类,投影仪可分为传统灯泡、LED和激光三种类型。传统灯泡投影仪亮度高,技术成熟,但灯泡寿命有限。LED投影仪寿命长,节能环保,启动速度快,更适合小型投影。而激光投影仪色彩饱和度高,亮度高且寿命极长,是高端投影的首选,但成本也相对较高。

(3)按用途分类,投影仪可分为家用、商用、教育用和工程用四种类型。家用投影仪专为家庭娱乐设计,功能丰富;商用投影仪则要求亮度高、便携性强,以满足商务演示和会议需求;教育投影仪注重清晰度和耐用性;而工程投影仪则适用于大型场馆和展览,需要高亮度和大幅画面。

(4)按便携性分类,投影仪分为便携式和固定式两种类型。便携式投影仪体积小、重量轻,便于携带;而固定式投影仪则通常安装在固定位置,如家庭影院或会议室。

在选择投影仪时,用户应根据具体需求和使用场景进行挑选,以确保获得最佳的投影效果。

3. 成像工作原理

投影仪的工作原理主要是将光源(如LED、激光或传统灯泡)发出的光线,通过光学系统(包括透镜、反射镜等)进行聚焦和整形,然后经过显示芯片(如LCD、DLP或LCOS)形成图像,最后通过投影镜头将图像放大并投射到幕布或墙壁上。

4. 使用方式

(1)连接设备:将投影仪与计算机、手机、平板等设备连接,可以通过HDMI、USB、蓝牙或Wi-Fi等方式进行连接。

(2)调整投影角度和距离:根据投影环境调整投影仪的位置和角度,确保投影图像清晰且大小合适。

(3)设置投影模式:根据需要选择合适的投影模式,如正常投影、倒影投影等。

(4)调整图像参数:根据实际需求调整图像的亮度、对比度、色彩等参数,以获得最佳的观看效果。

(5)开始投影:打开需要投影的内容,如PPT、视频等,开始投影。

5. 日常维护

(1)定期清洁:定期清理投影仪的镜头、滤网和外壳,确保投影质量和设备散热效果。

(2)避免长时间使用:长时间使用投影仪可能会导致设备过热,影响其使用寿命。建议在使用一段时间后适当休息。

(3)注意使用环境:避免在灰尘多、潮湿或高温的环境中使用投影仪,以免影响设备性能和使用寿命。

(4)定期检查更新:定期检查投影仪的固件和软件更新,确保设备性能和兼容性。

(5)妥善保存:在不使用投影仪时,应将其妥善保存,避免阳光直射和潮湿环境。

1.7.5 传真机

1. 传真机概述

传真机是一种利用扫描和光电变换技术,将文件、图表、照片等静止图像转换成电信号,并传送到接收端,再以记录形式进行复制的通信设备。它能够将需发送的原件通过光学扫描系统分解成微小单元(像素),并将这些像素的亮度信息转换成电信号进行传输。在接收端,这些信号被重新转换成图像,从而复制出原件的副本。

2. 传真机分类

传真机种类繁多,可以根据其用途、传输色彩、技术原理等多个维度进行分类。

1)按用途分类

(1)相片传真机:专门用于传输照片或高分辨率图像的传真机,能够确保图像的高清晰度和色彩准确性。

(2)报纸传真机:适用于新闻行业,能够迅速传输报纸版面或新闻图片,满足新闻时效性的需求。

(3)气象传真机:在气象领域有重要应用,能够接收和发送气象图表和数据,帮助气象部门及时获取和分析天气信息。

(4)彩色传真机:能够传输彩色文档和图片,满足用户对彩色文件传输的需求。

(5)文件传真机:是最常用的传真机类型,广泛应用于办公和商业环境,用于传输日常文档。

这些传真机在新闻、医疗、军事等领域都有其独特的应用价值。例如,在新闻行业中,报纸传真机和相片传真机能够快速传输新闻图片和版面设计;在医疗领域,文件传真机可用于传输病历、诊断报告等关键医疗信息;在军事领域,气象传真机则能帮助军队及时获取战场气象信息,为作战计划提供重要参考。

2)按照打印技术分类

按照打印技术分类,传真机可以分类为热敏纸传真机、激光式普通纸传真机、喷墨式普通纸传真机和热转印式普通纸传真机。尽管这些传真机在打印技术上有所差异,但它们的基本工作原理是相似的。

随着科技的不断发展,传真机的功能和性能也在不断提升和完善。现代传真机不仅具备基本的文件传输功能,还融入了更多的智能化服务(如中间件、呼叫转接等),以及云服务和安全机制等先进技术,使得传真机的应用更加广泛和便捷。

3. 工作原理

首先,传真机会通过扫描系统对需要发送的文件进行扫描。这个扫描过程会将文件的图像信息转化为一系列的黑白点信息,也就是将连续的灰度图像转换为二值图像,便于传输和处理。接着,这些黑白点信息会被编码并转换成声频信号,也就是将图像数据调制到音频频率范围内。这样做的好处是可以利用现有的电话线路进行传输,而无须专门的数据传输线路。然后,这个声频信号会通过电话线路传送到接收方的传真机上。在传输过程中,信号可能会受到一些干扰,但传真机通常都配备错误检测和纠正的功能,以确保数据的完整性和准确性。最后,接收方的传真机在接收到声频信号后,会进行解调和解码操作,将声频信号还原为原始的黑白点信息,并通过打印系统将这些点信息打印出来,从而得到发送文件的复印件。

4. 安装方法

在安装传真机之前,务必仔细阅读产品的使用说明书,以了解具体的安装步骤和注意事项。以下是一般性的安装指南。

首先,确保传真机的电源线连接正常且接地良好。这是保证传真机安全运行的基础。同时,为了避免电气故障,不要在潮湿或多尘的环境中使用传真机,也要避免阳光直射和高温环境。其次,根据传真机的型号和规格,正确安装记录纸。不同类型的传真机可能需要使用不同类型的记录纸,如热敏纸或普通纸。在安装记录纸时,应参照机器上的示意图或说明书进行操作。特别注意热敏纸和普通纸的安装方法是有区别的。如果传真机具有语言芯片录音功能,还需要确保电池的正常工作。定期检查电池的状态,并在必要时更换新电池,以保证录音功能的正常使用。

在使用传真机过程中,可能会遇到一些问题,如卡纸等。处理这类问题时,应根据具体情况谨慎操作。例如,如果遇到卡纸现象,可以尝试轻轻掀开面板取出卡纸,避免用力过猛导致机器损坏。

此外,为了保持传真机的良好运行状态,应定期清洁扫描头和其他关键部件。使用柔软的布和专用的清洁剂进行清洁,以确保传真机的打印质量和性能。

5. 常见问题

传真机在长期使用过程中可能会遇到各种问题,因此定期的保养和维护至关重要。由于不同型号的传真机结构各异,维护方法也会有所不同。以下是一些常见问题的分析和解决方案。

(1)通信故障。

可能原因包括电话线路连接问题、线路本身故障、传真机内部参数设置错误或电路损坏。

解决方案是咨询专业维修部门,检查并调整电话线路连接和内部参数设置。如果问题依旧存在,可能需要请专业人员进行电路维修。

(2)接收或复印的副本文件不清晰。

如果接收的文件不清晰,首先确认发送方的原文件质量,然后测试热敏头是否损坏。如果热敏头损坏,应及时更换。

若发送或复印的文件不清晰,则原因可能是扫描器老化、污染或镜头脏污。应使用工业酒精清洁扫描器和镜头,避免使用水进行清洁。

如果排除上述原因后问题仍未解决,则可能是扫描器或主控板损坏,需要请专业人员进行更换。另外,还应检查热敏头是否脏污或安装位置是否正确,这些问题也可能影响文件质量。

习题 1

一、选择题

1. 世界上首次提出存储程序计算机体系结构的是(　　)。

A. 艾伦·图灵　　B. 冯·诺依曼　　C. 莫奇莱　　D. 比尔·盖茨

2. 以微处理器为核心组成的微型计算机属于(　　)计算机。

A. 第一代　　B. 第二代　　C. 第三代　　D. 第四代

3. 专门为某种用途而设计的计算机,称为(　　)计算机。

A. 专用　　B. 通用　　C. 特殊　　D. 模拟

4. 在计算机市场上,用户可挑选来自不同厂家生产的组件来组装成一台完整的计算机,这体现了计算机组件具有(　　)。

A. 唯一性　　B. 专用性　　C. 兼容性　　D. 差异性

5. 微型计算机完成一个基本运算或判断的前提是中央处理器执行一条(　　)。

A. 命令　　B. 指令　　C. 程序　　D. 语句

6. 一条计算机指令可分为两部分,操作码指出执行什么操作,(　　)指出需要操作的数据或数据的地址。

A. 源地址码　　B. 操作数　　C. 目标码　　D. 数据码

7. 计算机技术中,下列度量存储容量的单位中,最大的是(　　)。

A. GB　　B. MB　　C. KB　　D. TB

8. 一张 24 位真彩色像素的 1920×1080 BMP 数字格式图像,所需存储空间约是(　　)。

A. 1.98 MB　　B. 2.96 MB　　C. 5.93 MB　　D. 7.91 MB

9. 下列叙述中正确的是(　　)。

A. CPU 能直接读取硬盘上的数据

B. CPU 能直接读取内部存储器上的数据

C. CPU 由外存储器、运算器和控制器组成

D. CPU 主要用来存储程序和数据

10. 直接通过总线与 CPU 连接的部件是(　　)。

A. 显示器　　B. 内存储器　　C. 磁盘驱动器　　D. 键盘

11. CPU 的主要技术性能指标有(　　)。

A. 价格　　B. 可靠性

C. 耗电量　　D. 字长、主频和运算速度

12. 字长是计算机的一个重要指标,在工作频率不变和 CPU 体系结构相似的前提下,字长与计算机性能的关系是(　　)。

A. 字长越长,计算机的数据处理速度越快

B. 字长越短,计算机的数据处理速度越快

C. 字长表示计算机的存储容量大小,字长越长计算机的读取速度越快

D. 字长越短,计算机的并行能力越强

13. 运算器的功能是进行(　　)。

A. 算术运算　　B. 逻辑运算

C. 算术运算和逻辑运算　　D. 逻辑运算和微积分运算

14. 在计算机内部,能够按照人们事先给定的指令步骤、统一指挥各部件有条不紊协调工作的是(　　)。

A. 运算器　　B. 放大器　　C. 控制器　　D. 存储器

15. 当电源关闭后,下列关于存储器的说法中,正确的是(　　)。

A. 存储在 RAM 中的数据不会丢失

B. 存储在 ROM 中的数据不会丢失

C. 存储在 U 盘中的数据会全部丢失

D. 存储在硬盘中的数据会丢失

16. 用来存储当前正在运行的应用程序及其相应数据的存储器是(　　)。

A. RAM　　B. 硬盘　　C. DVD　　D. CD-ROM

17. 下列关于硬盘的说法错误的是(　　)。

A. 硬盘中的数据断电后不会丢失　　B. 每个计算机主机有且只能有一块硬盘

C. 硬盘可以进行格式化处理　　D. CPU 不能够直接访问硬盘中的数据

18. 下列四种存储器中,存取速度最快的是(　　)。

A. 硬盘 B. RAM C. U 盘 D. CD-ROM

19. 在现代的 CPU 芯片中集成了高速缓冲存储器(Cache),其作用是( )。

A. 扩大内存储器的容量

B. 缓解 CPU 与 RAM 之间速度不匹配的矛盾

C. 保存当前的状态信息

D. 解决 CPU 与打印机的速度不匹配问题

20. 下列设备中,既可以当作输出设备,又可以当作输入设备的是( )。

A. 绘图仪 B. 扫描仪 C. 手写笔 D. 磁盘驱动器

21. 在下列设备组中,全部属于输入设备的是( )。

A. 鼠标、显示器、触摸屏、喷墨打印机

B. 鼠标、显示器、扫描仪、绘图仪

C. 打印机、键盘、扫描仪、绘图仪

D. 鼠标、键盘、扫描仪、触摸屏

22. 计算机的系统总线是计算机各部件间传递信息的公共通道,分为( )。

A. 数据总线和控制总线

B. 地址总线和数据总线

C. 数据总线、控制总线和地址总线

D. 地址总线和控制总线

23. 现代计算机中采用二进制主要是因为( )。

A. 代码表示简短,易读 B. 容易实现且简单可靠

C. 容易阅读,不易出错 D. 只有 0,1 两个符号,容易书写

24. 下列关于 ASCII 编码的叙述中,正确的是( )。

A. 一个字符的标准 ASCII 码占一个字节,其最高二进制位总为 1

B. 标准 ASCII 码表有 1024 个不同的字符编码

C. 所有大写英文字母的 ASCII 码值都小于小写英文字母“a”的 ASCII 码值

D. 所有大写英文字母的 ASCII 码值都大于小写英文字母“a”的 ASCII 码值

25. 下列字符中 ASCII 码值最大的是( )。

A. 9 B. D C. a D. y

26. 将二进制数 10011 转换成八进制数是( )。

A. 22 B. 23 C. 24 D. 25

27. 将十进制数 18 转换成二进制数是( )。

A. 010101 B. 101000 C. 010010 D. 001010

28. 十进制数 11 在十六进制中用( )表示。

A. A B. B C. C D. D

29. 下面数值中不可能是八进制数的是(　　)。

A. 72　　B. 100　　C. 107　　D. 108

30. 如果在一个非零无符号二进制整数后添加 2 个 0,则此数的值为原数的(　　)。

A. 4 倍　　B. 2 倍　　C. 1/2　　D. 1/4

31. 下面不同进制的四个数中,最小的一个数是(　　)。

A. 二进制数 10011100　　B. 八进制数 240

C. 十进制数 150　　D. 十六进制数 81

32. 在计算机中设有某进制数 4×3=10,根据这个运算规则 9+8=(　　)。

A. 9　　B. 8　　C. 17　　D. 15

33. 下列关于计算机外设的叙述中,错误的是(　　)。

A. 视频摄像头是输入设备

B. 扫描仪是输入设备

C. 打印机是输出设备

D. 激光打印机属于击打式打印机

34. 计算机系统软件中,最基本、最核心的软件是(　　)。

A. 操作系统　　B. 数据库管理系统

C. 程序语言处理系统　　D. 系统维护工具

35. 计算机硬件能直接识别、执行的语言是(　　)。

A. 汇编语言　　B. 机器语言　　C. 高级程序语言　　D. C++语言

36. 下列各组软件中,全部属于应用软件的是(　　)。

A. 程序语言处理程序、Andriod、数据库管理系统

B. 文字处理软件、教务系统、IOS

C. 财务处理软件、教务系统、WPS、QQ

D. Office、Photoshop、Linux

37. 数据库系统中常用的数据模型有三种,(　　)不是数据库系统采用的数据模型。

A. 网状模型　　B. 层次模型　　C. 总线模型　　D. 关系模型

38. 以下交流方式中不属于实时信息交流方式的是(　　)。

A. E-mail　　B. MSN　　C. QQ　　D. 微信

39. 在计算机上通过键盘输入一段文章时,该段文章首先存放在主机的(　　)中,如果希望将这段文章长期保存,应以(　　)形式存储于(　　)中。

A. 内存、文件、外存　　B. 外存、数据、内存

C. 内存、字符、外存　　D. 键盘、文字、打印机

40.(　　)是指可以根据需要,由用户自己选择需要的组件。

A. 自定义安装　B. 全新安装　C. 标准安装　D. 覆盖安装

41. 某种操作系统能够支持位于不同终端的多个用户同时使用同一台计算机,彼此独立互不干扰,用户感觉这台计算机全为自己所用,这种操作系统属于(　　)。

A. 批处理操作系统　B. 分时操作系统

C. 实时操作系统　D. 神经操作系统

42. 在 Windows 中,经常使用所谓的“即插即用”设备,“即插即用”的含义是指(　　)。

A. 不需要 BIOS 支持即可使用硬件

B. Windows 系统所能使用的硬件

C. 安装在计算机上不需要配置任何驱动程序就可使用的硬件

D. 计算机上安装硬件后,系统自动识别并完成驱动程序的安装和配置

43. 在 Windows 中当鼠标指针自动变成双向箭头时,表示可以(　　)。

A. 移动窗口　B. 改变窗口大小　C. 打开新窗口　D. 关闭窗口

44. 在 Windows 中,命令菜单呈灰色显示意味着(　　)。

A. 该菜单命令当前不能使用

B. 选中该菜单命令后将弹出对话框

C. 选中该菜单命令后将弹出下级子菜单

D. 该菜单命令正在使用

45. Windows 菜单中带省略号的命令意味着(　　)。

A. 当前此命令不可用　B. 单击此命令会弹出一个对话框

C. 当前此命令文字未完全显示　D. 本菜单命令有下一级菜单

46. 下列有关快捷方式的叙述,错误的是(　　)。

A. 快捷方式改变了程序或文档在磁盘上的存放位置

B. 快捷方式提供了对常用程序或文档的访问捷径

C. 快捷方式图标的左下角通常有一个小箭头

D. 删除快捷方式不会对源程序或文档产生影响

47. 查找文件时,不能根据文件的(　　)进行查找。

A. 类型　B. 打开方式　C. 名称　D. 大小

48. 在 Windows 中,要查找以“安徽”开头的所有文件,应该在搜索名称框内输入(　　)。

A. ? 安徽. *　B. *安徽. ?　C. 安徽?. ?　D. 安徽*. *

49. 在文件的属性对话框中,可以更改文件的(　　)。

A. 文件名和打开方式　　B. 文件类型和文件大小
C. 作者和修改时间　　D. 创建时间和修改时间

50. 如果要彻底删除系统中已安装的应用软件，最正确的方法是(　　)。
A. 删除该文件及快捷图标
B. 对磁盘进行碎片整理操作
C. 直接找到该文件或文件夹进行删除操作
D. 用控制面板中的“卸载程序”或软件自带的卸载程序完成

51. 在 Windows 中，为保护文件不被修改，可将它的属性设置为(　　)。
A. 只读　　B. 系统　　C. 隐藏　　D. 存档

52. 若在 Windows 中选中多个不连续的文件，可以先按住(　　)键，再用鼠标逐个单击。
A. Alt　　B. Ctrl　　C. Shift　　D. Tab

53. 直接在回收站拖拽选中的文件到某一驱动器或文件夹窗口中可以(　　)文件。
A. 删除　　B. 备份　　C. 还原　　D. 彻底删除

54. 下列关于 Windows“回收站”的叙述，错误的是(　　)。
A. “回收站”中的文件可以被彻底清除
B. “回收站”中的文件可以还原
C. “回收站”的大小可以自行设置
D. “回收站”不占用硬盘空间

55. 计算机上安装第一台打印机后，该打印机会被指定为(　　)打印机。
A. 普通　　B. 默认　　C. 本地　　D. 网络

56. 计算机与打印机连接时，打印机的信号电缆线(　　)。
A. 只能连接在并行接口上　　B. 只能连接在串行接口上
C. 只能连接在扩展 I/O 接口上　　D. 可以连接在并行接口或 USB 接口上

57. 相较于激光打印机，针式打印机具有的优点是(　　)。
A. 耗材便宜　　B. 噪音小　　C. 使用方便　　D. 打印速度快

58. A 计算机上连接了一台本地打印机，在 B 计算机上想通过网络连接此打印机，正确的操作顺序是(　　)。
①在 B 计算机的控制面板中选择添加打印机
②在可用打印机列表中选择准备连接的打印机
③添加网络、无线或 Bluetooth 打印机
④在 A 计算机上将此打印机共享
A. ①③②④　　B. ④①③②　　C. ①②③④　　D. ①③④②

59. 相较于针式打印机,激光打印机具有的优点是(　　)。

A. 耗材便宜　　B. 噪音小　　C. 打印速度快　　D. 使用方便

60. 计算机能直接识别和执行的语言是(　　)。

A. 机器语言　　B. 汇编语言　　C. 高级语言　　D. 数据库语言

61. 下列叙述中错误的是(　　)。

A. 高级语言编写的程序可移植性最差

B. 用机器语言编写的程序执行效率最高

C. 机器语言由二进制数 0,1 组成

D. 不同型号的计算机具有不同的机器语言

62. 下列叙述中正确的是(　　)。

A. 数据从内存传送到硬盘上的操作称为输入

B. 金山打字通是一个国产的系统软件

C. 电梯口播放广告的液晶显示屏属于输入设备

D. 将高级语言编写的源程序转换成机器语言程序的程序称为编译程序

63. 下列有关多媒体计算机的叙述正确的是(　　)。

A. 多媒体计算机可以处理声音和文字,但不能处理动画和图像

B. 多媒体计算机系统包括硬件系统、网络操作系统和多媒体应用工具软件

C. 传输媒体主要包括键盘、显示器、鼠标、声卡和视频卡等

D. 多媒体技术具有数字化、集成性、交互性和实时性的特征

64. 利用计算机将文字、声音、图形、图像和视频等多种媒体有机结合起来进行处理的技术称为(　　)。

A. 数字技术　　B. 多媒体技术　　C. 网络技术　　D. 通信技术

65. 以下不属于多媒体技术特征的是(　　)。

A. 集成性　　B. 交互性　　C. 艺术性　　D. 实时性

66. 多媒体技术中,JPG 格式的文件是(　　)。

A. 图像文件　　B. 音频文件　　C. Word 文档　　D. 视频文件

67. 下列最适合创设情境、营造氛围、展现真实场景的媒体是(　　)。

A. 视频　　B. 音频　　C. 图像　　D. 图形

68. 为减少多媒体数据存储时所占的存储空间,一般采用(　　)。

A. 存储缓冲技术　B. 数据压缩技术　C. 多通道技术　　D. 流水线技术

69. 目前,为宽带用户提供稳定和流畅的视频播放效果所采用的主要技术是(　　)。

A. 操作系统　　B. 闪存技术　　C. 流媒体技术　　D. 光存储技术

70. 假设已正确安装了高质量的声卡及音响设备,却始终听不到声音,其原因可

能是(　　)。

A. 音响设备没有打开　　B. 音量调节过低

C. 没有安装相应的驱动程序　　D. 以上都有可能

71. 多媒体计算机是指(　　)。

A. 具有多种外部设备的计算机　　B. 能与多种电器连接的计算机

C. 能处理多种媒体的计算机　　D. 能借助多种媒体操作的计算机

72. 在计算机内,多媒体数据最终是以(　　)形式存在的。

A. 二进制数　　B. 特殊的压缩码　　C. 模拟数据　　D. 图形

73. 计算机网络最突出的优点是(　　)。

A. 资源共享和快速传输信息　　B. 高精度计算和收发邮件

C. 运算速度快和快速传输信息　　D. 存储容量大和精度高

74. 下列选项中,不属于Internet应用的是(　　)。

A. 资源共享　　B. 远程登录　　C. 网络协议　　D. 搜索引擎

75. (　　)是正确的IP地址。

A. 192.168.111.2　　B. 202.4.4.2.2

C. 192.14.257.13　　D. 202.192.2

76. 我国政府对计算机软件知识产权进行保护的第一部政策法规是(　　)。

A.《计算机软件保护条例》　　B.《中华人民共和国技术合同法》

C.《中华人民共和国劳动法》　　D.《中华人民共和国著作权法》

77. 计算机安全是指计算机资产安全,即(　　)。

A. 计算机信息系统资源不受自然有害因素的威胁和危害

B. 计算机软件系统不受自然有害因素的威胁和危害

C. 计算机硬件系统不受人为有害因素的威胁和危害

D. 计算机信息系统资源和信息资源不受自然和人为有害因素的威胁和危害

78. "口令"是保证系统安全的一种简单有效的方法,相对比较安全的"口令"是(　　)。

A. 自己的姓名拼音缩写

B. 自己的手机号码

C. 自己的生日

D. 混合使用大小写字母、数字和符号等,且有足够的长度

79. 为防止供电系统突然停电对计算机系统和外部设备造成损坏,一般要求使用(　　)。

A. 稳压电源　　B. 不间断电源　　C. 变压器　　D. 过压保护器

80. 浏览器收藏夹的作用是(　　)。

A. 收集需要的页面地址　　B. 收集需要的文件内容
C. 记忆需要的页面内容　　D. 收集需要的文件名

81. 下列关于电子邮件的说法,正确的是(　　)。
A. 收件人必须有 E-mail 地址,发件人可以没有 E-mail 地址
B. 发件人必须有 E-mail 地址,收件人可以没有 E-mail 地址
C. 发件人和收件人都必须有 E-mail 地址
D. 发件人必须知道收件人住址的邮政编码

82. 下列关于电子邮件的描述,错误的是(　　)。
A. 电子邮件是 Internet 提供的一种信息浏览服务
B. 用户可以通过一台联入 Internet 的计算机向世界任何地方的用户发送电子邮件
C. 电子邮件具有快速、高效、方便、廉价的特点
D. 电子邮件既可以传输文本,也可以传输声音、图像、视频等多媒体信息

83. 写邮件时,除了发件人地址之外,另一项必须要填写的是(　　)。
A. 信件内容　B. 收件人地址　C. 主题　D. 抄送

84. 在 E-mail 地址中,用户名和域名之间用(　　)分隔。
A. #　B. @　C. %　D. &

85. 当前病毒传播的最主要途径是(　　)。
A. 硬盘　B. 光盘　C. 网络　D. U 盘

86. 关于预防计算机病毒的描述,错误的是(　　)。
A. 计算机应安装防病毒软件
B. 使用新软件时先用防病毒软件检查
C. 不在互联网上随意下载软件
D. 计算机安装防病毒软件后就不会感染病毒

87. 下列关于计算机病毒的叙述中,正确的是(　　)。
A. 杀病毒软件可以查、杀任何种类的病毒
B. 计算机病毒是一种被破坏了的程序
C. 杀病毒软件必须随着新病毒的出现而升级,提高查、杀病毒的能力
D. 感染过计算机病毒的计算机具有对该病毒的免疫性

88. 下列关于计算机病毒的叙述中,错误的是(　　)。
A. 计算机病毒具有潜伏性
B. 计算机病毒具有传染性
C. 计算机病毒是一个特殊的寄生程序
D. 感染过计算机病毒的计算机具有对该病毒的免疫性

89. 可能导致感染计算机病毒的原因之一是(　　)。

A. 不正常关机　　B. 光盘表面不清洁

C. 从网上下载文件　　D. 没有安装最新版本的操作系统

90. 下列不属于计算机病毒预防的方法是(　　)。

A. 清理磁盘碎片　　B. 定期升级杀毒软件

C. 开启 Windows 防火墙　　D. 及时更新系统补丁

第2章 Word 2016 高级应用

【课程目标】

掌握：Word 页面设置、样式设置、域的设置、文档修订、表格制作与编辑、邮件合并、多窗口和多文档的相关操作。

应用：能够熟练进行长文档的版面设计。

【课程思政】

在课堂教学设计中，结合 Word 课程特点，融入诚信、合作、创新等思政元素，通过对比 MS Word 与 WPS Word 的发展，使学生了解世界信息产业的发展水平，以及中国信息产业的国情和现状，引导学生尊重差异、求同存异，实现人与自然、人与人、人与社会的和谐共生，帮助学生树立正确的价值观，增强责任心、紧迫感和使命感。

Microsoft Office 2016 是微软公司推出的一款功能强大的办公套装软件，由文档处理软件 Word 2016、表格处理软件 Excel 2016、演示文稿制作软件 PowerPoint 2016 等组件构成。其中，Word 2016 是一款图文编辑工具，广泛用于创建和编辑通知书、毕业论文、个人简历、会议记录、合同等专业文档。

本章将介绍 Word 2016 的高级应用，帮助用户高效地进行文档编辑与处理。

2.1 Word 2016 基础

2.1.1 Word 2016 界面

1. 启动

Word 2016 有多种启动方法，以下是几种常见方式。

(1)使用“开始”菜单启动。单击任务栏上的“开始”按钮(Windows 徽标)，在弹出的开始菜单中，找到“Microsoft Office”文件夹(或单独列出的“Word 2016”快捷方式)，单击“Word 2016”图标即可启动。

(2)使用桌面快捷方式启动。双击桌面上的“Office Word 2016”快捷图标。

(3)通过现有的文档启动。在“我的电脑”或“资源管理器”中双击计算机上已存在的 Word 文档时，系统通常默认使用 Office Word 2016 来打开该文件。

(4)通过搜索功能启动。在 Windows 的搜索框中输入“Word”，从搜索结果中选择“Word 2016”来启动该程序。

(5)通过运行对话框启动。按下“Windows＋R”组合键打开运行对话框，在运行对话框中输入“winword”命令，单击“确定”或按下 Enter 键。

2. 退出

Word 2016 的退出方法也有多种，具体如下。

(1)使用关闭按钮。单击标题栏右上角的关闭按钮×。

(2)使用快捷键。按下“Alt＋F4”组合键。

(3)通过“文件”菜单。选择“文件”→“关闭”(关闭当前文档但不退出 Word 2016)或“退出”(关闭当前文档并退出 Word 2016)。

(4)通过任务栏。右击任务栏中的 Word 图标，选择“关闭窗口”。

(5)通过任务管理器。在极少数情况下，如果 Word 2016 无响应，则可使用任务管理器来强制结束 Word 进程。按下“Ctrl＋Shift＋Esc”组合键打开任务管理器，找到“Microsoft Word”进程并结束任务。

3. Word 2016 的工作窗口

启动 Word 2016 后，将进入如图 2.1.1 所示的 Word 2016 工作界面，该界面主要由以下几个窗口元素组成：标题栏、“文件”选项卡、主选项卡组、功能区、文档编辑区、状态栏、标尺、滚动条等。

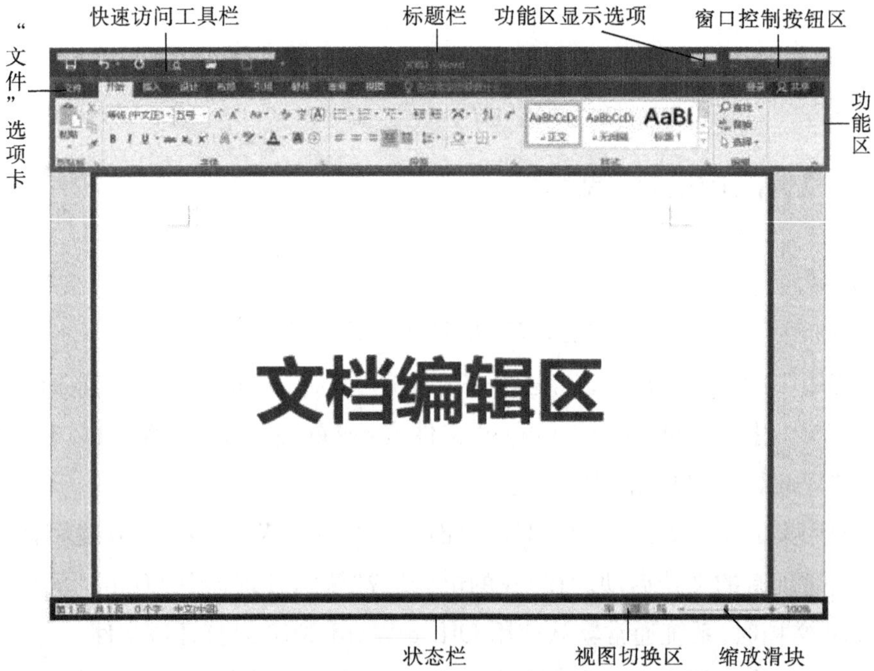

图 2.1.1 Word 2016 工作界面

1)标题栏

标题栏通常位于窗口顶端,显示当前文档的名称和 Word 程序名等信息。最左侧为“快速访问工具栏”区,单击其右边的三角形图标可以将个人常用命令以图标形式显示到此处,如“保存”“撤消”“打印预览”等。标题栏的正中方显示正处于编辑状态的文档的文件名以及所使用的软件名。右侧  为功能区显示选项按钮,允许用户快速切换功能区的显示状态。最右侧  为窗口控制按钮区,分别为“最小化”“最大化/还原”和“关闭”按钮。

2)“文件”选项卡

单击“文件”选项卡,将出现一个侧边栏,提供对文件的基本操作命令,如“保存”“新建”“打开”“关闭”“另存为”和“打印”等。此处还包含“选项”命令,利用该命令可以对 Word 使用时的一些常规选项进行设置。

3)主选项卡组

主选项卡组位于标题栏下方,包含“开始”“插入”“设计”“布局”“引用”“邮件”“审阅”“视图”等选项卡,每个选项卡下根据功能的不同又分为若干个组,如“开始”功能区中包括剪贴板、字体、段落、样式和编辑五个组。

4)功能区

Word 2016 用各种功能区取代传统的菜单栏和工具栏,它根据当前所选的选项卡和上下文,显示相关的命令和工具。

如果工具按钮名称右侧有三角形图标，则单击该图标将弹出更多此按钮的相关选项。如果功能组区右下角带图标，则单击该图标将弹出此功能组的对话框。

5)文档编辑区

文档编辑区是用户实际编辑文档的区域，显示正在编辑的 Word 文档，供用户在其中输入文本、插入图片和表格等。

6)状态栏

状态栏通常位于窗口的底部，显示有关当前文档的信息，如页码、字数统计、语言等。为视图切换区，从左向右分别是阅读视图、页面视图、Web 版式视图。用鼠标单击相应的按钮即可切换到对应的视图。最右侧为文档的显示比例，可通过拖动缩放滑块或单击显示比例修改当前文档的显示比例。

7)标尺

标尺用于显示纵横坐标，用户可以通过移动标尺来改变文档的布局，如缩进段落、调整页边距、改变栏宽以及设置制表位等。

标尺一般指水平标尺，在默认情况下，水平标尺位于功能区的下方。

可以通过单击"视图"选项卡→"显示"→"标尺"显示与隐藏标尺。

8)滚动条

滚动条可用来查看当前显示内容在文档中的相对位置。用户用鼠标拖动滚动条中的滚动块或单击滚动箭头，都可以到达文档的不同位置。

通过单击"文件"选项卡→"选项"→"高级"，单击"显示水平滚动条"或"显示垂直滚动条"复选框，即可显示或隐藏对应的滚动条。

4. 文档视图

Word 2016 提供多种视图模式，包括页面视图、阅读视图、Web 版式视图、大纲视图和草稿视图。用户可根据需要在"视图"功能区中选择合适的文档视图模式，也可以在状态栏的视图切换区单击视图按钮选择。

1)页面视图

页面视图显示与打印效果一致的文档，即"所见即所得"的显示效果。在进行文本输入、编辑和格式编排时通常采用页面视图。页面视图可以更好地显示排版效果，因此常用于文本、格式、版面或文档外观等的修改，如图 2.1.2 所示。

2)阅读视图

阅读视图主要用于以阅读方式查看文档。它最大的优点是利用最大的空间来阅读或批注文档。在阅读视图下，Word 会隐藏许多工具栏，从而使窗口工作区中显示较多的内容，如图 2.1.3 所示。

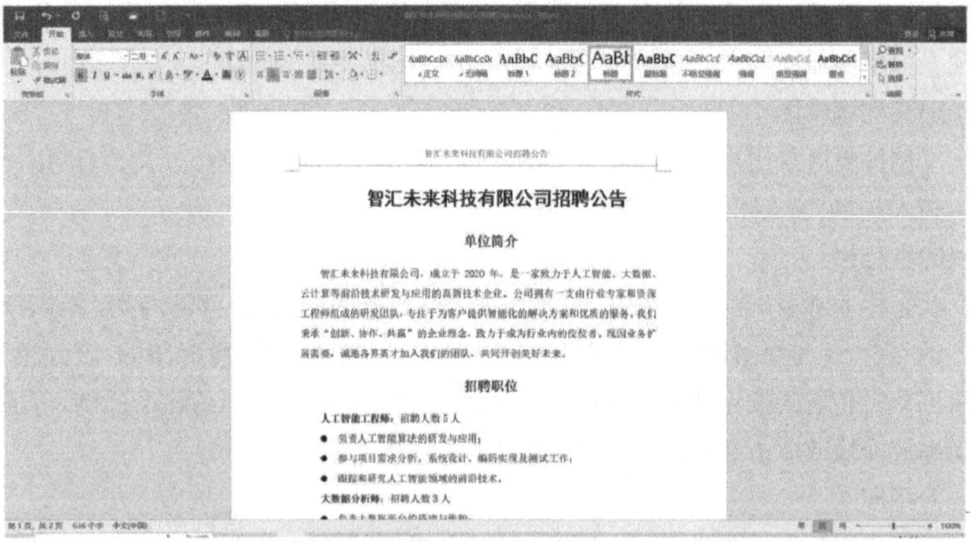

图 2.1.2 页面视图

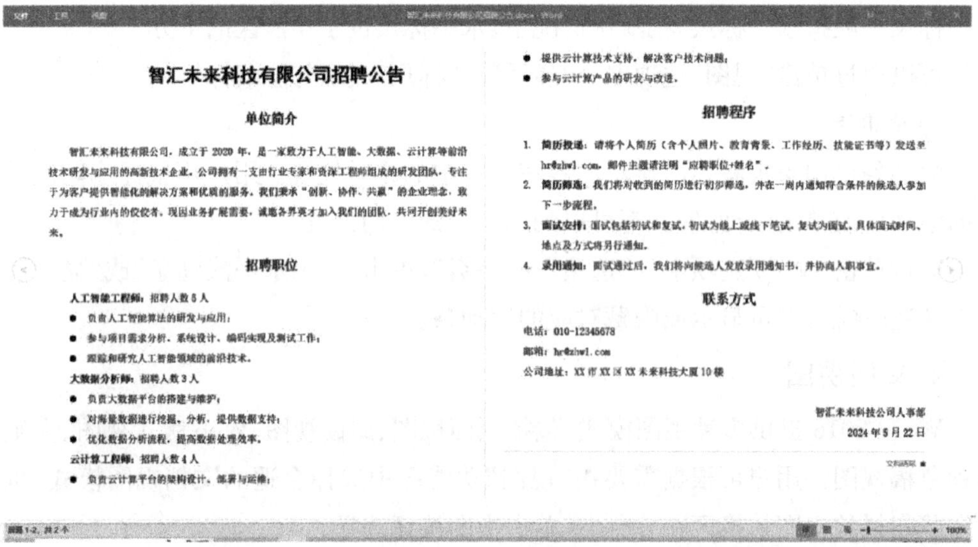

图 2.1.3 阅读视图

3)Web 版式视图

Web 版式视图是以网页的形式显示 Word 文档,此视图适用于发送电子邮件和创建网页,如图 2.1.4 所示。

4)大纲视图

大纲视图是显示文档结构和大纲工具的视图,它将所有的标题分级显示出来,层次分明,尤其适合具有较多层次的文档,如报告文体和章节排版等。在大纲视图下,用户可以方便地移动和重组长文档,如图 2.1.5 所示。

5)草稿视图

草稿视图主要用于查看草稿形式的文档,便于快速编辑文本。在草稿视图中不会显示页眉、页脚等文档元素,如图 2.1.6 所示。

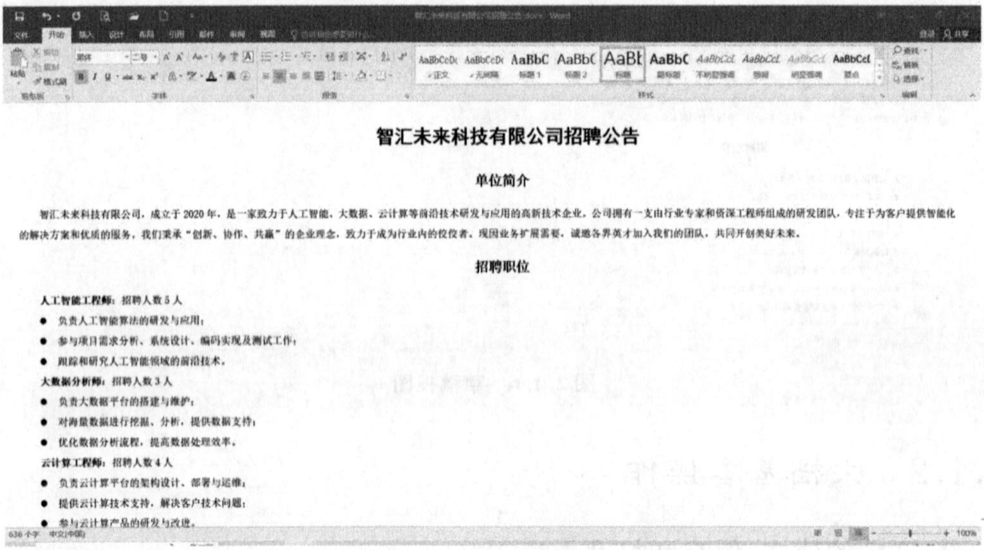

图 2.1.4　Web 版式视图

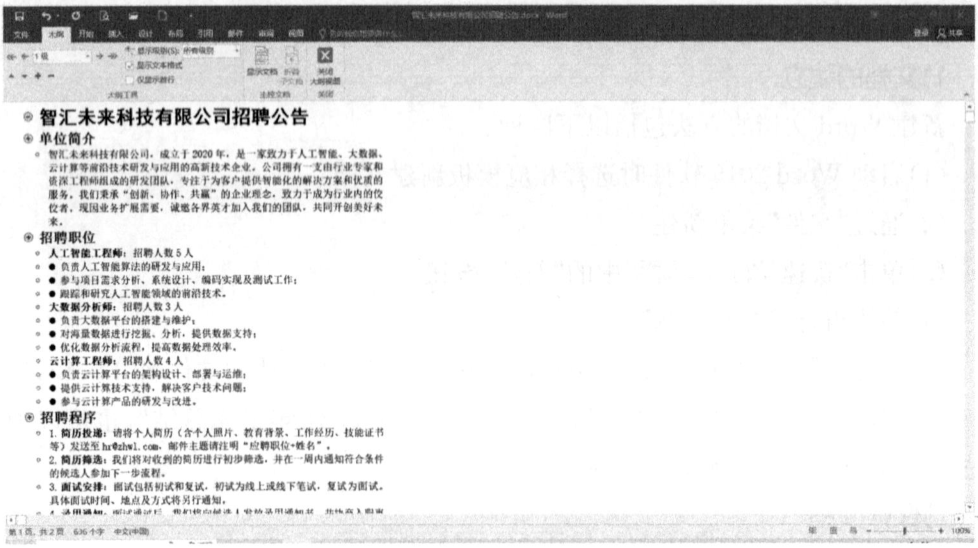

图 2.1.5　大纲视图

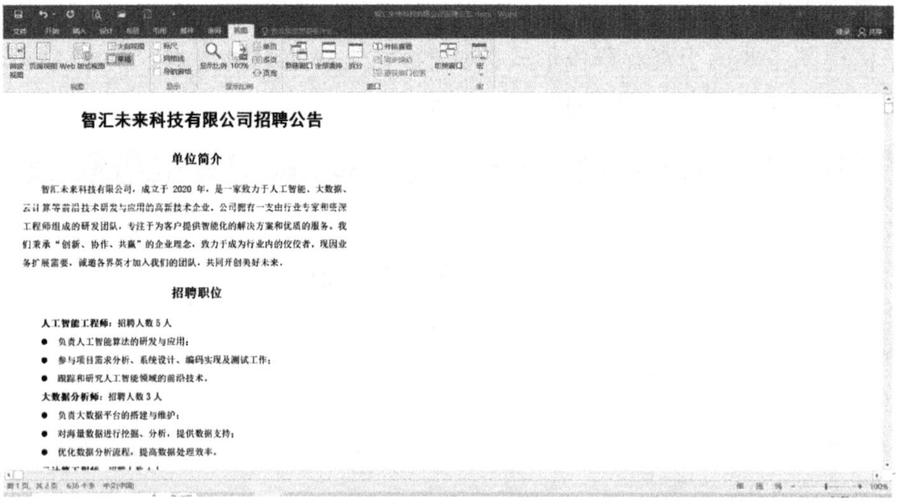

图 2.1.6 草稿视图

2.1.2 文档基本操作

1. 文档的建立、保存和打开

在开始编辑文档之前，我们必须新建一个 Word 文档或者打开已经存在的文档；编辑结束后，为了保证以后能查看编辑过后的效果，必须保存文档。

1)文档的建立

新建 Word 文档的方法包括以下四种。

(1)启动 Word 2016 软件时选择相应模板新建文档。

(2)通过“文件”菜单新建。

(3)单击“快速访问工具栏”中的“新建”按钮。

(4)使用组合键“Ctrl+N”。

无论采用哪种方式新建文档，系统都为新建文档设置默认的文件名“Doc1”，保存类型默认为“. docx”。用户可以设置新的文件名，如“2024 年工作总结”，也可以为该文档选择其他的保存类型，如“. doc”。

2)保存文档

新建文档或对某个文档进行修改后，需要保存编辑后的文档。保存文档的方法有以下三种。

(1)选择“文件”→“保存”命令。

(2)单击“快速访问工具栏”中的“保存”按钮。

(3)使用组合键“Ctrl+S”。

当第一次保存新文档或选择“文件”→“另存为”命令时，均会出现“另存为”对话框，如图 2.1.7 所示，选择保存的位置，输入文件名，并在文档保存类型中选择所需的格式后，单击“保存”按钮。

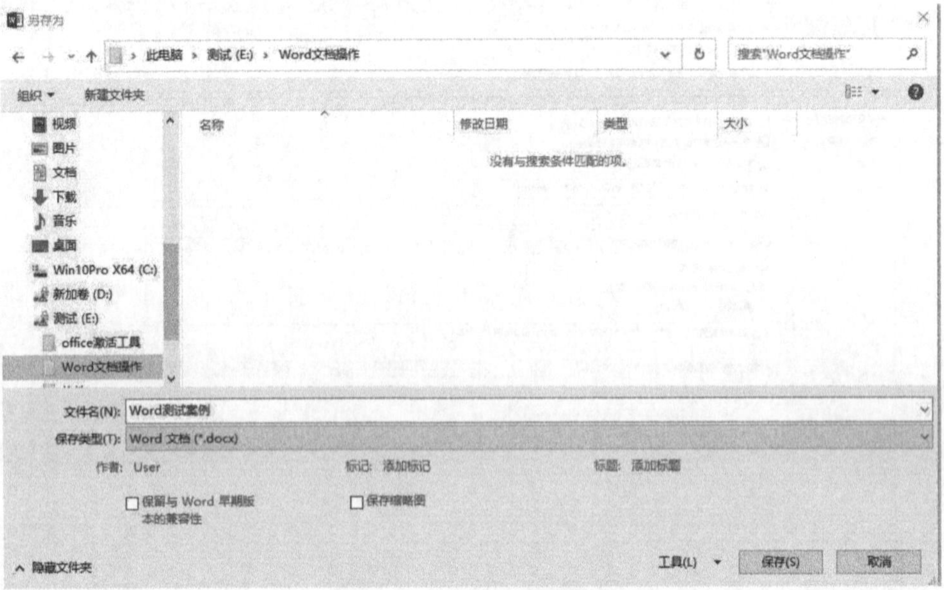

图 2.1.7　“另存为”对话框

说明：用户可以将 Microsoft Word 2016 的“.docx”文档另存为 Word 97-2003 的“.doc”文档，即在文档保存类型中选择“Word 97-2003 文档”，以便与 Microsoft Word 早期版本的用户共享文件。

用户可以设置自动保存。方法如下：单击“文件”→“选项”→“保存”，在“保存文档”区域中选中“保存自动恢复信息时间间隔”，输入间隔时间，如图 2.1.8 所示。

3)打开文档

在进入 Word 后，要打开已存在的 Word 文档，常用以下三种方法。

(1)单击“快速访问工具栏”中的“打开”按钮。

(2)选择“文件”→“打开”命令。

(3)使用组合键“Ctrl+O”。

注意：“O”为“Open”的首字母。

使用上述任一方法，均会出现“打开”选项(见图 2.1.9(a))，单击“浏览”，会出现如图 2.1.9(b)所示的“打开”对话框。在“查找范围”中选择文档所在的文件夹，在文件列表中选择要打开的文件，单击“打开”按钮，即可打开文档。

在“文件”→“选项”→“高级”→“显示”中可以调整“文件”→“打开”→“最近”中列出的“最近使用的文档”的数目。

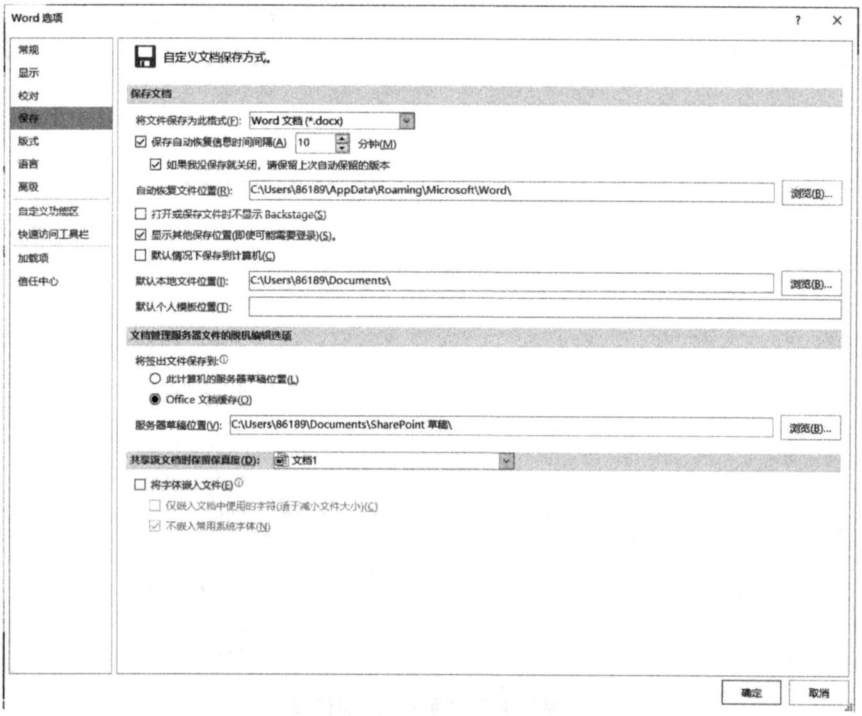

图 2.1.8 自动保存间隔时间的设置

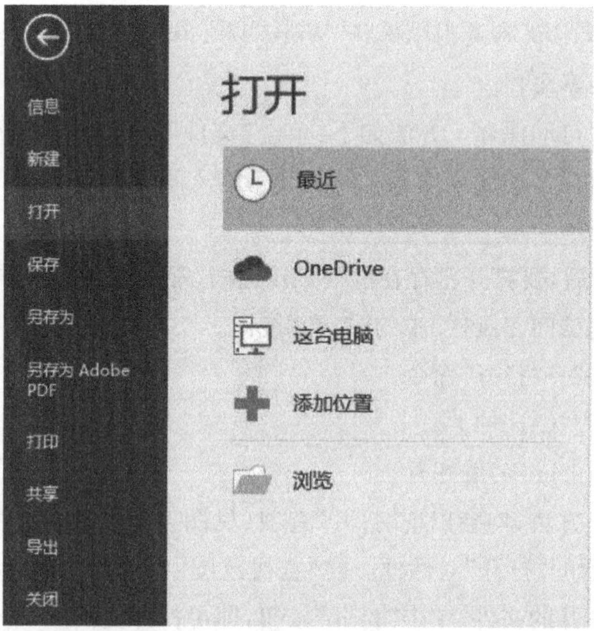

(a)“打开”选项

(b)"打开"对话框

图 2.1.9　"打开"对话框

如果用户在 Word 2016 中打开由早期 Word 版本创建的文档，Word 会自动开启"兼容模式"，并且在文档标题栏中显示"[兼容模式]"提示。在此模式下，高版本程序为了与低版本文件兼容，Word 2016 中的一些增强或新增的功能将不可使用，这样早期 Word 版本的用户也能拥有完全的编辑功能。

2. 文档的录入

创建新文档后，即可在文档编辑区中录入文本。文本是文字、符号、特殊字符等内容的总称。调整插入点位置、选择输入法、输入内容、插入符号和特殊字符、插入日期和时间等操作均可在 Word 中轻松完成。

1)调整文本插入点位置

在文档编辑区处，有一个闪动的竖线光标，称为"当前光标"。当前光标所在的位置称为"插入点"，它表示用户输入内容的位置。用户可以用鼠标或通过操作键盘上的按键来移动插入点。表 2.1.1 列出了用键盘移动插入点的方法。

表 2.1.1　用键盘移动插入点的方法

按　键	作　用
↑、↓、←、→	向上、下、左、右移动
PageUp/PageDown	向上/下移动一屏
Home/End	到当前行开始处/末尾处
Ctrl+Home/Ctrl+End	到本文档开始处/结束处

用鼠标移动插入点并进行文字输入的操作被称为“即点即输”，是 Word 的重要功能之一，具体操作是将鼠标指针指向文档中需要编辑的文字位置，单击鼠标即可进行文字输入。

说明：如果在文档空白处，则需要双击鼠标才可进行文字输入。

2)选择输入法

如果输入英文，则直接敲击键盘字符即可。如果输入中文，则必须选择中文输入法，可通过组合键“Ctrl＋Shift”“Ctrl＋空格”或者单击任务栏右端的输入法图标，进行输入法的切换。

3)输入内容

输入内容时先不必考虑格式，只以纯文本方式进行。当文字到达行尾时，Word 会自动换行。一个自然段结束时，按 Enter 键另起一段，此时会在段尾产生一个段落标记↵。

当在一个段落内想强制换行，可按下“Shift＋Enter”组合键，Word 会插入一个换行符↓，插入点光标移至下一行的开端。利用换行符可以形成段内换行的效果，但实际上他们仍属于同一段落，沿用同一段落格式。换行符和段落标记是不同的，如图2.1.10所示。

4)插入符号和特殊字符

有些符号和特殊字符并不显示在键盘上，例如→、1/4、∞、①、æ、☆等。要输入这些符号可以使用以下两种方法。

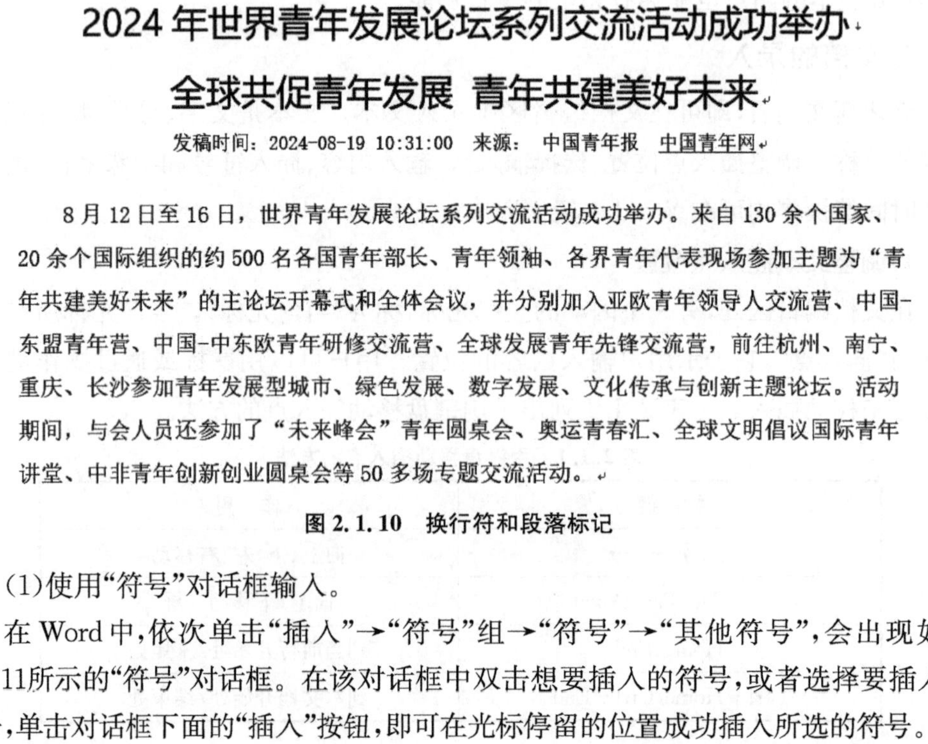
2024年世界青年发展论坛系列交流活动成功举办↓
全球共促青年发展 青年共建美好未来↵
发稿时间：2024-08-19 10:31:00 来源： 中国青年报 中国青年网↵

8月12日至16日，世界青年发展论坛系列交流活动成功举办。来自130余个国家、20余个国际组织的约500名各国青年部长、青年领袖、各界青年代表现场参加主题为“青年共建美好未来”的主论坛开幕式和全体会议，并分别加入亚欧青年领导人交流营、中国-东盟青年营、中国-中东欧青年研修交流营、全球发展青年先锋交流营，前往杭州、南宁、重庆、长沙参加青年发展型城市、绿色发展、数字发展、文化传承与创新主题论坛。活动期间，与会人员还参加了“未来峰会”青年圆桌会、奥运青春汇、全球文明倡议国际青年讲堂、中非青年创新创业圆桌会等50多场专题交流活动。↵

图 2.1.10 换行符和段落标记

(1)使用“符号”对话框输入。

在 Word 中，依次单击“插入”→“符号”组→“符号”→“其他符号”，会出现如图2.1.11所示的“符号”对话框。在该对话框中双击想要插入的符号，或者选择要插入的符号，单击对话框下面的“插入”按钮，即可在光标停留的位置成功插入所选的符号。

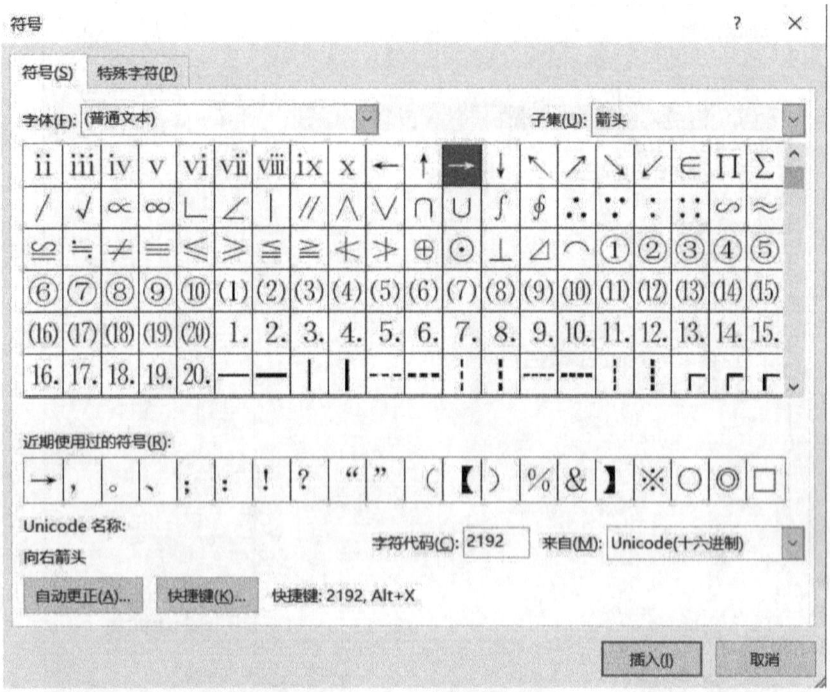

图 2.1.11　“符号”对话框

(2)使用输入法的“软键盘”输入。

右击“输入法”工具栏上的“软键盘”按钮，在弹出的“软键盘”菜单中选择特殊符号。输入结束后，单击“软键盘”按钮，即可关闭软键盘。

5)插入日期和时间

Word 文档中的日期和时间既可以直接从键盘输入，也可以使用“插入”选项卡来插入。单击“插入”→“文本”组→“日期和时间” 日期和时间，出现如图 2.1.12 所示的“日期和时间”对话框。在对话框中选择想要插入的日期和时间格式，单击“确定”按钮，即可完成插入。

6)拼写检验与自动更正

Word 提供了拼写检验功能，在文档编辑过程中，如果发现文字的下方出现红色或绿色波浪线，则表示文字的拼写或语法可能有错误。在标有波浪线的字符上右击，会弹出快捷菜单，可利用其中的命令，忽略或纠正这些错误。

3. 选择文本

在 Word 2016 中完成文字的录入后，接下来通常需要对这些文字进行编辑和格式调整，以满足需求。在 Windows 操作系统中，无论进行何种编辑操作，都遵循一个基本的逻辑——“先选定对象，后操作”。这意味着在更改文字、调整格式或应用其他功能之前，需要先明确选择想要操作的文本内容。

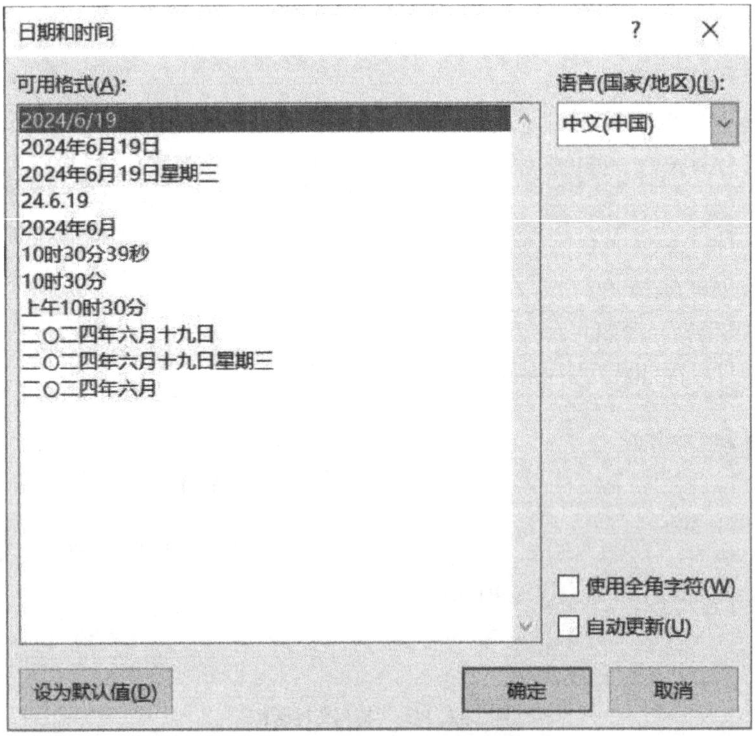

图 2.1.12 "日期和时间"对话框

在 Word 2016 及更高版本中,用户通过鼠标拖动、键盘快捷键(如 Shift+方向键)或利用"选择文本"工具进行文本选择时,被选中的文本区域会以醒目的方式呈现。默认情况下,选中文本会以灰底呈现,如图 2.1.13 所示,而现代版本的 Word 提供了更多自定义选项,允许用户根据个人偏好或文档风格调整选中文本的颜色、边框等视觉效果。

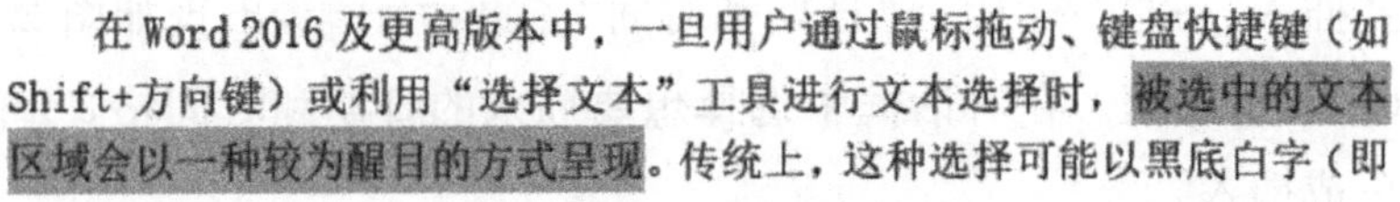
在 Word 2016 及更高版本中,一旦用户通过鼠标拖动、键盘快捷键(如 Shift+方向键)或利用"选择文本"工具进行文本选择时,被选中的文本区域会以一种较为醒目的方式呈现。传统上,这种选择可能以黑底白字(即

图 2.1.13 文本内容的选择

表 2.1.2 和表 2.1.3 分别给出了用鼠标和键盘选定文本的方法。

表 2.1.2 用鼠标选定文本

鼠标操作	将选定的文档内容
双击要选定的字/词	一个单词或一个中文字/词
按住<Ctrl>键,在句子内单击	一个句子
将鼠标移到某一行左侧的选择栏,当鼠标指针变为"↗"时单击	一行
在某段落左侧的选择栏处双击,或在段落内任意处三击左键	一个段落
将鼠标移到左侧的选择栏,当鼠标变为"↗"时三击左键	整篇文档

续表

鼠标操作	将选定的文档内容
先选定一行，再按住左键向上或向下拖动鼠标	多行
先选定一个段落，同时向上或向下拖动鼠标	多个段落
单击所选字符的开始处，按住<Shift>键，单击结束处，或将鼠标指针移动到要选定文本的开始处，然后按住鼠标左键并拖动鼠标到最后一个字符后松开	任意连续字符
按住<Alt>键，同时按住鼠标左键并拖动鼠标	矩形字符块(列块)

注意：选择栏位于文本编辑区左侧的空白区域。

表 2.1.3　用键盘选定文本

要选定的文档内容	键盘操作	要选定的文档内容	键盘操作
右侧一个字符	<Shift> + →	从当前字符至行首	<Shift> + <Home>
左侧一个字符	<Shift> + ←	从当前字符至行尾	<Shift> + <End>
上一行	<Shift> + ↑	从当前字符至段首	<Ctrl> + <Shift> + ↑
下一行	<Shift> + ↓	从当前字符至段尾	<Ctrl> + <Shift> + ↓
整篇文档	<Ctrl> + A		

4. 修改文本

1)插入文本

在编辑文档时，经常需要增加或修订文字信息。Word 2016 提供了两种编辑状态：插入和改写。默认情况下，文档处于插入状态。在插入状态下，输入的文本会自动插入到当前插入点，而不会影响其后的文本。若要切换到改写状态，可以通过单击状态栏上的“改写”或按 Insert 键进行切换。在改写状态下，新的文本会替代当前插入点后面的文本。

2)删除文本

当发现文档中存在错误或不需要的文本时，可以使用 Backspace 键删除插入点左侧的字符，或使用 Delete 键删除插入点右侧的字符。若需要删除大段文本，可以先使用鼠标或键盘快捷键选定文本，然后按 Backspace 或 Delete 键进行删除。

3)移动文本

移动文本的方法有很多种。

(1)使用快捷键：选定文本后，按“Ctrl+X”组合键剪切文本，然后移动插入点至目标位置，按“Ctrl+V”组合键进行粘贴。

(2)使用鼠标拖动：选定文本后，将鼠标指针移至选定的内容上，按住鼠标左键，拖动到目标位置后释放鼠标。

(3)使用剪贴板：选定文本后，点击“开始”→“剪贴板”选项组→“剪切”按钮剪切，移动插入点到目标位置后，单击“粘贴”按钮。

(4)使用快捷菜单：选定文本后，右击选择“剪切”，移动插入点到目标位置后，右击选择“粘贴”。

4)复制文本

(1)使用快捷键：选定文本后，按“Ctrl+C”组合键复制文本，然后移动插入点到目标位置，按“Ctrl+V”组合键粘贴。

(2)使用鼠标拖动：选定文本后，按住 Ctrl 键，同时按住鼠标左键并拖动文本到目标位置后释放。

(3)使用剪贴板：选定文本后，单击“开始”→“剪贴板”选项组→“复制”按钮 复制，移动到目标位置后，单击“粘贴”按钮。

(4)使用快捷菜单：选定文本后，右击选择“复制”，移动插入点到目标位置后，右击选择“粘贴”。

5)查找与替换文本

Word 提供了强大的查找和替换功能，方便用户快速准确地查找和替换文本内容，尤其对于一些篇幅较长的文档，通过这些功能可以大大提高工作效率。

(1)查找。

①将光标移至要查找的起始位置，单击“开始”→“编辑”组→“查找”按钮 查找(或按下组合键“Ctrl + F”)，弹出如图2.1.14所示“查找”导航窗格，在导航窗格的搜索框中输入要查找的内容。

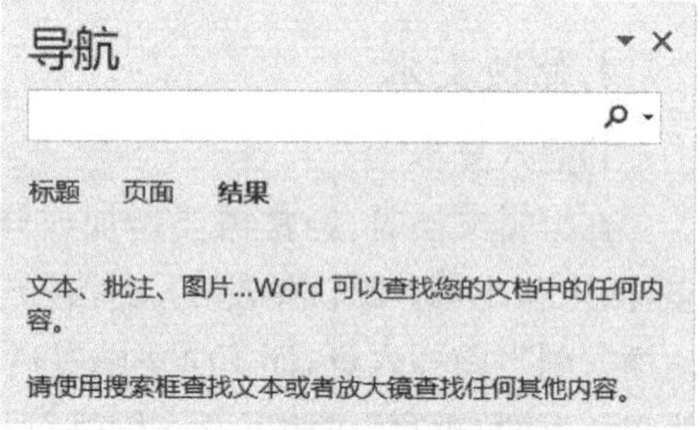

图 2.1.14 “查找”导航窗格

②如果想进行更高级的查找操作，可单击搜索框右侧的下拉箭头，选择“高级查找”(或单击“开始”→“编辑”组→“查找”→“查找”按钮右侧的下拉箭头→“高级查找”)，打开如图2.1.15所示的“查找和替换”对话框。

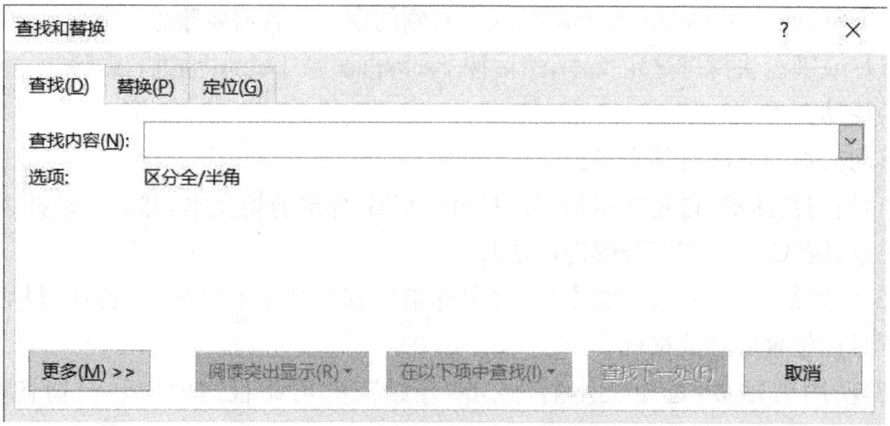

图 2.1.15 “查找和替换”对话框

③在“查找和替换”对话框的“查找”选项卡中，可以在“查找内容”文本框中输入要查找的内容。单击“更多”按钮，会展开更多选项，可以设置搜索的范围(例如全文档、当前节、当前页等)、查找对象的格式(字体、颜色、大小等)、查找的特殊字符(如段落标记、制表符等)。

④设置好查找条件后，单击“查找下一处”按钮，Word 会依次查找并高亮显示找到的文本。

(2)替换。

替换功能是查找功能的扩展，适用于替换多处相同的内容。

在“替换为”文本框中输入要替换的内容，系统可以每次替换一处查找到的内容，也可以一次性全部替换。利用替换功能还可以删除文本。方法如下。在“替换为”一栏中不输入任何内容，替换时会以空字符代替找到的文本，等于进行了删除操作。

6)撤消与恢复文本

如果在编辑文档时出现误操作，可单击快速访问工具栏中的“撤消”按钮或按下“Ctrl＋Z”组合键来撤消刚刚的操作。

可以用“恢复”按钮将撤消的操作恢复。

2.2　Word 2016 排版

2.2.1　Word 2016 基础排版

1. 字符格式的排版

字符格式设置包括对字符的字体、字号、字形、字符颜色、字符效果、字符间距等进行设置。

1)使用“开始”功能区下的“字体”选项组

选中要进行格式设置的文本，通过“开始”→“字体”选项组中的按钮，可快速设置文本的字体、字号、加粗、倾斜、下划线、删除线、上标、下标、轮廓、阴影、映像、发光等效果。

2)使用“字体”对话框进行设置

选中要进行格式设置的文本，单击“开始”→“字体”选项组右下角的按钮；或者右击选中的文本，在快捷菜单中选择“字体”命令，均可打开“字体”对话框，如图2.2.1所示。

在“字体”对话框中，单击“高级”选项卡，如图 2.2.2 所示，可以设置字符缩放、字符间距和字符的垂直位置等。

“缩放”并不是字符整体都得到缩小或放大，只有字符宽度发生变化，而高度不变。在“缩放”下拉列表框中输入 1～600 的整数数字，可以设置相应的缩放比例。

图 2.2.1 “字体”对话框“字体”选项卡

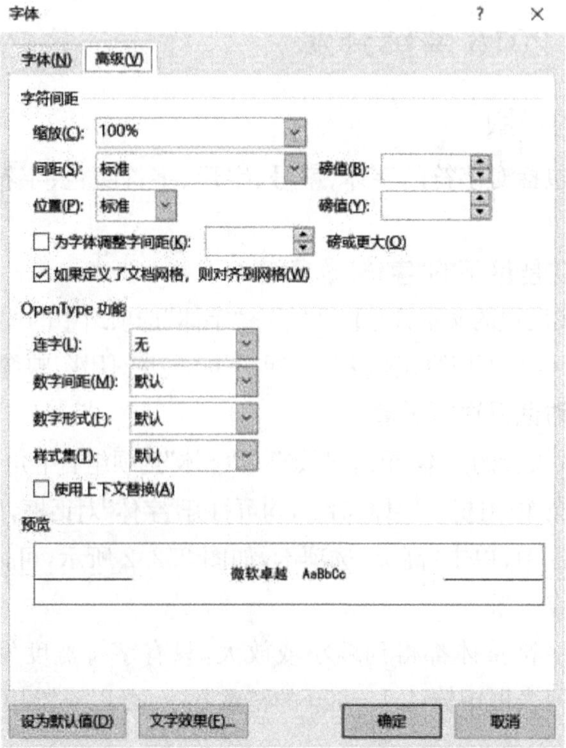

图 2.2.2 “字体”对话框“高级”选项卡

"间距"用来设置两个相邻字符之间的水平间距。一般以"磅"为单位来度量。在"间距"下拉列表中选择"加宽"或"紧缩"并输入具体磅值。间距的最大值是 1584 磅，最小值是 0 磅。

"位置"用来设置字符之间的垂直位置。"标准"是字符的默认位置；"提升"表示相对于原来的基线，字符上升一定的磅值；"降低"表示下降一定的磅值。示例见图2.2.3。

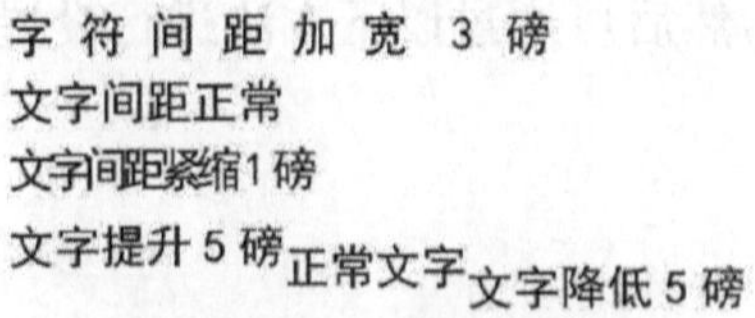

图 2.2.3　"位置"示例

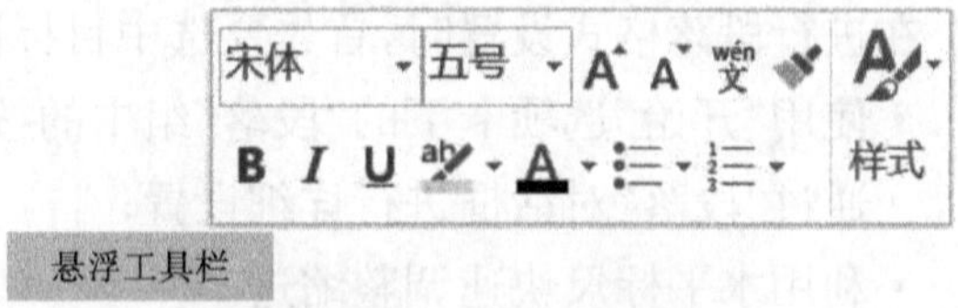

图 2.2.4　悬浮工具栏

3)使用悬浮工具栏进行设置

选中要进行格式设置的文本，将鼠标移至已选定文本的右上角，出现如图 2.2.4 所示的悬浮工具栏，可在悬浮工具栏中进行字体格式设置。

4)中文版式

有时我们需要进行一些特殊的格式设置，比如给字符加注拼音，设置带圈字符、纵横混排、合并字符、双行合一等，Word 提供的中文版式功能可以很好地实现这些设置。中文版式命令按钮如图 2.2.5 所示。

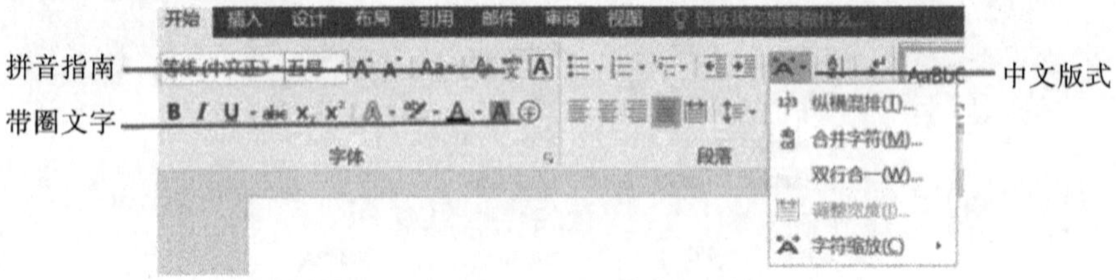

图 2.2.5　中文版式

纵横混排：能使横向排版的文本在原有基础上向左旋转 90°。

合并字符：可将多个字符(最多六个)合并成一个字符，合并后的字符只占一个字符位置。

双行合一：合并后的字符分为两行，但只占一行位置。

中文版式的设置效果如图 2.2.6 所示。

图 2.2.6　"中文版式"设置效果

5)格式的清除

选定要清除格式的文档内容，单击"开始"→"字体"选项组→"清除格式"按钮，即可清除设置的格式。

2. 段落格式的排版

段落是指以回车键结束的一段文字，每个段落的结尾都有一个段落标记↵。段落格式是针对段落级别的格式设置，涵盖了段落的对齐方式、段落缩进、行间距和段落间距等多个方面。

在进行段落格式设置时，首先要选中目标段落，然后可通过以下方法进行设置。

- 使用“开始”选项卡下的“段落”组中的按钮；
- 通过“段落”对话框进行详细设置；
- 利用水平标尺快速调整缩进。

选中需要设置格式的段落，单击“开始”→“段落”选项组右下角的对话框启动器；或者右击选中的段落，在快捷菜单中选择“段落”命令，均可以打开“段落”对话框，如图 2.2.7 所示。

图 2.2.7 “段落”对话框

1)对齐方式

对齐方式指段落在文档中的横向排列方式，包括“左对齐”“右对齐”“居中对齐”“两端对齐”和“分散对齐”五种选项，效果见图 2.2.8。

左对齐：段中每行文字以左边为基准对齐，右边可能会出现不够整齐的情况，尤其在英文文章中，英语单词长短不一，段落每行右边不整齐的现象会更明显。

右对齐：段中每行文字以右边为基准对齐，左边可能会出现不够整齐的情况，尤其在英文文章中，英语单词长短不一，段落每行左边不够整齐更明显。

两端对齐：除最后一行左对齐外，段中其余行的文字左右两侧均保持对齐，呈现出整洁的版面效果。

左对齐：段落的左边界与页面的左边缘对齐，而段落的右边界则保持不定，含英文时右边可能参差不齐。

右对齐：将段落的右边界与页面的右边缘对齐，而段落的左边界则保持不定。

居中对齐：将段落的中心与页面的中心对齐，左右两边的边界都会有不规则的间距。

两端对齐：段落左右两边都与边距对齐，整体看上去更整洁。在英文文本中，如果某行文字较短，Word 会自动调整字符间距，以使该行文字与右边距对齐。

分散对齐：文字分散显示在单元格或一行中，当文字较少时，会增大字间距；当文字较多时，会减少字间距。

图 2.2.8　“对齐”设置效果

分散对齐：段中每行文字（即使只有少量文字），会根据该行的长度自动平均分布于整行。例如，某行只有三个字，则一个字在最左边，一个字在中间，一个字在最右边。

2)缩进

段落缩进用于调整段落与页边距之间的距离，包括左缩进、右缩进、首行缩进和悬挂缩进。图 2.2.9 所示为四个段落分别以不同缩进格式缩进的效果。

左缩进：指设置整个段落左端距离页面左边界的起始位置。本段落左缩进 8 个字符，即本段落左侧整体向右缩进 8 个字符。

右缩进：指设置整个段落右端距离页面右边界的起始位置。本段落右缩进 8 个字符，即本段落右侧整体向左缩进 8 个字符。

首行缩进：指将段落的第一行从左向右缩进一定的距离，而首行外的各行都保持不变。本段落首行缩进 2 个字符，这种缩进方式是大多数文档默认的段落格式。

悬挂缩进：指段落的第一行不缩进，而段落的第二行及后面的行向右缩进一定的距离。本段落悬挂缩进 2 个字符，这种缩进方式在学术论文、参考文献列表等文档中非常常见。

图 2.2.9　“缩进”设置效果

注意：若要取消左缩进、右缩进，则需将对应的缩进值设为 0；若要取消首行缩进、悬挂缩进，则需在“特殊格式”项中选“无”。

3)间距

间距指两个段落之间的垂直距离，包括段前间距和段后间距。设置方法如下。选中需要设置段落间距的段落，右击鼠标，在弹出的快捷菜单中选择“段落”选项，或者在菜单栏上单击“开始”选项卡，然后单击“段落”组右下角的对话框启动器。在弹出的“段落”对话框中（如图 2.2.7 所示），选择“缩进和间距”选项。然后“在缩进和间距”选项卡中,输入间距“段前”“段后”的行数。还可在“开始”选项卡的“段落”组中,找到“行和段落间距”按钮 ,通过其下拉菜单进行快速设置。

4)行间距

行间距指一个段落中行与行之间的垂直距离,Word 2016 提供了“单倍行距”“1.5 倍行距”“2 倍行距”“最小值”“固定值”以及“多倍行距”等选项,以适应不同的阅读需求和版面设计要求。

“缩进”和“间距”的度量单位(厘米、磅或行)可以直接在对话框中输入,也可以在“文件”→“选项”→“高级”选项卡的“显示”区域进行设置,如图 2.2.10 所示。

图 2.2.10 度量单位的设置

5)标尺

在水平标尺上有四个缩进标记,三个在标尺左端,一个在标尺右端,分别对应“首行缩进”“悬挂缩进”“左缩进”和“右缩进”,如图 2.2.11 所示。

图 2.2.11 标尺上的缩进标记

将光标定位至要设置缩进量的段落(或直接选中该段落),再将鼠标指针指向“首行缩进”“悬挂缩进”“左缩进”和“右缩进”的任一个标记,按住鼠标左键并拖动,即可设置相应的格式,如图 2.2.12 所示。按住 Alt 键拖动缩进标记,可实现更精确的调整。

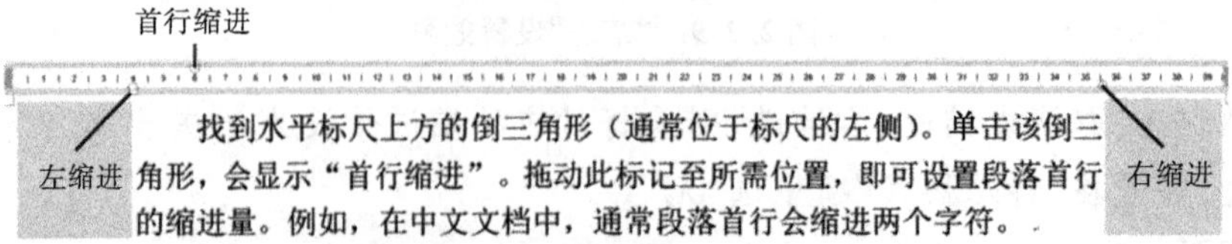

图 2.2.12 标尺缩进标记的使用示例

6)首字下沉

为增强文本视觉效果,可选中段落,选择“插入”→“文本”组→“首字下沉”按钮,选择“首字下沉选项”,弹出“首字下沉”对话框,如图 2.2.13 所示。在对话框中选择“下沉”或“悬挂”,设置下沉行数,可获得首字下沉效果,如图 2.2.14 所示。

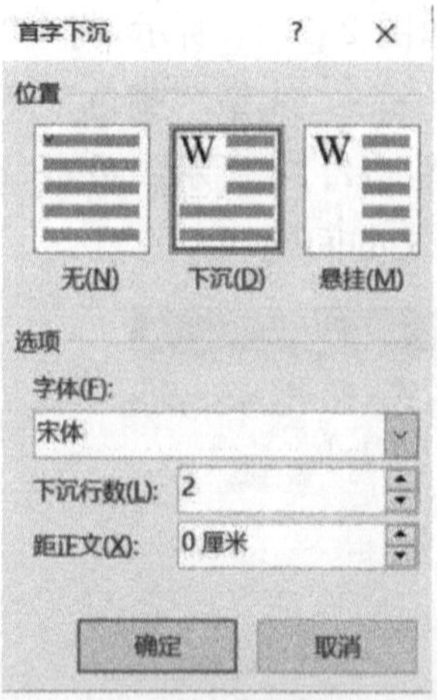

图 2.2.13 “首字下沉”对话框

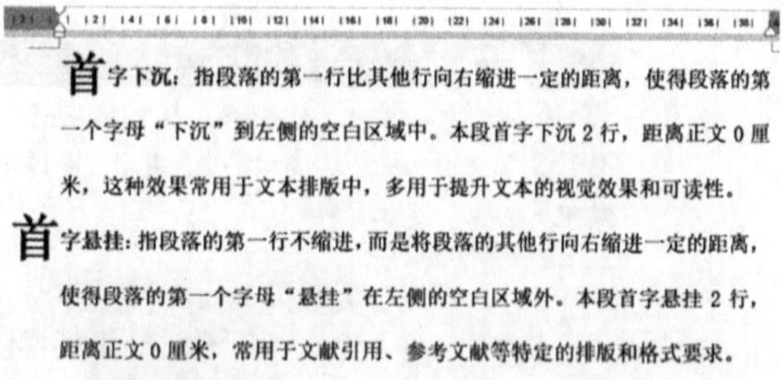

图 2.2.14 “首字下沉”效果

若要取消“首字下沉”，需选择要取消此格式的段落，在“首字下沉”对话框中，选择“无”，单击“确定”即可。

7)项目符号和编号

为了清晰地展示列表信息，可选定段落并单击“开始”→“段落”选项组→“项目符号”☰ 或“编号”☰ 右侧的下拉箭头，从弹出的列表中选择合适的样式，如图 2.2.15、图 2.2.16 所示。一般情况下，项目符号适用于无序列表，强调元素间的平等关系；编号则用于有序列表，表明元素的顺序性。

计算机与人工智能学院
- ✧ 计算机科学与技术专业
- ✧ 软件工程专业
- ✧ 网络工程专业
- ✧ 物联网工程专业

图 2.2.15 “项目符号”设置

计算机与人工智能学院
1. 计算机科学与技术专业
2. 软件工程专业
3. 网络工程专业
4. 物联网工程专业

图 2.2.16 “编号”设置

若要取消项目符号和编号，则需先选择要取消此格式的段落，然后在项目符号或编号的下拉列表中选择“无”。

3. 页面的排版

我们已经学会了文档中字符和段落的排版，在此基础上，我们还可以通过对文档的页面进行排版，使文档的总体布局更加美观。

1)边框和底纹

在 Word 中，可为文档中的字符、段落、表格、图形等对象设置各种边框和底纹，也可给文档添加页面边框。

(1)设置边框。

选中要设置边框的文本或段落，单击“开始”→“段落”选项组→“边框”右侧的下拉箭头,在弹出的下拉列表中选择“边框和底纹”命令,如图 2.2.17 所示,打开“边框和底纹”对话框,在“边框”选项卡中选择边框类型,设置边框的“线型”“颜色”“宽度”,然后选择“应用于”,设置应用范围,最后单击“确定”,如图 2.2.18 所示。单击“选项”按钮,打开“边框和底纹选项”对话框,可以设置边框距正文的间距。

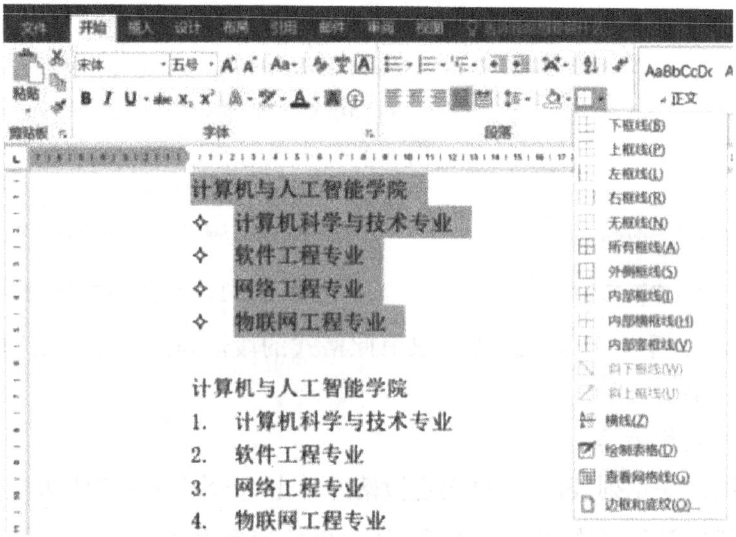

图 2.2.17 “边框和底纹”设置

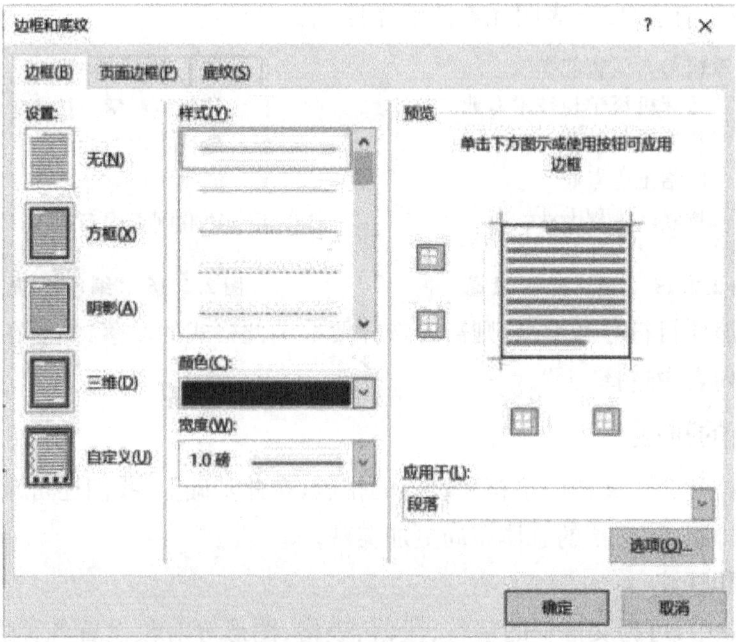

图 2.2.18 “边框”的设置

若要取消边框,则在“边框”选项卡中,单击“设置”选项中的“无”,然后单击“确定”即可。

(2)设置底纹。

在“边框和底纹”对话框中,单击“底纹”选项卡,选择底纹“填充”的颜色,“图案”的样式及“颜色”,然后选择“应用于”,设置应用范围,最后单击“确定”,如图 2. 2. 19 所示。

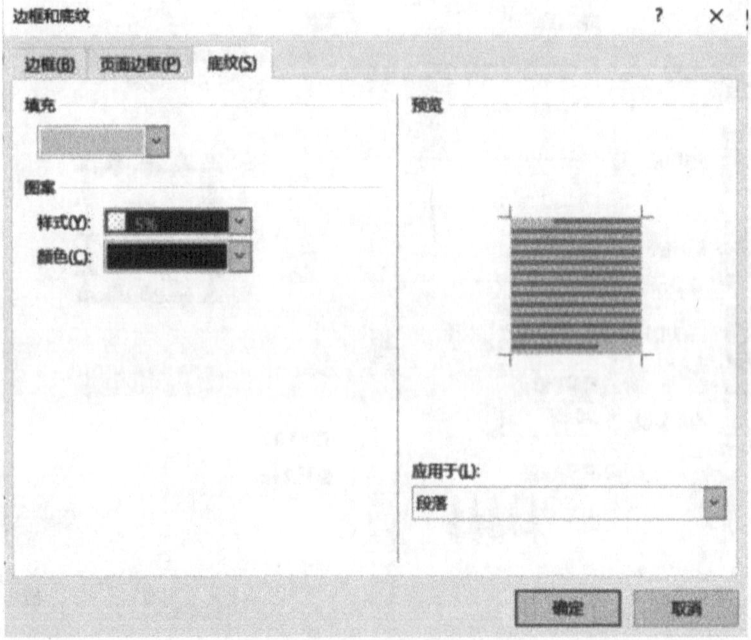

图 2. 2. 19　“底纹”的设置

若要取消底纹,则在“底纹”选项卡中选择“无填充颜色”即可。

注意:要正确选择边框和底纹的应用范围,是“文字”还是“段落”。区别如图 2. 2. 20所示。

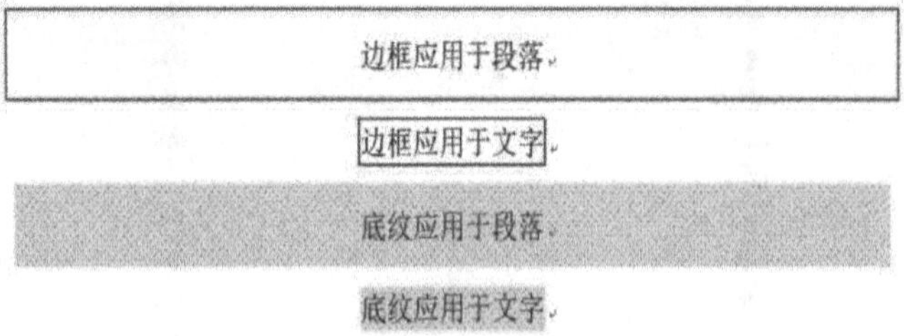

图 2. 2. 20　效果应用于段落或文字的区别

2)页面背景

(1)页面边框。

页面边框是给整个页面添加边框,单击“页面布局”→“页面背景”组→“页面边框”,或单击“开始”→“段落”选项组→“边框”右侧的下拉箭头,在下拉列表中选择“边框和底纹”命令,在弹出的“边框和底纹”对话框中选择“页面边框”选项卡,打开如图 2. 2. 21所示的对话框,其中的设置基本上与“边框”选项卡相同,只是多了一个“艺术型”下拉列表框。对“页面边框”进行相应设定，可设置如图 2.2.22 所示效果。

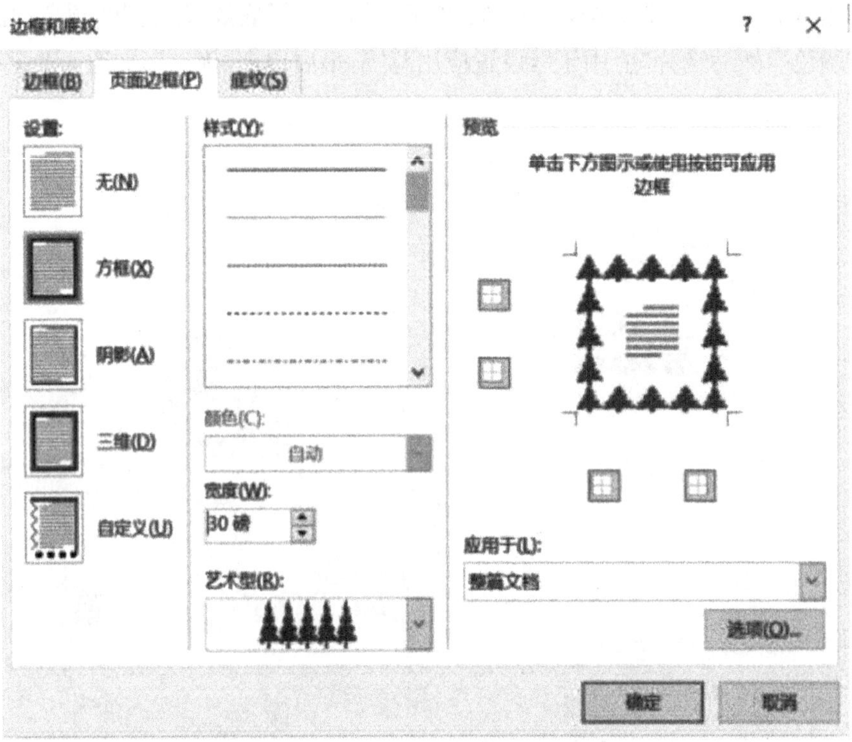

图 2.2.21 “页面边框”的设置

图 2.2.22 整篇文档的边框效果

(2)水印。

水印是 Word 中经常用到的一个功能，尤其是在处理绝密、机密、秘密等密级文档的时候，这一功能显得尤为重要。单击“设计”→“页面背景”组→“水印”，可以选择预定义的水印文字及格式，也可以自定义水印。图 2.2.23 为自定义文字/图片水印效果。

(a)自定义文字水印效果　　(b)自定义图片水印效果

图 2.2.23　自定义文字/图片水印效果

(3)页面颜色。

在使用 Word 2016 编辑文档的时候，有时需要为文档页面设置背景颜色。单击“设计”→“页面背景”组→“页面颜色”，可以选择单色作为页面颜色，也可以自定义颜色，或在填充效果中选择渐变色、纹理、图案、图片作为页面的背景。图 2.2.24 为选择浅绿色和水滴纹理作为页面背景的效果。

3)页眉和页脚

页眉、页脚一般位于每个页面的顶部和底部，可在页眉和页脚中插入页码、日期或公司徽标等文字或图形。只有在页面视图和打印预览方式下才能看到页眉和页脚的效果。

(1)插入页眉和页脚。

单击“插入”→“页眉和页脚”组→“页眉”或“页脚”按钮，在弹出的下拉列表中选择相应的页眉或页脚样式，此时系统会自动出现如图 2.2.25 所示的“页眉和页脚工具”的“设计”功能选项卡，窗口自动切换到页面视图模式，正文呈灰色不可编辑状态。

在页眉(或页脚)处输入页眉(页脚)的内容,允许输入多行内容,可以与正文一样编辑。

单击"设计"功能选项卡中的"关闭页眉和页脚"按钮,即可退出页眉、页脚编辑状态。

(a)浅绿色页面背景效果　　(b)水滴页面背景效果

图 2.2.24 浅绿色/水滴做页面背景效果

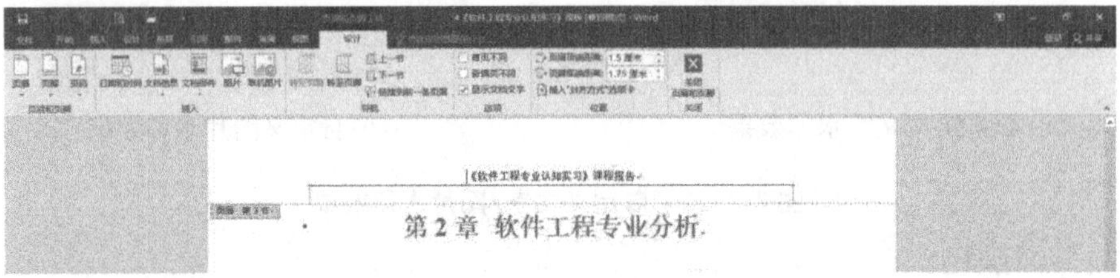

图 2.2.25 "设计"功能选项卡

(2)删除页眉或页脚。

单击"插入"→"页眉和页脚"组→"页眉"或"页脚"按钮,在弹出的下拉列表中选择"删除页眉"或"删除页脚"命令。

说明:在使用 Word 设置文档页眉时,页眉会出现一条横线,去除页眉处横线的方法如下。在文档中双击页眉,进入页眉编辑状态,选中页眉中的内容,单击"设计"→"页面背景"组→"页面边框"按钮,在弹出的"边框和底纹"对话框中选择"边框"选项卡,选择"无"边框,选择应用于"段落",最后单击"确定"即可。

通常 Word 会自动为整个文档插入相同的页眉、页脚,在"设计"功能选项卡中选择"首页不同""奇偶页不同"可以为首页、奇偶页插入不同的页眉、页脚,还可将文档分成若干节并断开各节的链接,以便为各节插入不同的页眉和页脚。

4)插入页码

单击“插入”→“页眉和页脚”组→“页码”按钮，在弹出的下拉列表中选择需要插入页码的位置及页码样式，如图 2.2.26 所示。

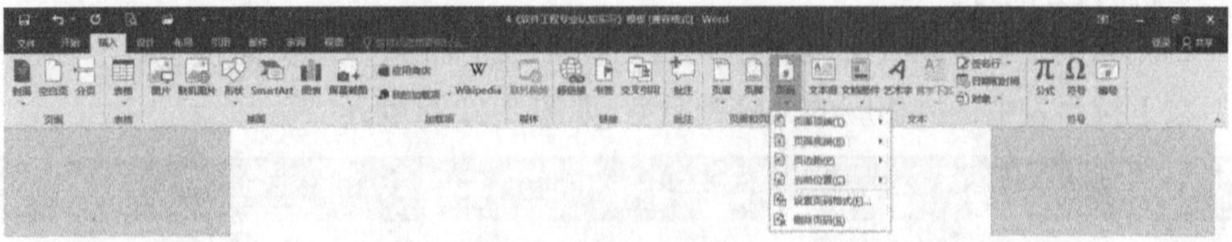

图 2.2.26 插入页码

5)脚注和尾注

脚注和尾注属于注释性文本。脚注一般位于每一页的底端，用于对文档中的文本作注释、批注或其他参考说明；尾注一般位于文档末尾，用于说明资料所引用的文献。添加脚注或尾注的方法如下。

(1)将插入点移至要插入脚注、尾注的位置。

(2)单击“引用”→“脚注”选项组→“插入脚注”或“插入尾注”按钮，光标跳转至注释区域，输入注释文本，输入完毕后，单击文档任意位置即可。

单击“引用”→“脚注”选项组右下角的按钮，打开“脚注和尾注”对话框，如图 2.2.27所示，可对脚注和尾注的位置和格式进行进一步的设置。

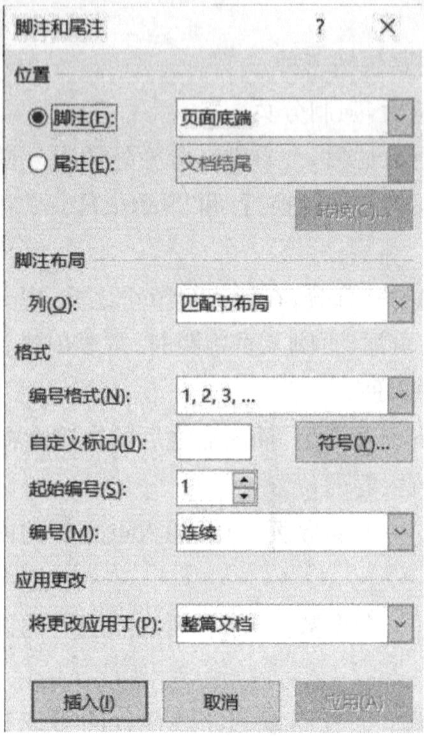

图 2.2.27 “脚注和尾注”对话框

6)分隔符

分隔符一般用于文档的分页、分节处理,主要有分页符、分节符两类。

(1)插入分隔符。

将光标定位于要插入分隔符的位置,选择"页面布局"→"页面设置"组→"分隔符",在下拉列表中选择相应的分隔符类型,如图 2.2.28 所示。

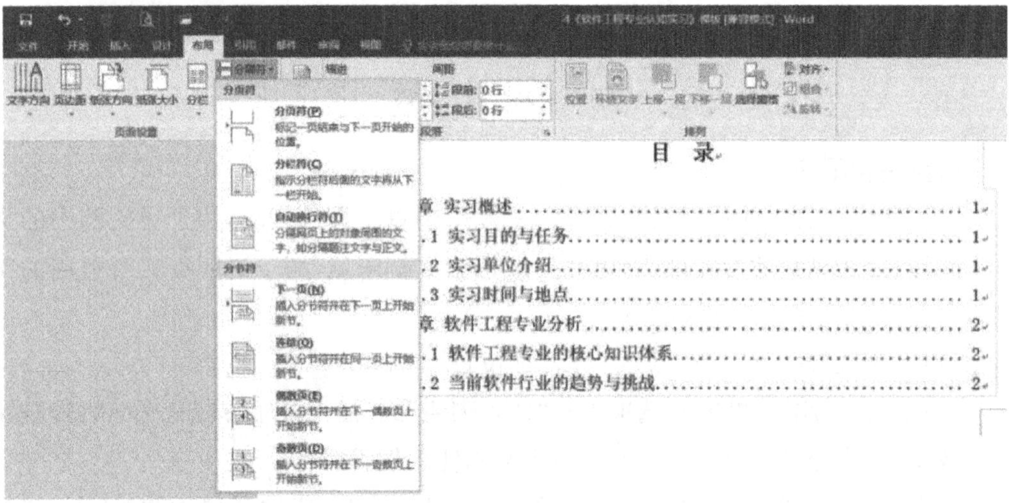

图 2.2.28 "分隔符"设置

(2)分隔符类型。

①分页符。分页符主要包括三种。

➢分页符:插入分页符后,强制分页。

➢分栏符:对文档进行分栏后,会自动在分栏处插入分栏符。

➢自动换行符:可在段落内强制换行,和"Shift+Enter"组合键功能相同,会产生换行符。

②分节符。节是文档的一部分,在插入分节符之前,Word 将整篇文档视为一节。在需要改变行号、分栏数、页眉、页脚及页边距时,需要创建新的节。

分节符主要包括以下四种。

➢下一页:下一节从下一页开始,插入点之后的内容会在下一页显示。

➢连续:不改变下一节内容的位置。

➢偶数页:下一节从下一个偶数页开始,插入点之后的内容会在下一个偶数页上显示。

➢奇数页:下一节从下一个奇数页开始,插入点之后的内容会在下一个奇数页上显示。

分隔符一般在大纲视图中可以看到。选择分隔符或将光标置于分隔符前,按 Delete 键,可删除分隔符。

7)分栏

在编辑报纸、杂志时,经常需要对文章做各种复杂的分栏排版,使版面更加生动、美观。方法如下。

选定要进行分栏的段落,单击"页面布局"→"页面设置"组→"分栏"按钮,选择"更多分栏",打开"分栏"对话框,进行相应的设置,如图 2.2.29 所示。

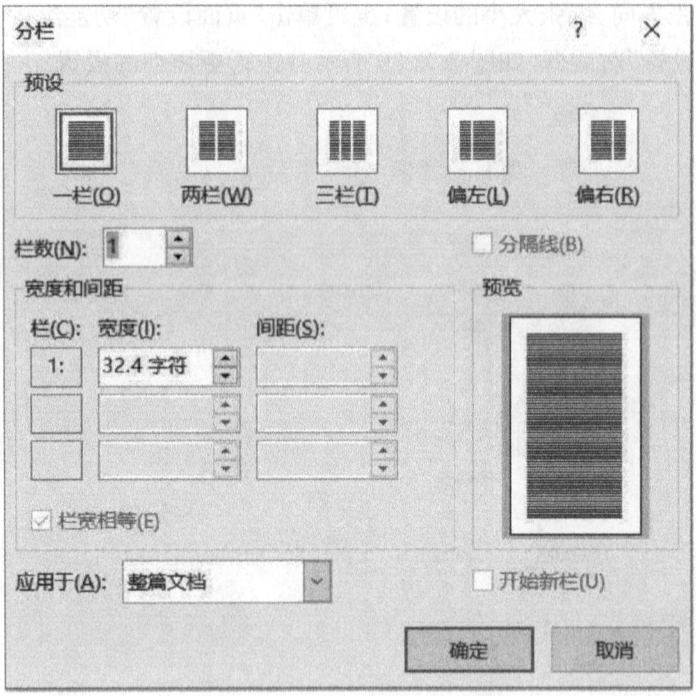

图 2.2.29 "分栏"对话框

分栏的度量单位默认是"字符",若要改为其他单位,则可在"文件"→"选项"→"高级"→"显示"区域中设置,并取消"以字符宽度为度量单位"的设置。

注意:为文章最后一段分栏,需在最后一段后加回车。

若要取消分栏,可在"分栏"对话框中选择"一栏"。

8)格式刷

当需要将某种已经设定好的字符格式或段落格式应用到其他字符或段落时,可以使用格式刷工具。方法如下。

(1)选定已设定好格式的字符或段落。

(2)单击"开始"→"剪贴板"选项组→格式刷按钮,此时鼠标指针变成刷子形状。

(3)拖动鼠标选定要应用此格式的文本或段落即可。

注意:复制段落格式时,选定的内容一定要包含段落标记符↵。

若想反复多次使用格式刷,可双击"格式刷"按钮,再依次选定要应用此格式的字符或段落，最后单击“格式刷”按钮或按 Esc 键退出格式刷状态。

9)页面设置

页面设置包括进行页边距、纸张大小和方向、文字方向、添加行号等属性的设置。这些设置直接决定了文档的打印效果。

可以在“页面布局”→“页面设置”功能组中，单击相应的按钮，分别进行文字方向、页边距、纸张方向、纸张大小的设置；也可单击“页面设置”功能组中右下角的按钮 ，打开“页面设置”对话框(如图 2.2.30 所示)，进行更详细的设置。

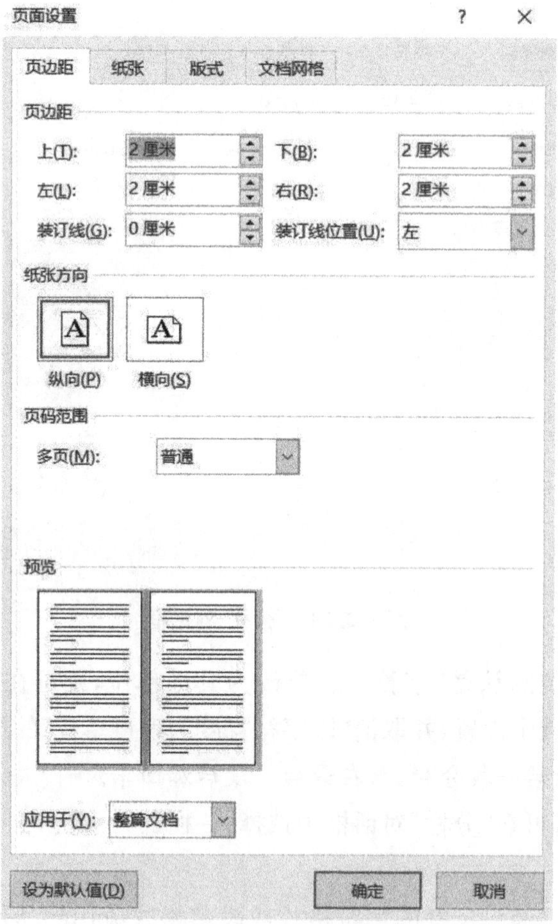

图 2.2.30 “页面设置”对话框

10)文档打印

Word 文档具有所见即所得的效果，在页面视图中文档的显示效果与打印效果一致。

单击“文件”→“打印”，在如图 2.2.31 所示的“打印窗口”中进行相应的打印预览和打印设置。

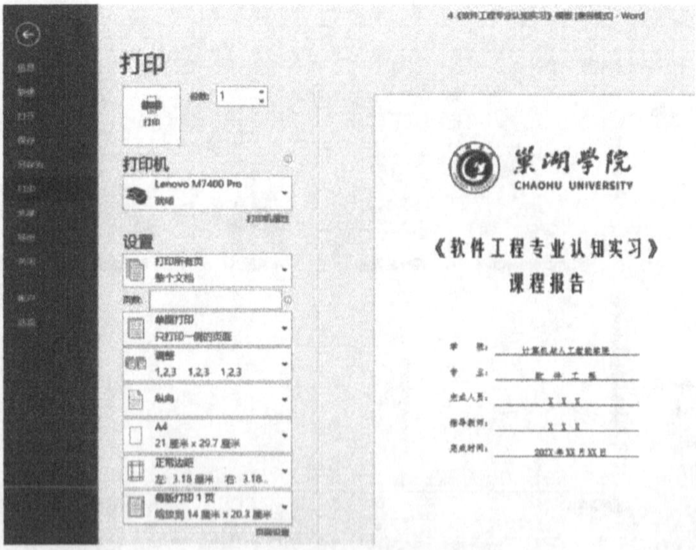

图 2.2.31 "打印"设置

2.2.2 Word 2016 图文混排

Microsoft Word 不仅是一个强大的文字处理软件，还提供了丰富的图形处理功能，使用户能够轻松地创建出图文并茂的文档。在 Word 2016 中，用户可以在文档的任意位置插入图片、图形、艺术字或文本框等元素，从而丰富文档的内容，呈现出良好的视觉效果。

1. 插入图片

在 Word 文档中插入图片是丰富文档和提升视觉效果的重要手段，Word 2016 提供了多种插入图片的方法，以满足用户不同的需求。以下是几种常用的插入图片的方式。

1)插入来自文件的图片

若要在文档中插入本地计算机里的图片，可进行如下操作。

(1)将光标定位在文档中希望插入图片的位置。

(2)单击"插入"→"插图"组→"图片"按钮，打开"插入图片"对话框，如图 2.2.32 所示。

(3)浏览计算机中的文件夹，找到并选中所需的图片文件，单击"插入"按钮。

2)插入联机图片

如果需要从网络上获取图片并插入到文档中，操作步骤如下。

(1)将光标定位至文档中要插入图片的位置。

(2)单击"插入"→"插图"组→"联机图片"按钮，打开联机图片窗口。

(3)可在搜索框中输入感兴趣的主题，然后选中所需图片，单击"插入"按钮，如图 2.2.33 所示。

图 2.2.32 “插入图片”对话框

(a)联机图片窗口

(b)输入主题“白云”

图 2.2.33 联机图片窗口

3)插入屏幕截图

Word 2016 提供了方便的屏幕截图功能，允许用户直接截取屏幕的内容，并将其作为图片插入文档中。插入屏幕截图的操作步骤如下。

(1)将插入点定位至要插入屏幕图片的位置。

(2)单击“插入”→“插图”组→“屏幕截图”按钮，出现如图 2.2.34 所示的下拉列表。

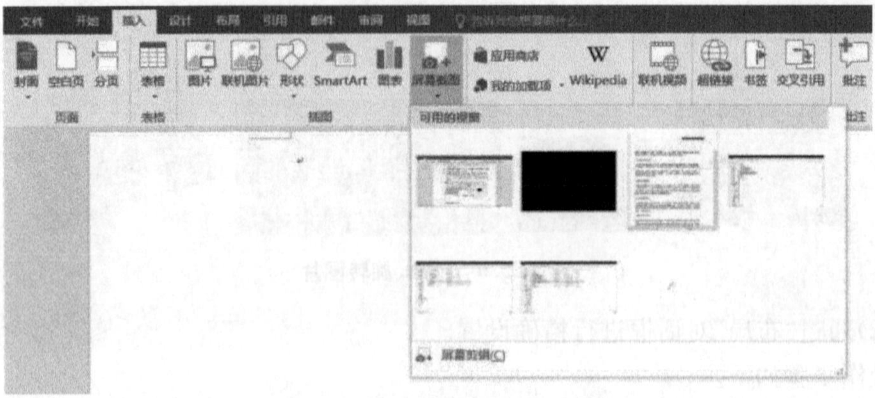

图 2.2.34　“屏幕截图”下拉列表

(3)若要添加整个屏幕图片，可单击“可用视窗”库中的缩略图，Word 会自动将该窗口图片插入文档中。

(4)若要截取计算机屏幕上的部分区域，可选择“屏幕剪辑”命令，当指针变成十字形时，拖动鼠标，选取需要截取的图片区域，然后松开鼠标，系统将自动重返文档编辑窗口，并将截取的图片插入文档中。

4)利用剪贴板插入图片

可以将存放于剪贴板中的图片插入当前文档中，其操作步骤如下。

(1)将所需的图片复制到剪贴板中(例如：按 PrtSc 键可将整个屏幕窗口的内容复制到剪贴板)。

(2)在 Word 文档中，将光标定位至要插入图片的位置。

(3)使用组合键“Ctrl+V”或右击选择“粘贴”命令，将图片从剪贴板粘贴到文档中。

2. 编辑处理图片

编辑处理图片的许多操作都需要使用图片工具。在 Word 文档中选中图片就会出现“图片工具”面板，单击“格式”功能区中的按钮，可以完成对图片的编辑工作，如图 2.2.35 所示。

图 2.2.35　图片工具的“格式”功能选项卡

1)调整图片大小和旋转图片

调整图片大小的方法有两种。

(1)用鼠标拖动。

单击图片,图片四周会出现八个尺寸控制点和一个旋转控制点,如图 2.2.36 所示。将鼠标移到其中一个尺寸控制点上,按住鼠标左键并拖动,便可改变图片大小。

将鼠标移到旋转控制点上,按住鼠标左键,拖动鼠标可以进行图片旋转。

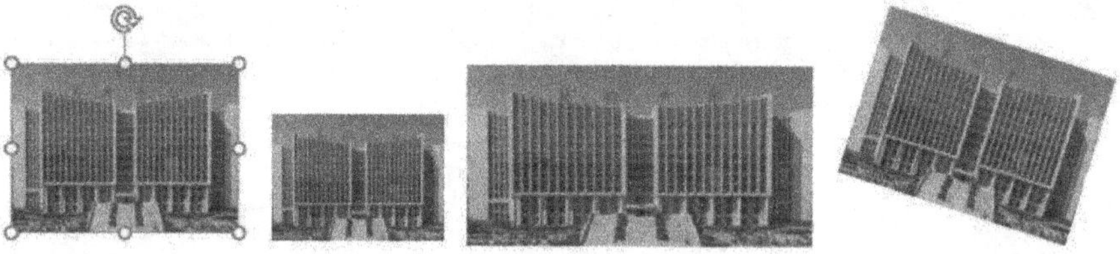

图 2.2.36 缩放、旋转图片

(2)通过“布局”对话框进行精确设置。

操作步骤如下。

①选定要调整的图片。

②选择“图片工具”→“格式”→“大小”选项组右下角的按钮;或右击图片,在弹出的快捷菜单中选择“大小和位置”命令,均可打开“布局”对话框中的“大小”选项卡,如图 2.2.37 所示。

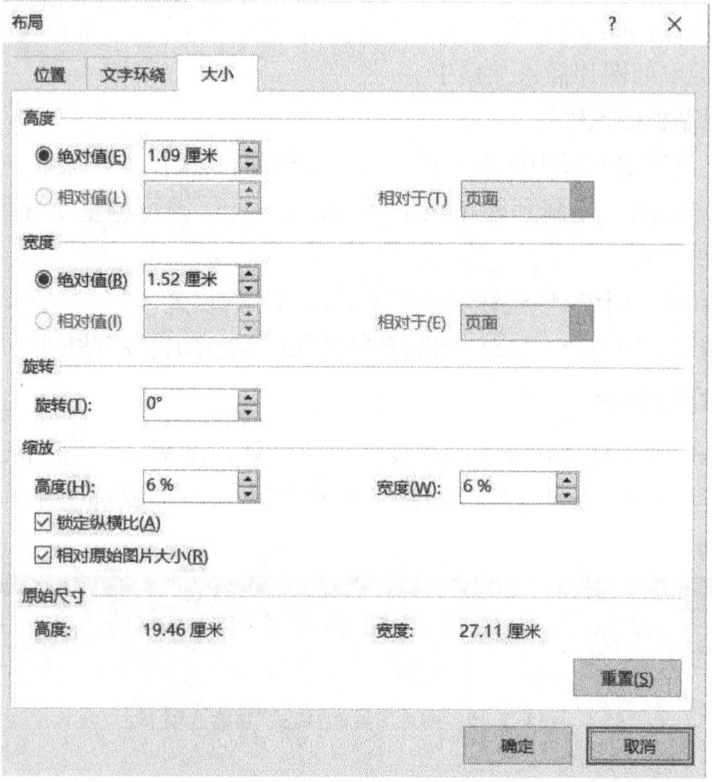

图 2.2.37 “布局”对话框“大小”选项卡

③在“高度”和“宽度”选项组中输入具体的数值，在“缩放”选项组中设置缩放比例。如果选中“锁定纵横比”复选框，图片将按原宽高的比值进行调整。在“旋转”选项组中可设置图片旋转的角度。单击“重置”按钮可恢复图片的原始尺寸。

④设置完毕后，单击“确定”按钮。

2)设置图片格式

可以将插入的图片快速应用为 Word 内置的图片样式，方法如下。选中图片，在“图片工具”→“格式”→“图片样式”选项组中，选择一种图片样式应用即可。

除此之外，还可以自己设置图片的格式。方法为：选择“图片工具”→“格式”→“图片样式”选项组→“图片边框”命令，可设置图片边框线的颜色、宽度和线型；使用“图片效果”可对图片应用视觉效果，如发光、映像等；使用“图片版式”可将图片转换为 SmartArt 图形。通过功能区按钮可设置如图 2.2.38 所示的效果。

另外，单击“图片样式”选项组右下角的按钮，可打开“设置图片格式”窗格，如图 2.2.39 所示，从中也可对图片进行各种设置。

图 2.2.38 设置图片格式效果

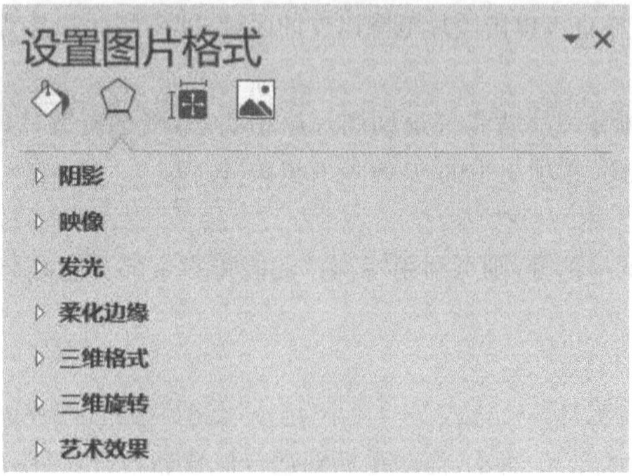

图 2.2.39 “设置图片格式”窗格

3)调整图片的显示效果

选中图片，选择“图片工具”→“格式”→“调整”组中的按钮，可对图片的亮度、对比度、颜色、艺术效果等进行设置，效果如图 2.2.40 所示。

单击“颜色”按钮，可设置图片的饱和度和色调。

单击“更正”按钮，可设置图片的锐化和柔化以及亮度和对比度等。

图 2.2.40 设置图片的显示效果

单击“艺术效果”按钮,可将艺术效果应用到图片中,使其看上去像油画或草图。

4)删除图片背景

Word 2016 提供快速抠除图片背景的功能,实现如图 2.2.41 所示效果,可通过“删除背景”工具实现。操作步骤如下。

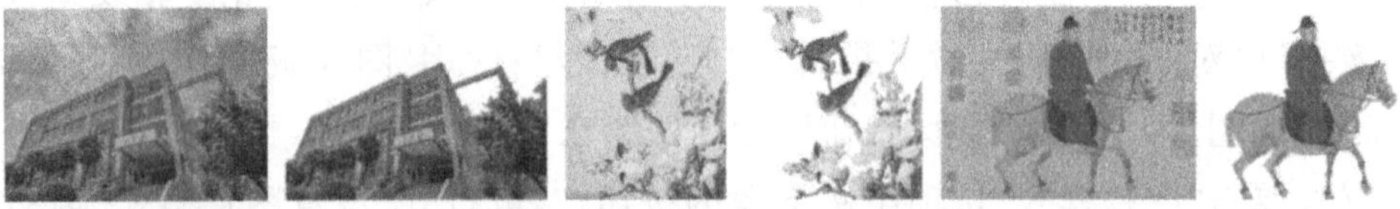

图 2.2.41 删除图片背景

(1)选定图片。

(2)选择“图片工具”→“格式”→“调整”选项组中的“删除背景”按钮。

(3)进入图片编辑状态,拖动矩形边框四周的控制点,以便选定最终要保留的图片区域。

(4)完成图片区域的选定后,单击功能区中的“背景清除”→“关闭”选项组中的“保留更改”按钮,或直接单击图片范围以外的区域,即可删除图片背景并保留矩形边框圈起的部分。

如果希望不删除图片背景并返回图片原始状态,则选定图片,单击功能区中的“背景清除”→“关闭”选项组中的“放弃所有更改”按钮。

5)裁剪图片

若只需图片的一部分,则可利用“裁剪”功能将多余部分隐藏起来。裁剪图片方法如下。

(1)选中图片。

(2)选择“图片工具”→“格式”→“大小”组→“裁剪”按钮,图片边缘会出现 8 个裁剪控制手柄,如图 2.2.42 所示,拖动手柄到适合位置后松开,再单击文档其他位置,退出裁剪状态,即可。

6)设置图片的文字环绕方式和位置

文字环绕方式决定了图片与周围文字的互动方式。Word 2016 支持多种文字环绕方式,包括嵌入型、四周型、紧密型、穿越型、上下型、衬于文字下方和浮于文字上方等。其中,紧密型和穿越型能够智能地调整文字布局,使图片与文本紧密结合;四周型则允许文字均匀地分布在图片四周;浮于文字上方或衬于文字下方则分别使图片置于文本层之上或之下，不直接影响文本布局。

图 2.2.42　裁剪调整图片

默认情况下，插入文档内的图片为嵌入式，可根据需要对其环绕方式和位置进行修改。

(1)修改图片的文字环绕方式。

①选中图片：在文档中单击选中想要修改环绕方式的图片。

②访问“图片格式”工具栏：单击顶部菜单栏中的“图片工具”→“格式”→“排列”组→“环绕文字”按钮。或右击图片，在快捷菜单中选择“环绕文字”。

③设置环绕方式：在弹出的“环绕文字”列表中选择所需的环绕方式，如“四周型”。若需自定义环绕方式，可选择“其他布局选项”，弹出如图 2.2.43 所示的“布局”对话框。

图 2.2.43　“文字环绕”选项卡

在“布局”对话框的“文字环绕”选项卡中，不仅可以重新选择环绕方式，还可以精确调整图片与周围文本的距离，如“距正文”的上下左右距离。

(2)调整图片的位置。

①选择“位置”选项：单击顶部菜单栏中的“图片工具”→“格式”→“排列”组→“位置”按钮，从下拉列表中选择预设的位置选项，如“居中”。

②自定义位置：若需要更精细地控制图片位置，在上述下拉列表中选择“其他布局选项”，进入“布局”对话框的“位置”选项卡；或右击图片，在快捷菜单中选择“大小和位置”，打开“布局”对话框的“位置”选项卡，如图 2.2.44 所示。在此设置图片在页面上的具体坐标(通过水平和垂直对齐方式及偏移量)，实现图片的精确布局。

图 2.2.44 “位置”选项卡

3. 绘制、编辑自选图形

Word 2016 中有一套可以手工绘制的预设形状，例如直线、箭头、标注、流程图等，这些图形统称为自选图形，用户可以直接在文档中进行绘制。

1)绘制自选图形

绘制自选图形的方法如下。

(1)切换至“插入”选项卡：单击选择“插入”→“插图”组→“形状”，在展开的下拉列表中列出了各种形状(如线条、矩形、基本形状、箭头、公式形状、流程图、星与旗帜、标注等)，如图 2.2.45 所示。

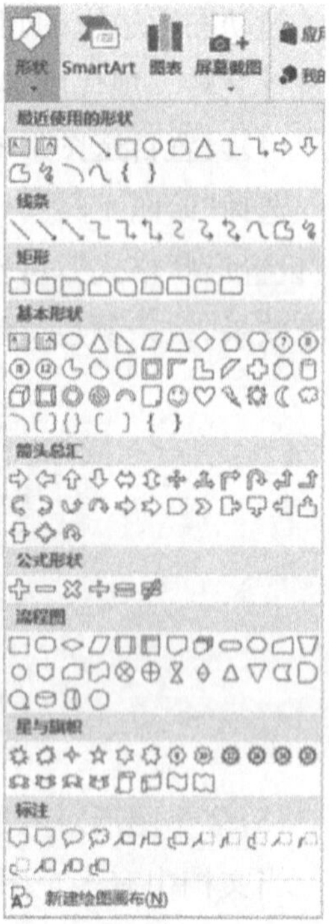

图 2.2.45　形状样式列表

(2)单击选择要绘制的形状，鼠标指针会变成十字形，在文档中单击并拖动鼠标以绘制形状，或仅单击以绘制默认大小的形状。此时，“绘图工具”的“格式”选项卡将自动激活，如图 2.2.46 所示，提供丰富的编辑选项。

若要连续插入多个相同的形状，可在“绘图工具”→“插入形状”组中右击相应形状，选择“锁定绘图模式”；或在“插入”→“插图”组→“形状”的下拉列表中右击所需形状，在快捷菜单中选择“锁定绘图模式”，即可在文档中通过连续单击插入多个所选形状。绘制完成后，按 Esc 键可退出绘图模式。

图 2.2.46　绘图工具的“格式”选项卡

2)编辑绘制的图形

(1)图形的选择。

对图形进行编辑前，首先要进行选择。常用以下几种方法。

◆选择单个图形：直接单击即可。

◆选择多个图形：按住 Ctrl 键，再依次单击图形。

◆使用“选择窗格”：选择“绘图工具”→“格式”→“排列”组→“选择窗格”，打开“选择和可见性”窗格，单击相应的形状名称即可选中该图形；按住 Ctrl 键，依次单击形状名称，可同时选中多个图形。

(2)在自选图形中添加文字。

右击自选图形，在弹出的快捷菜单中选择“添加文字”，随后在图形内部出现的文本框中输入所需文字。可以使用“开始”选项卡中的工具对文字进行格式化。

(3)调整图形的大小和旋转角度。

拖动图形边缘的句柄调整图片大小，或使用“格式”选项卡下的“旋转”按钮对图片进行旋转。现代版本的 Word 还支持更复杂的变换操作，如倾斜和翻转。

(4)设置自选图形的格式。

选择“绘图工具”→“格式”→“形状样式”选项组右下角的按钮，或右击形状，选择“设置形状格式”，可打开“设置形状格式”窗格，如图 2.2.47 所示，从中可对图形的填充效果、线条颜色、线型、阴影效果、三维效果等进行设置。

图 2.2.47 “设置形状格式”窗格

(5)多个图形对象的编辑。

当文档中有多个图形对象时，为了便于图文混排，有时需要对这些图形对象进行组合、对齐和调整叠放次序等操作。

①组合和取消组合。

组合：选中需要组合的多个图形，右击选择“组合”命令，或选择“绘图工具”→“格式”→“排列”组→“组合”按钮→“组合”命令，将多个图形组合成一个整体，便于统一管理和移动。

取消组合：选中组合对象，在上述“组合”下拉菜单中选择“取消组合”命令，即可分离已组合的图形。

②对齐方式。选中多个图形，单击“绘图工具”→“格式”→“排列”组→“对齐”，在打开的下拉菜单中选择相应命令，可快速对齐或分布多个图形对象。

③叠放次序。选中图形，单击“绘图工具”→“格式”→“排列”组中的“上移一层”“下移一层”“置于顶层”或“置于底层”选项，可调整图形之间的层次关系。

4. 文本框

文本框作为 Word 文档中的灵活元素，不仅可用于存放文本，还能容纳图形、图片等多种内容，方便文档布局和设计。

1)插入文本框

在 Word 2016 中，文本框的插入方法直观易行。

(1)选择“插入”→“文本”组→“文本框”，在打开的下拉菜单中选择“绘制文本框”或“绘制竖排文本框”等选项，以满足不同的排版需求。

(2)鼠标指针变成十字形后，按住鼠标左键在文档中拖动以绘制文本框。释放鼠标时，系统会自动激活“绘图工具”的“格式”功能选项卡，选项卡内提供了丰富的编辑选项。

(3)在文本框中输入所需文字，并利用“开始”选项卡中的工具按钮可设置文字的字体、对齐方式等格式。

若需为已有文本添加文本框，可先选中这些文本，再执行上述插入操作，系统会自动将文本置于新文本框中。

2)编辑文本框

(1)文本框的移动和缩放。

选择：单击文本框边框以选中。

移动：将鼠标指针置于文本框边框线上，当指针变为四向箭头时，拖动文本框至新位置。

缩放：与图片缩放操作类似，拖动文本框周围的控制点即可调整大小。

(2)设置文本框的格式。

选中文本框后，通过“绘图工具”下的“格式”选项卡进行详细设置。利用“形状样式”选项组中的“形状填充”“形状轮廓”和“形状效果”按钮，可快速设置文本框的外观。

单击“形状样式”选项组右下角的对话框启动器(▫)，打开“设置形状格式”窗格，如图 2.2.48 所示。在此可对形状和文本细节进行设置，如图 2.2.49 所示。

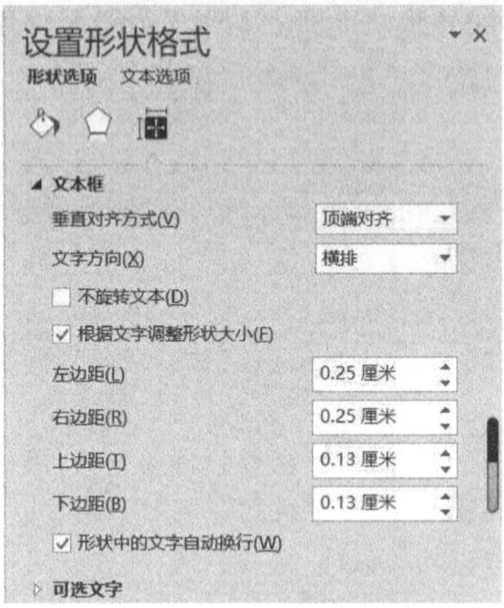

图 2.2.48　“设置形状格式”窗格

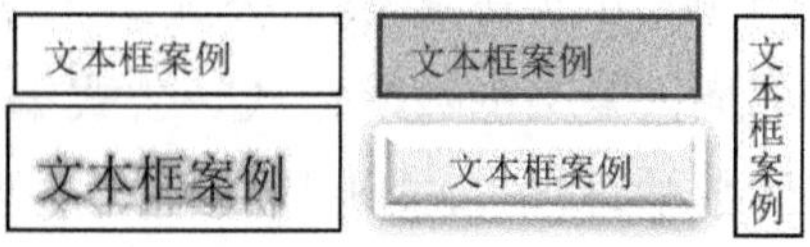

图 2.2.49　设置文本框的格式

5. 艺术字

艺术字不同于普通文字，本质上也属于图形对象。

1)插入艺术字

插入艺术字的操作步骤如下。

(1)选择“插入”→“文本”组→“艺术字”按钮，在打开的下拉列表中选择所需的艺术字样式,如图 2.2.50 所示。

(2)选择样式后,Word 将在文档中插入一个包含占位文本的艺术字文本框,删除占位文本,输入所需的文字,并在文档的其他位置单击,完成艺术字的插入。如图 2.2.51所示为在文档中插入的艺术字。

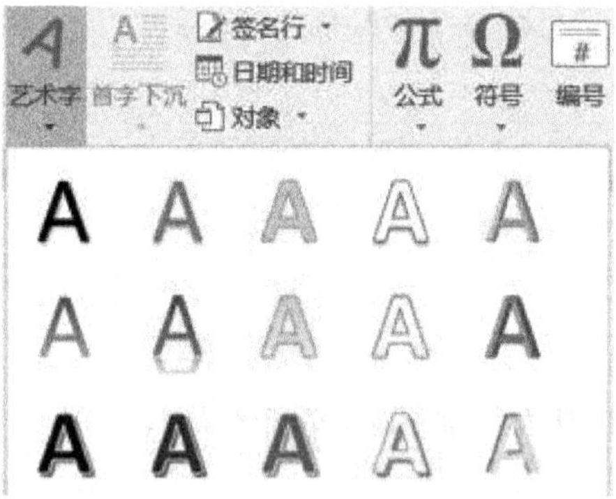

图 2.2.50 艺术字样式

图 2.2.51 艺术字的插入与编辑

2)编辑艺术字

(1)修改艺术字文本。直接单击艺术字进入编辑状态,进行文本内容的修改。

(2)修改艺术字样式。选中艺术字,选择“绘图工具”→“格式”→“艺术字样式”选项组→“快速样式”按钮,在打开的下拉列表中选择所需的样式。使用“文本填充”“文本轮廓”和“文本效果”按钮进一步设置艺术字的外观。此外,“转换”功能允许用户将艺术字转换为多种形状,如“波形”“弯曲”等,以增添更多创意元素。

(3)设置艺术字文本框的形状样式。方法与设置普通文本框格式相似,通过“格式”选项卡中的工具进行操作。

6. 插入公式

使用 Word 2016 提供的公式编辑功能,可以在文档中插入复杂的数学公式。公式编辑器提供了丰富的数学符号、公式模板和公式框架,让复杂的数学表达式的输入变得简单直观。

插入数学公式的操作步骤如下。

(1)单击“插入”→“符号”组→“公式”按钮,在展开的下拉列表中列出了各种公式,如图2.2.52所示,用户可以选择预定义的公式或单击“插入新公式”以手动输入。

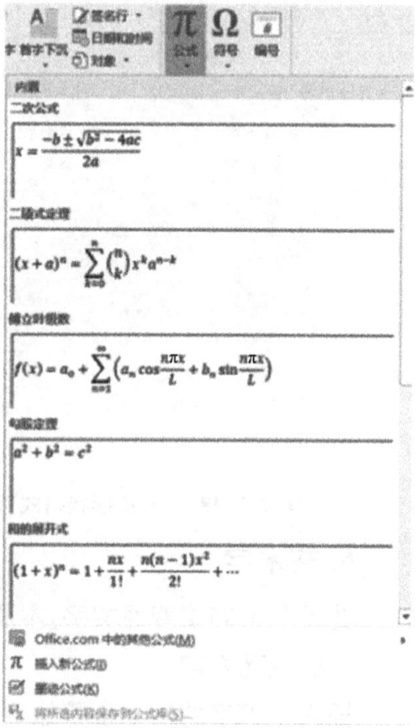

图 2.2.52 公式下拉列表

(2)若选择“插入新公式”,Word 将打开一个包含“公式工具”的“设计”选项卡，如图2. 2. 53所示。利用该选项卡中的结构、符号和工具，可以输入复杂的数学表达式，如图 2. 2. 54 所示。

图 2. 2. 53　“公式工具”的“设计”选项卡

$$\lim_{\substack{n\to\infty \\ r\to 10}} \frac{n!}{r!\,(n-r)!}$$

$$f(\mathrm{t}) = \frac{1}{\sqrt{2\pi}} \int_{-\infty}^{\infty} F(\omega)\,\mathrm{e}^{-j\omega t}\mathrm{d}\omega$$

$$f(x) = a_0 + \sum_{n=0}^{\infty} \left(a_n \cos\frac{n\pi x}{L} + b_n \sin\frac{n\pi x}{L}\right)$$

图 2. 2. 54　数学公式举例

(3)完成公式编辑后，在公式输入框外部单击，即可退出编辑状态，并将公式嵌入文档中。

7. 插入 SmartArt 图形

SmartArt 图形能够以更高效、直观的方式呈现图形列表、流程图、组织结构图、循环图、层次结构图以及关系图等，以适应不同场景下的信息展示需求。

插入 SmartArt 图形的操作步骤如下。

(1)选择插入位置：在 Word 文档中定位至需要插入 SmartArt 图形的位置。

(2)打开 SmartArt 图形库：单击“插入”→“插图”组→“SmartArt”按钮 ，弹出如图 2. 2. 55 所示的“选择 SmartArt 图形”对话框。

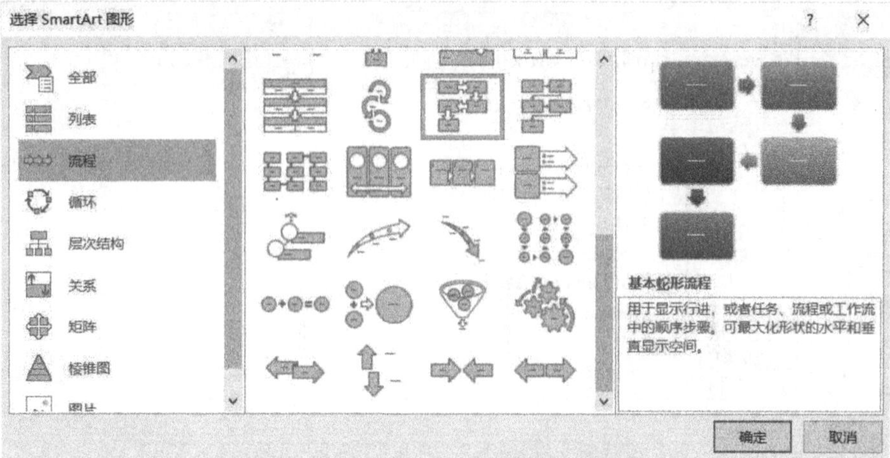

图 2. 2. 55　“选择 SmartArt 图形”对话框

(3)选择图形类型：在对话框中，浏览不同的 SmartArt 图形类别，如列表、流程、循环、层次结构等,选择符合要求的图形类型。

(4)自定义图形:选定图形后,单击"确定"按钮。此时,Word 将自动在文档中插入选定的 SmartArt 图形,并激活"SmartArt 工具"的"设计"和"格式"选项卡,如图 2.2.56所示。通过这些选项卡,用户可以轻松调整图形的布局、样式、颜色以及输入或编辑文本内容。

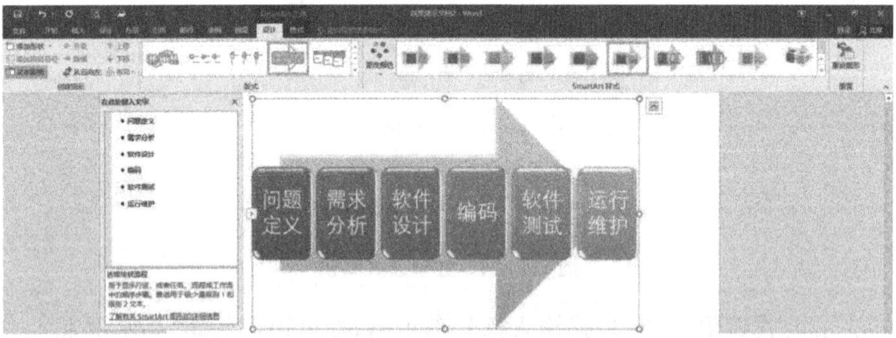

图 2.2.56 "SmartArt 工具"的"设计"和"格式"选项卡

8. 插入超链接

超链接是连接文档内外信息的桥梁,为用户提供便捷的信息导航体验。

1)文档外部的超链接

(1)选定对象:选定要插入超链接的对象,可以是图片或文字,如"百度"二字。

(2)—打开超链接对话框:单击"插入"→"链接"组→"超链接"按钮;或右击选定的对象,在快捷菜单中选择"超链接",弹出"插入超链接"对话框,如图 2.2.57 所示。

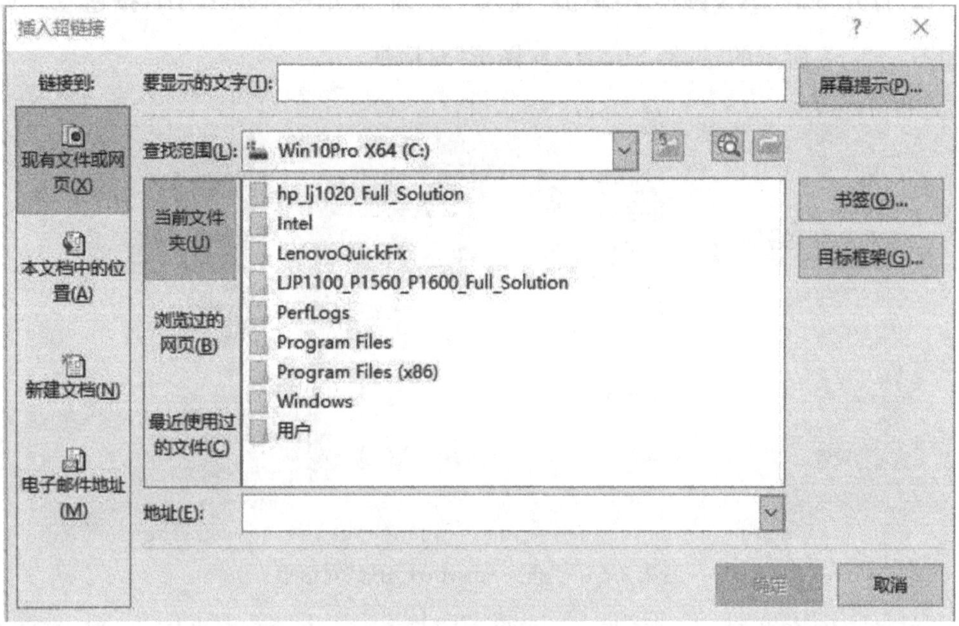

图 2.2.57 "插入超链接"对话框

(3)设置链接地址：在对话框中选择需要链接到的外部文件或在地址栏输入外部网页的网址，如“https://www.baidu.com”。完成后，单击“确定”按钮。

(4)查看效果：设置完成后，选定的对象将呈现带下划线的蓝色(或根据当前主题设置有所不同)，表示已插入超链接。按住 Ctrl 键并单击该对象，即可打开链接的外部文件或访问相应网页。

2)文档内部的超链接

建立文档内部的超链接前，需要先在目标文档位置设置书签，此后建立超链接的步骤与之前操作类似。

(1)建立书签。将光标定位至目标文档位置，单击“插入”→“链接”组→“书签”按钮，输入书签名后单击“添加”。如将光标定位到本章第 6 页，则添加书签“第 2 章第 6 页”。

(2)选定要插入超链接的对象。如文字“回到本章第 2 页”。

(3)单击“插入”→“链接”组→“超链接”按钮；或右击选定的对象，在快捷菜单中选择“超链接”，将弹出“插入超链接”对话框。

(4)在弹出的对话框中选择“本文档中的位置”→“书签”组中的具体书签。例如，选择此前添加的书签“第 2 章第 6 页”。完成后单击“确定”按钮。

(5)按住 Ctrl 键单击已建立超链接的对象，即可跳转至指定书签位置。

2.3　表格制作

Word 2016 提供了强大的表格制作功能，不仅支持基本的表格创建与编辑，还融入了现代数据处理的诸多便捷特性，如智能排序、统计、条件格式化及 Excel 等工具的无缝协作，使得制作日程表、档案统计表、工资报表等任务更加高效。

2.3.1　建立表格

通过以下方法，利用 Word 2016 的表格制作功能，用户可以轻松创建出既美观又实用的各类表格，满足日常办公和学习的需求。

1. 鼠标拖动方式

(1)定位光标：将光标置于要插入表格的起始位置。

(2)打开“插入表格”下拉列表。单击“插入”选项卡→“表格”组→“表格”按钮，弹出如图 2.3.1 所示的“插入表格”下拉列表，鼠标置于最上方的网格框上。

(3)选择表格尺寸：在网格框上移动鼠标，确定表格的行数和列数。

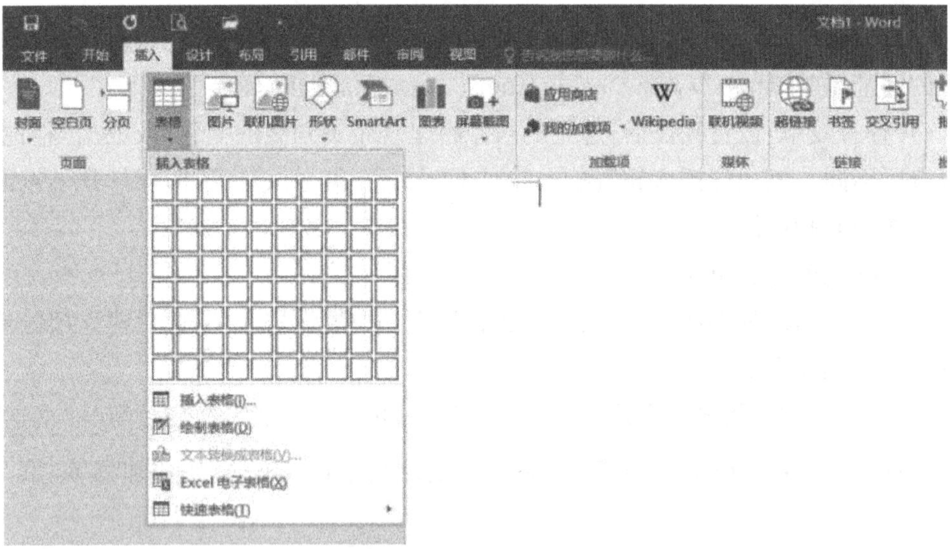

图 2.3.1 “插入表格”下拉列表

(4)激活“表格工具”:鼠标经过所需行数和列数后单击鼠标,即可得到一张空表。

插入表格的同时,系统将自动激活“表格工具”的“设计”和“布局”选项卡,如图2.3.2所示。

(a)表格工具的“设计”选项卡

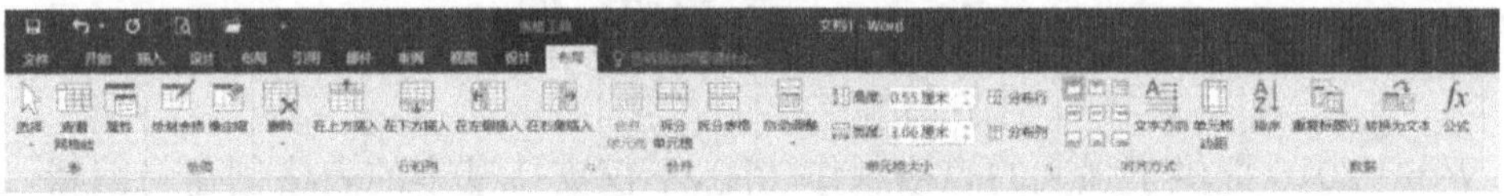

(b)表格工具的“布局”选项卡

图 2.3.2 表格工具的“设计”和“布局”选项卡

2.“插入表格”对话框方式

(1)定位光标:将光标置于要插入表格的起始位置。

(2)打开“插入表格”对话框:单击“插入”选项卡→“表格”组→“表格”按钮,在下拉列表中选择“插入表格”命令,打开如图 2.3.3 所示的“插入表格”对话框。

(3)设置参数:在“插入表格”对话框中,用户可以精确地设置表格的列数、行数以及列宽等参数。此外,该对话框还提供了“自动调整”选项,如“固定列宽”“根据内容调整表格”和“根据窗口调整表格”,以满足不同的布局需求。

(4)确认插入:完成设置后,单击“确定”按钮,表格即被插入文档中。

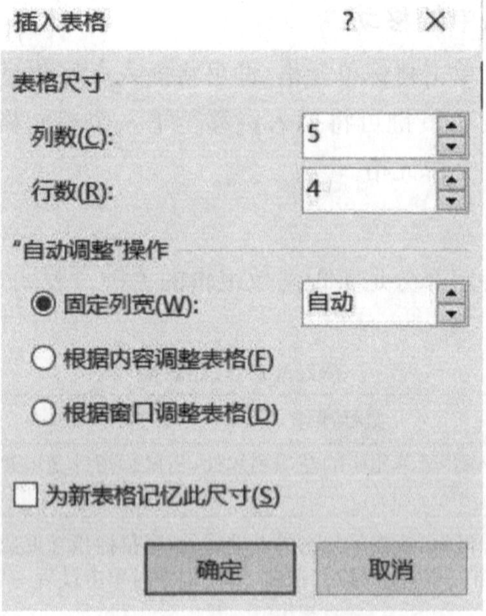

图 2.3.3 "插入表格"对话框

3. 绘制表格

对于制作不规则形状或特殊布局的表格的需求，Word 2016 提供了"绘制表格"功能。

(1)选择"绘制表格"命令：在"插入表格"下拉列表中选择"绘制表格"或使用"表格工具"下"布局"选项卡中的"绘制表格"按钮。

(2)绘制表格线：当鼠标指针变为笔状时，用户可以在文档中自由绘制表格线。通过拖动鼠标，可以绘制出任意形状和大小的单元格。

(3)调整表格线样式：利用"表格工具"下的"设计"选项卡，用户可以设置表格线的样式(如实线、虚线)、粗细和颜色，以达到预期的视觉效果。

(4)擦除表格线：若需删除多余的表格线，可单击"布局"选项卡中的"橡皮擦"按钮。鼠标指针此时变为橡皮状，用户只需在要删除的表格线上单击即可。完成编辑后，按 Esc 键退出绘制模式。

2.3.2 编辑表格

1. 输入内容

在 Word 2016 中，将鼠标光标置于目标单元格内，即可输入文本、图片或其他内容。值得注意的是，若在同一单元格内创建新段落，直接按下 Enter 键即可。Word 将每个单元格视为独立的文档片段，允许用户进行丰富的文本编辑和排版，如设置字体、字号、颜色以及应用段落格式等。

2. 插入点在表格中的移动

(1)使用鼠标:直接单击目标单元格,即可将插入点移动至该位置。

(2)键盘快捷键:按 Tab 键可将插入点移至下一个单元格;按“Shift+Tab”组合键可将插入点移回上一个单元格。

3. 表格的选择

精确选择表格的特定部分是实现高效编辑的关键。表 2.3.1 中是几种常见的选择方法。

表 2.3.1 选定表格

鼠标操作	选定区域
在单元格内双击;或将鼠标移至单元格的左端列线处,当鼠标指针变成↗时,单击鼠标	一个单元格
单击并拖动鼠标选择某个区域;或在单元格的左端线处,当鼠标指针变成↗时,单击并拖动鼠标;或选定第一个单元格后,按住 Shift 键同时单击最后一个要被选定的单元格	相邻单元格区域
按住 Ctrl 键,单击每个要选定的单元格	不相邻单元格
将鼠标指针移至表格最左侧的边框处,当鼠标指针变为向右的箭头↗时,单击即可选定整行	一行
将鼠标指针移至表格最左侧的边框处,当鼠标指针变为向右的箭头↗时,单击并拖动鼠标选定连续多行	连续多行
将鼠标指针移至表格顶部的边框处,当鼠标指针变为向下的箭头↓时,单击即可选定整列	一列
将鼠标指针移至表格顶部的边框处,当鼠标指针变为向下的箭头↓时,单击并拖动鼠标即可选定连续多列	连续多列
单击表格左上角的移动控点(小方块图标⊞),可选定整个表格	整个表格

4. 单元格、行、列、表格的插入与删除

1)插入

(1)直接操作:将光标置于目标位置,利用“表格工具”下的“布局”选项卡中的“行和列”选项组,选择适当的插入选项,如图 2.3.4 所示,可插入行或列。

(2)对话框:单击“行和列”选项组右下角的对话框启动器,打开“插入单元格”对话框,如图 2.3.5 所示,可设置插入单元格的具体位置。

(3)右键菜单:在目标位置右击,在弹出的快捷菜单中选择“插入”相关选项。

(4)快捷键:将光标移至表格末尾,使用 Enter 键或 Tab 键可快速插入新的行或列。

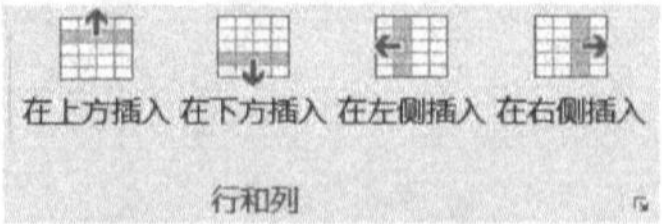

图 2.3.4　插入按钮

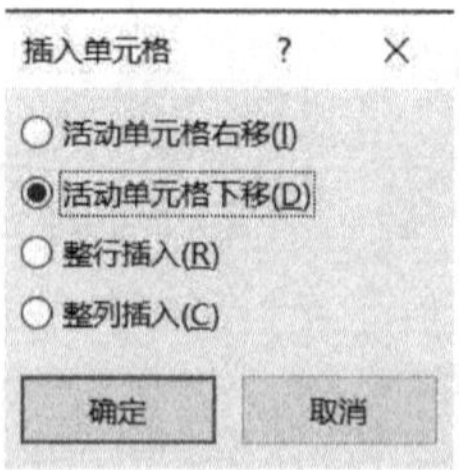

图 2.3.5　“插入单元格”对话框

2)删除行、列、单元格

删除操作与插入操作类似。首先选定要删除的行、列、单元格,然后通过以下操作进行删除。

(1)单击“表格工具”→“布局”→“行和列”选项组→“删除”按钮,在打开的下拉列表中选择相应的命令即可,如图 2.3.6 所示。

(2)右击,在弹出的快捷菜单中选择相应的命令。

(3)选中整个表格,按 Backspace 键,即可删除整个表格。

注意:选中全表后,按 Delete 键只能清除表格中的内容,不能删除表格。

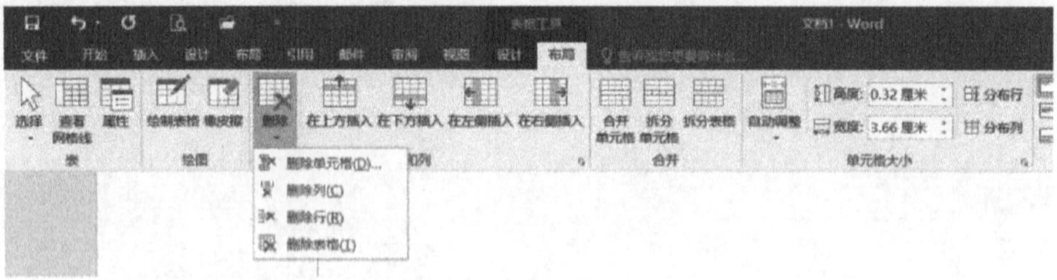

图 2.3.6　“删除”下拉列表

5. 调整表格

1)调整行高和列宽

(1)手动调整:将鼠标指针置于行线或列线上,待指针变为双向箭头时,即可拖动鼠标改变行高或列宽。

(2)精确设置:利用“表格工具”中的“布局”选项卡,在“单元格大小”组中输入具体数值;或单击“表格工具”→“布局”→“表”组→“属性”按钮(也可单击“单元格大小”组右下角的按钮),打开“表格属性”对话框,如图 2.3.7 所示,在“行”“列”选项卡中输入具体的行高和列宽。

(3)自动调整:通过“表格工具”→“布局”→“单元格大小”选项组→“自动调整”按钮快速调整表格大小,或使用“单元格大小”选项组中的“分布行”和“分布列”按钮来平均分配空间。

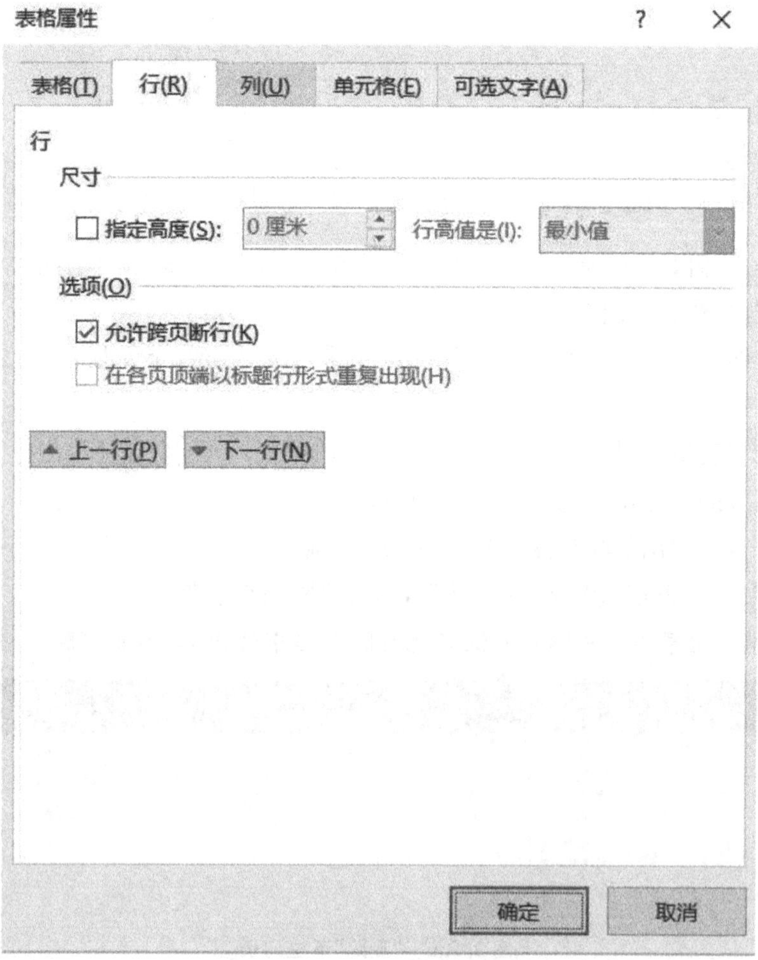

图 2.3.7 “表格属性”对话框

2)表格的移动和缩放

移动:拖动表格左上角“移动控点”至新位置。

缩放:通过拖动表格右下角的“缩放控点”来调整表格大小,按住 Shift 键可保持长宽比。

3)合并与拆分单元格

(1)合并单元格。

合并单元格是指将多个单元格合并成一个较大的单元格。操作方法有以下两种。

①选定要合并的多个单元格,单击“表格工具”→“布局”→“合并”组→“合并单元格”按钮。

②选定要合并的多个单元格,单击鼠标右键,在快捷菜单中选择“合并单元格”命令。

(2)拆分单元格。

①选定要拆分的单元格,单击“表格工具”→“布局”→“合并”组→“拆分单元格”按钮,打开如图 2.3.8 所示的“拆分单元格”对话框,输入要拆分的“列数”和“行数”,单击“确定”。

②选定要拆分的单元格,右击弹出快捷菜单,选择“拆分单元格”命令。

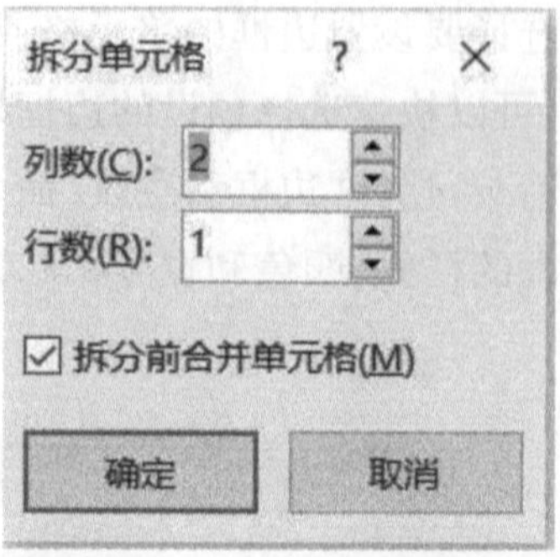

图 2.3.8　“拆分单元格”对话框

4)拆分和合并表格

(1)拆分表格:若想将一个表格拆分成两个独立的表格,只需将光标定位到要拆分的表格行内,单击“表格工具”→“布局”→“合并”组→“拆分表格”按钮即可。

(2)合并表格:删除两个表格之间的段落标记(回车符)。

2.3.3　修饰表格

在 Word 2016 及更高版本中,表格不仅是数据的展示容器,更是文档设计与信息呈现的重要元素。Word 提供了丰富的功能来修饰表格,使其既美观又实用,适应现代文档编辑的需求。

1. 设置单元格对齐方式

设置单元格对齐方式有助于提升表格的可读性,主要操作步骤如下。

(1)选择要设置对齐方式的单元格或单元格区域。

(2)通过“表格工具”→“布局”→“对齐方式”组,单击相应的对齐方式按钮,如图2.3.9所示。此外,右击选中的单元格,从快捷菜单中选择“单元格对齐方式”下的相应命令,也是一种常用方法。

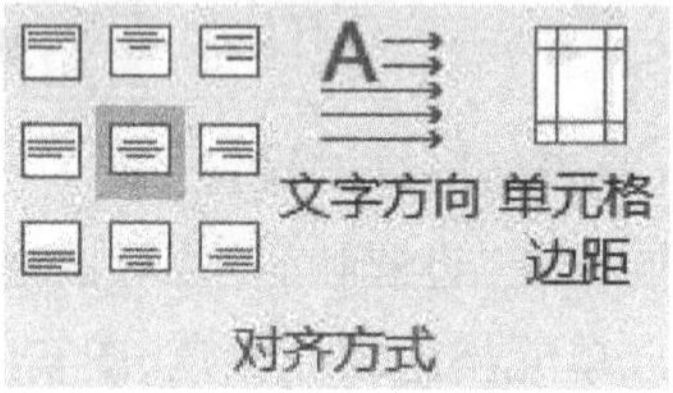

图 2.3.9　单元格对齐方式

2. 设置重复使用表格标题行

为确保跨页表格内容的连贯性,通常需要在每页的表格顶部重复显示标题行。设置方法如下。

(1)选定需要重复的标题行。

(2)单击“表格工具”→“布局”→“数据”组→“重复标题行”按钮。若需取消重复标题行,再次单击该按钮即可。

3. 设置表格的边框和底纹

Word 2016 允许用户自定义表格的边框和底纹,以满足不同的视觉需求。

(1)表格边框的设置。

选择要设置边框的单元格或整个表格,通过“表格工具”“设计”选项卡的“边框”按钮,可以快速选择预设的边框样式。如需更精细的设置,可单击“边框”按钮右侧的下拉箭头,选择“边框和底纹”命令,打开如图 2.3.10 所示的“边框和底纹”对话框,调整边框的样式、颜色和宽度。

图 2.3.10 “边框”选项卡

(2)表格底纹的设置。

同样在“边框和底纹”对话框中,切换到“底纹”选项卡,如图 2.3.11 所示,可设置表格或单元格的填充颜色、图案的样式和颜色。

4. 套用表格样式

表格样式是一组事先设置了表格边框、底纹、对齐方式等格式的表格模板。Word 2016 提供了丰富的表格样式,用户可以快速为表格应用专业的外观。将光标置于表格中,通过“表格工具”下的“设计”选项卡的“表格样式”组,可以轻松选择和应用多种表格样式。

5. 绘制斜线表头

斜线表头常用于表格的标题单元格,以同时显示两个维度的信息。将光标置于目标单元格内,单击“表格工具”→“设计”→“边框”选项组→“边框”按钮的下拉箭头,从弹出的下拉列表中选择“斜下框线”或“斜上框线”。

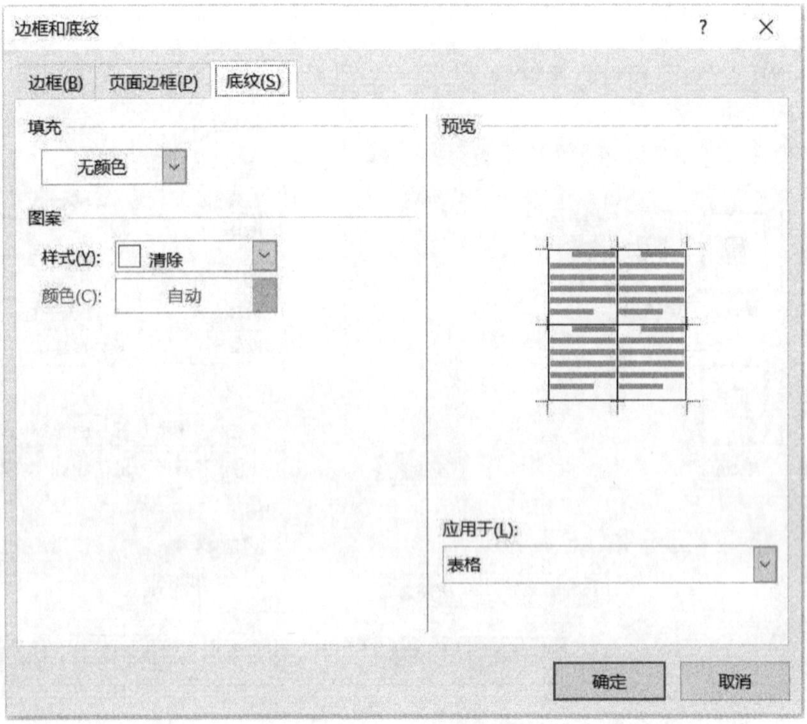

图 2.3.11　“底纹”选项卡

6. 设置表格的对齐方式和环绕方式

通过调整表格的对齐方式和环绕方式，可以使表格与文档中的其他元素和谐共存。操作步骤如下。

(1)选中表格中的任意单元格。

(2)单击“表格工具”→“布局”→“表”组→“属性”按钮，打开“表格属性”对话框。

(3)在“表格”选项卡中，设置表格的对齐方式(如左对齐、居中、右对齐等)。若需设置文字环绕方式，可选择“环绕”后，单击“定位”按钮，打开“表格定位”对话框，如图 2.3.12 所示，可在“表格定位”对话框中进一步设置表格的具体位置。

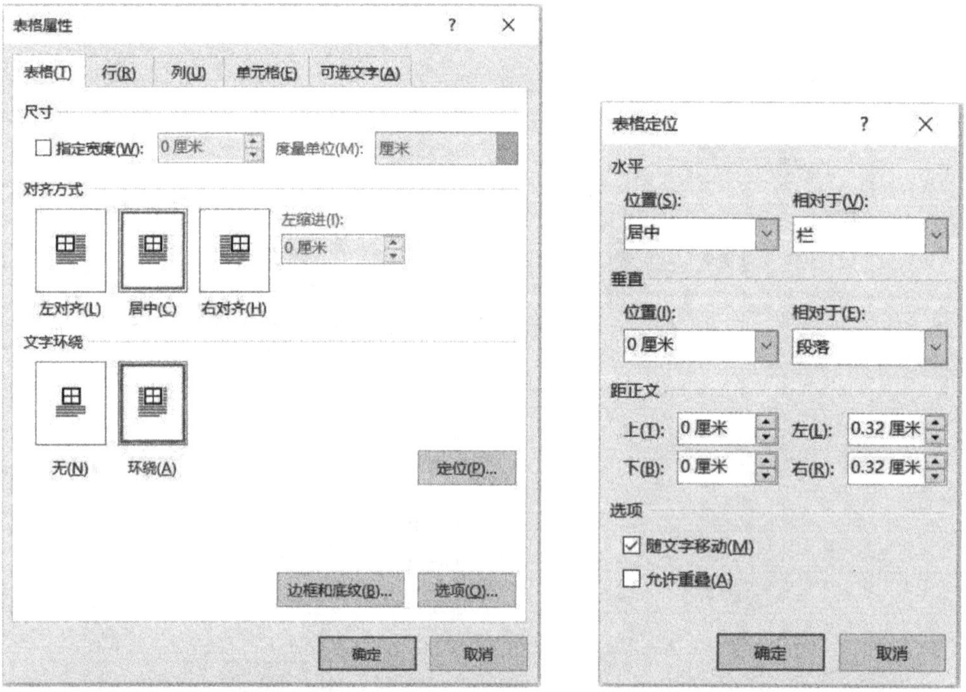

(a)“表格”选项卡　　　　(b)“表格定位”对话框

图 2.3.12 “表格属性”对话框

2.3.4 表格与文本的相互转换

Word 2016 及更高版本提供了灵活的表格与文本转换功能，以适应不同的文档编辑需求。

1. 将文本转换成表格

将文本转换成表格时，首先要在文本中添加逗号、制表符或其他分隔符以明确地将文本划分成行和列。一般情况下，建议使用制表符来分列，使用段落标记来分行。具体转换步骤如下。

(1)在文本中适当位置插入逗号、制表符或其他分隔符来分隔行和列。

(2)选中要转换的文本。

(3)单击“插入”→“表格”组→“表格”按钮，在弹出的下拉列表中选择“文本转换成表格”命令，打开“将文字转换成表格”对话框，如图 2.3.13 所示。

(4)根据需要调整列数、分隔符等设置，单击“确定”按钮完成转换。

2. 将表格转换成文本

(1)选中要转换的表格。

(2)选择“表格工具”→“布局”→“数据”组→“转换为文本”按钮。

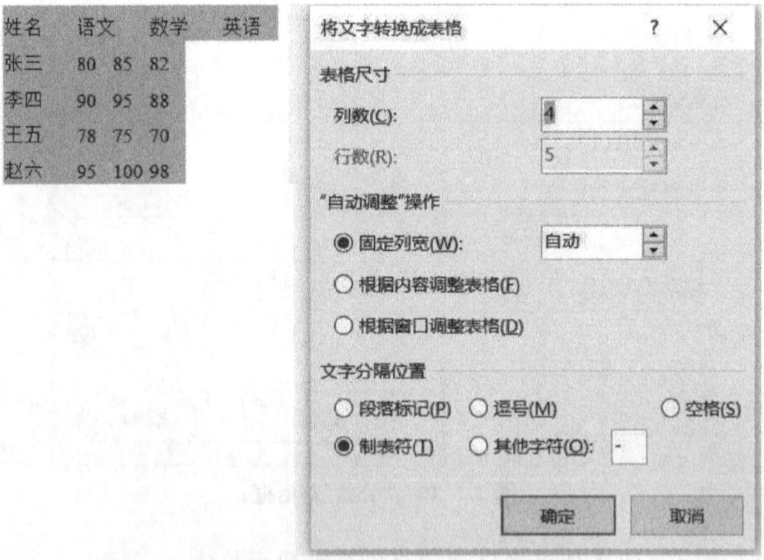

图 2.3.13　"将文字转换成表格"对话框

(3)在弹出的"表格转换成文本"对话框(如图 2.3.14 所示)中,选择一种分隔符作为列与列之间的分隔标志,单击"确定"按钮即可完成转换。

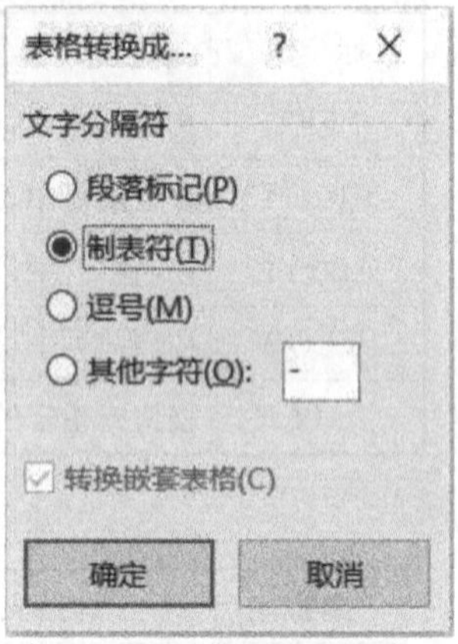

图 2.3.14　"表格转换成文本"对话框

2.3.5　表格中数据的处理

1. 表格数据的计算

Word 2016 提供了基本的表格计算功能,使用户能够轻松对表格中的数据进行快速处理,如求和、求平均值、求最大值、求最小值等,以满足日常办公的基本需求。对于更复杂的计算,建议使用 Excel 等专业数据处理软件。

计算步骤如下。

(1)将光标定位至需要进行计算的空白单元格中。

(2)选择"表格工具"→"布局"→"数据"组→"公式"按钮,打开"公式"对话框,如图 2.3.15 所示。

(3)在"公式"对话框中,根据需要输入计算公式,格式为"=函数名(运算范围)"。表 2.3.2 列出了公式中常用的运算范围。例如,输入"SUM(LEFT)"可以计算当前单元格左侧所有数字的和。

(4)通过"编号格式"下拉列表框设置计算结果的数字格式,确保结果的显示符合需求。

(5)在"粘贴函数"下拉列表框中列出了 Word 支持的函数,表 2.3.3 列出了 Word 中常用的函数,可以根据需要选择。

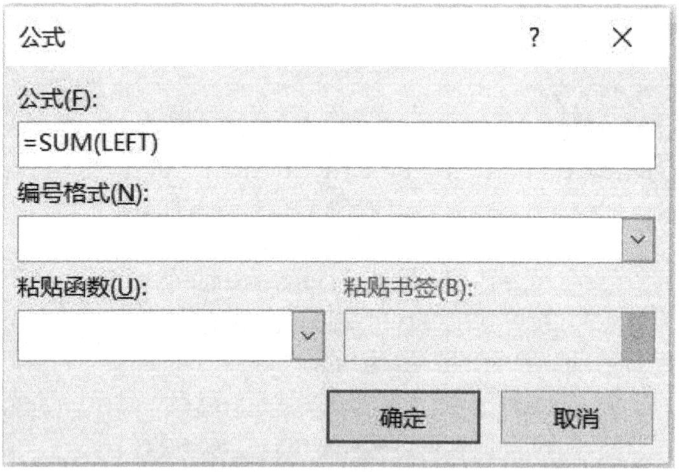

图 2.3.15 “公式”对话框

(6)单击“确定”,计算结果将自动填充到当前单元格中。

表 2.3.2 公式中常用的运算范围

标 识	含 义
LEFT	在当前行中,当前单元格左侧的所有数字单元格
RIGHT	在当前行中,当前单元格右侧的所有数字单元格
ABOVE	在当前列中,当前单元格上方的所有数字单元格
BELOW	在当前列中,当前单元格下方的所有数字单元格
TABLE	表格中指定的单元格区域(需手动指定范围)

表 2.3.3 Word 中常用的函数

函数名	含 义	功 能
SUM	求和函数	计算指定范围内各单元格中数字的和
AVERAGE	求平均值函数	计算指定范围内各单元格中数字的平均值
MAX	求最大值函数	求指定范围内各单元格中数字的最大值
MIN	求最小值函数	求指定范围内各单元格中数字的最小值
PRODUCT	求积函数	计算指定范围内各单元格中数字的乘积
COUNT	统计函数	计算指定范围内包含数字的单元格的个数
INT	取整函数	向下取整,返回不大于指定数字的最大整数
ROUND	四舍五入函数	对指定数字进行四舍五入到指定的小数位数

2. 排序

在 Word 中,用户可以根据多种标准对表格内容进行排序,包括但不限于笔画、数字、日期、拼音等,且支持升序和降序两种排序方式。

例如，要对表 2.3.4 中百货超市 2023 年销售情况统计表中的数据按照“总计”进行降序排列。

表 2.3.4　百货超市 2023 年销售情况统计表

安徽省第 0032 号门店　　　　　　　　　　　　2024—01—17

部门	第一季度	第二季度	第三季度	第四季度	总计	排名
服装部	93280	84700	78550	88760	345290	
食品部	185600	151050	149350	166200	652200	
化妆部	82700	71800	75600	78540	308640	
烟酒部	119500	81200	99600	108800	409100	
合计	481080	388750	403100	442300	1715230	

操作步骤如下。

(1)选择要进行排序的单元格区域，通常是表格的整个数据区域。如选择表 2.3.4中的前五行数据区域。

(2)选择“表格工具”→“布局”→“数据”组→“排序”按钮，打开“排序”对话框，如图 2.3.16 所示。

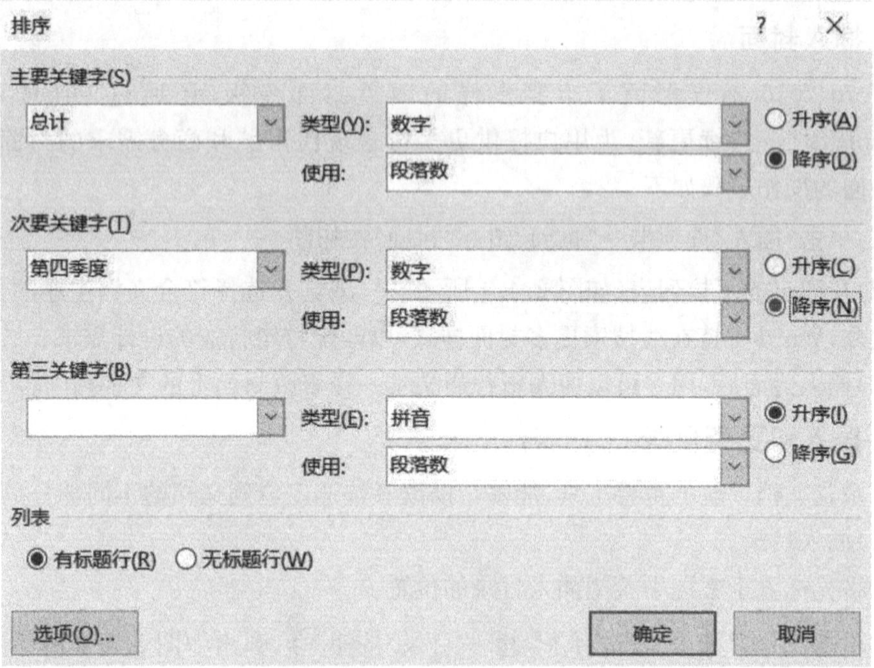

图 2.3.16　“排序”对话框

(3)在“主要关键字”下拉列表框中选择“总计”；并设置排序的方式为“降序”。

(4)在“次要关键字”下拉列表框中选择“第四季度”；再选择“降序”。

(5)单击“确定”。排序的结果如图 2.3.17 所示。

百货超市2023年销售情况统计表

安徽省第0032号门店 2024-01-17

部门	第一季度	第二季度	第三季度	第四季度	总计	排名
食品部	185600	151050	149350	166200	652200	
烟酒部	119500	81200	99600	108800	409100	
服装部	93280	84700	78550	88760	345290	
化妆部	82700	71800	75600	78540	308640	
合计	481080	388750	403100	442300	1715230	

图 2.3.17 排序后的表格

2.4 Word 2016 高级操作

2.4.1 封面、目录和样式

1. 插入封面

Word 2016 不仅保留了丰富多样的内置封面模板，还通过 Office 365 和 Microsoft Store 持续更新，为用户提供更多符合现代审美和商务需求的封面选项。插入封面的操作步骤如下。

(1)单击“插入”选项卡→“页面”组→“封面”按钮。

(2)在弹出的下拉列表(如图 2.4.1 所示)中，浏览并选择符合文档主题的封面模板。此外，Word 支持在线搜索更多封面样式，以匹配特定行业的设计需求。

(3)插入封面后，用户可以像编辑普通文本一样修改封面上的文字和内容。

2. 插入和更新目录

目录是文档导航的重要工具，能够帮助读者快速定位到文档的不同部分。

(1)插入目录。

①将光标置于文档中希望插入目录的位置。

②单击“引用”选项卡→“目录”组→“目录”按钮，弹出如图 2.4.2 所示的插入目录下拉列表，选择“自定义目录”命令，打开“目录”对话框，如图 2.4.3 所示，在该对话框中可设置目录样式、显示级别等参数，或直接选择“自动目录”快速生成。

图 2.4.1 内置封面列表

(2)更新目录。

文档内容变动后,需更新目录以反映最新章节和页码。操作步骤为:单击“引用”选项卡→“目录”组→“更新目录”按钮,打开“更新目录”对话框,在对话框中选择更新页码或整个目录,然后单击“确定”。

3. 使用样式

样式是文档格式化的重要工具,特别是在处理长文档时。Word 提供了预设样式,同时也允许用户自定义样式。

(1)应用样式。

①选择要应用样式的文本或段落。

②单击“开始”→“样式”选项组→“快速样式库”右侧的“其他”按钮,如图 2.4.4 所示,从弹出的下拉列表中选择所需样式;或者单击“样式”功能组右下角对话框启动器,打开如图 2.4.5 所示的“样式”窗格,在其中选择要应用的样式。

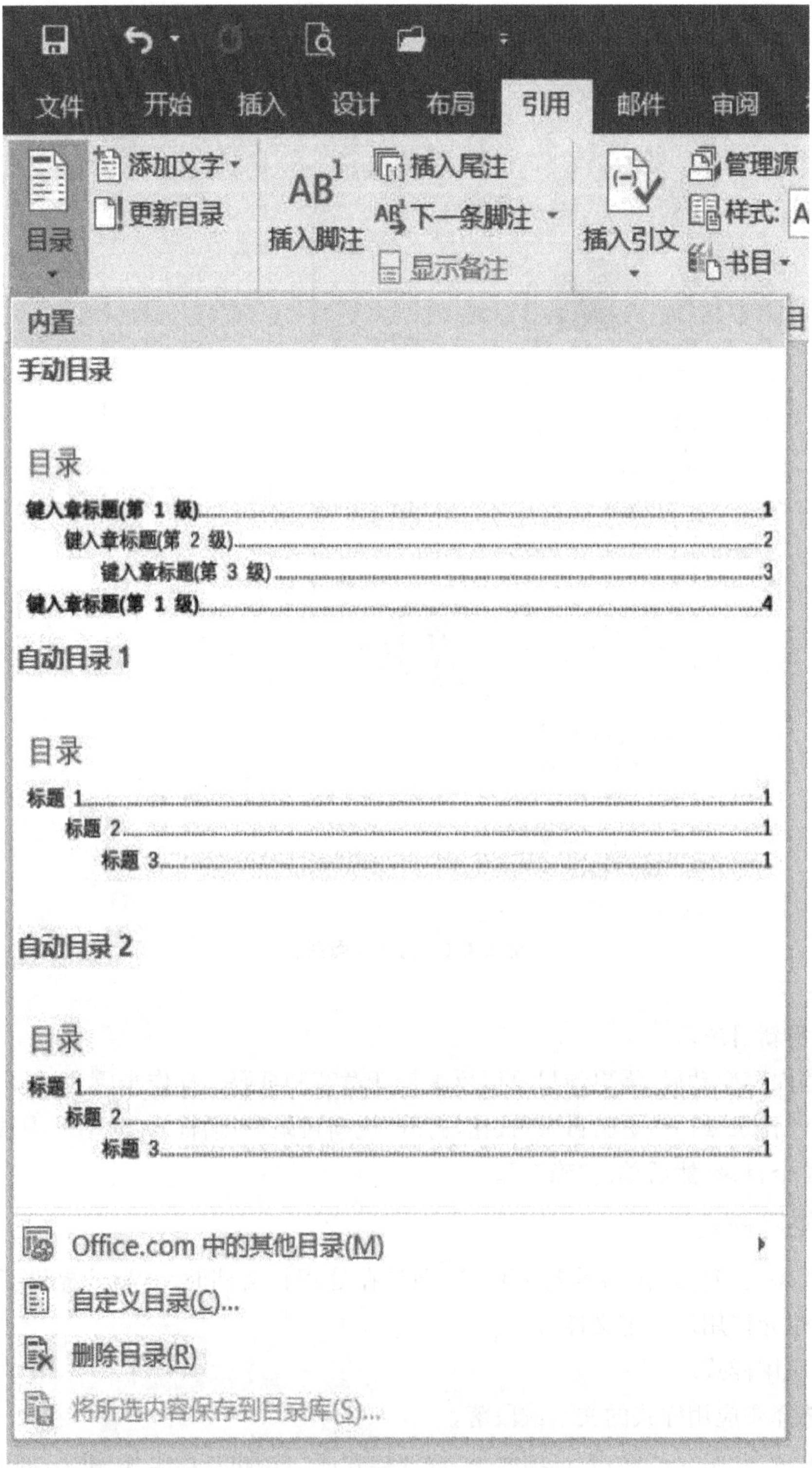

图 2.4.2 插入目录下拉列表

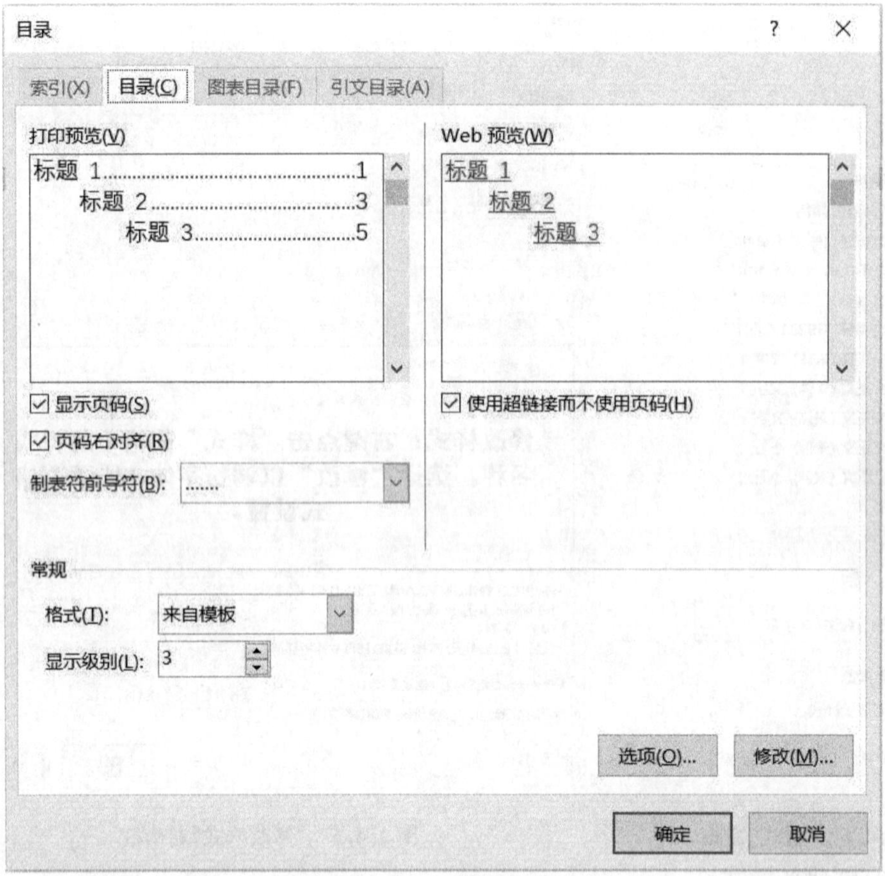

图 2.4.3　“目录”对话框

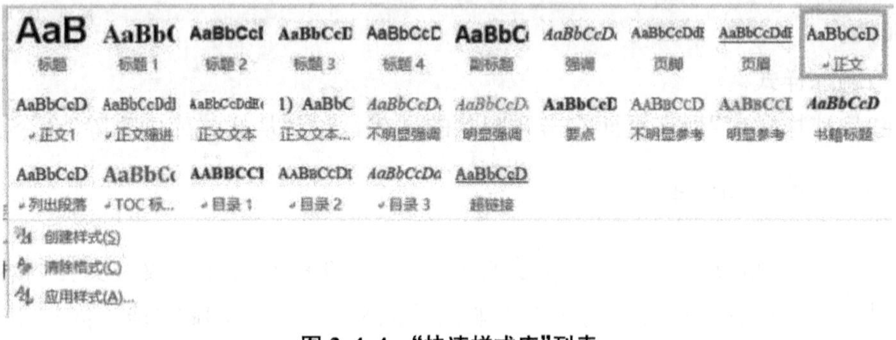

图 2.4.4　“快速样式库”列表

(2)修改样式。

如果预设样式不能满足要求,可先修改样式后再应用样式。操作步骤为:右击“快速样式库”中或“样式”窗格中的样式名称,选择“修改”,打开如图 2.4.6 所示的“修改样式”对话框,在其中调整字体、段落等格式设置。

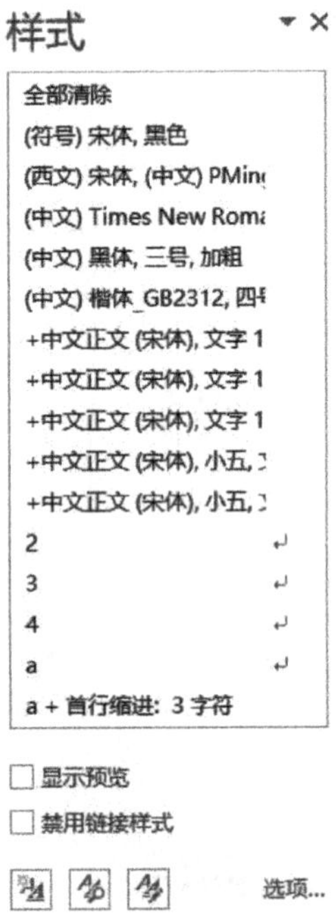

图 2.4.5 “样式”窗格

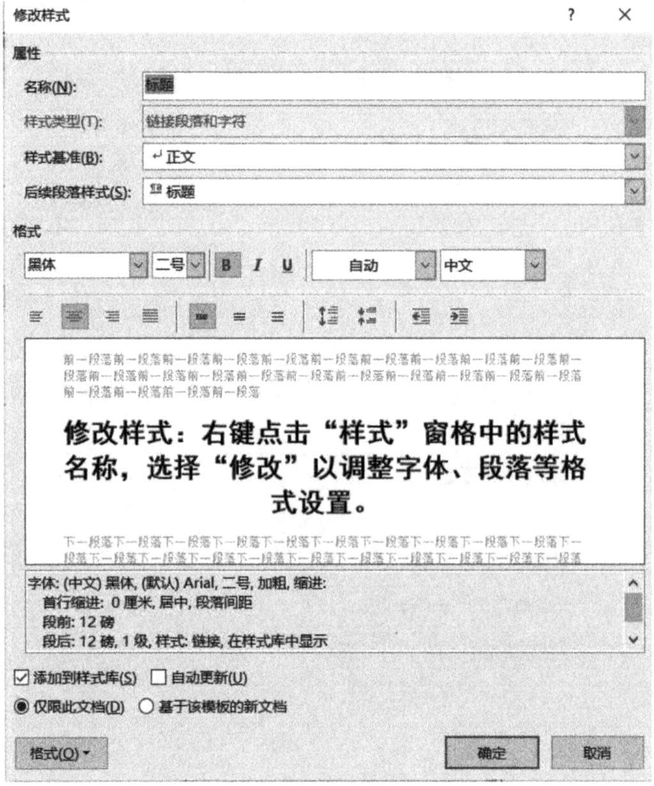

图 2.4.6 “修改样式”对话框

(3)创建新样式。

在“快速样式库”列表页面单击“创建样式”按钮，按照向导设置新样式的名称、格式等属性。

(4)删除样式。

在“快速样式库”列表页面右击要删除的样式，选择“从样式库中删除”命令。

2.4.2 插入批注

批注是文档审阅过程中不可或缺的工具，它允许审阅者在不改变文档内容的情况下添加注解、意见和建议。批注不影响文档的格式，也不会随文档一同打印，适用于出版社审稿件、导师审学生论文等场景。

1. 插入批注

插入批注的操作步骤如下。

(1)选中要添加批注的文本。

(2)单击“审阅”选项卡→“批注”组→“新建批注”按钮，在出现的批注框中输入注释内容。

2. 删除批注

将光标置于批注上，单击“审阅”→“批注”组→“删除”按钮；或右击选择“删除批注”命令。

2.4.3　邮件合并

邮件合并功能显著提高了批量处理文档的效率，适用于批量发送邀请函、通知书等场景。在实际工作中，常需要向不同客户发送结构相同，部分信息不同的函件，如通知、邀请函、协议书等。对于这类文档，如果逐份编辑，显然费时费力，且易出错，而使用 Word 的邮件合并功能可以很方便地解决这类问题。

我们把函件中相同的内容保存在一个 Word 文档中，称为主文档；把公司名称、地址、客户姓名这些函件中不同的信息保存在另一个文档中，称为数据源文件；然后依次把主文档和数据源中的信息逐个合并，就可以快速生成一批函件，这个过程称为“邮件合并”。

邮件合并的操作步骤如下。

1. 创建主文档

首先设计一个包含固定内容的文档模板，该模板的格式和内容将用于合并文档中的所有函件，是邮件合并的基础。

2. 准备数据源

将变化的数据（如公司名称、客户姓名等）整理到数据源文件中。

3. 连接数据源

(1)打开主文档。

(2)选择“邮件”选项卡→“开始邮件合并”组→“选择收件人”按钮，如图 2.4.7 所示，从弹出的下拉列表中选择“使用现有列表”命令，打开“选取数据源”对话框，在该对话框中选择已准备好的数据源文件。

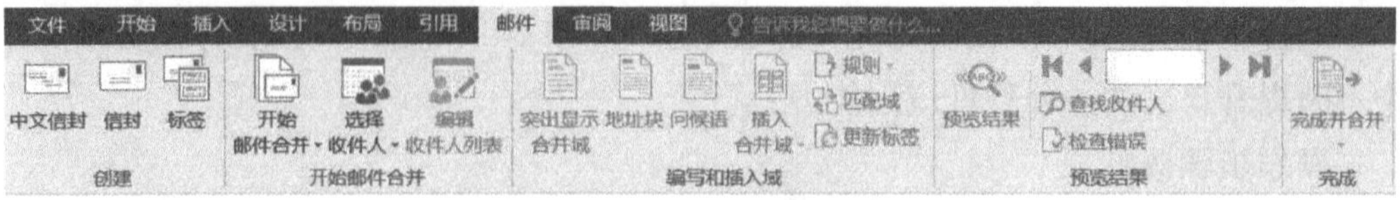

图 2.4.7　“邮件”功能区

4. 插入合并域

将光标置于主文档中需要插入合并域的位置，选择“邮件”选项卡→“编写和插入域”组→“插入合并域”下拉菜单，选择需要插入的数据字段。

5. 完成并合并

设置好所有合并域后，单击“邮件”选项卡→“完成”组→“完成并合并”按钮→“编辑单个文档”，打开如图 2.4.8 所示的“合并到新文档”对话框，根据需要选择合并后的文档格式(如将所有记录合并到一个文档或每个记录单独成文档)，然后 Word 将自动生成完整的合并文档。

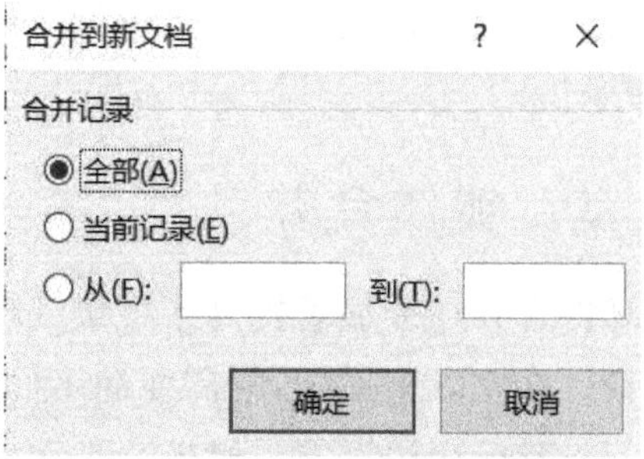

图 2.4.8 “合并到新文档”对话框

随着技术的不断发展，Word 引入了更多高级功能，如使用快速部件和构建基块来提高文档一致性，以及利用在线协作工具实现多人同时编辑和审阅文档等，这些都将进一步提升用户的办公效率和文档处理能力。

2.5 综合案例

2.5.1 “2024 年端午节放假通知”文档制作

小李是某科技公司行政部的新晋职员，在 2024 年端午佳节临近之际，公司决定向全体员工发布一份详尽的端午节放假通知。小李主动请缨，承担起制作这份通知文档的任务，并决定使用 Microsoft Word 2016 来完成这一任务。图 2.5.1 所示为此通知的最终文档效果。

为了高效完成这项任务，小李不仅需要熟练掌握 Word 的基本操作，如启动程序、新建文档、编辑文本、应用样式、保存和分享文档等步骤，还需掌握高效的文字录入和文档排版技巧，对文档的字体选择、段落布局以及页面设计也需要有一定的规划，以确保通知的易读性、美观性和专业性。

通过本案例的学习，读者将能够深入了解 Word 2016 的基本功能，并在实际操作中不断提升自己的办公软件应用能力。

操作步骤概览。

(1)启动 Word 2016：小李通过桌面快捷方式、开始菜单或任务栏中的搜索功能均可启动 Word 程序。

(2)创建新文档：在 Word 中，选择“文件”→“新建”→“空白文档”命令，创建空白文档。

(3)录入文本内容：输入端午节放假通知的具体内容，包括放假时间、注意事项及温馨提醒等，确保信息准确无误。

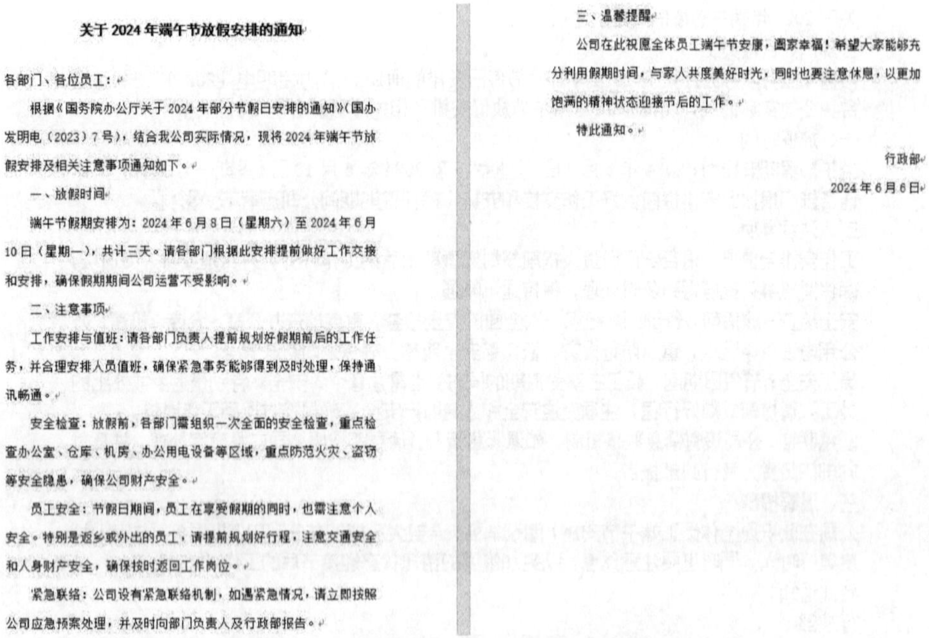

关于2024年端午节放假安排的通知

各部门、各位员工：

根据《国务院办公厅关于2024年部分节假日安排的通知》(国办发明电〔2023〕7号)，结合我公司实际情况，现将2024年端午节放假安排及相关注意事项通知如下。

一、放假时间

端午节假期安排为：2024年6月8日(星期六)至2024年6月10日(星期一)，共计三天。请各部门根据此安排提前做好工作交接和安排，确保假期期间公司运营不受影响。

二、注意事项

工作安排与值班：请各部门负责人提前规划好假期前后的工作任务，并合理安排人员值班，确保紧急事务能够得到及时处理，保持通讯畅通。

安全检查：放假前，各部门需组织一次全面的安全检查，重点检查办公室、仓库、机房、办公用电设备等区域，重点防范火灾、盗窃等安全隐患，确保公司财产安全。

员工安全：节假日期间，员工在享受假期的同时，也需注意个人安全。特别是返乡或外出的员工，请提前规划好行程，注意交通安全和人身财产安全，确保按时返回工作岗位。

紧急联络：公司设有紧急联络机制，如遇紧急情况，请立即按照公司应急预案处理，并及时向部门负责人及行政部报告。

三、温馨提醒

公司在此祝愿全体员工端午节安康，阖家幸福！希望大家能够充分利用假期时间，与家人共度美好时光，同时也要注意休息，以更加饱满的精神状态迎接节后的工作。

特此通知。

行政部

2024年6月6日

图 2.5.1　关于 2024 年端午节放假安排的通知

(4)高效录入：利用 Word 的自动更正、拼写检查、智能提示等辅助功能，快速录入文字和符号，减少错误，提高效率。

(5)应用样式：为了使文档更加专业且易于阅读，小李对标题和正文应用了不同的样式，如调整字体大小、颜色、加粗、斜体，以及设置标题级别和段落样式。

(6)页面布局：调整页面边距、纸张大小(如 A4)，根据需要设置页眉页脚，以符合公司的文档规范或打印需求。

(7)保存和分享：完成编辑后，通过“文件”→“另存为”，将文档命名为“关于 2024 年端午节放假安排的通知.docx”，选择合适的保存路径。利用电子邮件、公司内部通讯平台或云存储服务分享通知。

完成本任务需要以下几个步骤：首先启动 Word 2016 并创建文档，完成文本输入；其次对文本内容进行格式设置，最后对文件进行保存、打印和关闭。详细操作步骤如下。

1. 创建并保存文档

(1)启动 Word，选择“新建”→“空白文档”。

(2)立即保存文件，以防意外丢失，选择“文件”→“另存为”，输入文件名(如“关于 2024 年端午节放假安排的通知”)并选择保存位置。

2. 输入标题和正文内容

输入标题“关于 2024 年端午节放假安排的通知”。接着输入正文内容，如图 2.5.2所示，确保信息准确无误。

关于 2024 年端午节放假安排的通知
各部门、各位员工：
根据《国务院办公厅关于 2024 年部分节假日安排的通知》(国办发明电〔2023〕7 号)，结合我公司实际情况，现将 2024 年端午节放假安排及相关注意事项通知如下。
一、放假时间
端午节假期安排为：2024 年 6 月 8 日(星期六)至 2024 年 6 月 10 日(星期一)，共计三天。请各部门根据此安排提前做好工作交接和安排，确保假期期间公司运营不受影响。
二、注意事项
工作安排与值班：请各部门负责人提前规划好假期前后的工作任务，并合理安排人员值班，确保紧急事务能够得到及时处理，保持通讯畅通。
安全检查：放假前，各部门需组织一次全面的安全检查，重点检查办公室、仓库、机房、办公用电设备等区域，重点防范火灾、盗窃等安全隐患，确保公司财产安全。
员工安全：节假日期间，员工在享受假期的同时，也需注意个人安全。特别是返乡或外出的员工，请提前规划好行程，注意交通安全和人身财产安全，确保按时返回工作岗位。
紧急联络：公司设有紧急联络机制，如遇紧急情况，请立即按照公司应急预案处理，并及时向部门负责人及行政部报告。
三、温馨提醒
公司在此祝愿全体员工端午节安康，阖家幸福！希望大家能够充分利用假期时间，与家人共度美好时光，同时也要注意休息，以更加饱满的精神状态迎接节后的工作。
特此通知。
行政部
2024 年 6 月 6 日

图 2.5.2 “关于 2024 年端午节放假安排的通知”的文本内容

3. 格式设置

1)标题格式

(1)选中标题文字“关于 2024 年端午节放假安排的通知”。

(2)单击“开始”→“字体”选项组中的相关按钮，将标题文字设置为黑体、三号、加粗。

(3)单击“开始”→“段落”选项组中的“居中按钮”，将标题居中。

(4)单击“开始”→“段落”选项组右下角的“对话框启动器”，打开“段落”对话框，在“缩进和间距”选项卡中的“间距”框架中设置段前“1 行”、段后“1.5 行”，使标题更突出，如图 2.5.3 所示。

2)正文格式设置

(1)选中正文内容“各部门……2024 年 6 月 6 日”，单击“开始”→“字体”选项组中的相关按钮将正文文字设置为宋体、四号，如图 2.5.4 所示。

(2)选中正文第 2～12 段内容“根据《国务院……特此通知。”，单击“开始”→“段落”选项组右下角的“对话框启动器”按钮，打开“段落”对话框，在“缩进和间距”选项卡“特殊格式”中选择“首行缩进”，缩进值为“2 字符”，如图 2.5.5 所示。

(3)选中正文最后的落款和日期段落，单击“开始”→“段落”选项组中的“右对齐”按钮，将通知的落款和日期设置为右对齐，如图 2.5.6 所示。

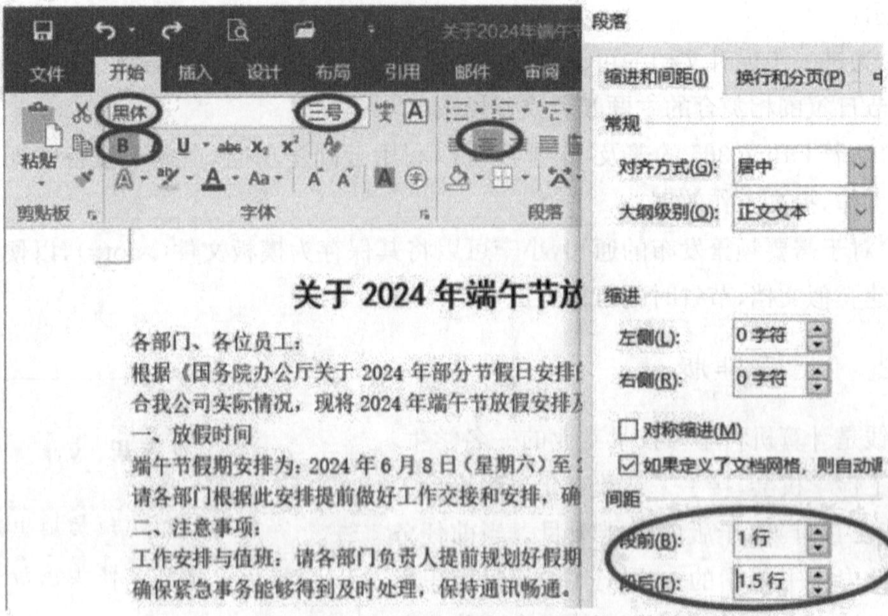

图 2.5.3　“关于 2024 年端午节放假安排的通知”的标题格式设置

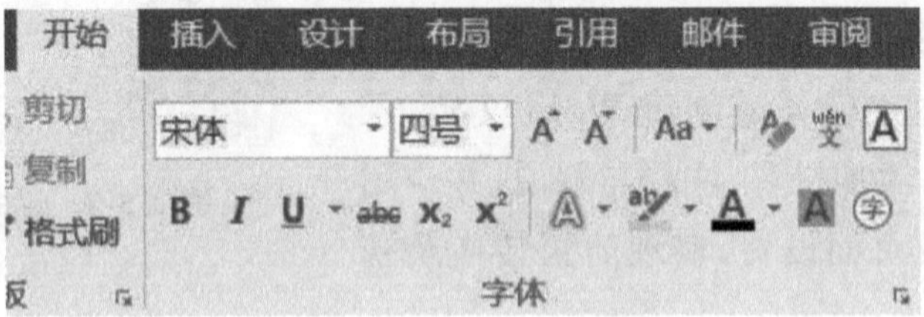

图 2.5.4　“关于 2024 年端午节放假安排的通知”的正文字体格式设置

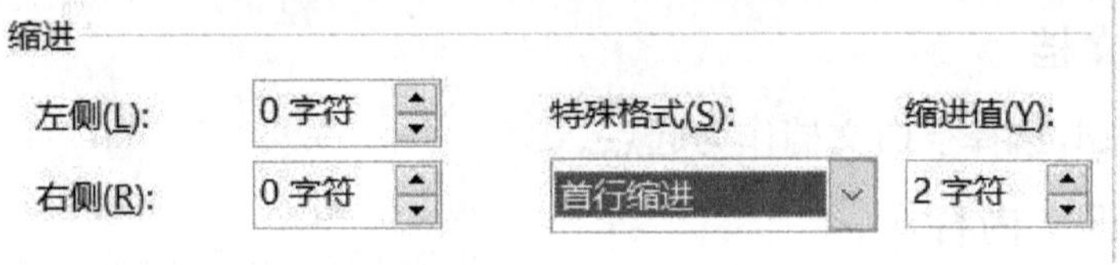

图 2.5.5　“关于 2024 年端午节放假安排的通知”的正文首行缩进格式设置

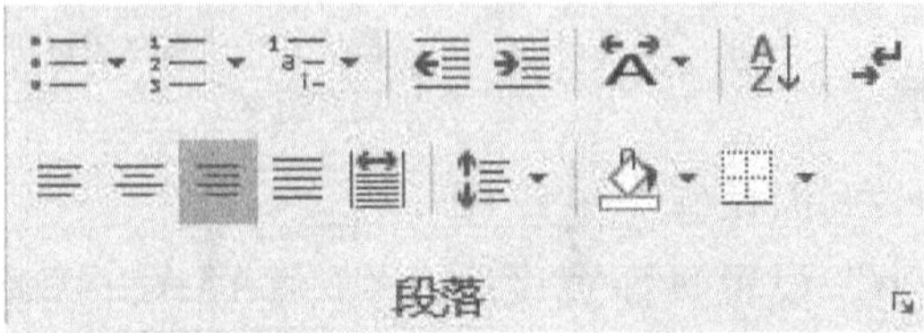

图 2.5.6　“关于 2024 年端午节放假安排的通知”的落款和日期右对齐方式设置

4. 保存并分享

单击快速访问工具栏中的“保存”按钮，或在“文件”菜单中选择“保存”，或用组合键“Ctrl＋S”，确保文档的及时保存。通过适当渠道将通知文档分享给全体员工。

提示：

(1)为进一步提升文档的可读性和视觉吸引力，小李可以考虑插入公司 Logo 或选用与节日氛围相契合的主题颜色或背景图案。

(2)随着 Office 365 的普及，小李还可以利用云同步功能，在多个设备间无缝切换编辑工作，提高工作效率。

(3)对于需要频繁发布的通知，小李可以将其保存为模板文件(. dotx)，以便将来快速创建类似文档，节省时间与精力。

2.5.2 古诗排版

小钱是计算机科学与技术专业的一名学生，通过勤工俭学机会，接手了某数字化出版平台关于《唐诗三百首》电子版的编排项目。当前任务为完成此电子书籍中的一页：李白的《静夜思》，需将这首诗录入 Word 文档中，并融合现代排版技术，包括拼音标注、注释与解说，以及符合现代审美和阅读习惯的页面设计，如图 2.5.7 所示。

中華蒙學

jìng yè sī　lǐ bái
静夜思　李白

chuáng qián míng yuè guāng, yí shì dì shàng shuāng.
床前明月光，疑是地上霜。

jǔ tóu wàng míng yuè, dī tóu sī gù xiāng.
举头望明月，低头思故乡。

【注释】

✧ 静夜思：安静的夜晚产生的思绪。
✧ 疑：好像。
✧ 举头：抬头。

【解说】

窗前洒满了银色的月光，好像地上结了一层薄霜。
抬头凝望空中的明月，不禁低头思念我的故乡。

图 2.5.7 诗词排版效果

任务概述：本次任务需创建 Word 文档，录入《静夜思》文本，添加拼音、注释与解说，并应用现代字体、段落及页面设置，实现简繁转换及视觉美化。

以上古诗排版工作的操作步骤如下。

1. 创建文档

启动 Word，选择空白文档作为起点。

2. 输入正文内容

录入《静夜思》相关内容，如图 2.5.8 所示。

静夜思 李白
床前明月光，疑是地上霜。
举头望明月，低头思故乡。
【注释】
静夜思：安静的夜晚产生的思绪。
疑：好像。
举头：抬头。
【解说】
窗前洒满了银色的月光，好像地上结了一层薄霜。
抬头凝望空中的明月，不禁低头思念我的故乡。

图 2.5.8 《静夜思》相关内容

3. 页面格式设置

(1)单击“布局”→“页面设置”→“纸张大小”→“其他页面大小”，设置页面宽度为 16 厘米、高度为 17 厘米。

(2)在“页边距”中，设置上 2 厘米、下 1.5 厘米、左 2.5 厘米、右 2.5 厘米，如图2.5.9所示。

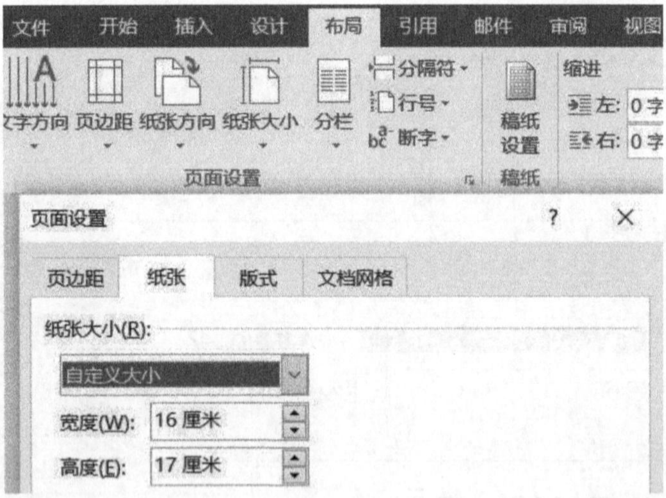

(a)纸张设置

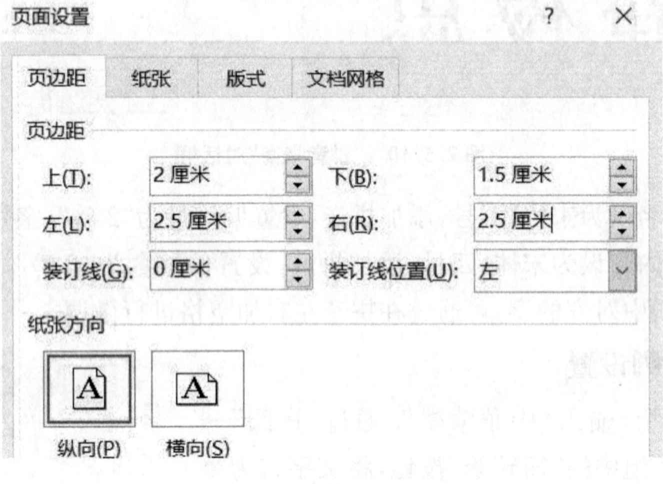

(b)页边距设置

图 2.5.9　文档页面设置

4. 段落格式设置

(1)古诗前三行:字符间距设为加宽 2 磅;段落对齐方式设为居中。

(2)古诗名:段落间距设为段前 1 行、段后 0.5 行。

(3)注释与解说:段落间距设为段前段后各 0.2 行,注释内容使用项目符号"✧",解说内容设置首行缩进 2 字符。

5. 字体格式设置

(1)将古诗名字体设为宋体、三号、加粗,通过"开始"→"字体"选项组中的"拼音指南"按钮添加拼音(如图 2.5.10 所示),设置对齐方式为"居中",偏移量为"2 磅",字号为"10 磅"。

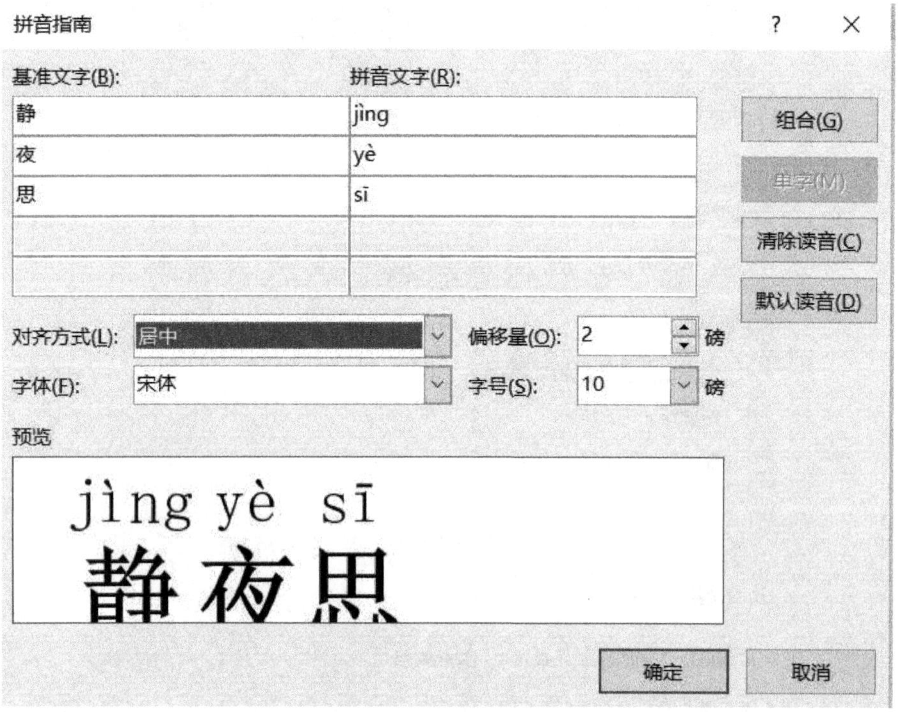

图 2.5.10 “拼音指南”对话框

(2)将作者名设为宋体、五号,添加拼音,设置偏移量为“2 磅”,字号为“6 磅”。

(3)将古诗内容设为宋体、四号,添加拼音,设置偏移量为“2 磅”,字号为“6 磅”。对拼音未呈现居中对齐的字,可通过在拼音左右加空格进行微调。

6. 页眉页脚设置

(1)插入页眉,输入“中華蒙學”(通过“审阅”→“中文简繁转换”组中的“简转繁”按钮,将文字转为繁体字),设置字体为隶书、小四号,将页眉段落设置为左对齐。

(2)使用“开始”→“字体”选项组中的“带圈字符”按钮为页眉中的文字添加装饰,如“中”字外圈为“○”、样式为“增大圈号”,如图 2.5.11 所示。

7. 保存文件

单击快速访问工具栏中的“保存”按钮,或在“文件”菜单中选择“保存”,或用组合键“Ctrl+S”,确保文档的及时保存。

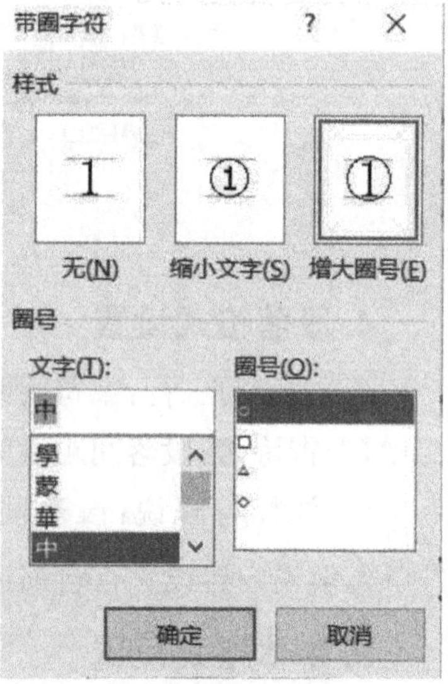

图 2.5.11 “带圈字符”对话框

2.5.3 “Office 2016 软件共性探索”文档制作

小李是信息工程学院的学生，他在学习现代办公技能时，发现 Office 系列软件有一定的共性，于是制作了一份 Office 2016 软件共性文档与同学分享，文档效果如图 2.5.12 所示。

本次任务需要负责人建立 Word 文档，录入文字，截屏、裁剪和制作图形，插入图形、形状和 SmartArt 图形，并对图文进行混排。

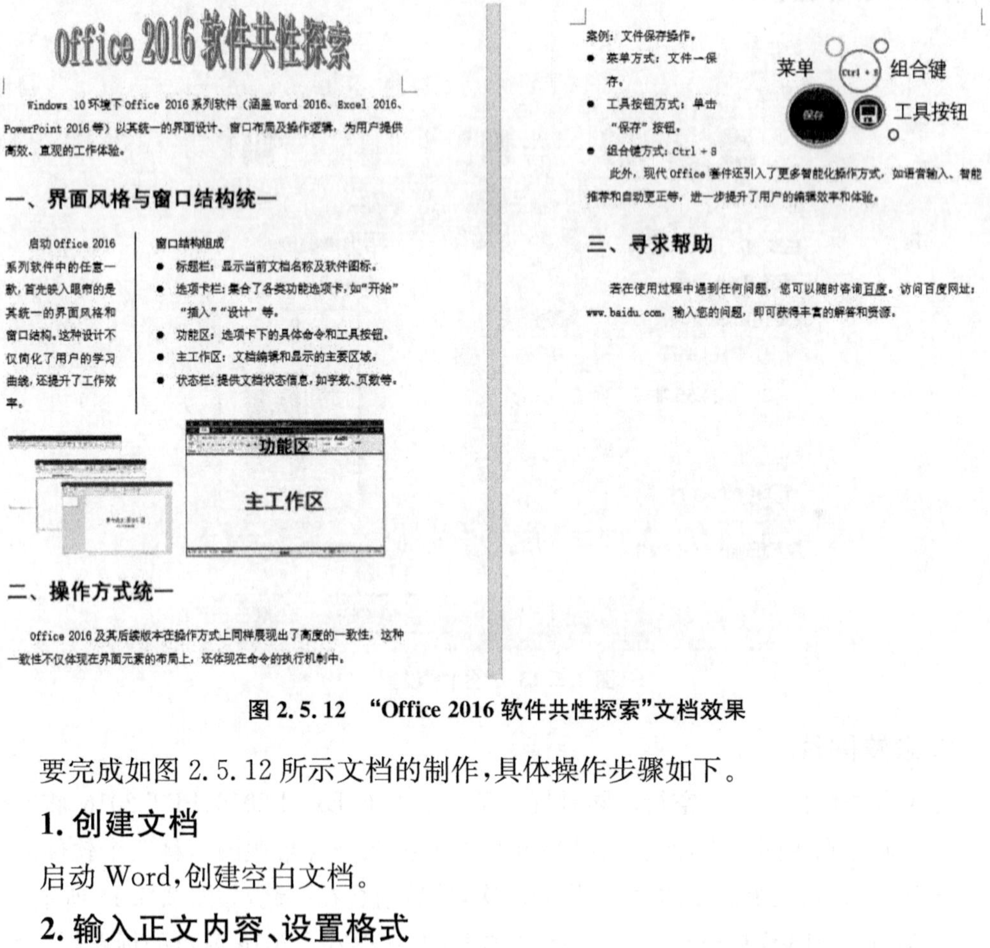

Office 2016 软件共性探索

Windows 10 环境下 Office 2016 系列软件（涵盖 Word 2016、Excel 2016、PowerPoint 2016 等）以其统一的界面设计、窗口布局及操作逻辑，为用户提供高效、直观的工作体验。

一、界面风格与窗口结构统一

启动 Office 2016 系列软件中的任意一款，首先映入眼帘的是其统一的界面风格和窗口结构。这种设计不仅简化了用户的学习曲线，还提升了工作效率。

窗口结构组成

- 标题栏：显示当前文档名称及软件图标。
- 选项卡栏：集合了各类功能选项卡，如“开始”“插入”“设计”等。
- 功能区：选项卡下的具体命令和工具按钮。
- 主工作区：文档编辑和显示的主要区域。
- 状态栏：提供文档状态信息，如字数、页数等。

二、操作方式统一

Office 2016 及其后续版本在操作方式上同样展现出了高度的一致性，这种一致性不仅体现在界面元素的布局上，还体现在命令的执行机制中。

案例：文件保存操作。

- 菜单方式：文件—保存。
- 工具按钮方式：单击“保存”按钮。
- 组合键方式：Ctrl + S

此外，现代 Office 套件还引入了更多智能化操作方式，如语音输入、智能推荐和自动更正等，进一步提升了用户的编辑效率和体验。

三、寻求帮助

若在使用过程中遇到任何问题，您可以随时咨询百度。访问百度网址：www.baidu.com，输入您的问题，即可获得丰富的解答和资源。

图 2.5.12 “Office 2016 软件共性探索”文档效果

要完成如图 2.5.12 所示文档的制作，具体操作步骤如下。

1. 创建文档

启动 Word，创建空白文档。

2. 输入正文内容、设置格式

(1)设置纸张大小为 A4，上边距为 5 厘米。

(2)将文档中以“一、”“二、”等开头的段落设为“标题 1”样式。

(3)将正文段落设置为宋体、小四、首行缩进 2 字符、1.5 倍行距。

(4)为窗口结构部分和文件保存操作方式添加项目符号●。

(5)为正文最后一段的“百度”二字添加超链接“http://www.baidu.com/”。

3. 制作艺术字标题

选择“插入”→“文本”组→“艺术字”按钮→“填充 - 白色，轮廓-着色 2，清晰阴影

-着色 2”样式按钮，输入文字“Office 2016 软件共性探索”，单击“格式”选项卡→“艺术字样式”选项组→“文本效果”按钮，在打开的下拉列表框中选择“转换”→“心形”。字体设置为宋体、一号。

4. 设置分栏

选择第三段“启动 Office 2016……”至第九段“状态栏：……”的文本内容，选择“布局”→“页面设置”选项组→“分栏”→“更多分栏”，在弹出的“分栏”对话框中设置分栏，如图 2.5.13 所示。

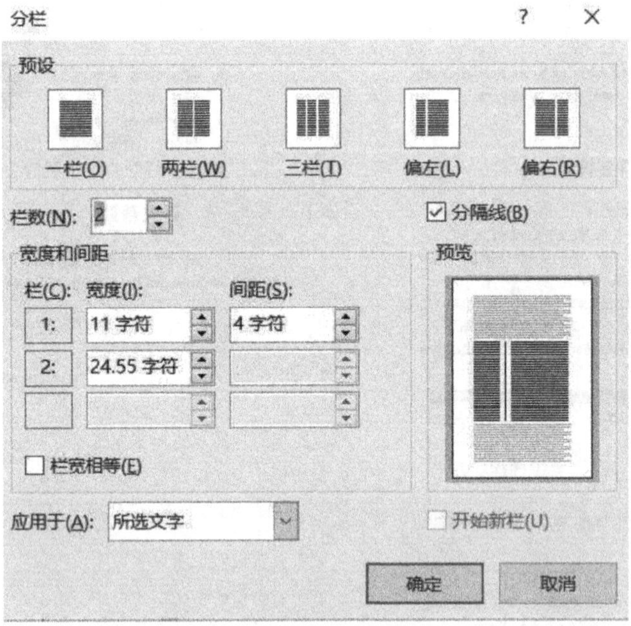

图 2.5.13 “分栏”设置

5. 设置图片

在第九段后插入一个空行。同时打开 Word 2016、Excel 2016、PPT 2016，将三个软件窗口调整到相同大小，而后利用 Word 中的“插入→屏幕截图”，将三个软件的窗口界面截图，调整三个截图的大小、排列层次，然后组合在一起，如图 2.5.14 所示。

对 Word 2016 窗口进行截图，插入文本框，框在 Word 2016 窗口的标题栏，设置文本框的形状轮廓颜色为黄色，在文本框内插入文字“标题栏”，居中对齐，字体格式设置为黑体、加粗，设置文字距离文本框上下左右的距离均为 0 厘米，文字颜色为黄色，文字底纹为黑色，底纹仅应用于文字(而非段落)，调整字体到合适的大小。同样为选项卡栏、功能区、主工作区、状态栏添加提示性的文本框，设置文本框的形状轮廓颜色分别为橙色、蓝色、红色、蓝色，为标题栏和选项卡栏的文本框内的文字添加黑色文字底纹。最终效果如图 2.5.15 所示。

将这两张图片调整到合适大小，将文字环绕方式均设置为“四周型”。

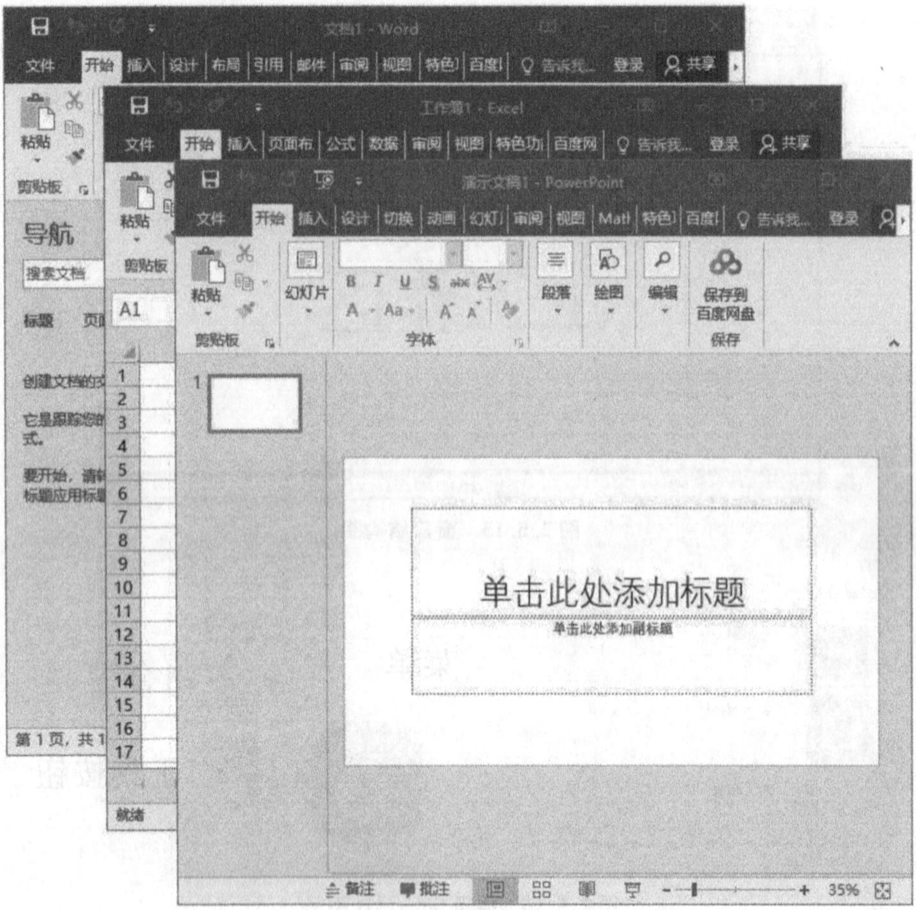

图 2.5.14　界面风格图

6. 插入 SmartArt 图形

在“二、操作方式一致”后插入一个空行，单击“插入”→“插图”组→“SmartArt”按钮，在弹出的“选择 SmartArt 图形”对话框中选择“图片”组→“气泡图片列表”，键入文字内容，插入适当图片，更改颜色为“彩色”→“彩色范围-个性色 4 至 5”→。将此图形的文字环绕方式设置为“四周型”，调整图形至合适大小，并移至“案例：文件保存操作”的右侧，如图 2.5.16 所示。

7. 保存

单击快速访问工具栏中的“保存”按钮，或在“文件”菜单中选择“保存”，或用组合键“Ctrl＋S”，确保文档及时保存。

图 2.5.15 窗口结构图

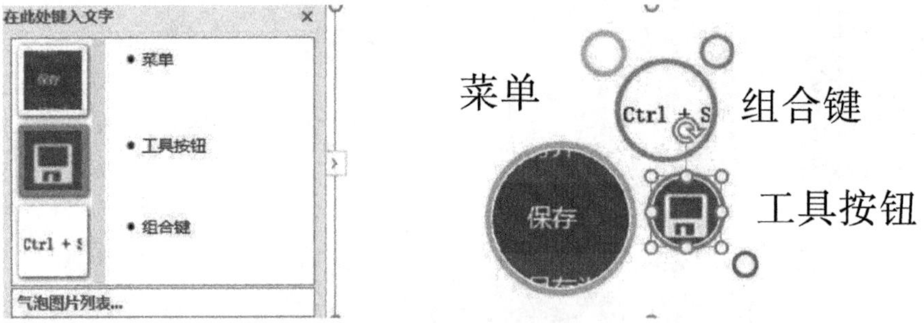

图 2.5.16 编辑 SmartArt 图形

2.5.4 “期末成绩表”文档制作

某学校即将放寒假,三年级班主任王老师要制作本年级两个班的期末成绩表,文档效果如图 2.5.17 所示。

本次任务需要负责人建立 Word 文档,录入文字,插入并编辑表格,包括表格数据的输入、公式计算及数据排序等操作。

要完成此次期末成绩表设计的任务,需要学会 Word 2016 中表格的基本操作。具体操作步骤如下。

1. 创建文档

启动 Word 2016,创建空白文档。

2. 标题设计

输入标题“期末成绩表 2024—2025 学年第一学期”,设置标题格式为楷体、小一、加粗,居中对齐、段前 0.5 行、段后 1 行。因标题偏长,为界面美观,在“2024”前使用快捷键“Shift＋Enter”插入软回车。

输入班级和日期，设置其格式为宋体、四号、分散对齐。

期末成绩表

2024 - 2025 学年 第 二 学期

班级：三年级 1、2 班　　　　日期：2025 年 1 月 20 日

学号	姓名	班级	语文	数学	英语	总分	名次
2201001	赵一鸣	三（1）	88	95	94		
2201002	钱二笙	三（1）	95	99	96		
2201003	孙三才	三（1）	92	95	92		
2201004	李四德	三（1）	87	93	93		
2202001	周五行	三（2）	82	94	90		
2202002	吴六和	三（2）	66	78	75		
2203003	郑七弦	三（2）	96	100	98		
2204004	王八韵	三（2）	93	95	100		
平均分							

图 2.5.17　期末成绩表

3. 表格设计

（1）单击“插入”→“表格”组→“表格”按钮，插入一个 10 行 8 列的表格。

（2）选中表格，单击“表格工具/布局”→“表”组→“属性”按钮 属性，打开“表格属性”对话框，单击“表格”选项卡中的“边框和底纹”按钮，打开“边框和底纹”对话框，设置表格外边框线型为“外粗内细双线、红色、3 磅”，内边框线型为“单实线、蓝色、1 磅”。

（3）选中表格，单击“表格工具/布局”→“单元格大小”选项组，调整表格行高均为 0.8 厘米、列宽均为 1.8 厘米；单击“表格工具/布局”→“对齐方式”组→“水平居中”按钮，设置表格中所有单元格内文字的对齐方式为“水平居中”。

（4）选中第十行中的前三个单元格，单击“表格工具/布局”→“合并”组→“合并单元格”按钮。

（5）输入表格内容。

4. 数据计算

（1）将插入点定位于赵一鸣总分所在单元格，单击“表格工具/布局”→“数据”组

→“公式”按钮 fx ，打开“公式”对话框，如图 2.5.18 所示。在公式栏中输入“=SUM(LEFT)”，单击“确定”按钮。

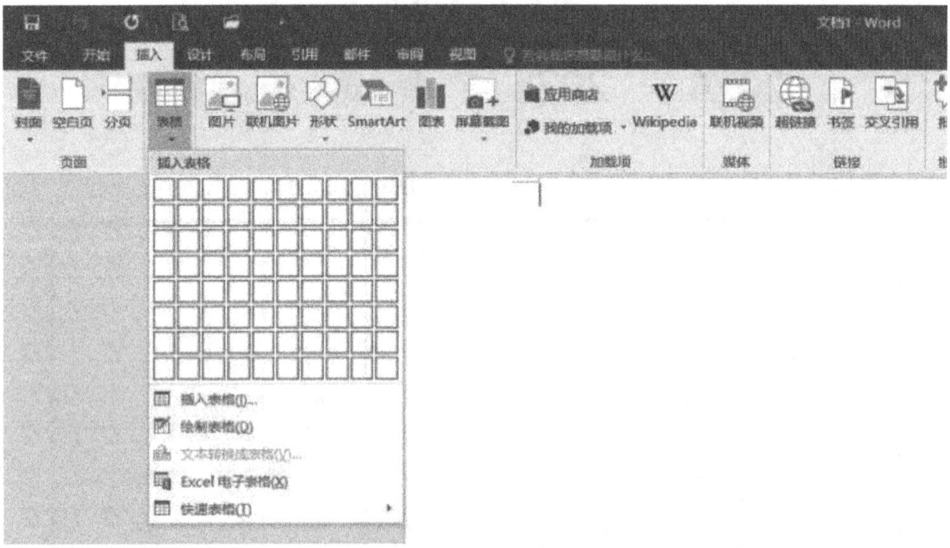

图 2.5.18 “公式”对话框

(2)将插入点定位于李四德总分所在单元格，按“Ctrl+Y”组合键重复上一步求行总分操作；重复操作，计算其余学生的总分。

(3)将插入点定位于语文平均分所在单元格，单击“表格工具/布局”→“数据”组→“公式”按钮 fx ，打开“公式”对话框，清除默认的公式内容，在粘贴函数下拉列表框中选择 AVERAGE 函数，在公式栏中函数参数部分输入 ABOVE，即公式内容为“=AVERAGE(ABOVE)”，单击“确定”按钮。

(4)将插入点定位于数学平均分所在单元格，按“Ctrl+Y”组合键重复上一步求列平均分操作；利用同样方法计算出英语及总分的平均分。

5. 排名次

(1)选中表格前九行数据，单击“表格工具/布局”→“数据”组→“排序”按钮，打开“排序”对话框，如图 2.5.19 所示。

(2)在左下方“列表”框架中选择“有标题行”，在“主要关键字”下拉列表框中选择排序的主依据“总分”，排序方式选择“降序”；在“次要关键字”下拉列表框中选择“数学”，排序方式选择“降序”，单击“确定”按钮。表格内容如图 2.5.20(a)图所示。

(3)在学生名次单元格内依次输入名次。

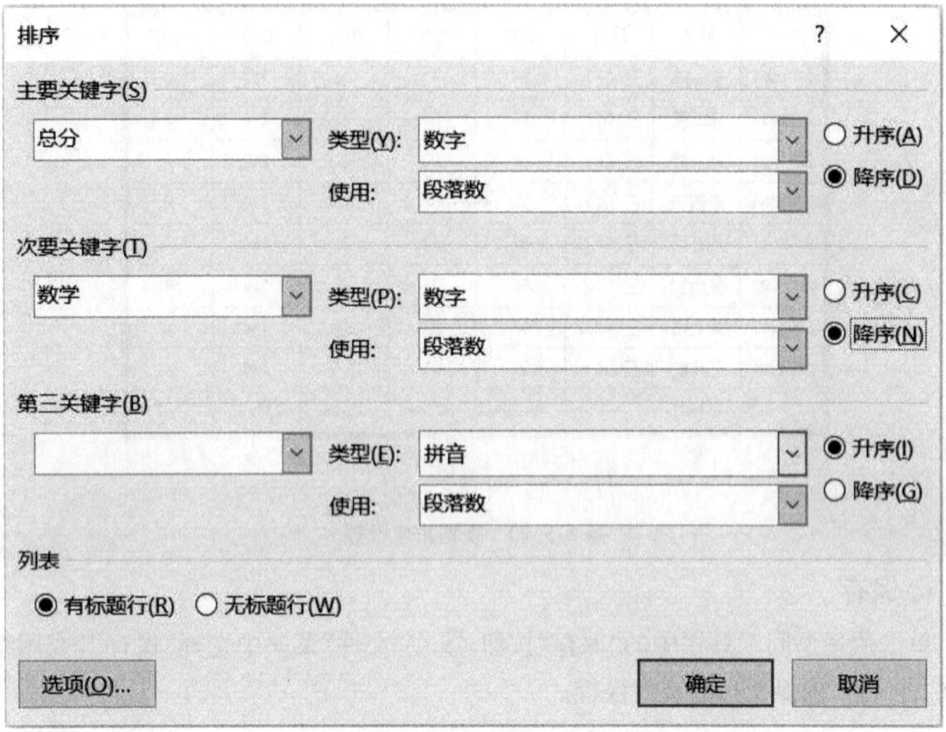

图 2.5.19　“排序”对话框

(4)再次选中前九行数据，按学号升序排序，此时学生按学号升序排列，且有对应的名次，表格内容如图 2.5.20(b)所示。

学号	姓名	班级	语文	数学	英语	总分	名次
2203003	郑七弦	三(2)	96	100	98	294	
2201002	钱二笙	三(1)	95	99	96	290	
2204004	王八韵	三(2)	93	95	100	288	
2201003	孙三才	三(1)	92	95	92	279	
2201001	赵一鸣	三(1)	88	95	94	277	
2201004	李四德	三(1)	87	93	93	273	
2202001	周五行	三(2)	82	94	90	266	
2202002	吴六和	三(2)	66	78	75	219	
平均分			87.38	93.63	92.25	273.25	

(a)降序

学号	姓名	班级	语文	数学	英语	总分	名次
2201001	赵一鸣	三(1)	88	95	94	277	5
2201002	钱二笙	三(1)	95	99	96	290	2
2201003	孙三才	三(1)	92	95	92	279	4
2201004	李四德	三(1)	87	93	93	273	6
2202001	周五行	三(2)	82	94	90	266	7
2202002	吴六和	三(2)	66	78	75	219	8
2203003	郑七弦	三(2)	96	100	98	294	1
2204004	王八韵	三(2)	93	95	100	288	3
平均分			87.38	93.63	92.25	273.25	

(b)升序

图 2.5.20 表格排序设置

6. 保存

单击快速访问工具栏中的"保存"按钮,或在"文件"菜单中选择"保存",或用组合键"Ctrl+S",确保文档的及时保存。

2.5.5 "期末成绩通知书"文档制作

高中即将放寒假,一年级班主任王老师需要根据已制作的期末成绩表,制作期末成绩通知书,文档效果如图 2.5.21 所示。

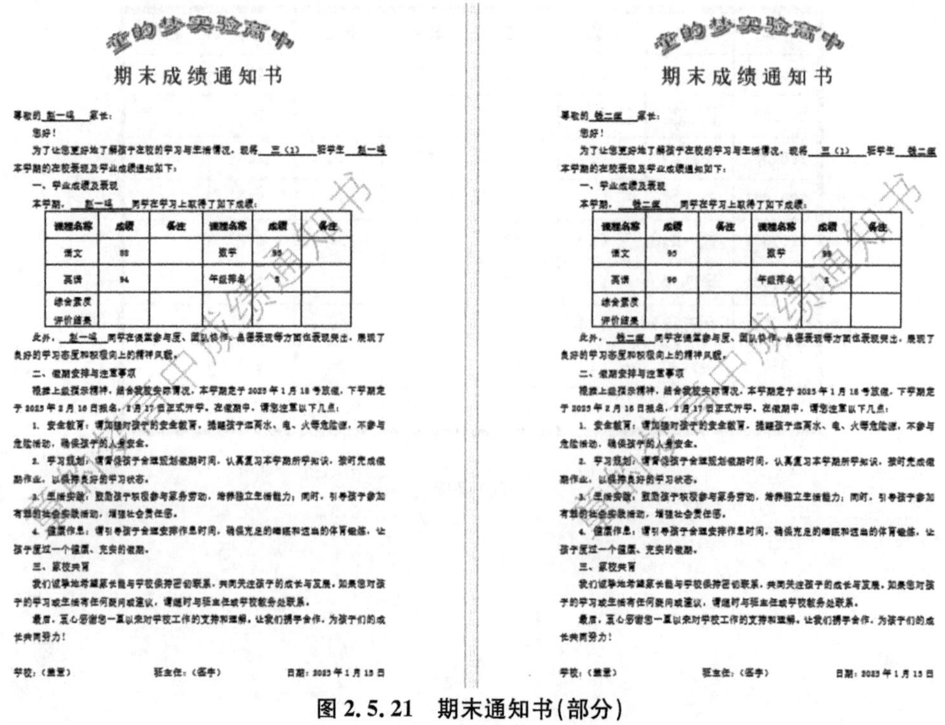

图 2.5.21 期末通知书(部分)

本次任务需要负责人熟悉 Word 中的页面设置、页面水印、艺术字设计、表格设计、邮件合并和打印等功能。

1. 创建并设计主文档

创建一个新文档，设计期末通知书的文档样式，并填好每位学生共同的信息。主文档效果如图 2.5.22 所示。

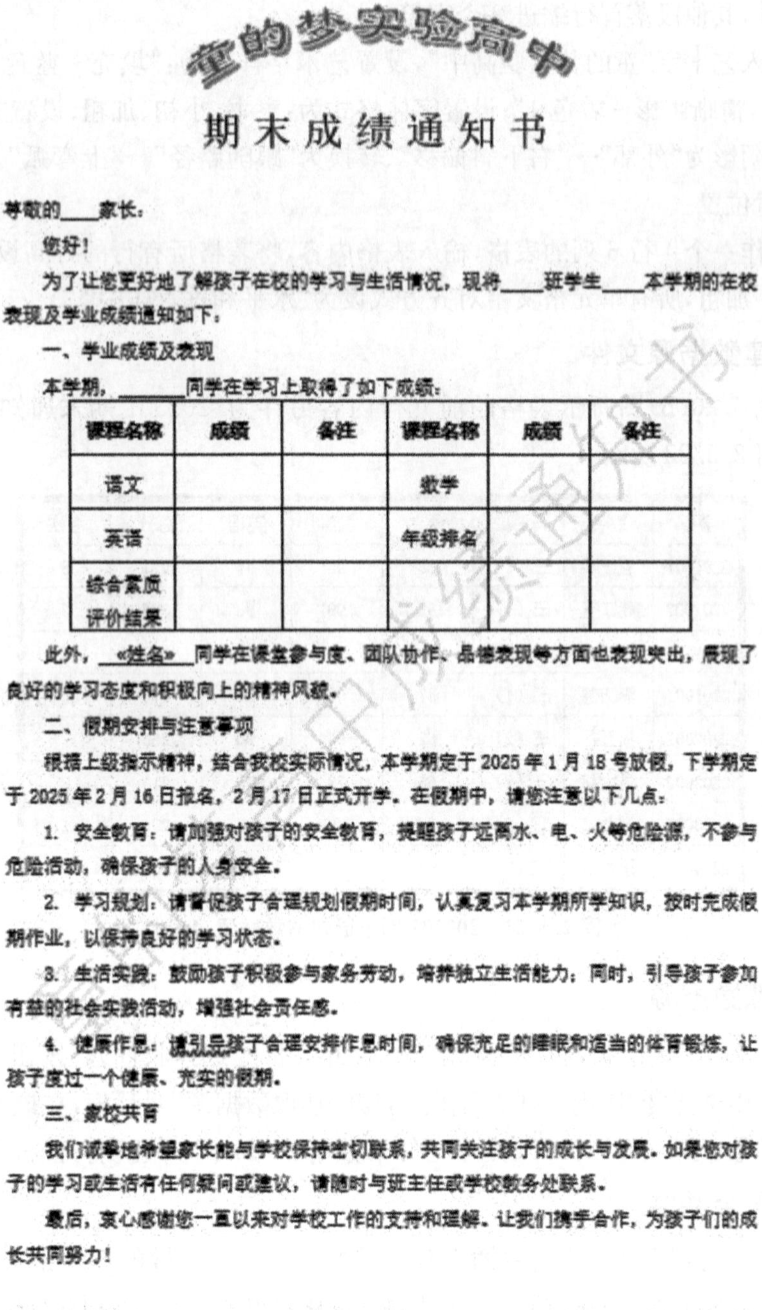

童的梦实验高中

期末成绩通知书

尊敬的____家长：

您好！

为了让您更好地了解孩子在校的学习与生活情况，现将____班学生____本学期的在校表现及学业成绩通知如下：

一、学业成绩及表现

本学期，______同学在学习上取得了如下成绩：

课程名称	成绩	备注	课程名称	成绩	备注
语文			数学		
英语			年级排名		
综合素质评价结果					

此外，«姓名»同学在课堂参与度、团队协作、品德表现等方面也表现突出，展现了良好的学习态度和积极向上的精神风貌。

二、假期安排与注意事项

根据上级指示精神，结合我校实际情况，本学期定于 2025 年 1 月 18 号放假，下学期定于 2025 年 2 月 16 日报名，2 月 17 日正式开学。在假期中，请您注意以下几点：

1. 安全教育：请加强对孩子的安全教育，提醒孩子远离水、电、火等危险源，不参与危险活动，确保孩子的人身安全。

2. 学习规划：请督促孩子合理规划假期时间，认真复习本学期所学知识，按时完成假期作业，以保持良好的学习状态。

3. 生活实践：鼓励孩子积极参与家务劳动，培养独立生活能力；同时，引导孩子参加有益的社会实践活动，增强社会责任感。

4. 健康作息：请引导孩子合理安排作息时间，确保充足的睡眠和适当的体育锻炼，让孩子度过一个健康、充实的假期。

三、家校共育

我们诚挚地希望家长能与学校保持密切联系，共同关注孩子的成长与发展。如果您对孩子的学习或生活有任何疑问或建议，请随时与班主任或学校教务处联系。

最后，衷心感谢您一直以来对学校工作的支持和理解。让我们携手合作，为孩子们的成长共同努力！

学校：（盖章）　　班主任：（签字）　　日期：2025 年 1 月 15 日

图 2.5.22　期末通知书主文档

(1)设置纸张大小为 A4,页边距为“普通”;添加页面文字水印“童的梦高中成绩通知书”。

(2)设置标题“期末成绩通知书”格式为楷体、小二号字、字符间距加宽 3 磅、居中对齐、段前距 1 行、段后距 1 行。

(3)设置正文格式为宋体、五号字,设置所有段落行距为固定值 19 磅,设置正文除第一段外,其他段落首行缩进 2 个字符。

(4)插入艺术字“童的梦实验高中”,设置艺术字样式为:“填充 - 蓝色,着色 1,轮廓 - 背景 1,清晰阴影 - 着色 1”;设置字体格式为:隶书、小初、加粗;设置艺术字样式形状效果:阴影为“外部”→“右下斜偏移”、转换为“跟随路径”→“上弯弧”。放置于标题上方合适位置。

(5)制作一个 4 行 6 列的表格,输入表格内容,将表格所有行的行高设为 1 厘米,第一行文字加粗,所有单元格文字对齐方式设为“水平和垂直居中”。

2. 创建数据源文件

将图 2.5.20(b)图所示表格的前九行内容另存为“202501 期末通知书数据源.docx”,如图 2.5.23 所示。

学号	姓名	班级	语文	数学	英语	总分	名次
2201001	赵一鸣	三(1)	88	95	94	277	5
2201002	钱二笙	三(1)	95	99	96	290	2
2201003	孙三才	三(1)	92	95	92	279	4
2201004	李四德	三(1)	87	93	93	273	6
2202001	周五行	三(2)	82	94	90	266	7
2202002	吴六和	三(2)	66	78	75	219	8
2203003	郑七弦	三(2)	96	100	98	294	1
2204004	王八韵	三(2)	93	95	100	288	3

图 2.5.23 202501 期末通知书数据源.docx

3. 选取数据源

打开主文档,单击“邮件”→“开始邮件合并”组→“选择收件人”按钮,从弹出的下拉列表中选择“使用现有列表”命令,打开“选取数据源”对话框,在该对话框中选择已建立的数据源文件“202501 期末通知书数据源.docx”,单击“打开”按钮。

4. 插入合并域

将光标移动到主文档中需要插入合并域的位置(如:尊敬的____家长),选择“邮件”→“编写和插入域”组→“插入合并域”按钮,从弹出的下拉列表中选择一个合并域项目(如:姓名)。用同样的方法,插入其他合并域(班级、姓名、语文、数学、英语、名次)。

5. 完成合并,保存文件

选择“邮件”→“完成”组→“完成并合并”按钮,从弹出的下拉列表中选择“编辑单个文档”命令,在打开的“合并到新文档”对话框中选择“全部”,单击“确定”按钮。

系统自动新建一个默认名为“信函 1”的文档,此文档共有 8 页,包含为数据源文件中的 8 名学生每人生成的一份期末通知书,保存该文档以备后续使用。

习题 2

一、选择题

1. 打开 Word 文档一般是指(　　)。

A. 把文档的内容从内存中读入并显示出来

B. 为指定文件开设一个新的、空的文档窗口

C. 把文档的内容从磁盘调入内存并显示出来

D. 显示并打印出指定文档的内容

2. 第一次保存 Word 文档时,系统将打开(　　)对话框。

A. 保存　　B. 另存为　　C. 新建　　D. 关闭

3. 直接启动 Word 时,系统自动建立新文档窗口,此时标题栏显示的文档名为(　　)。

A. 你的计算机名称　　B. “BOOK1”

C. “新文档 1”　　D. “文档 1”

4. 在 Word 文档的编辑中,若把当前文档进行“另存为”操作,在输入新文件名并确定之后,(　　)。

A. 原文档被当前文档覆盖　　B. 当前文档与原文档互不影响

C. 当前文档与原文档互相影响　　D. 当前文档被原文档覆盖

5. 在 Word 中,当前已打开一个文件,若想打开另一个文件,则(　　)。

A. 首先关闭原来的文件,才能打开新文件

B. 打开新文件时,系统会自动关闭原文件

C. 可直接打开另一文件,不必关闭原文件

D. 新文件的内容将会加入原来打开的文件中

6. 当一个 Word 文档窗口被关闭时,该文档将(　　)。

A. 保存在外存中　　B. 保存在内存中

C. 保存在剪贴板中　　D. 既保存在外存中,也保存在内存中

7. 在 Word 中，下列叙述中错误的是（　　）。

A. 进行打印预览时必须开启打印机

B. 使用“文件”菜单中的“打开”命令可以打开一个已存在的.DOC 文件

C. Word 可将正在编辑的文档另存为一个纯文本文件

D. Word 允许同时打开多个文档

8. 在 Word 文档中，每一个段落都有一个段落标记，段落标记的位置在（　　）。

A. 段首　　B. 段尾　　C. 段中　　D. 每行末尾

9. 在 Word 中，要实现插入状态和改写状态的切换，可以使用鼠标（　　）状态栏上的“改写”或“插入”。

A. 单击　　B. 双击　　C. 右击　　D. 拖动

10. 在 Word 中如果要用某段文字的字符格式去设置另一段文字的字符格式，而不是复制其文字内容，可使用工具栏中的（　　）按钮。

A. 格式选定　　B. 格式刷　　C. 格式工具框　　D. 复制

11. 在 Word 中，若要将“格式刷”重复应用多次，应该（　　）。

A. 单击“格式刷”按钮　　B. 双击“格式刷”按钮

C. 右击“格式刷”按钮　　D. 拖动“格式刷”按钮

12. 在 Word 的文档编辑操作中，组合键 Ctrl+C 可以实现（　　）。

A. 复制　　B. 剪切　　C. 删除　　D. 粘贴

13. 在 Word 中，要撤消最近的一个操作，除了使用快速访问工具栏命令之外，还可以使用快捷键（　　）。

A. Ctrl+C　　B. Ctrl+Z　　C. Shift+X　　D. Ctrl+X

14. 在编辑 Word 文档时，如果输入的新字符总是覆盖文档中插入点处的字符，则原因是（　　）。

A. 当前文档正处于改写的编辑方式　B. 当前文档正处于插入的编辑方式

C. 文档中没有字符被选择　　D. 文档中有相同的字符

15. 在 Word 编辑的内容中，如果文字下面出现红色波浪下划线，则表示（　　）。

A. 已修改过的文档　　B. 对输入的确认

C. 可能的拼写错误　　D. 可能的语法错误

16. 在 Word 中，一个文档有 500 页，定位于 326 页的最快方法是（　　）。

A. 用垂直滚动条快速移动文档定位于第 326 页

B. 用向下或向上箭头定位于第 326 页

C. 用 PgDn 或 PgUp 定位于第 326 页

D. 用定位命令定位于 326 页

17. 在 Word 长文档(300 页左右)排版过程中,使用(　　)方法可快速完成为所有正文内容设置相同的格式。

A. 格式刷　　B. 复制　　C. 选定　　D. 样式

18. 在 Word 中,以下叙述中错误的是(　　)。

A. 可以按顺序审阅每一项修订　　B. 不可以锁定修订

C. 可以接受所有修改并停止修订　　D. 可以接受所有的修订

19. 在 Word 中,下列关于查找与替换功能的叙述,正确的是(　　)。

A. 不可以指定查找文字的格式,但可以指定替换文字的格式

B. 不可以指定查找文字的格式,也不可以指定替换文字的格式

C. 可以指定查找文字的格式,但不可以指定替换文字的格式

D. 可以指定查找文字的格式,也可以指定替换文字的格式

20. 在 Word 文档中,(　　)。

A. 只能粘贴文字　　B. 只能粘贴图形

C. 只能粘贴表格　　D. 文字、图形、表格都可以粘贴

21. 使用 Word 中的"矩形"或"椭圆"绘图工具按钮绘制正方形或圆形时,应在拖曳鼠标的同时按(　　)键。

A. Tab　　B. Alt　　C. Shift　　D. Ctrl

22. 在 Word 表格编辑中,不能进行的操作是(　　)。

A. 删除单元格　　B. 旋转单元格　　C. 插入单元格　　D. 合并单元格

23. 在 Word 表格中,表示第五列的是(　　)。

A. 5:5　　B. E5　　C. E:E　　D. F5

24. 下列关于 Word 文本与表格转换的叙述,正确的是(　　)。

A. 可以相互转换　　B. 不能进行相互转换

C. 只能将文本转换成表格　　D. 只能将表格转换成文本

25. 关于 Word 的分栏,下列说法正确的是(　　)。

A. 最多可以分为两栏　　B. 不能对部分段落分栏

C. 各栏的宽度可以不同　　D. 各栏之间的间距是固定的

26. 在 Word 中,尾注出现在整篇文档的结尾处,常用于(　　)。

A. 表明修改的地方　　B. 标记一些文本内容信息

C. 对某段文字进行说明　　D. 说明引用文献的出处等信息

27. 在 Word 中,批注是文档的审阅者在不更改正文的基础上,为文档添加的(　　)。

A. 审阅者的签名　　B. 注释和建议信息

C. 文本出处　　D. 错误

28. 在使用 Word 编辑文档时,所见即所得的视图是(　　)。

A. 草稿视图　　B. 页面视图　　C. 大纲视图　　D. Web 视图

29. 以下不属于 Word 视图方式的是(　　)。

A. 页面　　B. Web 版式　　C. 联合　　D. 大纲

30. 打印页码“6,10,24—28”表示打印的是(　　)。

A. 第 6 至 10 页、第 24 至 28 页　　B. 第 6 至 10 页、第 24 页、第 28 页

C. 第 6 页、第 10 页、第 24 至 28 页　　D. 第 6 页、第 10 页、第 24 页、第 28 页

二、操作题

1.【背景与要求描述】。

随着数字时代的到来,紫金山大学计划于 2024 年 10 月 16 日举办一场主题为“人工智能在教学中的应用探索”的智慧教学沙龙。教学沙龙由计算机科学学院主办,时间定于下午 2:30,地点设在紫金山校区智慧楼 402 室。

请根据背景描述,在“紫金山大学第 25 期教学沙龙海报.docx”文件上制作一份宣传海报,具体要求如下。

(1)调整文档版面,在“报告时间安排:”前插入分节符,设置第一节的纸张大小为“大 32K”,页边距左、右均为 2 厘米;第二节的纸张大小为“A4”,纸张方向为“横向”,页边距为上 2.5 厘米、下 1.5 厘米,左 3 厘米、右 3 厘米。整篇文档页面背景填充为“海报背景.png”。

(2)将第一段“第 25 期教学沙龙海报”设置为隶书、二号、红色、居中对齐,段前 2 行,段后 1 行;将最后一段“张科盛,计算机科学学院……”设置为宋体、小四,设置文字底纹为“蓝色,个性色 1,淡色 80%”;将其他段落设置为宋体、小四,段前 1 行,段后 1 行。

(3)在第二页“报告时间安排:”段落下,插入本次活动的时间安排 Excel 表“活动时间安排.xlsx”中的内容,如若 Excel 文件中的内容发生变化,则 Word 文档中的日程安排信息随之发生变化。

(4)在第二页“报告摘要:”段落下,利用 SmartArt 中的“基本流程”图形,制作本次报告的主题摘要(内容为:人工智能简介、人工智能在教学中的应用探索、实践案例分享、教学效果与影响、未来展望与挑战);更改颜色为“彩色-个性色”,尺寸为高 3 厘米、宽 25 厘米。

(5)在第二页“主讲简介:”右侧插入人物图片“pic1.png”,设置图片高度为 3 厘米,文字环绕为“嵌入型”。

(6)保存“紫金山大学第 25 期教学沙龙海报.docx”文件。

2.【背景与要求描述】。

文档“国家信息化发展报告(2023 年)【第三篇】”是一篇从互联网上获取的文字资料,请打开该文档并按下列要求进行排版及保存。

(1)将纸张大小设为“A3”,横向,上边距设为 2.5 厘米、下边距设为 2 厘米,左右页边距均设为 2.5 厘米。

(2)利用素材的前三行内容为文档制作一个“怀旧”封面页的标题、副标题与作者,令其独占一页(参考样例文件“封面样例.docx”),将封面中这三部分内容设置为右对齐,标题字体大小设置为小初,然后删除正文中前三行内容。

(3)为正文段“为深入贯彻落实……”中用红色标示的文字“中华人民共和国国家互联网信息办公室”添加超链接,链接地址为“https://www.cac.gov.cn/index.htm”。

(4)将文档中以“【第一章】”“【第二章】”……开头的段落设为“标题 1”样式;以“一、”“二、”……开头的段落设为“标题 2”样式;以“(一)”“(二)”……开头的段落设为“标题 3”样式。

(5)将除封面页外的所有内容分为两栏显示,栏宽相等,加分隔线。

(6)将文章结尾用蓝色标示的段落部分转换为 3 列 6 行的表格。基于该表格第 1 列和第 3 列数据,在表格下方插入一个折线图,用于反映各年份终端用户增速,要求在折线图中显示“增速(%)”图表标题。

(7)将完成排版的文档先以原 Word 格式,即文件名“国家信息化发展报告(2023 年).docx”进行保存,再在同一文件夹内生成一份同名的 PDF 文档进行保存。

三、拓展训练

1. 制作如图 1 所示的《寻物启事》。

格式要求如下。

寻物启事

2024 年 10 月 11 日（周五）下午，我于校园篮球场不慎遗落一个蓝色背包，背包里面有**三本计算机专业书籍**，分别是《Python 编程实战指南》、《数据结构与算法分析》以及《人工智能简史与未来展望》，书上有我的学习笔记。此外，还有**一个白色充电宝**。如有拾到者，请务必与我联系。我将对您表示最诚挚的感谢，并愿意提供一份心意酬谢，以表达我的感激之情。

信息工程学院　李军

电话：13900000000

2024 年 10 月 12 日

图 1　寻物启事

(1)标题:黑体、三号、加粗、居中对齐,标题下加一个空行。

(2)正文:仿宋、四号、首行缩进两个字符,将正文中部分内容设置为加粗。

(3)落款、电话和时间:仿宋、四号、右对齐。

2.制作如图2所示的华宇门窗业务介绍文档。

格式要求如下。

华宇门窗

专业门窗服务,打造美好家居。

业务范围:

门窗订制: 提供个性化设计,满足您的独特需求。

移门订做: 滑动顺畅,节省空间,提升家居品味。

封阳台: 专业施工,确保安全、美观、实用。

阳光房: 享受自然阳光,打造舒适休闲空间。

淋浴房: 私密性强,品质保证,享受沐浴时光。

不锈钢栏杆: 坚固耐用,安全防护,提升建筑美感。

专业维修各种门窗: 快速响应,技术精湛,解决您的后顾之忧。

电话: 13600000000、15212121212

地址: XX市XX区XX路XX号

图2 华宇门窗业务介绍

(1)标题:微软雅黑、初号、加粗;段后间距一行。

(2)正文:宋体、四号;部分文字加粗。正文第3段至第9段:首行缩进2个字符。

(3)电话和地址:宋体、四号、右对齐。

3.使用图3所示文字制作一个如图4所示的招聘公告文档。

格式要求:

(1)页面设置。

①纸张大小:A4;

②页边距:上2.5厘米、下2.5厘米、左3厘米、右3厘米;

③版式→页面→垂直对齐方式:顶端对齐;

④页眉页脚:页眉文字为“智汇未来科技有限公司招聘公告”,字体为“宋体”,字号为“五号”,居中对齐;页脚为页码,居中对齐;

⑤页面背景:页面颜色设为“蓝色,个性色1,淡色80%”。

(2)段落排版与正文文字排版。

①修改样式中的标题样式为黑体、二号字、加粗、居中对齐、段前段后均为1行;

修改样式中标题 1 的样式为宋体、三号字、加粗、段前段后均为 0.5 行；修改正文样式为宋体、小四号、1.5 倍行距、首行缩进 2 字符；

智汇未来科技有限公司招聘公告
单位简介
智汇未来科技有限公司，成立于 2020 年，是一家致力于人工智能、大数据、云计算等前沿技术研发与应用的高新技术企业。公司拥有一支由行业专家和资深工程师组成的研发团队，专注于为客户提供智能化的解决方案和优质的服务。我们秉承"创新、协作、共赢"的企业理念，致力于成为行业内的佼佼者。现因业务扩展需要，诚邀各界英才加入我们的团队，共同开创美好未来。
招聘职位
人工智能工程师：招聘人数 5 人
负责人工智能算法的研发与应用；
参与项目需求分析、系统设计、编码实现及测试工作；
跟踪和研究人工智能领域的前沿技术。
大数据分析师：招聘人数 3 人
负责大数据平台的搭建与维护；
对海量数据进行挖掘、分析，提供数据支持；
优化数据分析流程，提高数据处理效率。
云计算工程师：招聘人数 4 人
负责云计算平台的架构设计、部署与运维；
提供云计算技术支持，解决客户技术问题；
参与云计算产品的研发与改进。
招聘程序
简历投递：请将个人简历（含个人照片、教育背景、工作经历、技能证书等）发送至 hr@zhwl.com，邮件主题请注明"应聘职位+姓名"。
简历筛选：我们将对收到的简历进行初步筛选，并在一周内通知符合条件的候选人参加下一步流程。
面试安排：面试包括初试和复试，初试为线上或线下笔试，复试为面试。具体面试时间、地点及方式将另行通知。
录用通知：面试通过后，我们将向候选人发放录用通知书，并协商入职事宜。
联系方式
电话：010-12345678
邮箱：hr@zhwl.com
公司地址：XX 市 XX 区 XX 未来科技大厦 10 楼

智汇未来科技公司人事部
2024 年 5 月 22 日

图 3 招聘公告文字

②"智汇未来科技有限公司招聘公告"应用"标题"样式；

③"单位简介""招聘职位""招聘程序""联系方式"应用"标题 1"样式；

④其余正文部分应用"正文"样式；

⑤每个招聘的职位名称加粗显示，招聘职位的职责部分应用"正文"样式后，使用项目符号●；

⑥四个招聘程序步骤名称加粗显示后，添加编号列表 1.……

⑦最后两段右对齐。

4. 制作如图 5 所示的数学试卷。

格式要求：

(1)标题设置为黑体、小二、加粗、居中。

(2)正文四号字;第一段加粗。

说明:选择题中各小题的 ABCD 选项通过“Tab”键设置垂直对齐效果。

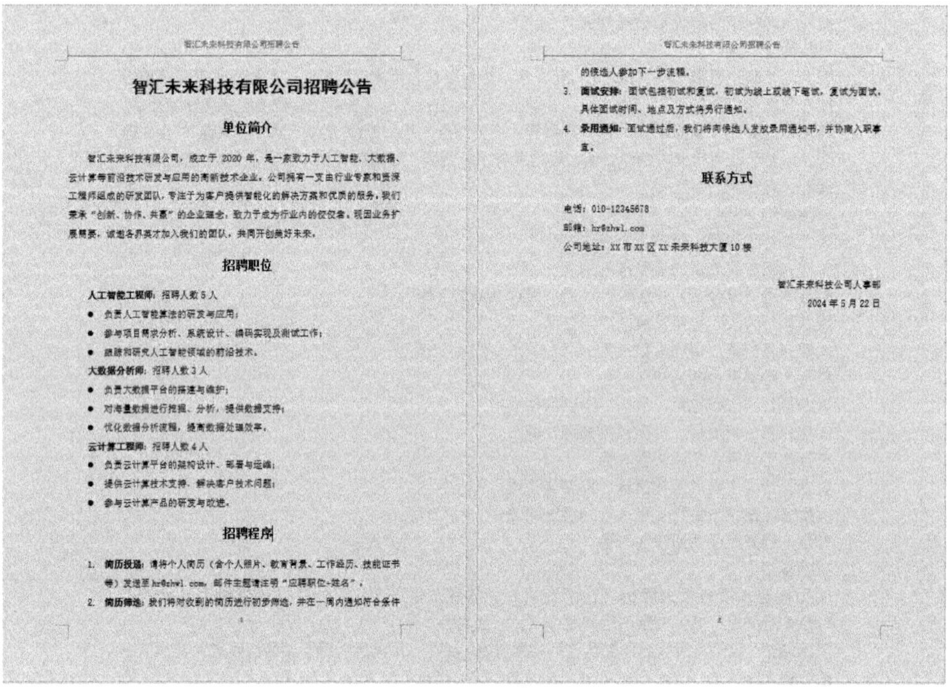

智汇未来科技有限公司招聘公告

智汇未来科技有限公司招聘公告

单位简介

智汇未来科技有限公司，成立于 2020 年，是一家致力于人工智能、大数据、云计算等前沿技术研发与应用的高新技术企业。公司拥有一支由行业专家和资深工程师组成的研发团队，专注于为客户提供智能化的解决方案和优质的服务。我们秉承“创新、协作、共赢”的企业理念，致力于成为行业内的佼佼者。现因业务扩展需要，诚邀各界英才加入我们的团队，共同开创美好未来。

招聘职位

人工智能工程师：招聘人数 5 人

- 负责人工智能算法的研发与应用；
- 参与项目需求分析、系统设计、编码实现及测试工作；
- 跟踪和研究人工智能领域的前沿技术。

大数据分析师：招聘人数 3 人

- 负责大数据平台的搭建与维护；
- 对海量数据进行挖掘、分析，提供数据支持；
- 优化数据分析流程，提高数据处理效率。

云计算工程师：招聘人数 4 人

- 负责云计算平台的架构设计、部署与运维；
- 提供云计算技术支持，解决客户技术问题；
- 参与云计算产品的研发与改进。

招聘程序

1. **简历投递**：请将个人简历（含个人照片、教育背景、工作经历、技能证书等）发送至 hr@zhwl.com，邮件主题请注明“应聘职位+姓名”。
2. **简历筛选**：我们将对收到的简历进行初步筛选，并在一周内通知符合条件

1

智汇未来科技有限公司招聘公告

的候选人参加下一步流程。

3. **面试安排**：面试包括初试和复试，初试为线上或线下笔试，复试为面试，具体面试时间、地点及方式将另行通知。
4. **录用通知**：面试通过后，我们将向候选人发放录用通知书，并协商入职事宜。

联系方式

电话：010-12345678

邮箱：hr@zhwl.com

公司地址：XX 市 XX 区 XX 未来科技大厦 10 楼

智汇未来科技公司人事部

2024 年 5 月 22 日

2

图 4 招聘公告排版效果

高等数学试卷

一、 选择题（每小题 2 分，共 10 分）

1．若函数$f(x)=\frac{|x|}{x}$，则$\lim_{x\to 0}f(x)$ =（　　）

A．0　　B．−1　　C．1　　D．不存在

2．下列变量中，是无穷小量的为（　　）

A．$\ln\frac{1}{x}(x\to 0^+)$　　B．$\ln x(x\to 1)$

C．$\cos(x\to 0)$　　D．$\frac{x-2}{x^2-4}(x\to 2)$

3．下列选项中无穷积分收敛的是（　　）

A．$\int_0^{+\infty}\sin x\,dx$　　B．$\int_0^{+\infty}e^{-2x}dx$

C．$\int_0^{+\infty}\frac{1}{x}dx$　　D．$\int_0^{+\infty}\frac{1}{\sqrt{x}}dx$

图 5 数学试卷

5. 中华蒙学。

为 2.5.2 小节古诗排版中的古诗添加合适的配图。

6. 制作如图 6 所示的个人简历。

格式要求：

(1)标题格式：隶书、一号字、居中对齐，段前 0.5 行、段后 0.5 行。

(2)表格为 25 行 5 列，照图设置内外边框，合并单元格，给第 1、6、8、10、13、16、18、20、22 行设置底纹，并输入表格内容。

个人简历

基本资料				
姓 名		性 别		
年 龄		身 高		
籍 贯				
毕业学校				
个人信条				
计算机技能				
技 能				
个人经历				
学习经历				
奖励情况				
实践与实习				
社团活动				
经 历				
个人爱好				
爱 好				
个人简介				
联系方式				
移动电话		QQ		
紧急联系电话		E-mail		
家庭地址				

图 6 个人简历

7. 图片环绕方式设置。

制作如图 7 所示的图、文、表混排文档，展示各种图片环绕方式的区别。

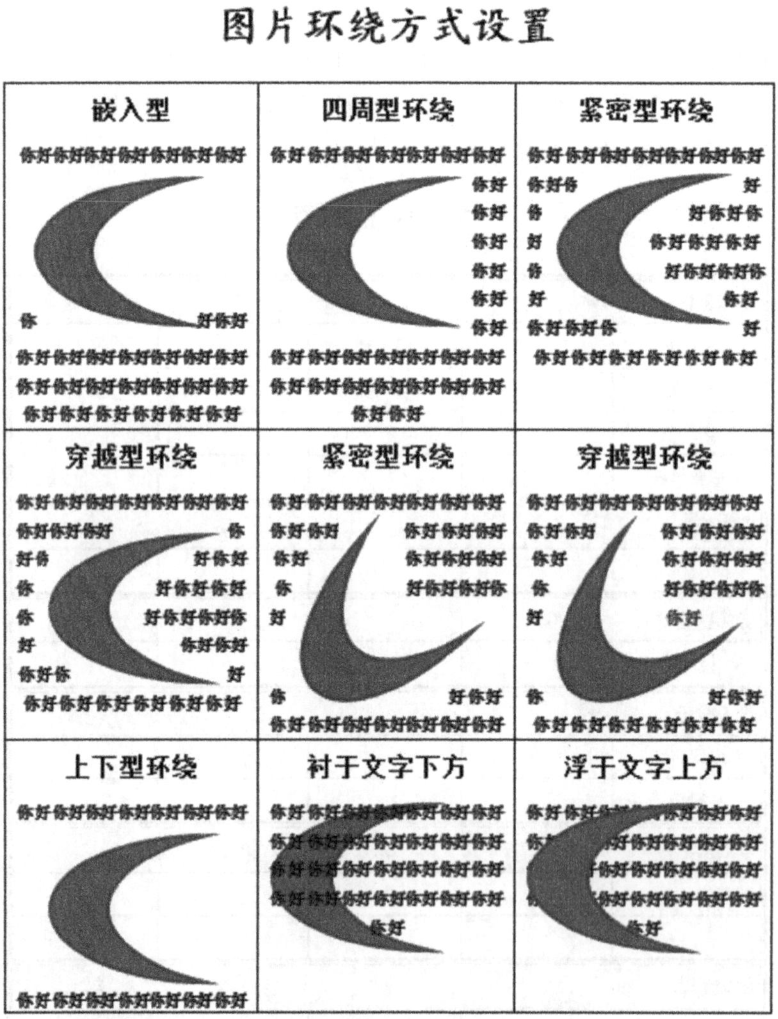

图7 图片环绕方式介绍

8. 设计新生录取通知书。

请观察本校新生录取通知书，设计并批量生成2024年XX学校录取通知书。

9. 设计学生准考证。

仔细观察本校学生准考证，分析其格式，尝试自己设计准考证样式，并根据学生信息表批量生成准考证。

10. 设计活动海报及邀请函。

为学校社团活动设计一张电子海报、一张电子邀请函，并批量生成各院系负责人的邀请函。

11. 制作毕业论文。

在本校教务处网站下载本校毕业论文模板，尝试制作简单的毕业论文。

12. 设计名片。

上网下载一张你喜欢的名片，搜索某公司职员信息表，进行名片设计，以此为模板批量生成此公司每一位职员的名片。

第3章 Excel 2016 高级应用

【课程目标】

理解: Excel 电子表格的概念。

掌握: 单元格格式化操作,数据格式的设置,Excel 内置函数和公式的使用,工作簿和工作表的保护、共享及修订,数据透视表和数据透视图,外部数据导入与导出,多个工作表的联动操作,获取外部数据并分析处理的方法等。

应用: 能够运用 Excel 进行数据分析和处理。

【课程思政】

在课堂教学设计中,通过精选案例,结合 Excel 多工作簿(表)协同操作与强大的数据分析能力,培养学生的团队精神与数据挖掘的科学思维能力,提高学生认识问题、分析问题、探索未知和解决问题的能力,实现科学决策和科学发展。

Excel 2016 是 Microsoft 公司开发的 Office 2016 办公组件之一,主要用于数据处理工作。Excel 2016 提供了强大的数据分析和可视化功能,内置丰富的公式和函数,使处理数据更高效、更灵活,因此被广泛应用于社会工作的各个领域。

3.1　Excel 2016 基础

3.1.1　Excel 2016 界面

Excel 2016 的界面如图 3.1.1 所示。

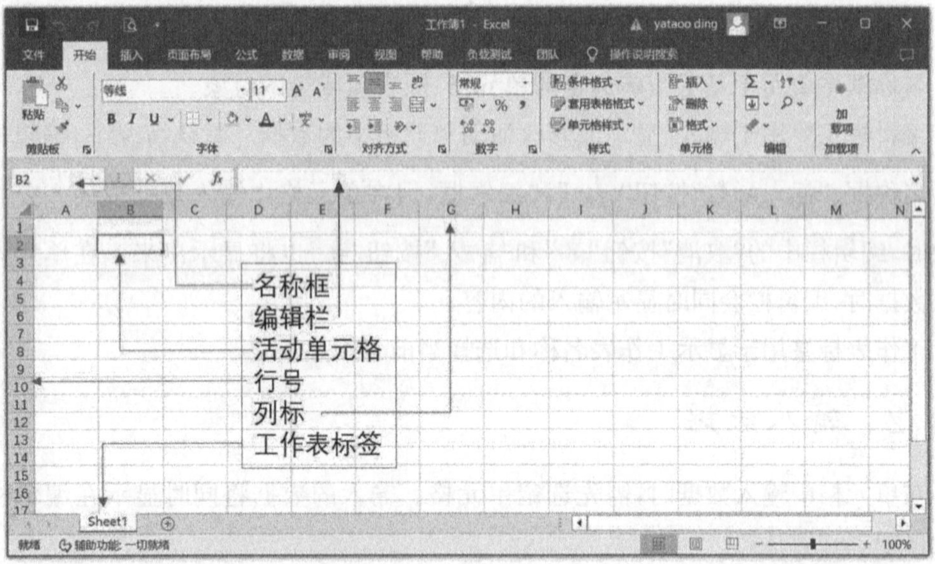

图 3.1.1　Excel 2016 界面

1. 工作簿

工作簿是用于存储数据的文件，其扩展名为.xlsx。启动 Excel 后，系统会自动新建空白工作簿，并依次命名为“工作薄 1”“工作薄 2”等。Excel 内置了许多模板，如业务、个人、列表、预算、图表、日历等。用户可以通过这些模板创建各种具有专业表格样式的工作簿。

2. 工作表

工作簿由一个或多个工作表组成，每个工作表均为独立的二维表格。工作表默认名称为 Sheet1、Sheet2 等，系统预置一个工作表，在多张工作表的情况下，只有一个是活动工作表。用户可以通过 Shift 键或 Ctrl 键选择连续或不连续的多个工作表。

3. 单元格、活动单元格、行号、列标与单元格区域

单元格是工作表中由横、竖网络线交叉形成的小方格，它是 Excel 中进行数据输入和处理的基本单位。被绿色边框包围的单元格称为活动单元格。单元格区域是指由绿色边框包围的连续多个单元格形成的矩形区域。

Excel 2016 的工作表有 1048576 行、16384 列，左侧行号为 1 至 1048576，上部列标为 A 至 XFD，其单元格数目为 1048576×16384 个。单元格以其所在的地址来标识，并显示在名称框中，如 A3 表示位于第 A 列第 3 行的单元格。每个单元格可以输入 32767 个字符，最多换行数为 253，用户只能对活动单元格进行操作。此外，可通过“文件/选项/公式”设置为“R1C1”引用样式（R 表示行 Row，C 表示列 Column），将行、列标签全部转换为数字格式，例如将“A3”引用样式改成“R3C1”。

4. 名称框、编辑栏、工作表标签

名称框主要用于显示当前选定的单元格、图表项或绘图对象。

编辑栏主要用于输入、显示或修改活动单元格中的数据。默认情况下，编辑栏中包括名称框、“插入函数”按钮“fx”和编辑框，但在单元格中输入数据或插入公式与函数时，编辑栏中的“取消”按钮“×”和“输入”按钮“✓”也将显示出来。在单元格中输入数据时，编辑栏会同时显示输入的内容。

工作表标签用于显示工作表名称和选择当前工作表。

3.1.2 输入数据

在单元格中输入数据时，需先选定单元格。输入的数据将同时显示在编辑栏和单元格中。

1. 常用选定操作

单元格的选择是单元格的基本操作，包括单个单元格的选择、多个单元格的选择、整行或整列的选择等。单元格或单元格区域被选定后，在右下角会出现一个矩形方块，称为“填充柄”，用于数据的填充和复制操作。

工作表中常用的选定操作方法如表 3.1.1 所示。

表 3.1.1 常用选定操作

选择范围	操作方法	效果
单个单元格	单击目标单元格	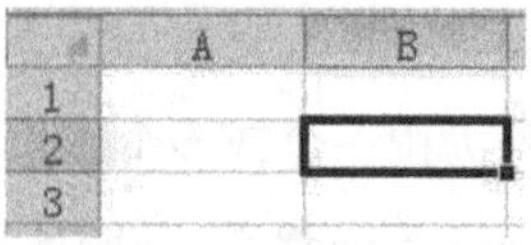 B2 被选中
多个连续的单元格	拖曳鼠标从选择区域的左上角至右下角；或先选定选择区域左上角单元格，然后按住 Shift 键，再单击选择区域右下角单元格	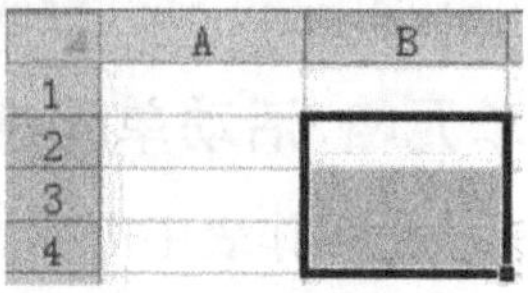 B2，B3，B4 被选中

续表

选择范围	操作方法	效　果
多个不连续的单元格	按住 Ctrl 键，同时单击单个单元格或拖曳选择多个单元格	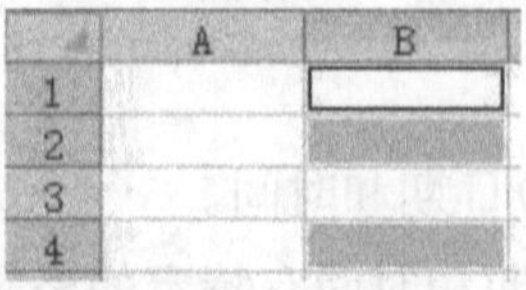 B1，B2，B4 被选中
整行或整列	单击相应的行号或列标	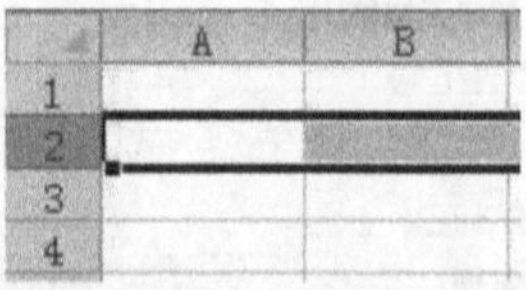 第 2 行被选中
相邻行或列	鼠标拖曳行号或列标，或先选择起始行或列，随后按住 Shift 键，再选择结束行或列	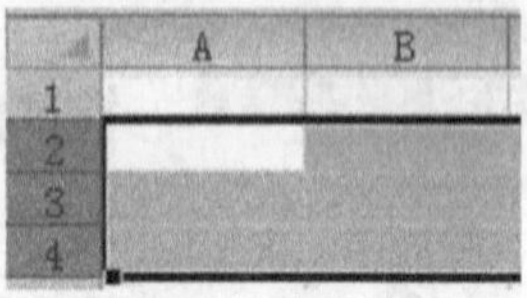 第 2、3、4 行被选中
不相邻行或列	选择一行或一列后，按住 Ctrl 键再选择其他行或列	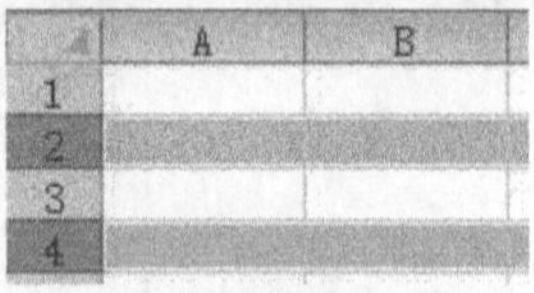 第 2、4 行被选中
整个表格	单击工作表左上角行列交叉处的按钮，或使用快捷键“Ctrl＋A”	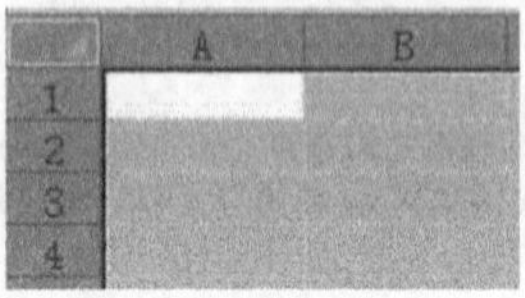 整个表格被选中

2. 数据类型

在 Excel 单元格中，用户可以输入数值、文本、日期和时间等多种类型的数据，默认情况下，文本型数据左对齐，数值、日期、时间、货币型等数据为右对齐。

(1)数值型。

数值型数据由数字 0～9、正负号(＋、－)、小数点、分数号“/”、百分号“%”、指数符号“E”或“e”和千位分隔符(,)等组成，精确到 15 位。

数值型数据一般情况下可以直接输入，对于分数(如 2/3)的输入，应先输入“0”和空格，再输入分数。例如，“0　2/3”，否则系统会自动处理为日期类型，相当于“2 月 3 日”。

(2)文本型。

文本型数据是由汉字、英文字母或数字组成的字符串。对于全部由数字组成的字符串，为避免被视为数值型数据，在输入前应添加英文单引号(')。例如，输入身份证号 210103197003031234,如果直接输入则显示“2.10103E+17”,若输入时前面加上英文单引号,则显示 

,此时单元格左上角自动加了绿色三角形。

(3)日期和时间。

日期和时间有特定的格式,如图 3.1.2 所示。

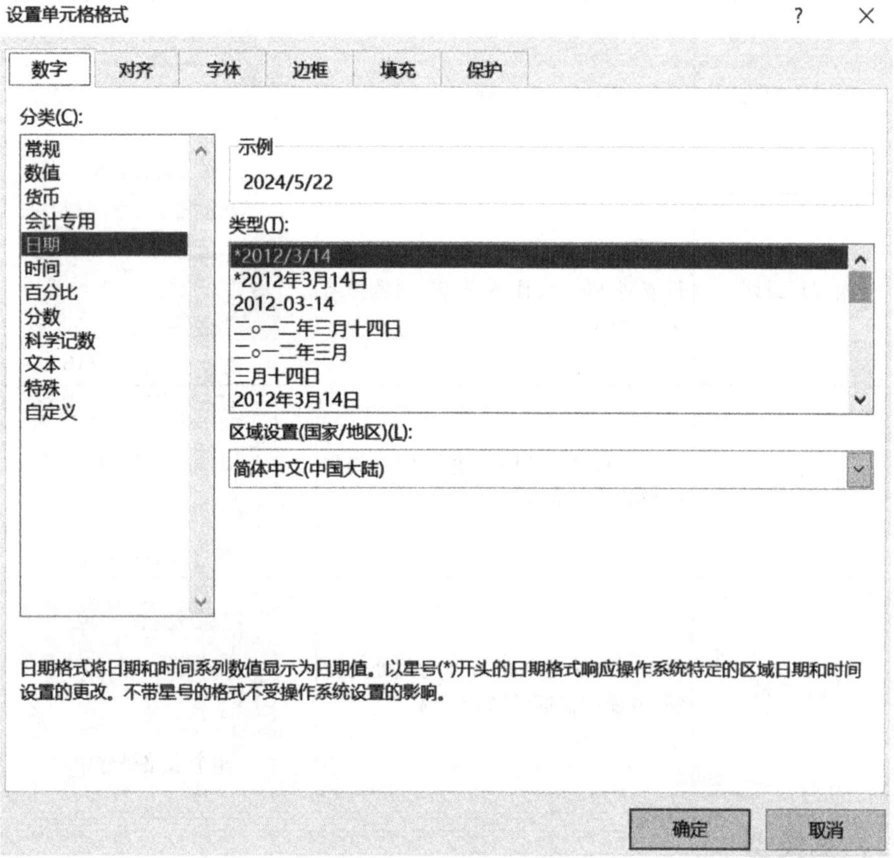

图 3.1.2 日期和时间格式

在单元格中输入系统可以识别的日期和时间数据时,会自动转换为相应的“日期”或“时间”格式。系统不可识别的日期或者时间格式,将被视为文本。

3. 快速输入数据

在 Excel 中,用户可以使用填充柄、填充列表或快捷键进行自动填充,以快速输入数据。自动填充数据的方法如下:首先选择有初始数据的单元格或区域,将鼠标指针指向选中区域右下角的填充柄,然后按下鼠标左键拖放即可复制数据,或自动完成一系列有规律数据的输入。该方法支持向拖动方向等差或以重复方式自动填充。

(1)在单元格区域输入相同的数据或者有规律的数据。

选择要输入数据的单元格区域，直接输入数据后按“Ctrl＋Enter”组合键，即可在选定单元格区域输入相同的数据，如图 3.1.3 所示。

选择已有数据的单元格和要填充相同数据的相邻单元格，单击“开始”选项卡→“编辑”组→“填充”按钮，在弹出的下拉列表中选择相应的填充命令，如向下、向右、向上、向左等。如图 3.1.4 为向下填充数据。

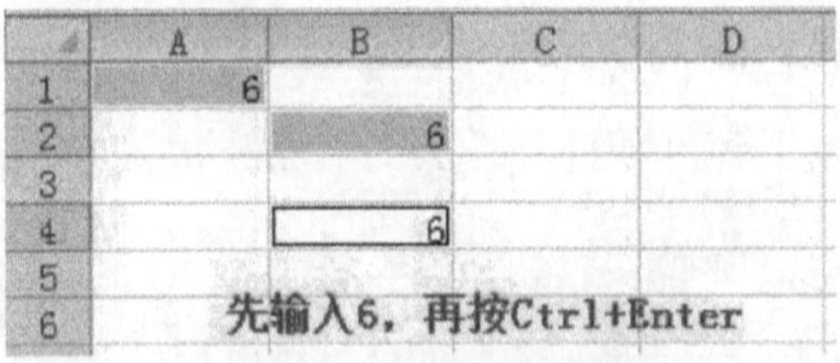

图 3.1.3　多单元格输入数据

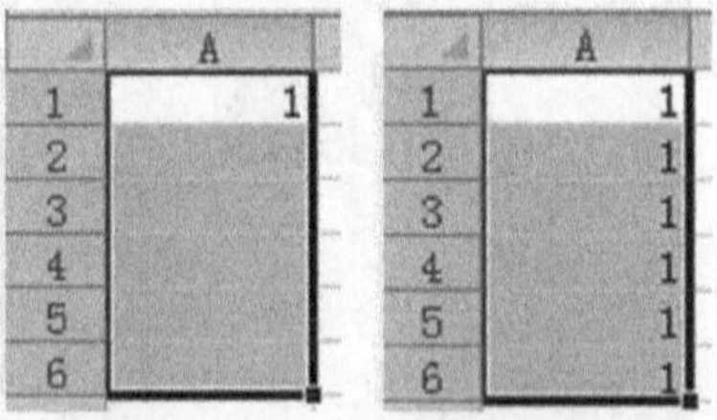

图 3.1.4　向下填充数据

在首个单元格内先输入一个数据，然后将鼠标移动到单元格右下角的“填充柄”上，此时鼠标指针变成黑色“十”字形状，按住鼠标左键，向上、下、左、右拖动，到相应位置松开左键即可。若输入的内容为文字和阿拉伯数字的混合体，则在用填充柄填充时文字内容不变，数字递增。

(2)选择列表输入。

如果要输入在同一列中已经输入过的内容，可以采用选择列表输入的方法。在要输入内容的单元格中右击，在弹出的快捷菜单中单击“从下拉列表中选择”命令或按快捷键“Alt＋↓”，在显示的列表中选择需要的输入项，如图 3.1.5 所示。

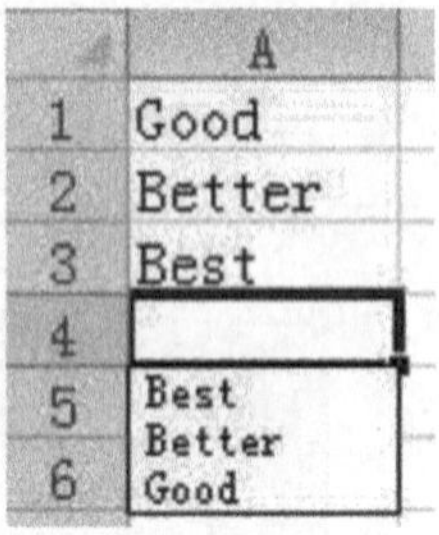

图 3.1.5　选择列表输入

(3)填充序列。

如果使用自动填充产生的数据不能满足需求，则可以通过“序列”对话框设置更多填充选项。如图 3.1.6 所示“序列”对话框的打开方法为：单击“开始”选项卡，单击“编辑”组的“填充”按钮，选择子菜单中“序列”命令，打开“序列”对话框。在“步长值”框中输入“2”可设置序列填充的步长为 2。

对于日期型序列，先输入一个初始值，然后直接拖动“填充柄”即可。

数值型序列填充有三种方法。

方法一：先输入两个单元格的数据，然后选择这两个单元格，拖动填充柄，系统默认为等差序列，即在拖动所覆盖的单元格中依次填充等差序列数据，如图 3.1.7 所示。

方法二：输入首单元格数据，拖动“填充柄”，系统默认为相同数据填充，同时右下角出现一个“自动填充选项”菜单，打开菜单，单击“填充序列”命令，系统将自动按照等差序列步长为 2 的方式填充数据，如图 3.1.8 所示。

方法三:在首单元格输入初始数据,选定要填充的单元格区域后,执行“开始”选项卡→“编辑”组→“填充”→“序列”命令,在打开的“序列”对话框中选择序列的类型、步长、终止值(最大值)后,单击“确定”按钮完成序列填充。

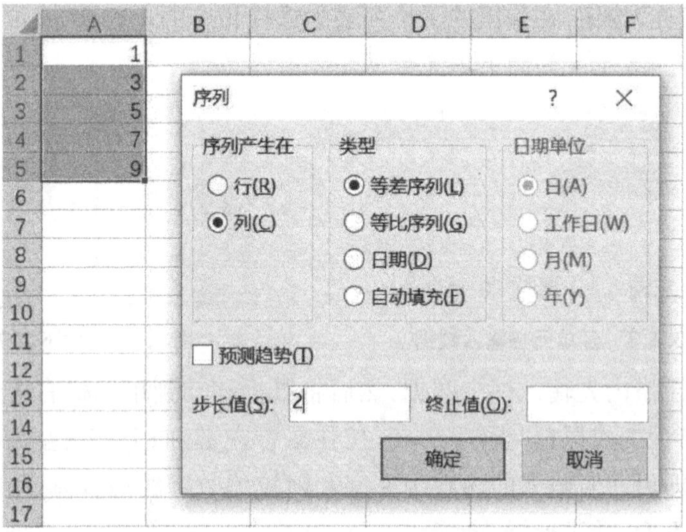

图 3.1.6 “序列”对话框

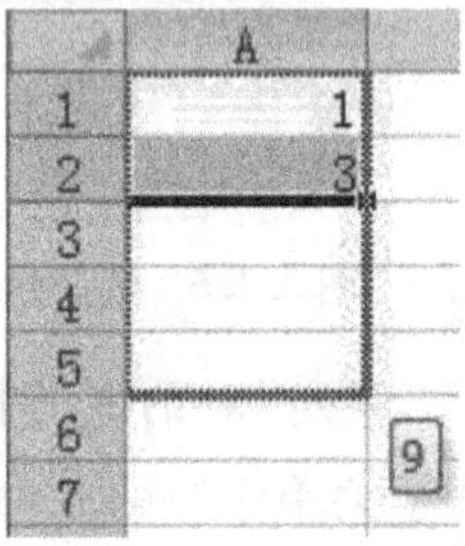

图 3.1.7 自动填充

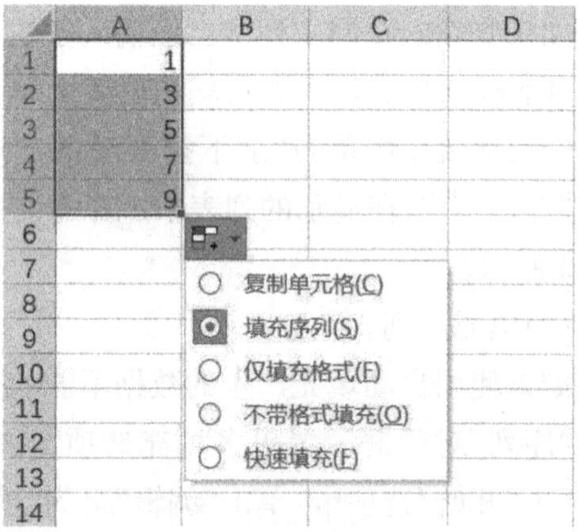

图 3.1.8 自动填充选项菜单

用户还可以自定义序列,具体方法如下:单击“文件”选项卡,选择“选项”命令,在弹出的“Excel 选项”对话框的左侧导航区中单击“高级”→“编辑自定义列表”按钮,打开“自定义序列”对话框,在“输入序列”列表框中直接输入需要创建的序列,用半角逗号“,”隔开输入的内容,输入完成后单击“添加”按钮,如图 3.1.9 所示。

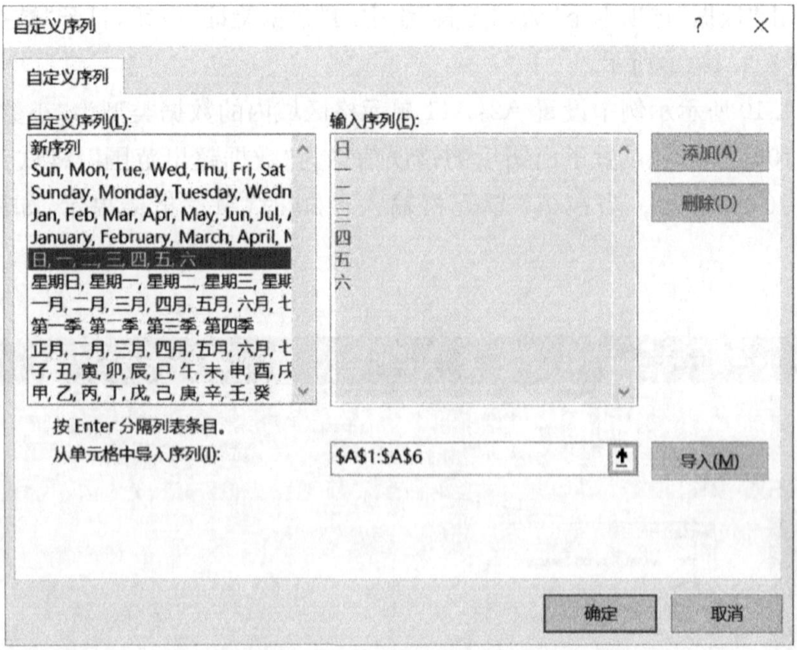

图 3.1.9 “自定义序列”对话框

4. 导入外部数据

在 Excel 中,用户可以通过单击“数据”选项卡,选择“获取外部数据”组中相应的数据来源(如自 Access、自网站、自文本等),将其他数据导入 Excel 中。

5. 数据更新与删除

若需替换单元格中的内容,则可选中该单元格并直接输入新内容。若仅需修改单元格中的部分内容,则可双击单元格或选定单元格之后按 F2 键,在插入点处编辑数据。用户也可以选择单元格,在编辑栏中编辑数据。

删除单个单元格,则其右侧单元格左移或下方单元格上移;删除单元格区域,则右侧单元格左移或下方单元格上移来填充单元格删除后留下的空缺;删除“整行”或者“整列”,则其下方的行或右侧的列将自动上移或左移以填充空缺。

清除操作针对的是单元格内存放的数据、格式、批注等,单元格本身仍保留在原位置。

按 Delete 键可将数据清空,如果想全面控制数据清除,可单击“开始”选项卡下“编辑”组的“清除”按钮,在弹出的下拉列表中选择“全部清除”“清除格式”“清除内容”“清除批注”或“清除链接”命令。

6. 数据验证

Excel 中可以对输入数据的类型、有效性和正确性进行验证,也可以规定数据的有效范围,这些都可以通过设置“数据验证”来实现。具体方法如下。

(1)选择要设置数据验证的单元格区域。

(2)单击“数据”选项卡下“数据工具”组中的“数据验证”按钮，打开“数据验证”对话框，如图 3.1.10(a)所示。

图 3.1.10 所示示例中设置 A2:A11 单元格区域内的数据类型为“小数”，限定其介于 0 和 100 之间，并设置了出错后的错误信息为“数据超出范围”，样式为“停止”，如图 3.1.10(b)所示。当在 A7 单元格输入 −20 时，引发报错提示，如图 3.1.10(c)所示。

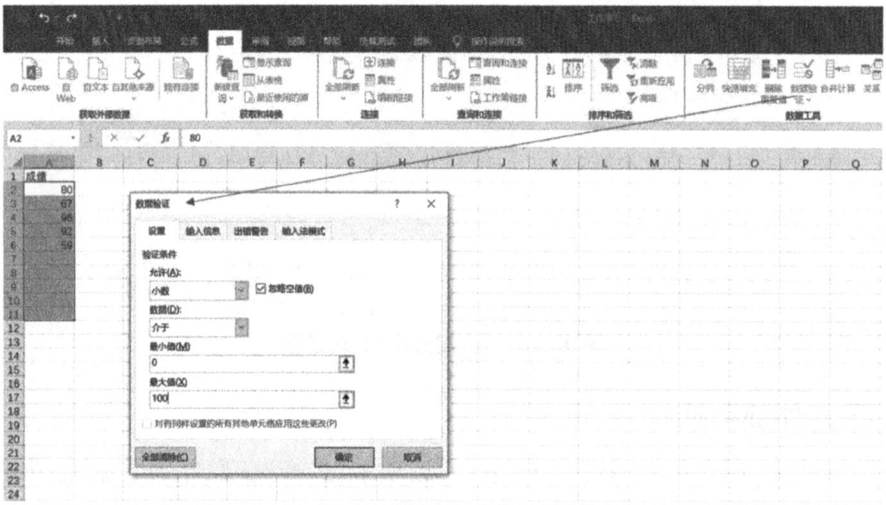

(a)“数据验证”对话框

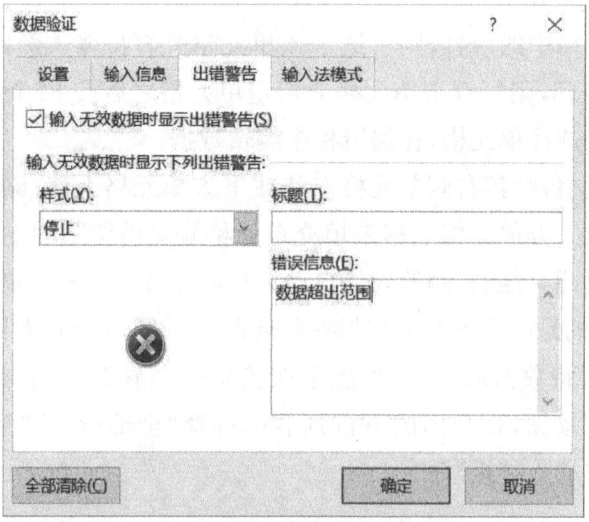

(b)设置出错警告

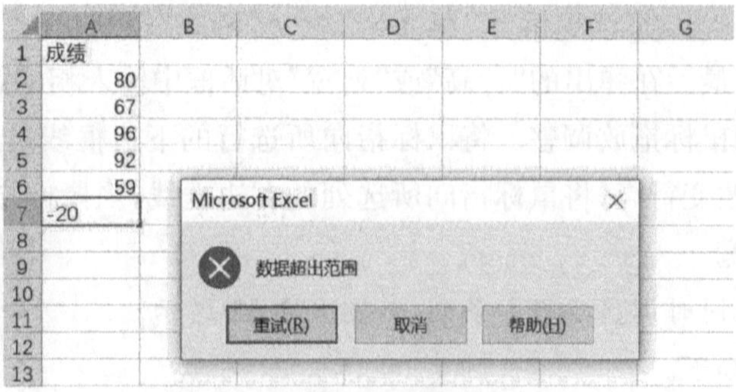

(c)数据出错提示

图 3.1.10 数据有效性验证

Excel 提供了多种数据验证的选项，用户可以根据自己的实际需求设置和取消“数据有效性”验证，从而提高数据输入的准确性。

3.1.3 数据的基本操作

1. 复制和移动

在 Excel 中，用户可以将数据从一个位置复制或移动到另一个位置。Excel 不仅允许用户复制或移动单元格，也允许用户只复制或移动单元格内的部分内容。复制、剪切、粘贴和移动的基本操作与 Word 类似。也可使用“选择性粘贴”对话框，完成复制或移动操作。

2. 查找和替换

利用 Excel 中的查找和替换功能，可以在工作表中迅速查找并替换数字、文本、公式甚至批注等各种类型的数据，极大地提高编辑和处理数据的效率。其基本操作与 Word 类似。

3. 工作表的操作

(1)在工作簿中可以对工作表进行插入、删除、重命名、移动、复制、隐藏和显示及设置比例等基本操作。选定工作表只需单击相应的工作表标签即可。

(2)工作表格式化可使工作表中的数据更加清晰、美观。其基本操作包括：设置数字格式、字体格式、对齐方式，为工作表加边框和背景颜色等。

用户可以使用“开始”选项卡下的“字体”“对齐方式”“数字”等选项组中的按钮进行设置，也可以使用“设置单元格格式”对话框中的各选项卡进行详细设置。边框和线条可通过“边框”按钮来进行操作。背景颜色可单击“填充”按钮进行设置。

行高和列宽的设置有以下三种方法。

方法一：右击选定的行号或列标，在快捷菜单中选择“行高”或“列宽”命令，并在弹出的“行高”或“列宽”对话框中输入相应数值。

方法二:单击“开始”选项卡→“单元格”组→“格式”按钮,在弹出的菜单中选择“行高”或“列宽”,最后在弹出的“行高”或“列宽”对话框中输入相应数值。

方法三:使用鼠标拖放调整。将鼠标指向所选行的下边框线,当鼠标提针变成 时拖放鼠标可以改变行高;将鼠标指向所选列的右边框线,当鼠标指针变成 时拖放鼠标可以改变列宽。

注意:也可以同时调整多行和多列,如图 3.1.11 所示。

操作的方法如下。

- 鼠标拖选多行,如 2～6 行,如图 3.1.11(a)所示。
- 将鼠标移至第 2 行的下边框处,拖动鼠标调整第 2 行的高度,例如调整到 38 磅。
- 释放鼠标,第 2～6 行的行高统一调整为 38 磅,如图 3.1.11(b)所示。

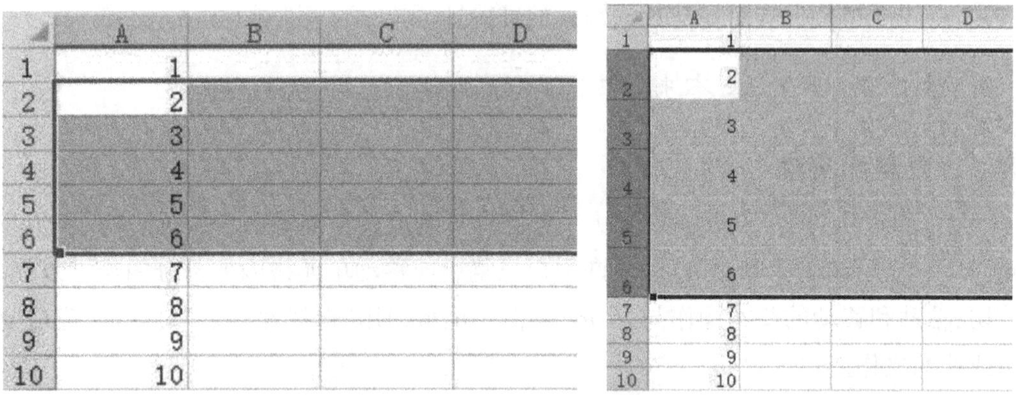

(a)鼠标拖选多行　　(b)调整行高

图 3.1.11　同时调整多行或列

(3)条件格式。利用 Excel,用户可根据不同的条件对单元格设置不同的格式,包括字体、边框和背景。设置方法如下。选择数据区域,单击“开始”→“样式”组→“条件格式”按钮,在弹出的菜单中选择相应的条件规则进行设置,如图 3.1.12 所示。条件格式设置后会自动保存,重新打开条件格式可以进行编辑修改。

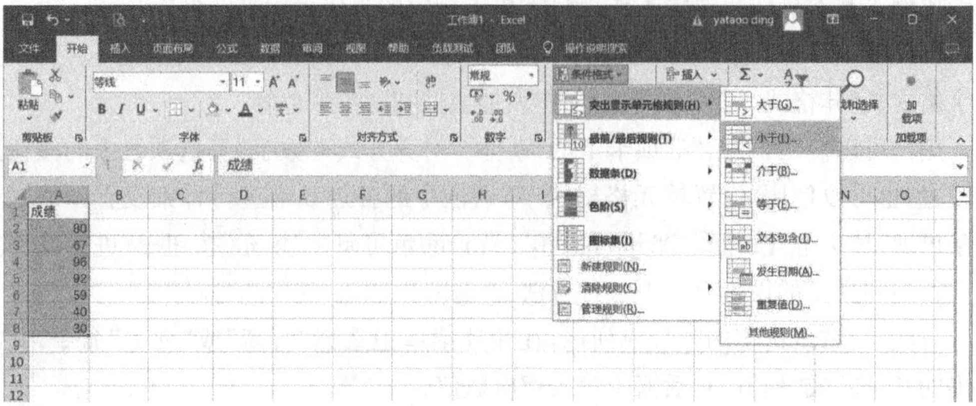

(a)设置条件格式 1

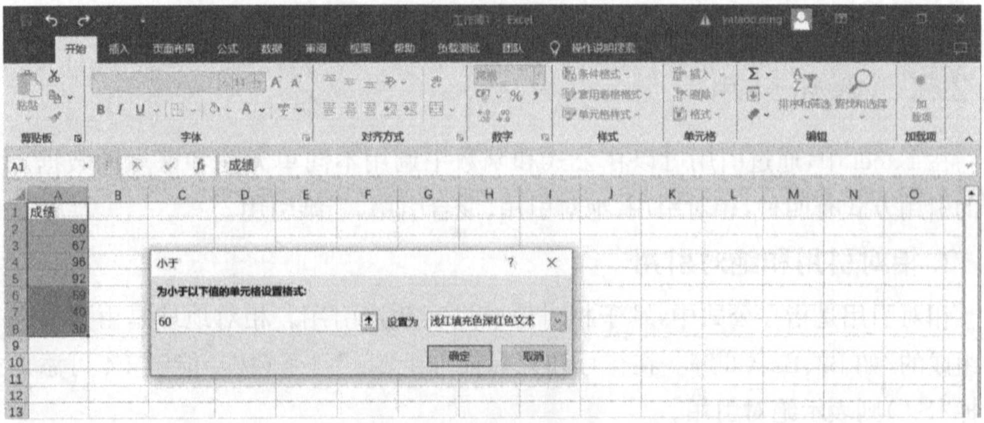

(b)设置条件格式 2

图 3.1.12 "条件格式"示例

(4)套用表格格式。套用表格格式是一组系统已经定义好的格式组合,包括数字、字体、对齐、边框、图案、行高和列宽等各种格式。Excel 内置了 60 种格式供用户使用,分为浅色、中等色和深色三类。操作方法如下:选择要应用格式的单元格区域,单击"开始"选项卡,在"样式"组中单击"套用表格格式"按钮,打开"套用表格格式"列表,从中选择需要的格式即可完成设置,如图 3.1.13 所示。

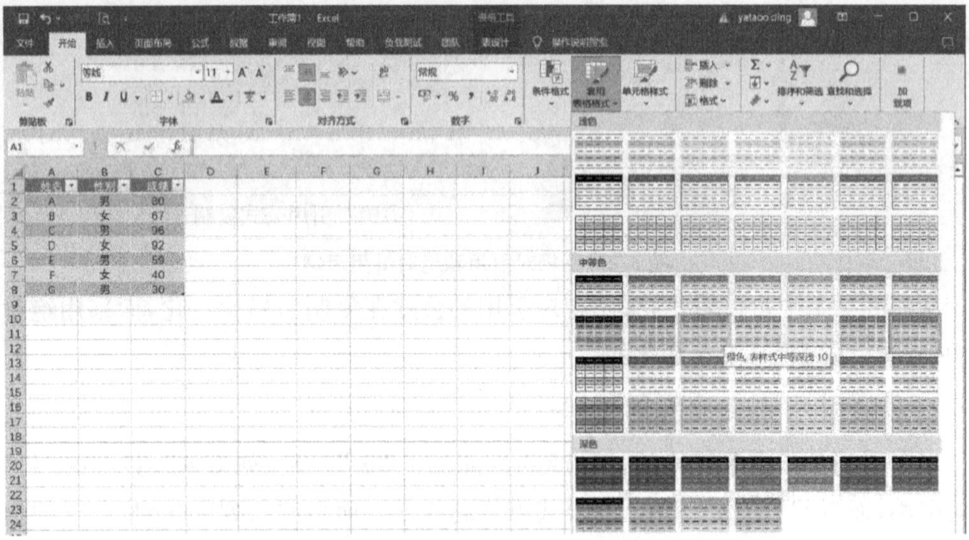

图 3.1.13 设置"橙色 表样式中等深浅 10"

3.2 Excel 2016 高级操作

Excel 具有强大的数据处理能力,包括数据的统计计算(求平方、求平均值、求和等)、排序、筛选、汇总等,还可生成图表。在使用这些功能之前必须掌握引用数据的方法。

3.2.1 数据引用

在 Excel 中,通过引用可以在公式和函数中调用不同单元格和区域的数据。常用的引用方式有四种:相对引用、绝对引用、混合引用、三维引用。

1. 相对引用和绝对引用

相对引用是指在公式中,基于相对地址进行数据引用。相对地址是由列标和行号组成的,如 B2、B2:C6 等。在行号和列标前加上“$”符号(按功能键 F4 可添加或去掉“$”)则表示绝对引用。

Excel 默认采用相对引用方式,当公式复制到其他单元格后,所引用的单元格和区域会随公式所在的新位置相应地发生变化,而绝对引用则不随公式位置变化而改变,如图 3.2.1 所示。

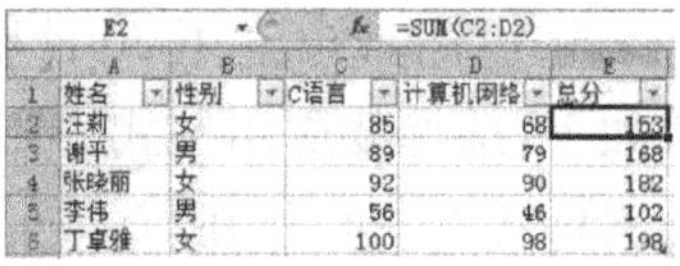

(a)相对引用

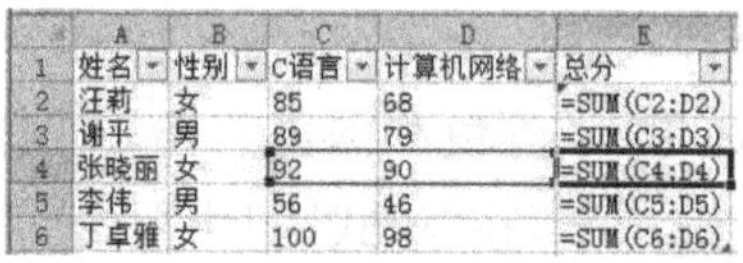

(b)相对引用公式复制

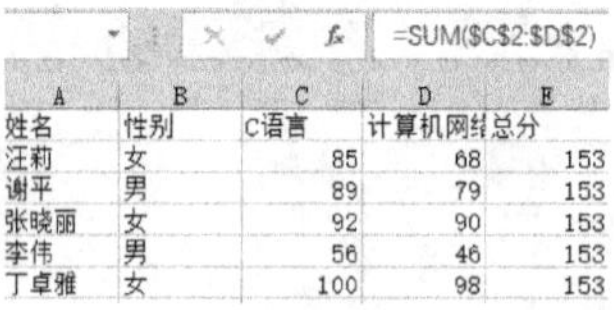

(c)绝对引用

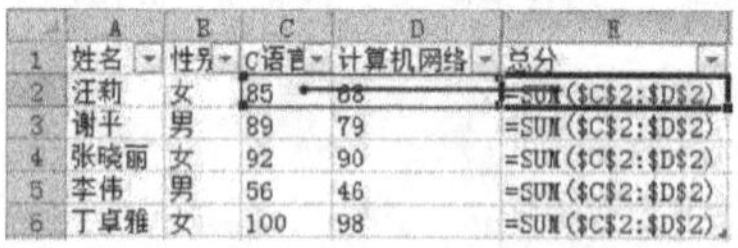

(d)绝对引用公式复制

图 3.2.1 相对引用和绝对引用示例

从图 3.2.1 中可以看出,采用相对引用的公式在复制后发生变化,而采用绝对引用的公式在复制后是没有变化的。

2. 混合引用和三维引用

混合引用是指在单元格的行号或列标前加上“$”符号,如 C$2,其中的“列”为相对引用,而“行”为绝对引用。当公式因复制或插入而引起行列变化时,公式的相对地址部分会随之改变,而绝对地址保持不变。

三维引用指的是引用同一工作簿中不同工作表中单元格的数据,或引用其他工作簿的工作表中单元格的数据(外部引用)。三维引用的格式为:[工作簿名]+工作表名+!+单元格引用。例如:[工作簿 2]Sheet1!C2。如果省略工作簿名,则指同一工作簿。

3.2.2　公式和函数

1. 运算符

Excel 的运算符有以下四种：算术运算符、比较运算符、引用运算符和文本运算符，如表 3.2.1 所示。

表 3.2.1　运算符

类　型	表示形式	优先级
算术运算符	+、−、*、/、^(乘方)、%(百分比)	由高到低的顺序为： %、^ → *、/ → +、−
比较运算符	=、>、<、>=、<=、<>(不等于)	优先级相同
文本运算符	&(文本的连接)	
引用运算符	:(区域)、,(联合)、空格(交叉)	由高到低的顺序为： 区域、联合、空格

四类运算符号的优先级从高到低依次为：引用运算符、算术运算符、文本运算符、比较运算符。

2. 公式

由运算符、常量数据、单元格、区域引用等构成的表达式称为公式。例如：

“=A1*30%+B1*70%”表示将 A1、B1 单元格中的数值按比例相加；

“=SUM(A1:A10)”表示计算 A1、A2……A10 单元格中的数值之和。

在单元格中输入公式后，单元格默认显示公式计算的结果，而公式本身显示于编辑栏中。若要在单元格中显示公式，可以单击“公式”选项卡，选择“公式审核”组中的“显示公式”按钮。

如果输入公式时要引用单元格，可以用鼠标直接单击引用的单元格。这样既可以提高输入速度，又可以避免输入出错。

3. 函数

Excel 提供了财务、日期与时间、数学与三角函数、文本、统计、查找与引用、数据库、逻辑、信息、工程共 10 类函数，并允许用户自定义函数。

函数的使用有以下几种方法。

(1)直接输入函数。

对于简单函数，可以直接在单元格或编辑栏中以“=”号开头输入函数。

(2)使用“插入函数”对话框插入函数，如图 3.2.2 所示。

单击编辑栏“插入函数”按钮“fx”；或者在“开始”选项卡的“编辑”组中单击 Σ 自动求和 ▾ 按钮右侧的三角形，在弹出的下拉列表中选择“其他函数”；亦可单击“公式”选项卡，选择指定类别的函数，如图 3.2.3 所示。

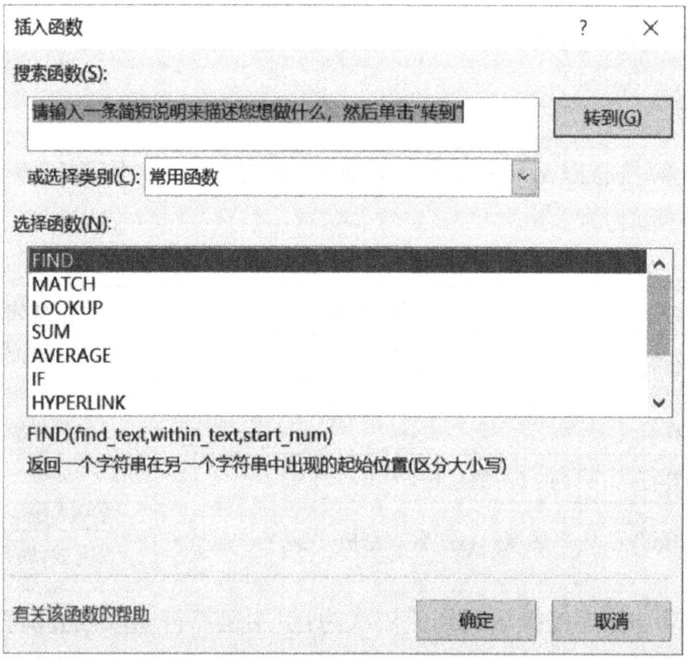

图 3.2.2 "插入函数"对话框

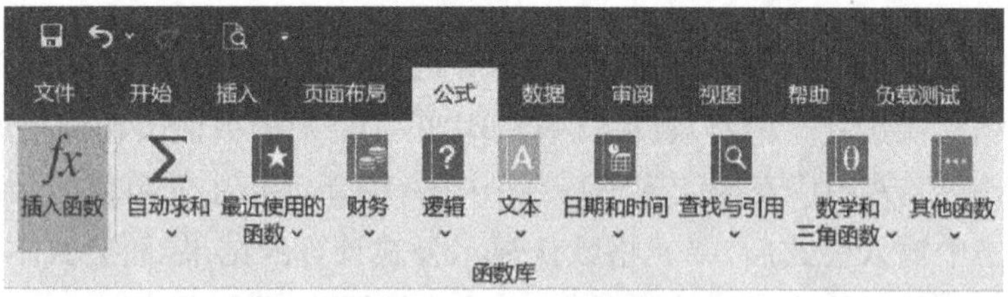

图 3.2.3 "公式"选项卡

Excel 中常用的函数如表 3.2.2 所示。

表 3.2.2 Excel 常用函数

类别	函数名	功 能	参 数	示 例
数学与三角函数	INT(number)	将数值向下取整为最接近的整数		INT(3.8)=3 INT(−3.8)=−4
	ROUND(number, number_digits)	按指定精度将数值进行四舍五入	数值 number 四舍五入，number_digits 为保留小数位数	ROUND(3.1415,3)=3.142
	MOD(number, divisor)	返回两个数相除后的余数	number 为被除数，divisor 为除数	MOD(16,3)=1 MOD(−16,3)=2 MOD(16,−3)=−2 MOD(−16,−3)=−1
	PI()	返回圆周率的值 3.14159265358979，精确到 15 位		

续表

类别	函数名	功　能	参　数	示　例
	SUM (number1, number2,…)	求和	number1, number2,…参数列表	SUM(3,2,4)=9
统计函数	AVERAGE(number1, number2,…)	返回参数列表所有数值的平均值	number1, number2,…参数列表	AVERAGE(3,2,4)=3
	MIN (number1, number2,…)	返回参数列表中的最小值	number1, number2,…参数列表	MIN(3,4,2)=2
	MAX (number1, number2,…)	返回参数列表中的最大值	number1, number2,…参数列表	MAX(3,4,2)=4
	COUNT (value1, value 2,…)	计算区域中包含数字的单元格的个数	value1, value2,…参数列表	
	COUNTIF (range, criteria)	返回指定范围中符合条件的单元格的个数	range 为范围, criteria 为条件	COUNTIF (C2: C6, ">=60")
	RANK. AVG (number, ref, order)	返回指定数字在数字列表中的排名	number 为排位数值; ref 为范围; order 为排位方式,为 0 或省略表示按降序排列,为非 0 值表示按升序排列。相同排名用平均值,例如:(2+3)/2=2.5	RANK. AVG (C2, $C$2: $C$6) 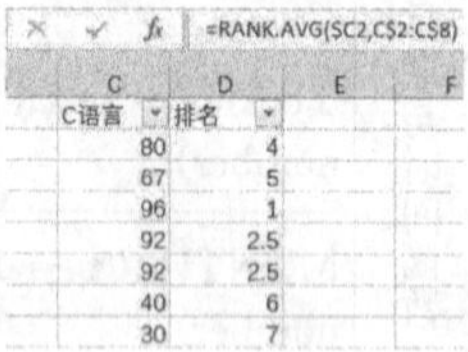
	RANK. EQ (number, ref, order)	返回指定数字在数字列表中的排名	number 为排位数值; ref 为范围; order 为排位方式,为 0 或省略表示按降序排列,为非 0 值表示按升序排列。相同排名取最佳排名	RANK. EQ (C2, $C$2: $C$6) 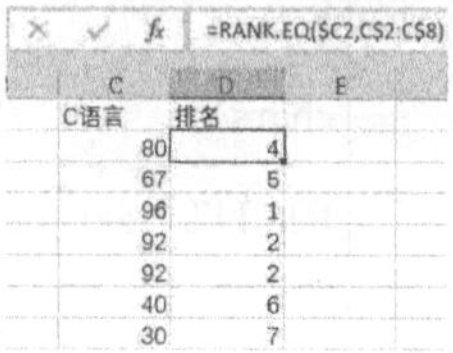
逻辑函数	IF (logical_test, value_if_true, value_if_false)	根据 logical_test 条件进行判断,为 true(真)时,返回值 value_if_true;为 false(假)时,返回值 value_if_false		IF (x >= 60, "合格", "不合格")

续表

类别	函数名	功 能	参 数	示 例
查找与引用函数	VLOOKUP(lookup_value,table_array,col_index_num,range_lookup)	按列查找	lookup_value 为在数据表第一列中查找的值;table_array 为查找的范围;table_array 的第一列必须是第一个参数 lookup_value 所在的列;col_index_num 为返回的值在查找范围中的列序号;range_lookup 为模糊匹配/精确匹配	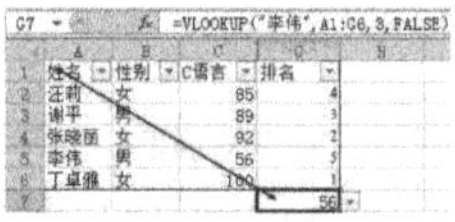 查找"李伟"的 C 语言成绩。第一列未排序,range_lookup 参数为 fasle。参数 col_index_num 等于 3 表示从姓名开始的第 3 列
	HLOOKUP(lookup_value,table_array,col_index_num,range_lookup)	按行查找	同上	
日期与时间函数	TODAY()	返回当前日期	无	
	NOW()	返回系统当前日期和时间	无	
	YEAR(serial_number)	返回指定日期 serial_number 中的年份	serial_number 是日期格式	YEAR(TODAY())等于 2025
	MONTH(serial_number)	返回指定日期 serial_number 中的月份		MONTH("2025-1-6")等于 1
	DAY(serial_number)	返回指定日期 serial_number 中的日期		DAY("2025-1-6")等于 6
文本函数	LEFT(text,num_chars)	返回指定文本左边的 num_chars 个字符	text 为文本,num_chars 为指定的个数	LEFT(12345,3)=123
	RIGHT(text,num_chars)	返回指定文本右边的 num_chars 个字符	text 为文本,num_chars 为指定的个数	RIGHT(12345,3)=345
	MID(text,start_num,num_chars)	返回指定文本从起始位置开始指定个数的字符	text 为文本,start_num 为起始位置,num_chars 为指定的个数	MID(12345,3,2)=34

3.2.3 高级操作

1. 排序

排序是指对数据表中的一列或多列数据进行升序或降序排列。其中数值按大小排序,时间按先后排序,英文字母按字母顺序排序(默认不区分大小写),汉字按拼音首字母或笔划排序。

1)快速排序

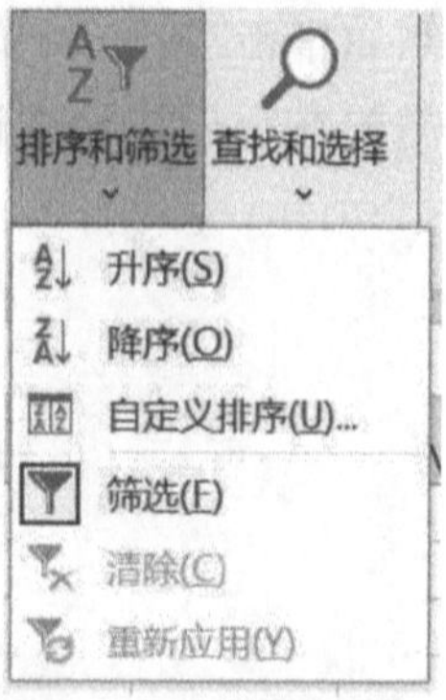

图 3.2.4 快速排序

操作方法:单击需要排序列中的任意单元格,在“开始”选项卡的“编辑”组中单击“排序和筛选”按钮,选择升序或降序 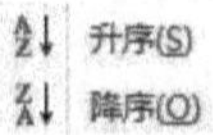 进行排序,如图 3.2.4 所示。

2)自定义排序

用来排序的字段称为关键字。多条件排序是以多个字段作为关键字对数据表进行排序。Excel 中的关键字分为主要关键字和次要关键字。其排序方法如下:首先按“主要关键字”排序,当主要关键字相同时,再按“次要关键字”排序,当次要关键字也相同时,再按其他“次要关键字”排序,如图 3.2.5 所示。如果主要关键字的值不相等,则其他关键字排序设置无效。

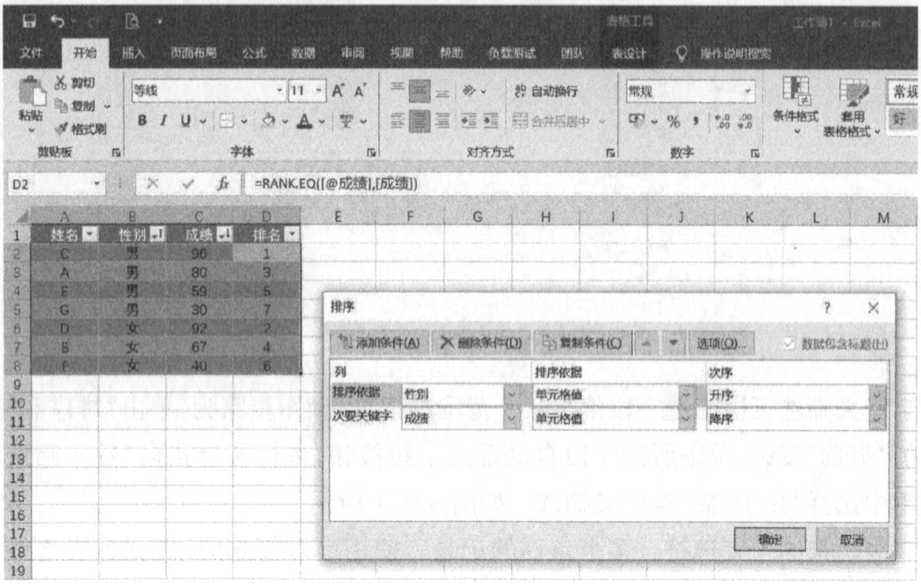

图 3.2.5 自定义排序

自定义排序的操作步骤如下:

(1)单击数据表内的任一单元格,在“开始”选项卡的“编辑”组中单击“排序和筛选”按钮。

(2)在下拉菜单中选择“自定义排序”,打开“排序”对话框。

(3)设置关键字、排序方式。

2. 筛选

筛选是从数据表中筛选并显示符合条件的记录。Excel 提供了“自动筛选”“自定义筛选”和“高级筛选”三种方法。

自动筛选用于筛选字段值为常量的记录。操作方法为：首先单击“数据”选项卡，然后单击“排序和筛选”组中的“筛选”按钮，则在字段名右下角出现“▾”按钮，再根据需要在下拉按钮中进行筛选，如图 3.2.6 所示。

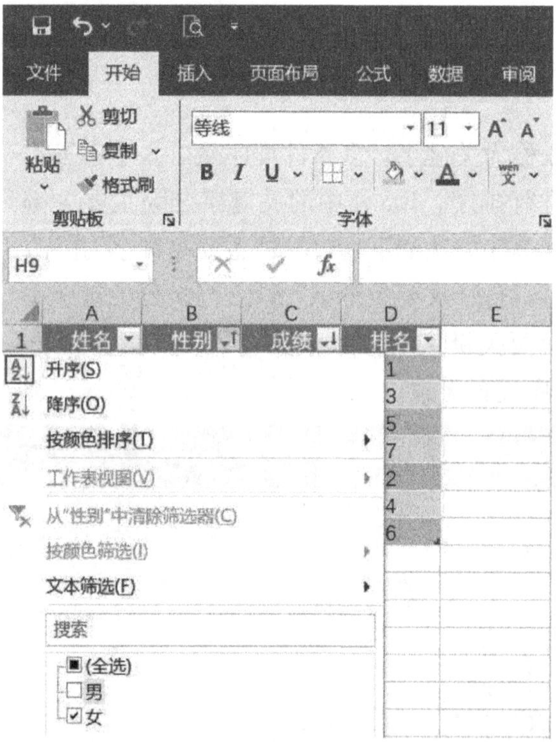

图 3.2.6 自动筛选

自定义筛选可以筛选字段值在某个范围的记录，操作步骤为：单击“排序和筛选”组中的“筛选”按钮，单击所需字段自动筛选下拉按钮，鼠标指针指向“数字筛选”，在子菜单中选择“介于”或“自定义筛选”，如图 3.2.7 所示。

高级筛选用于筛选符合多个条件的记录。使用高级筛选时，数据列表之外至少应有三个空行作为条件区域。数据列表具有数据库的特点，可以是整个工作表，也可以是工作表的一部分。各列可作为数据库中的字段(列标志)。数据列表必须有列标志。条件区域与数据列表之间至少要留两个空行。条件区域的第一行为列标志，下一行开始为条件。同行的条件之间为“与”的关系，不同行的条件之间为“或”的关系。

高级筛选操作步骤为：在条件区输入所需的条件，单击“排序和筛选”组中的“高级”按钮，打开“高级筛选”对话框，如图 3.2.8 所示。

关闭筛选的方法是在“数据”选项卡的“排序和筛选”组中单击“清除”按钮。

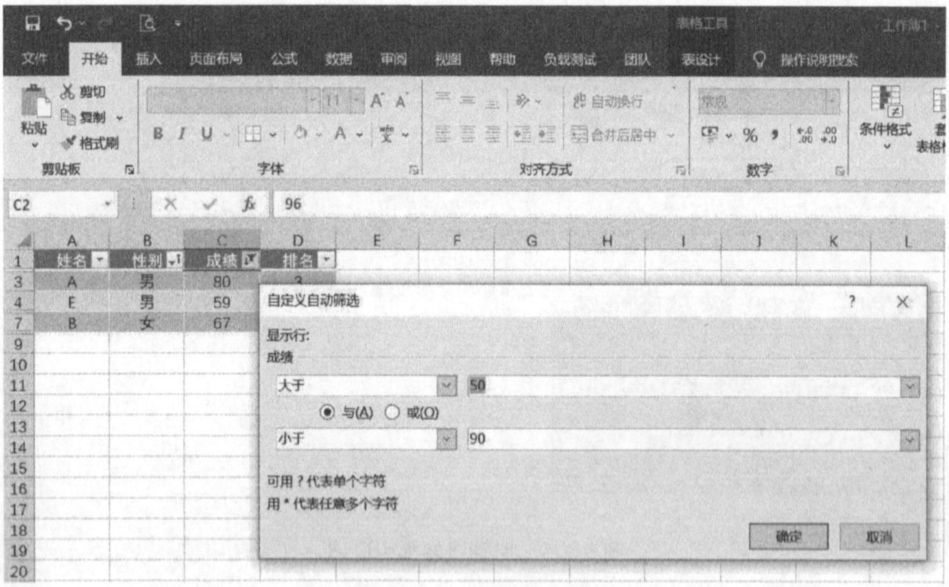

图 3.2.7 自定义筛选

图 3.2.8 “高级筛选”对话框

3. 分类汇总

分类汇总是按关键字段进行分类后再进行数据的统计计算，如计数、求和、求平均值、最大值、最小值、标准偏差、方差等。在进行分类汇总之前必须先按关键字段对数据进行排序，以确保汇总结果的准确性。

Excel 中如果选用了“套用表格格式”，程序会自动将数据区域转化为列表，而列表是不能进行分类汇总的。解决方法是将列表转化为数据区域。操作方法为：选中数据单元格，进入“表格设计”选项卡，在“工具”组中单击“转化为区域”，即可按照分类汇总步骤进行统计，如图 3.2.9 所示。

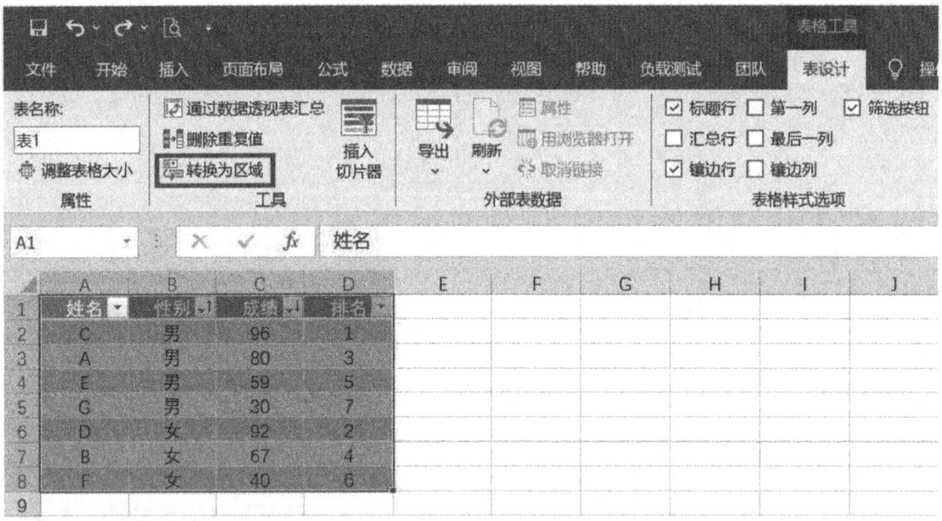

图 3.2.9 将列表转换为区域

分类汇总的操作步骤如下。

(1)排序。

(2)单击“数据”选项卡中“分级显示”选项组的“分类汇总”按钮，如图 3.2.10(a)所示。

(3)在“分类汇总”对话框中选择分类字段、汇总方式、汇总项，如图 3.2.10(b)所示。

分类汇总结果如图 3.2.10(c)所示。

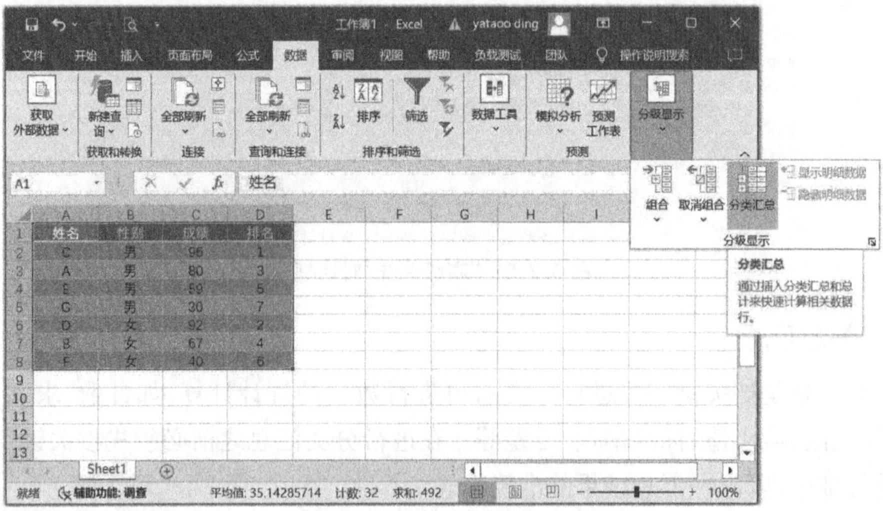

(a)“分类汇总”按钮

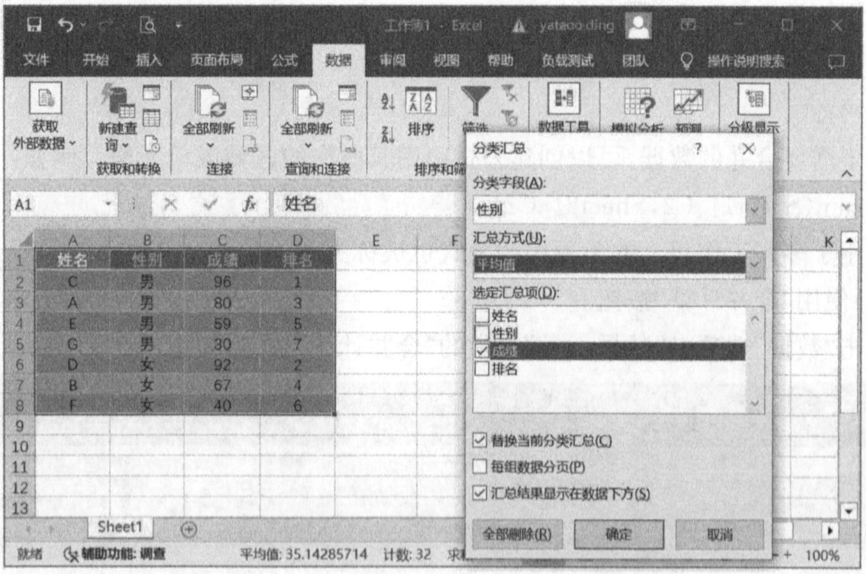

(b)“分类汇总”对话框

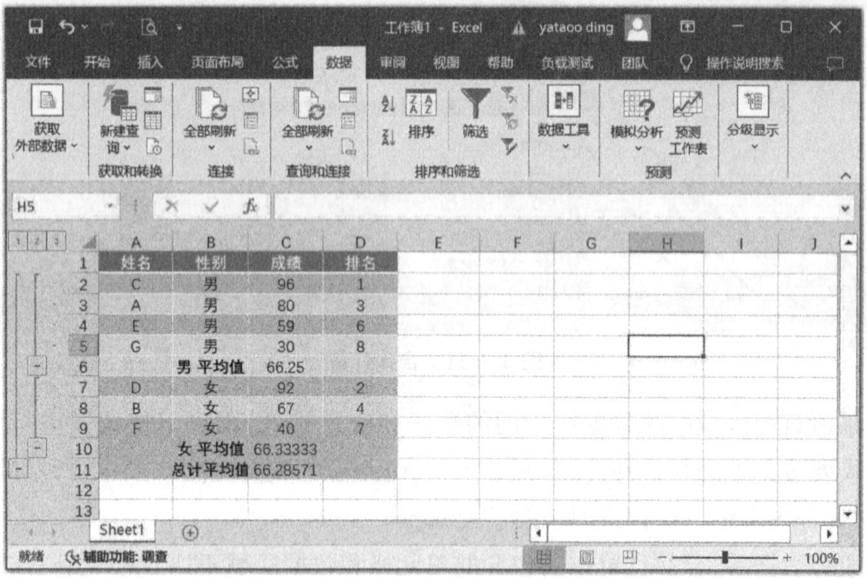

(c)分类汇总结果

图 3.2.10　分类汇总示例

分类汇总完成后，在工作表左侧会自动生成一系列按钮，用于控制分类汇总的显示级别。

如果要清除分类汇总，只需在“分类汇总”对话框中单击“全部删除”按钮即可。

4. 合并计算

在 Excel 中，若要汇总多个工作表的数据，可将这些独立工作表中的数据合并计算到一个汇总表中。合并计算数据可通过编写公式实现,也可直接用“合并计算”按钮实现。

(1)公式。

对于需要合并的数据,可以创建公式引用其所在的区域或单元格。例如:

=sum(Sheet1! C2,Sheet2! C2)

引用了多张工作表上的单元格的公式也被称为三维公式。

(2)使用“合并计算”按钮。

单击“数据”选项卡“数据工具”组中的“合并计算”按钮,如图 3.2.11 所示。

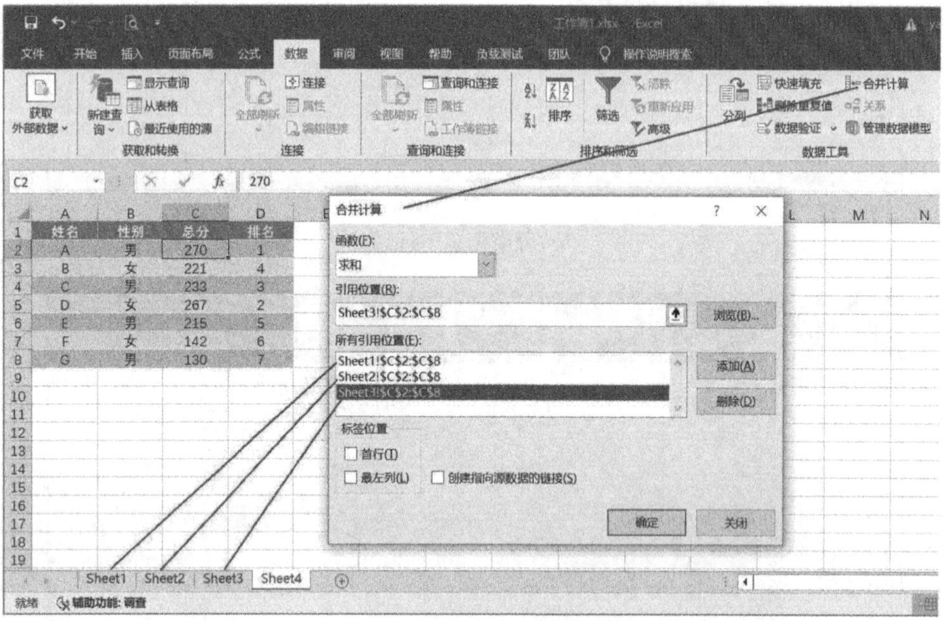

图 3.2.11 合并计算

如果所有源区域中的数据按相同的顺序和位置排列,则可以按位置进行合并计算。如果要按分类进行合并计算,则必须包含行或列标志,在图 3.2.11 所示的“合并计算”对话框中选中“首行”或“最左列”复选框。

更改源数据后,合并计算中所包含的单元格和数据区域不会自动更新,需再次使用合并计算来更新合并后的数据。

5. 数据透视表与数据透视图

使用“插入”选项卡中的“数据透视表”按钮,可以创建数据透视表,如图 3.2.12 所示。

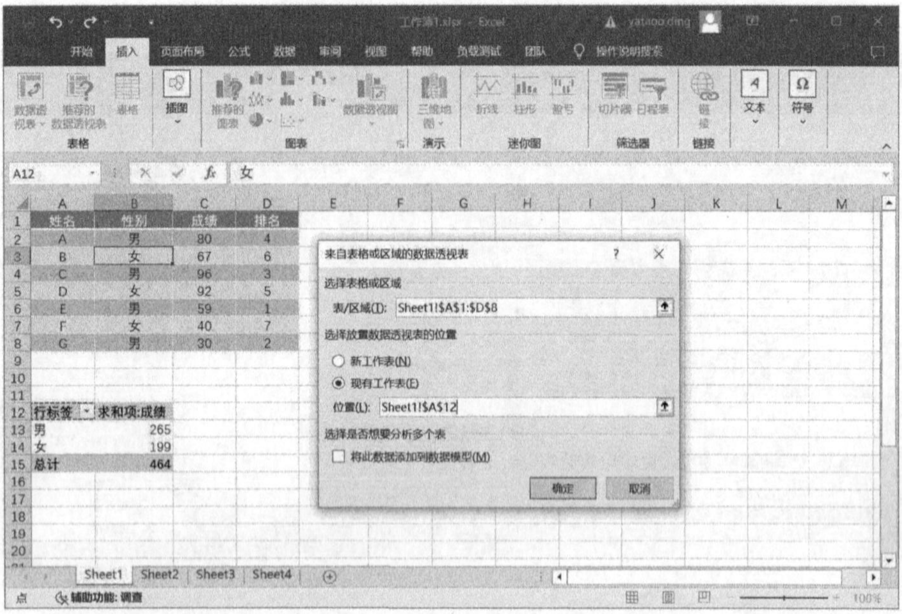

(a)“数据透视表”按钮

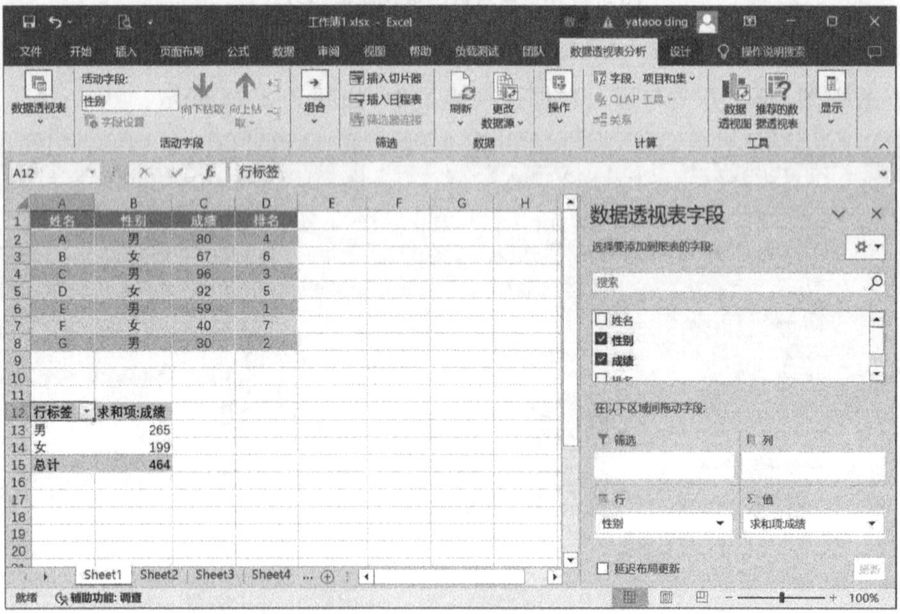

(b)“数据透视表”分析

图 3.2.12 插入数据透视表

系统默认将“数据透视表”创建为独立的新工作表。若要将“数据透视表”嵌入当前工作表,可选择当前表的插入位置。

用户可以使用“数据透视表字段列表”进行字段的增加、删除等操作。Excel 提供了 11 种汇总方式,如果需要改变汇总方式,可以单击“数值”,在快捷菜单中选择“值字段设置”,如图 3.2.13 所示。

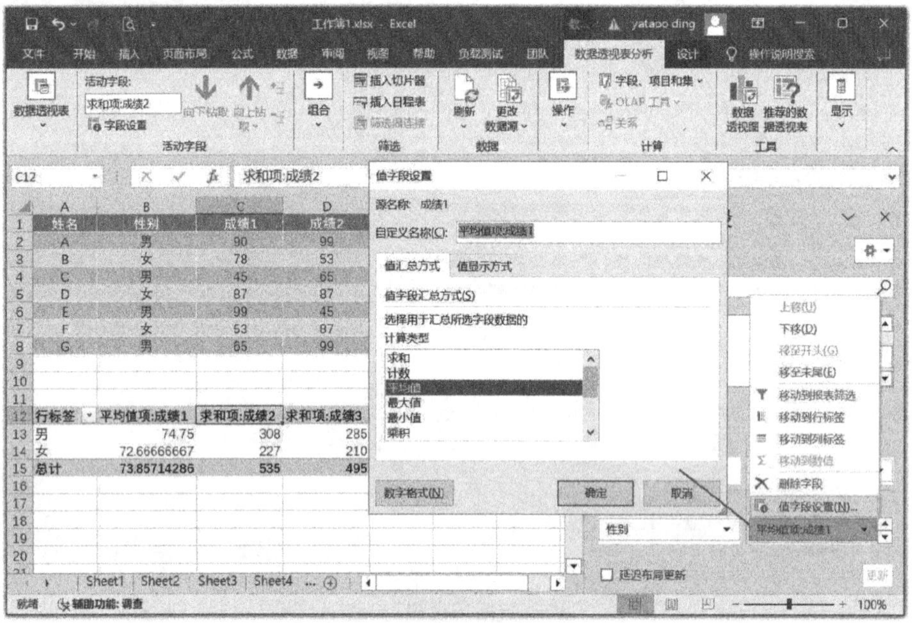

图 3.2.13 设置数据透视表汇总方式

Excel 中也可以插入数据透视图。数据透视图在数据透视表的基础上增加了一个数据透视图,操作方式与插入数据透视表类似,如图 3.2.14 所示。

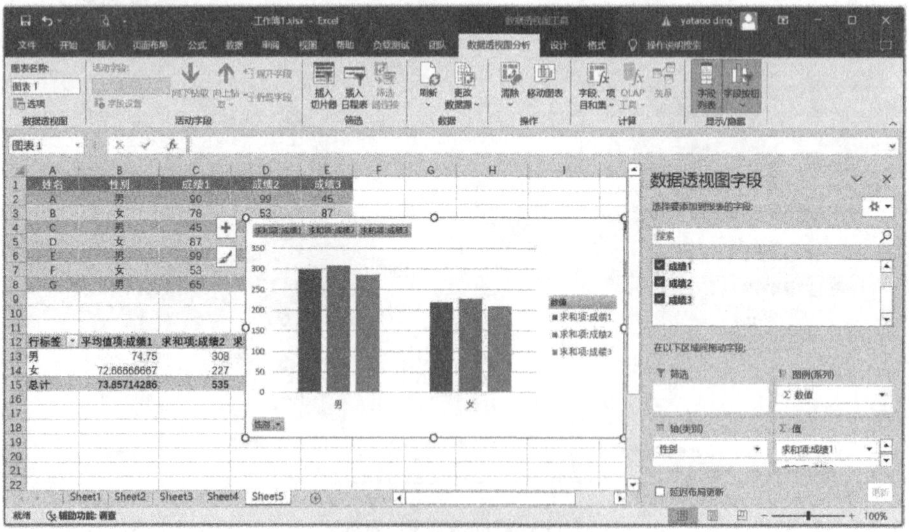

图 3.2.14 数据透视图

6. 数据图表

Excel 提供图表功能,可以直观、生动地进行数据分析,发现数据的变化规律并预测趋势。图表类型有柱形图、折线图、饼图、条形图、面积图、散点图、股价图、曲面图以及雷达图等,每种类型的图表下还设有多种种子图表类型。用户可以根据需求选择相应的图表类型。

Excel 中创建的图表按保存位置可分为两种：一种是嵌入式图表，它和创建图表的数据源位于同一张工作表中，作为工作表的一部分；另一种是独立图表，它是一张独立的图表工作表。

创建数据图表可以使用“插入”选项卡中的“图表”分组，单击相应的图表按钮即可创建数据图表，如图 3.2.15 所示。

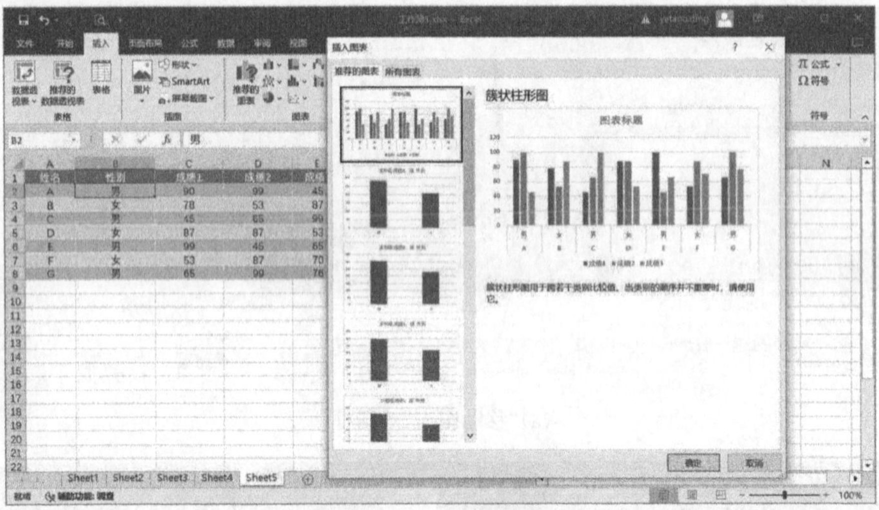

图 3.2.15　数据图表

创建数据图表后，可以修改图表中的显示元素，如图表类型、数据、图表标题、分类轴标题、数据标志、图例位置等，如图 3.2.16 所示。

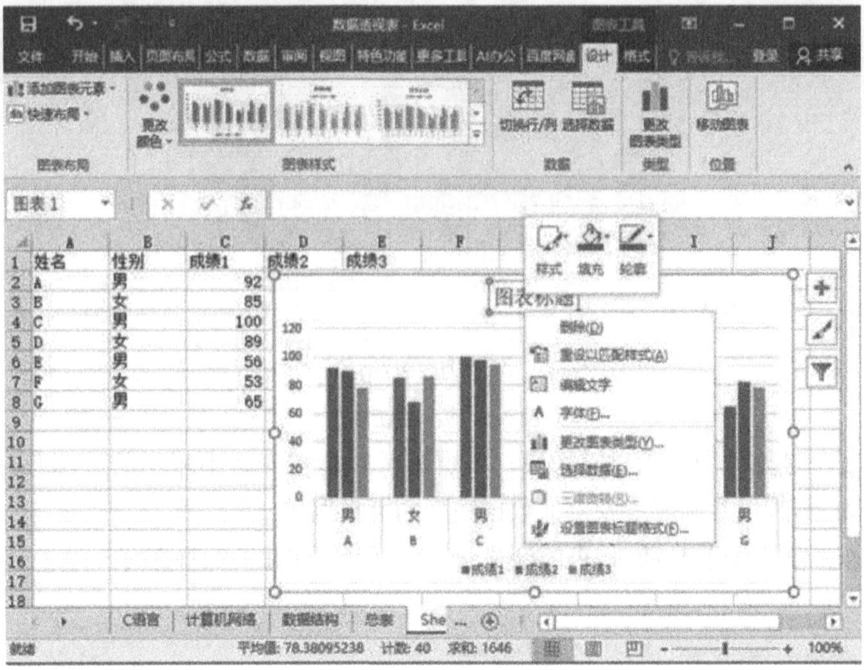

图 3.2.16　修改数据图表

右击图表，在快捷菜单中选择“移动图表”，可以将图表移入一个新的工作表中，如图 3.2.17 所示，选择“新工作表”选项即可。

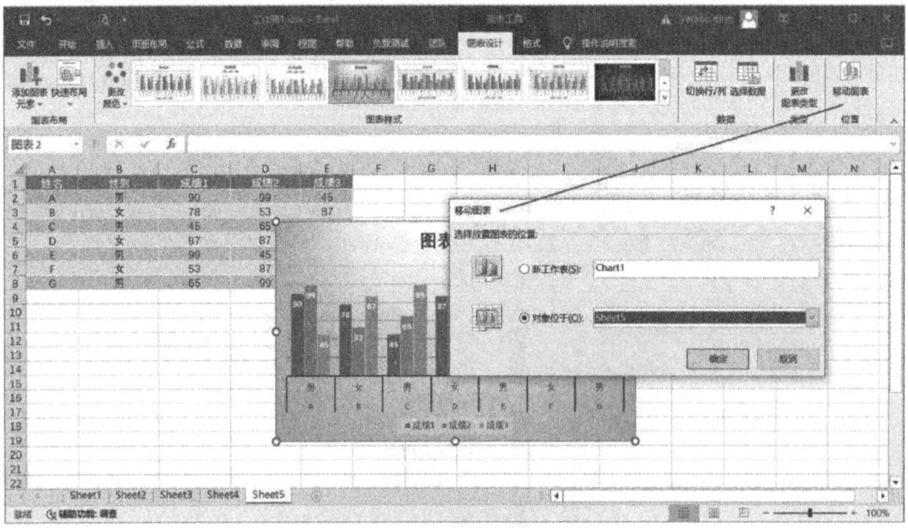

(a)“移动图表”对话框

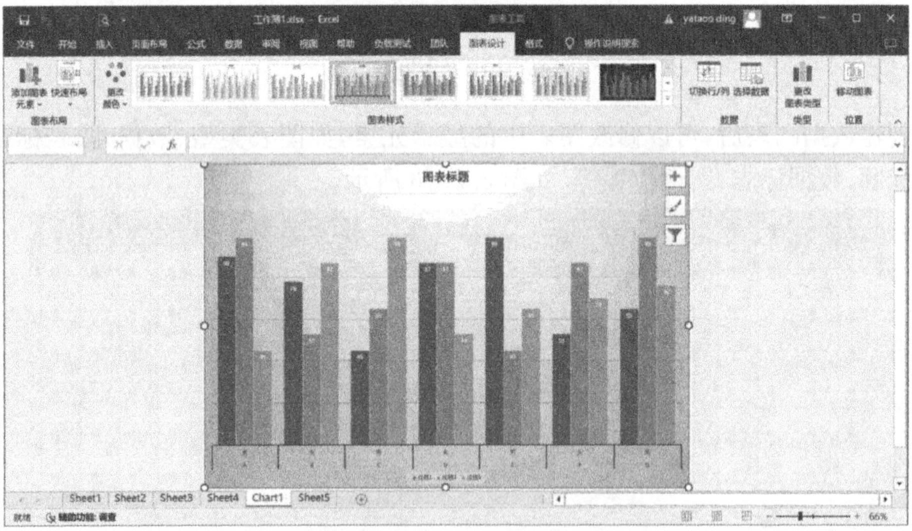

(b)“移动图表”结果

图 3.2.17 移动图表

图表区是整个图表所占的区域。而绘图区则是图表区中较小的一部分，是以两条坐标轴为界，包含刻度线及全部数据序列的矩形区域。

修改图表类型或布局时，可能会显示其他元素，如图 3.2.18 所示。

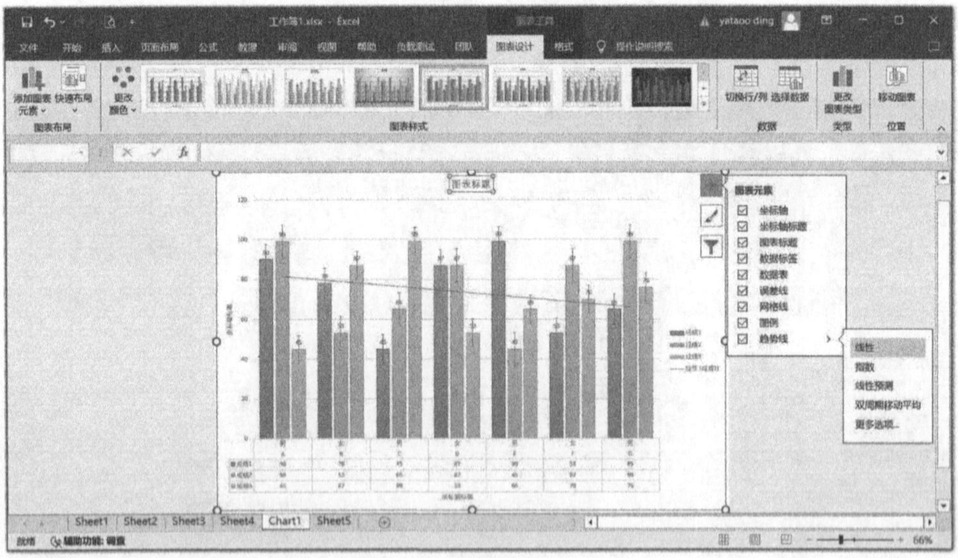

图 3.2.18 更改数据图表

7. 创建并编辑迷你图

迷你图是插入工作表单元格中的微型图表,可直观显示数据。使用迷你图可以显示一系列数值的趋势,还可以突出显示最大值和最小值。

与 Excel 工作表中插入的图表不同,迷你图不是对象,而是一个嵌在单元格中的微型图表,因此,可以在包含迷你图的单元格中输入文本,将迷你图作为背景。

通过在数据旁插入迷你图,可以清晰简明地显示相邻数据的变化趋势,当数据发生更改时,迷你图中会立刻反映相应的变化。此外,通过在包含迷你图的单元格上使用填充柄,可以快速为后续数据创建迷你图。在打印包含迷你图的工作表时,迷你图也会被一同打印。

下面以“2024 年图书销售情况表”工作簿为例来介绍如何创建一个迷你图。

步骤 1:打开“2024 年图书销售情况表”工作簿。

步骤 2:选中要插入迷你图的单元格 N3,在“插入”选项卡中的“迷你图”组中选择“折线”,打开“创建迷你图”对话框,如图 3.2.19 所示。

步骤 3:在“数据范围”框中,输入或选择作为迷你图数据源的单元格区域B3:M3,在“位置范围”框中输入或选择迷你图的放置位置,此处保持默认设置。

步骤 4:单击“确定”按钮,迷你图即被插入指定的单元格 N3 中,如图 3.2.20 所示。

步骤 5:拖动 N3 单元格的填充柄至 N9,可为其他书籍生成“销售趋势”迷你图,如图 3.2.21 所示。

当在工作表上选择某个已经创建的迷你图时,功能区将会显示“迷你图”选项卡,如图 3.2.22 所示。通过该选项卡,用户可以更改迷你图类型,设置迷你图格式,显示或隐藏折线迷你图上的数据点,设置迷你图中的垂直轴的格式等操作,也可清除迷你图。

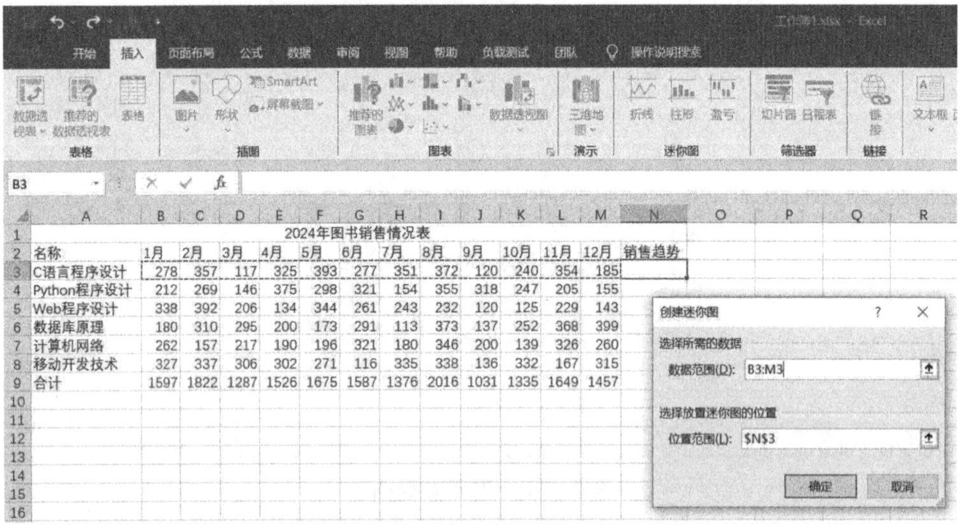

图 3.2.19 "创建迷你图"对话框

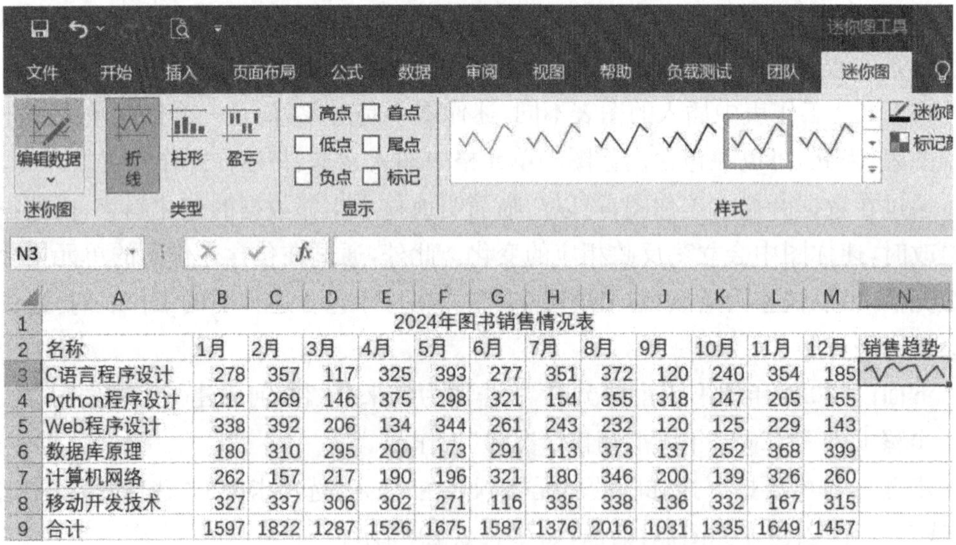

图 3.2.20 《C 语言程序设计》销售趋势迷你图

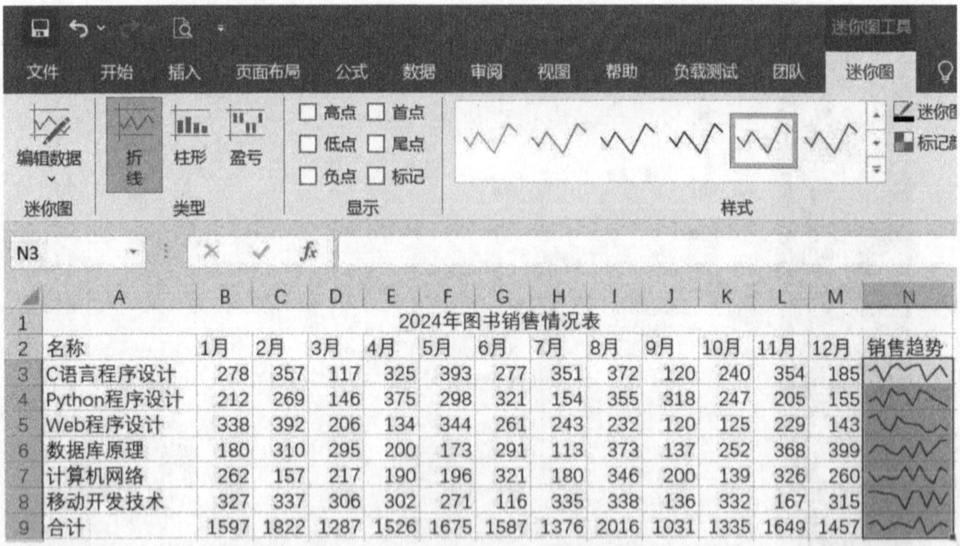

图 3.2.21　“销售趋势”迷你图

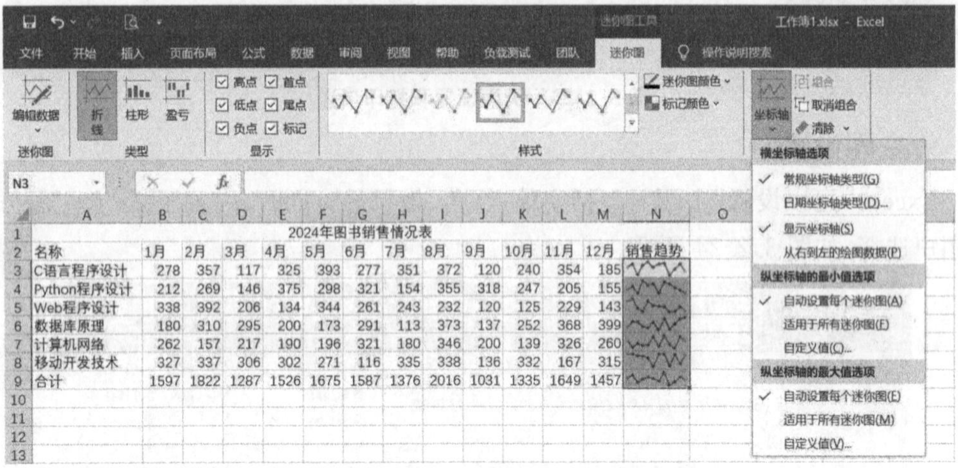

图 3.2.22　“迷你图工具”选项卡

8. 页面设置和打印设置

页面设置主要包含“页面”“页边距”“页眉页脚”和“工作表”的设置。大部分操作与 Word 中的页面设置相似，在此不再赘述。

“页面”选项卡主要用于设置方向、打印时的缩放比例、纸张大小和打印质量。缩放方式有两种：一是按比例缩放，最小为实际尺寸的 10%，最大为 400%；二是调整打印的页宽与页高。例如，要将工作表以 75% 的比例打印输出，则在“页面设置”对话框的“缩放”区域设置缩放比例为 75%。

打印设置可以设置打印机、打印份数、页数范围、打印选定区域、打印顺序、纸张大小、页边距及缩放等，在预览窗格可以查看打印效果，如图 3.2.23 所示。

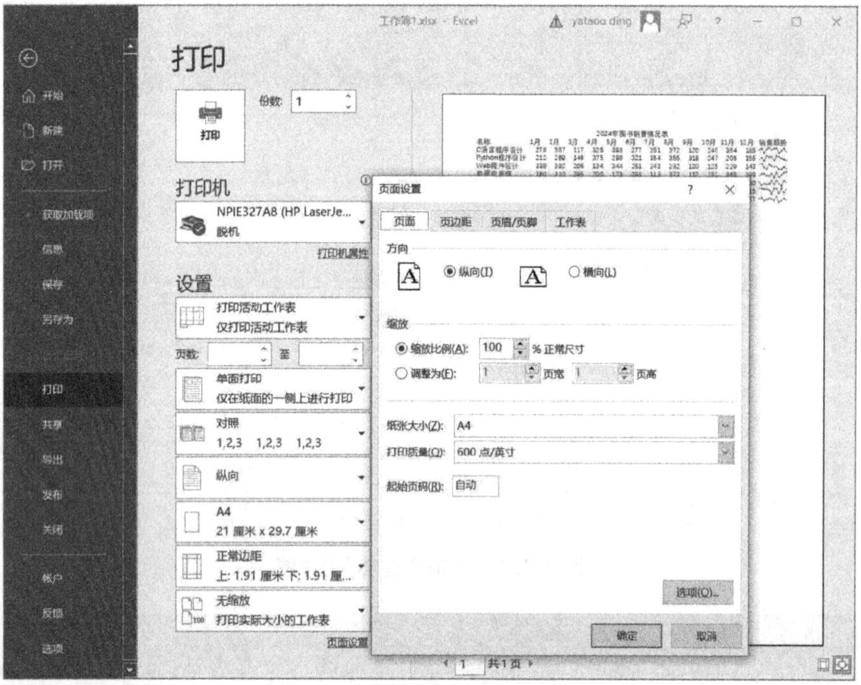

图 3.2.23 页面设置和打印设置

9. 主题设置

Excel 中可以设置“主题”，包括字体、颜色、效果等。同时，内置了 31 套主题方案供用户选择，如图 3.2.24 所示。

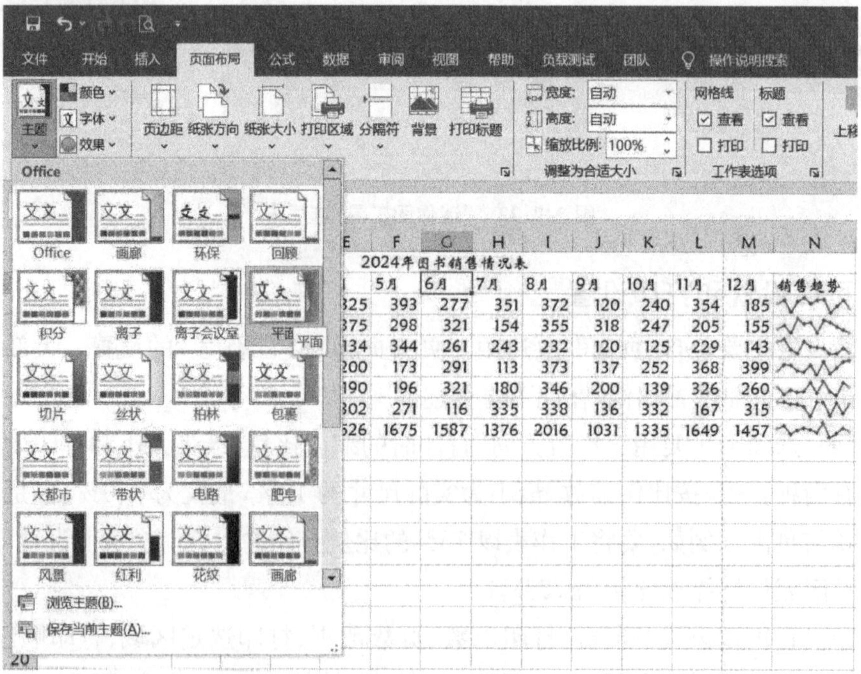

图 3.2.24 主题设置

10. 其他高级操作

1)内置函数

Excel 内置了丰富的函数,充分利用这些函数可以为数据的计算带来很多便利。

例如,假设 A1:A10 单元格区域包含字母 A、B、C、D,需在下方的单元格统计显示这些字母的个数,如图 3.2.25 所示。

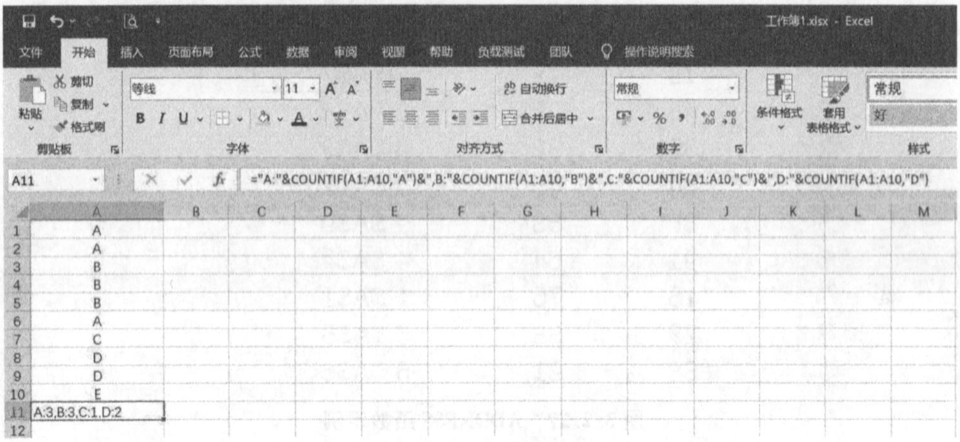

图 3.2.25　COUNTIF 函数示例

操作方法:在 A11 中输入公式

="A:"&COUNTIF(A1:A10,"A")&",B:"&COUNTIF(A1:A10,"B")&",C:"&COUNTIF(A1:A10,"C")&",D:"&COUNTIF(A1:A10,"D")

公式中,"&"是连接运算符,COUNTIF(A1:A10,"A")用于统计 A1:A10 区域内字母 A 的个数。字母 B、C、D 的统计结果前面加了一个","作为分隔符。类似的函数还有 SUMIF、AVERAGEIF 等。

再如,要求能查找 B 列数据在 A 列中的顺序号,如图 3.2.26 所示。

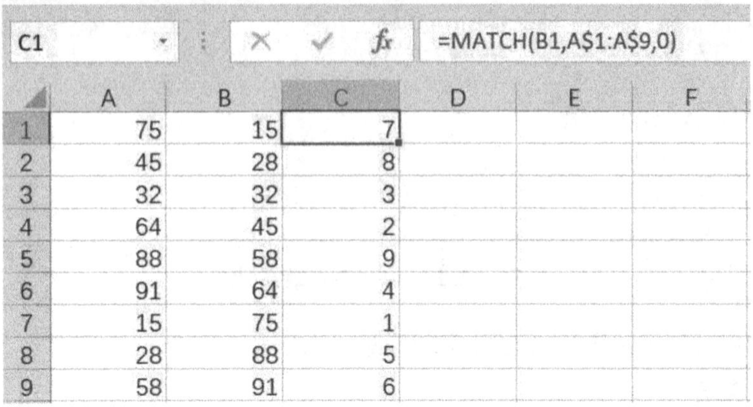

图 3.2.26　MATCH 函数示例

操作方法:在 C1 单元格输入公式"=MATCH(B1,A$1:A$9,0)",然后复制公式至 C9 单元格即可。MATCH 函数可以查找匹配值在数组中的相对位置。“A＄1：A＄9”的列标使用了绝对地址，确保复制公式后指向相同的区域。

Excel 还包含许多其他函数，有些函数可以实现特殊的转换功能。

例如，ADDRESS 可以显示地址引用，如图 3.2.27 所示。

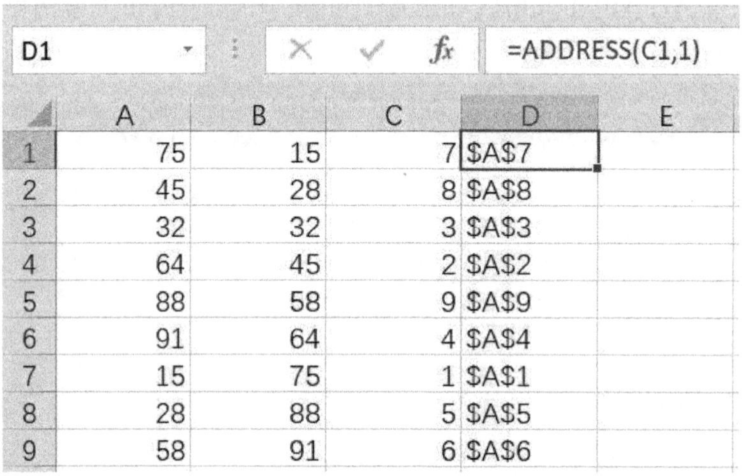
D1 =ADDRESS(C1,1)

	A	B	C	D	E
1	75	15	7	$A$7	
2	45	28	8	$A$8	
3	32	32	3	$A$3	
4	64	45	2	$A$2	
5	88	58	9	$A$9	
6	91	64	4	$A$4	
7	15	75	1	$A$1	
8	28	88	5	$A$5	
9	58	91	6	$A$6	

图 3.2.27　ADDRESS 函数示例

再如，使用 MAX 和 IF 函数的组合求最高分。在图 3.2.28 所示的 G2 单元格输入：

=MAX(IF(B＄2:B＄8=F2,C＄2:C＄8))

同时按下 Ctrl+Shift+Enter，公式外自动加一对花括号{}，“IF(B＄2:B＄8=F2,C＄2:C＄8)”构成数组{80,False,96,False,59,False,30}。

取最大值为 96。

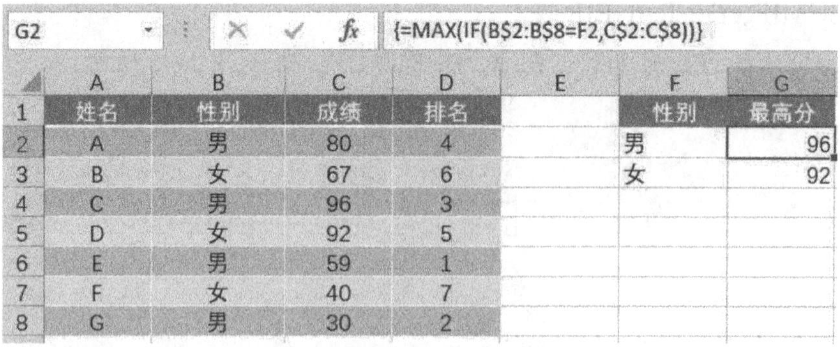
G2 {=MAX(IF(B$2:B$8=F2,C$2:C$8))}

	A	B	C	D	E	F	G
1	姓名	性别	成绩	排名		性别	最高分
2	A	男	80	4		男	96
3	B	女	67	6		女	92
4	C	男	96	3			
5	D	女	92	5			
6	E	男	59	1			
7	F	女	40	7			
8	G	男	30	2			

图 3.2.28　按性别取最高分

使用 MIN 和 IF 函数组合也可实现取最低分。

2)快速填充

如图 3.2.29 所示，选中 B2 单元格，输入“500”，然后执行快速填充操作，得到如图 3.2.30 所示的结果。

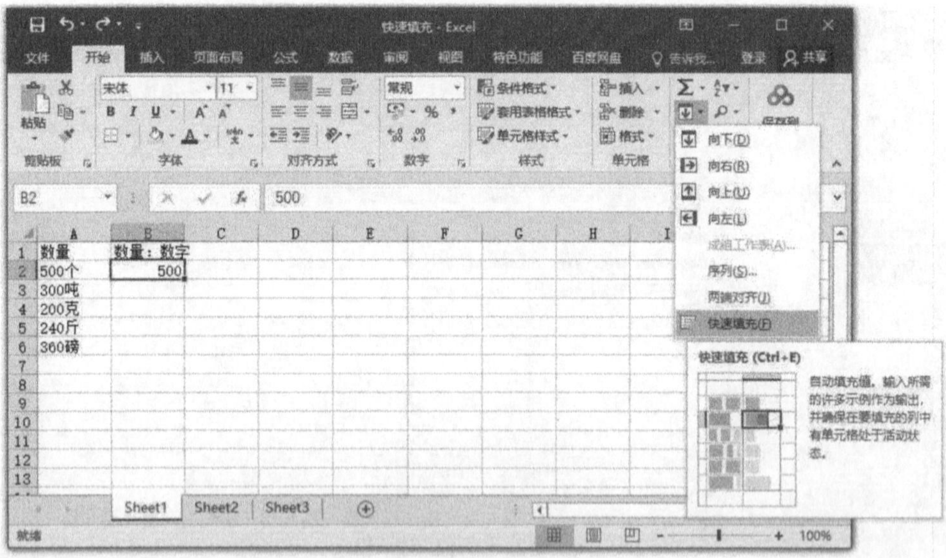

图 3.2.29　快速填充操作

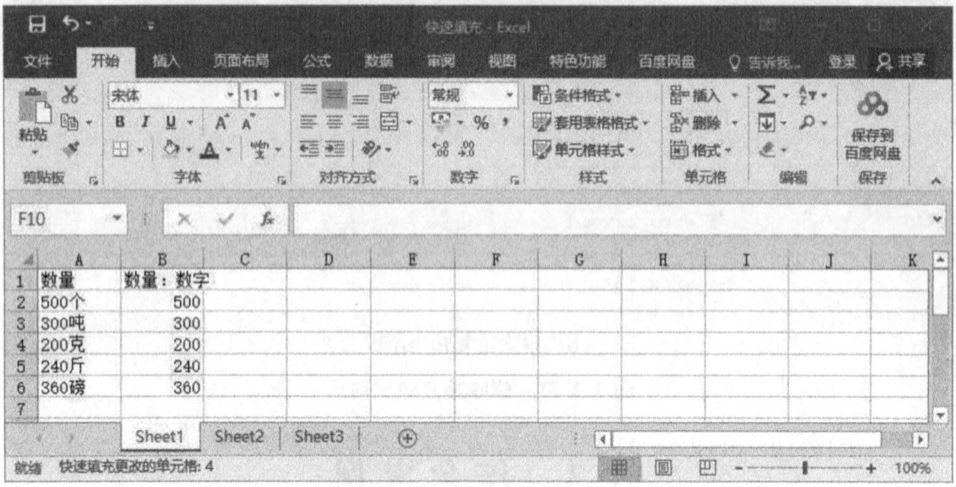

图 3.2.30　快速填充后效果

快速填充功能使 B 列显示了 A 列去除汉字单位后的数字。

3)删除重复值

要删除图 3.2.31 所示工作表中的重复值，可单击“数据”选项卡下“数据工具”组中的“删除重复值”按钮，根据对话框进行选择，结果如图 3.2.31(b)所示。

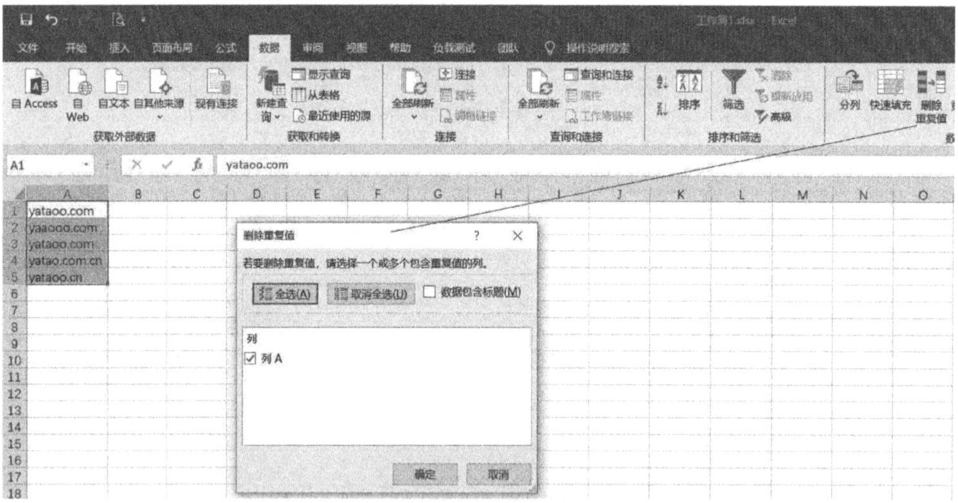

(a)"删除重复值"对话框

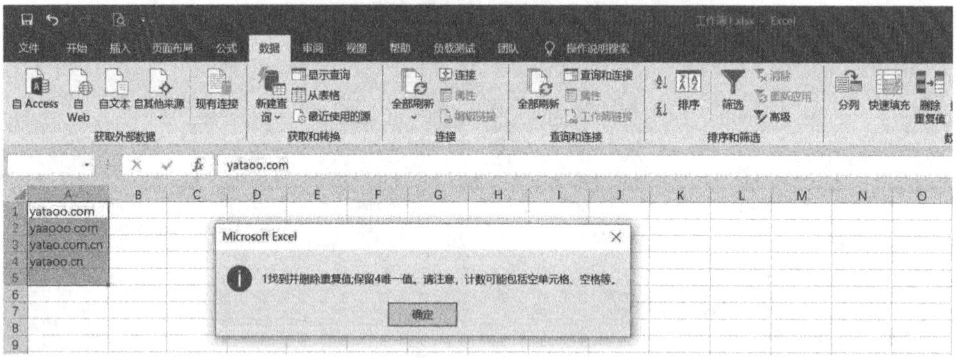

(b)"删除重复值"结果

图 3.2.31 删除重复数据前后

3.3 综合案例

3.3.1 工资表计算并分类汇总

某公司 2024 年 2 月工资表(表名为"2024 年 2 月")数据如图 3.3.1 所示。

1. 要求

请根据下列要求对该工资表进行整理和分析(提示:本题中若出现排序问题则采用升序方式)。

(1)通过合并单元格,将表名"2024 年 2 月员工工资表"置于整个表的上端,居中,并调整字体、字号。

(2)在"序号"列中分别填入 1 至 15,将其数据格式设置为数值、保留 0 位小数、居中。

(3)将“基础工资”及其右侧各列设置为会计专用格式、保留 2 位小数、无货币符号。

	A	B	C	D	E	F	G	H	I	J	K	L	M
1	2024年2月员工工资表												
2	序号	员工工号	姓名	部门	基础工资	奖金	补贴	扣除病事假	应付工资合计	扣除社保	应纳税所得额	应交个人所得税	实发工资
3		HF001	冯晓明	管理	41040	1000	300	300	42040	500	38040		
4		HF002	韩亮	管理	36900		300	320	36880	320	33060		
5		HF003	翁佳琪	行政	12870	1000	300		14170	320	10350		
6		HF004	刘丽彦	人事	6050		300	100	6250	320	2430		
7		HF005	陈羽	研发	6510		300		6810	320	2990		
8		HF006	赵旭	管理	6690	1000	300		7990	320	4170		
9		HF007	王寅	管理	10960		300		11260	320	7440		
10		HF008	刘俊宾	研发	16000	1000	300	180	17120	320	13300		
11		HF009	袁帅	销售	4260		300	200	4360	320	540		
12		HF010	张禹心	研发	5910		300	500	5710	320	1890		
13		HF011	赵京涛	销售	5430	1000	300		6730	320	2910		
14		HF012	丁妍	研发	3290		300		3590	320	0		
15		HF013	张瀛澜	管理	12830	1000	300		14130	320	10310		
16		HF014	王彪	行政	5040		300		5340	320	1520		
17		HF015	谭丽彬	管理	9880		300		10180	320	6360		

图 3.3.1　工资表数据

(4)调整表格各列宽度、对齐方式，以使其更加美观。并设置纸张大小为 A4、横向，整个工作表需调整在一个打印页内。

(5)参考第 3 章素材示例文件夹下的“工资薪金所得税率.xlsx”，利用 IF 函数计算“应交个人所得税”列。(提示：应交个人所得税＝应纳税所得额×对应税率－对应速算扣除数)

(6)利用公式计算“实发工资”列，公式为：实发工资＝应付工资合计－扣除社保－应交个人所得税。

(7)复制工作表“2024 年 2 月”，将副本放置到原表的右侧，并命名为“分类汇总”。

(8)在“分类汇总”工作表中通过分类汇总功能求出各部门“应付工资合计”的总和、“实发工资”的总和，每组数据不分页。

2. 操作步骤

(1)通过合并单元格，将表名“2024 年 2 月员工工资表”置于整个表的上端，居中，并调整字体、字号。

步骤 1：将 A1～M1 合并居中。

步骤 2：设置字体为“黑体”，字号为 20(也可选择其他字体、字号)。

效果如图 3.3.2 所示。

(2)在“序号”列中分别填入 1 至 15，将其数据格式设置为数值、保留 0 位小数、居中。

步骤 1：在 A3 单元格中输入 1，向下填充(按住 Ctrl，拖动填充柄)。

步骤 2：选中 A3～A17 单元格，设置单元格格式为数值，保留 0 位小数。

2024年2月员工工资表

序号	员工工号	姓名	部门	基础工资	奖金	补贴	扣除病事假	应付工资合计	扣除社保	应纳税所得额	应交个人所得税	实发工资
	HF001	冯晓明	管理	41040	1000	300	300	42040	500	38040		
	HF002	韩亮	管理	36900		300	320	36880	320	33060		
	HF003	翁佳琪	行政	12870	1000	300		14170	320	10350		
	HF004	刘丽彦	人事	6050		300	100	6250	320	2430		
	HF005	陈羽	研发	6510		300		6810	320	2990		
	HF006	赵旭	管理	6690	1000	300		7990	320	4170		
	HF007	王寅	管理	10960		300		11260	320	7440		
	HF008	刘俊宾	研发	16000	1000	300	180	17120	320	13300		
	HF009	袁帅	销售	4260		300	200	4360	320	540		
	HF010	张禹心	研发	5910		300	500	5710	320	1890		
	HF011	赵京涛	销售	5430	1000	300		6730	320	2910		
	HF012	丁妍	研发	3290		300		3590	320	0		
	HF013	张瀛澜	管理	12830	1000	300		14130	320	10310		
	HF014	王彪	行政	5040		300		5340	320	1520		
	HF015	谭丽彬	管理	9880		300		10180	320	6360		

图 3.3.2　设置表名格式

效果如图 3.3.3 所示。

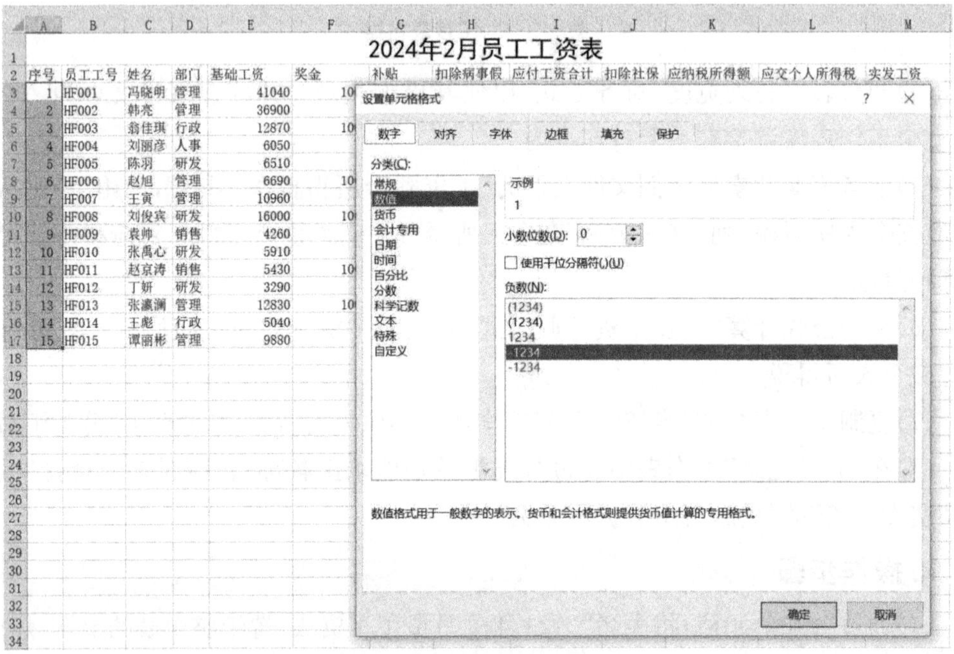

图 3.3.3　设置序号列格式

(3)将“基础工资”及其右侧各列设置为会计专用格式、保留 2 位小数、无货币符号。

步骤 1:选中 E3:M17 区域。

步骤 2:设置单元格格式为会计专用格式、保留 2 位小数、无货币符号。

效果如图 3.3.4 所示。

(4)调整表格各列宽度、对齐方式,使显示更加美观。并设置纸张大小为 A4、横向,整个工作表需调整在一个打印页内。

步骤 1:根据表格外观,适当调整列宽,避免数字区域出现“#”,尽量减少多余的空间。

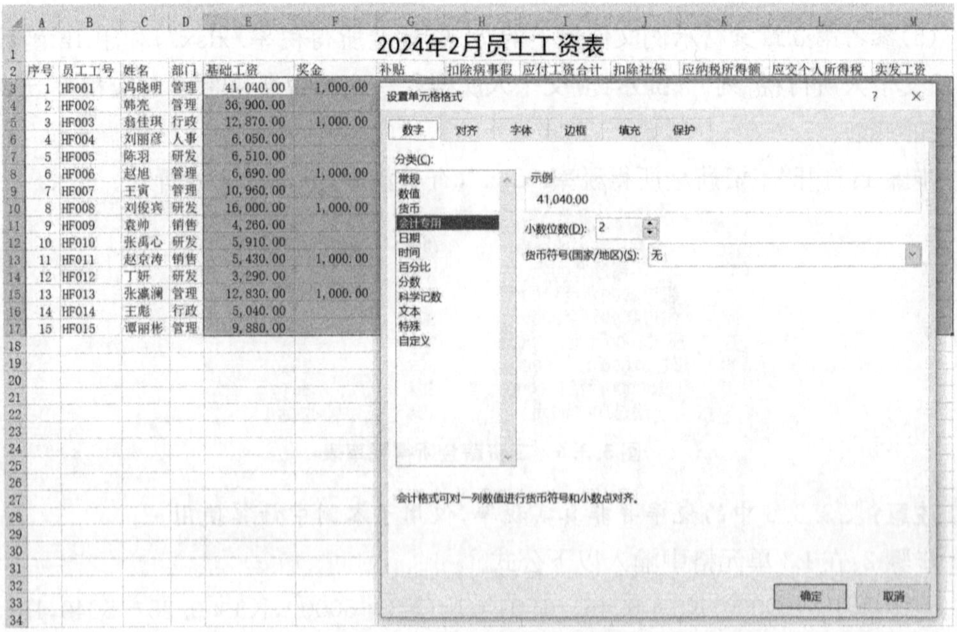

图 3.3.4　设置会计专用格式

步骤 2：在“页面布局”中设置纸张大小为 A4、纸张方向为横向，确保内容在一个打印页中。

效果如图 3.3.5 所示。

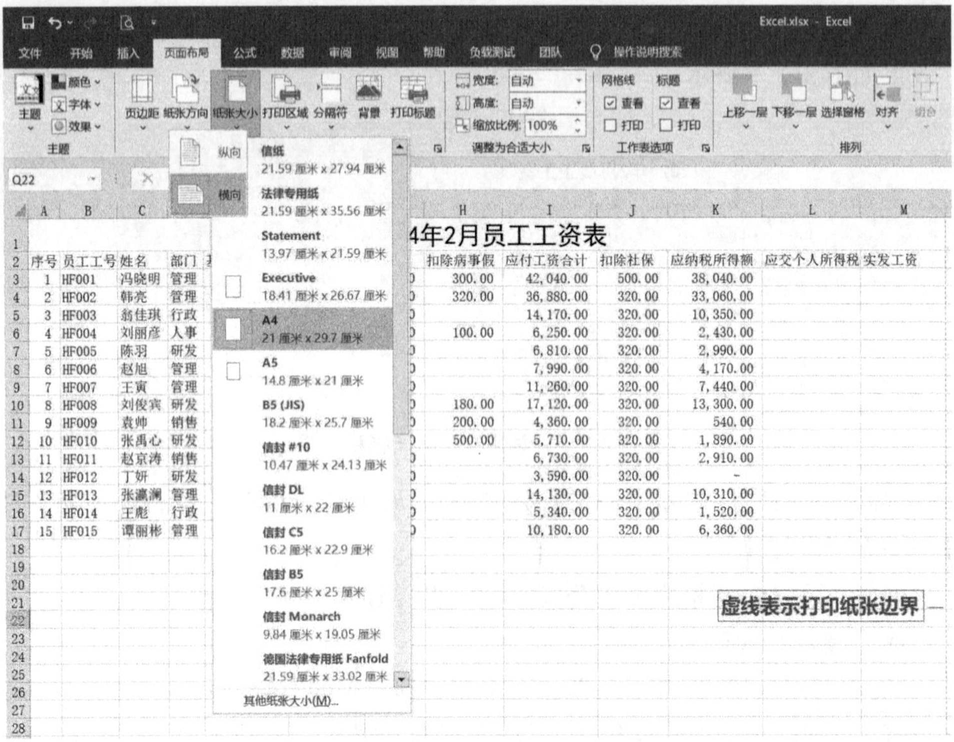

图 3.3.5　页面设置

(5)参考第 3 章素材示例文件夹下的“工资薪金所得税率. xlsx”,利用 IF 函数计算“应交个人所得税”列。(提示:应交个人所得税＝应纳税所得额×对应税率－对应速算扣除数)。

步骤 1:打开“工资薪金所得税率. xlsx”,查看数据,如图 3.3.6 所示。

	A	B	C
1	全月应纳税所得额	税率	速算扣除数（元）
2	不超过2000元	3%	0
3	超过2000元至4000元	10%	140
4	超过4000元至8000元	20%	540
5	超过8000元至32000元	25%	940
6	超过32000元至50000元	30%	2540
7	超过50000元至100000元	35%	5040
8	超过100000元	45%	15040

图 3.3.6　工资薪金所得税率表

注意:表 3.3.6 中的税率并非真实税率,仅用于本例中计算使用。

步骤 2:在 L3 单元格中输入以下公式。

＝IF(K3＞100000,K3＊0.45－15040,IF(K3＞50000,K3＊0.35－5040,IF(K3＞32000,K3＊0.3－2540,IF(K3＞8000,K3＊0.25－940,IF(K3＞4000,K3＊0.2－540,IF(K3＞2000,K3＊0.1－140,K3＊0.03))))))

说明:公式虽然看上去较长,但其实只是 IF 函数的多重嵌套,例如,对于 K3＞100000 的条件,满足则计算 K3＊0.45－15040,不满足则继续判断后续条件。

步骤 3:拖动 L3 单元格右下方的填充柄,复制公式至 L4～L17 单元格。

效果如图 3.3.7 所示。

L3　=IF(K3>100000,K3*0.45-15040,IF(K3>50000,K3*0.35-5040,IF(K3>32000,K3*0.3-2540,IF(K3>8000,K3*0.25-940,IF(K3>4000,K3*0.2-540,IF(K3>2000,K3*0.1-140,K3*0.03))))))

	A	B	C	D	E	F	G	H	I	J	K	L	M
1	2024年2月员工工资表												
2	序号	员工工号	姓名	部门	基础工资	奖金	补贴	扣除病事假	应付工资合计	扣除社保	应纳税所得额	应交个人所得税	实发工资
3	1	HF001	冯晓明	管理	41,040.00	1,000.00	300.00	300.00	42,040.00	500.00	38,040.00	8,872.00	
4	2	HF002	韩亮	管理	36,900.00		300.00	320.00	36,880.00	320.00	33,060.00	7,378.00	
5	3	HF003	翁佳琪	行政	12,870.00	1,000.00	300.00		14,170.00	320.00	10,350.00	1,647.50	
6	4	HF004	刘丽彦	人事	6,050.00		300.00	100.00	6,250.00	320.00	2,430.00	103.00	
7	5	HF005	陈羽	研发	6,510.00		300.00		6,810.00	320.00	2,990.00	159.00	
8	6	HF006	赵旭	管理	6,690.00	1,000.00	300.00		7,990.00	320.00	4,170.00	294.00	
9	7	HF007	王寅	管理	10,960.00		300.00		11,260.00	320.00	7,440.00	948.00	
10	8	HF008	刘俊宾	研发	16,000.00	1,000.00	300.00	180.00	17,120.00	320.00	13,300.00	2,385.00	
11	9	HF009	袁帅	销售	4,260.00		300.00	200.00	4,360.00	320.00	540.00	16.20	
12	10	HF010	张禹心	研发	5,910.00		300.00	500.00	5,710.00	320.00	1,890.00	56.70	
13	11	HF011	赵京涛	销售	5,430.00	1,000.00	300.00		6,730.00	320.00	2,910.00	151.00	
14	12	HF012	丁妍	研发	3,290.00		300.00		3,590.00	320.00	-	-	
15	13	HF013	张瀛澜	管理	12,830.00	1,000.00	300.00		14,130.00	320.00	10,310.00	1,637.50	
16	14	HF014	王彪	行政	5,040.00		300.00		5,340.00	320.00	1,520.00	45.60	
17	15	HF015	谭丽彬	管理	9,880.00		300.00		10,180.00	320.00	6,360.00	732.00	

图 3.3.7　计算应交个人所得税结果

(6)利用公式计算“实发工资”列,公式为:实发工资＝应付工资合计－扣除社保－应交个人所得税。

步骤 1:在 M3 单元格中输入公式“＝I3－J3－L3”。

步骤 2:复制公式至 M4～M17。

(7)复制工作表“2024 年 2 月”,将副本放置到原表的右侧,并命名为“分类汇总”。

步骤 1:右击工作表“2024 年 2 月”的表标签,选择“移动或复制”命令,在弹出的“移动或复制工作表”对话框中选择“移至最后”,勾选“建立副本”复选框,如图 3.3.8

所示。

步骤 2:双击工作表“2024 年 2 月”副本的表标签,将其改名为“分类汇总”。

图 3.3.8　复制工作表

(8)在“分类汇总”工作表中通过分类汇总功能求出各部门“应付工资合计”的总和、“实发工资”的总和,每组数据不分页。

步骤 1:按部门排序。

步骤 2:在“数据”选项卡下的“分级显示”选项组中单击“分类汇总”按钮,在弹出的“分类汇总”对话框中设置分类字段为“部门”,汇总方式为“求和”,汇总项选择“应付工资合计”和“实发工资”,单击“确定”按钮,效果如图 3.3.9 所示。

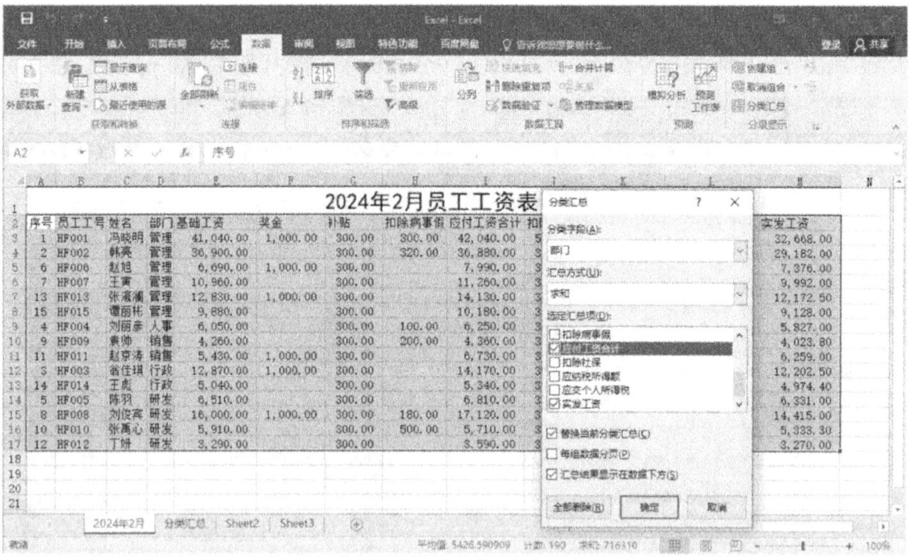

(a)"分类汇总"对话框

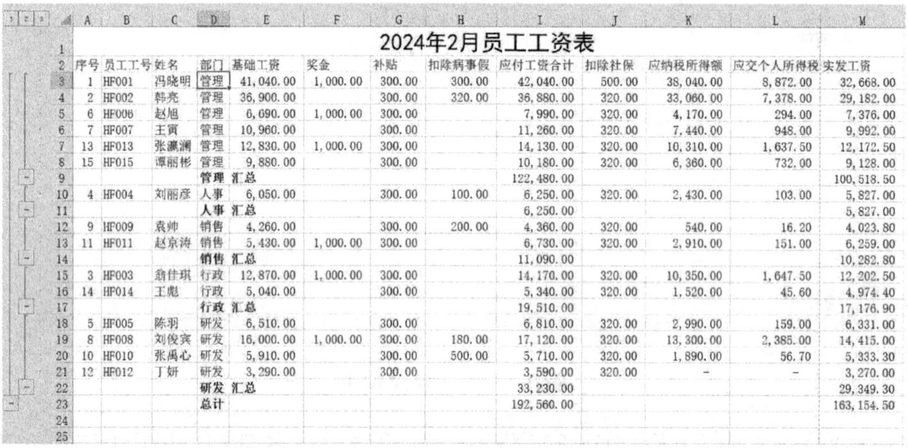

(b)分类汇总结果

图 3.3.9 工资表分类汇总

3.3.2 成绩单整理与分析

现有三个班级的部分学生成绩录入在名为"期末成绩.xlsx"的 Excel 工作簿文档中。数据如图 3.3.10 所示。

1. 要求

请根据下列要求对该成绩表进行整理和分析。

(1)请对"期末成绩"工作表进行格式调整，通过套用表格格式方法将所有的成绩记录调整为一致的外观格式，并对该工作表"期末成绩"中的数据列表进行格式化操作：将第一列"学号"列设为文本格式，将所有成绩列设为保留两位小数的数值，设置对齐方式，增加适当的边框和底纹以使工作表更加美观。

	A	B	C	D	E	F	G	H	I	J
1	学号	姓名	性别	班级	数学	英语	计算机网络	C语言	总分	平均分
2	201401005		女	1班	35	50	68	76	229	57.25
3	201401002		女	1班	47	50	39	71	207	51.75
4	201401004		女	1班	79	80	90	87	336	84
5	201401003		男	1班	80	90	98	80	348	87
6	201401001		男	1班	81	80	90	80	331	82.75
7	201402005		男	2班	60	80	53	87	280	70
8	201402007		女	2班	70	80	75	88	313	78.25
9	201402004		女	2班	78	92	94	85	349	87.25
10	201402003		男	2班	86	88	49	80	303	75.75
11	201402006		男	2班	86	88	85	79	338	84.5
12	201402002		男	2班	87	85	90	60	322	80.5
13	201402001		女	2班	90	80	92	68	330	82.5
14	201403003		男	3班	56	42	78	40	216	54
15	201403004		男	3班	56	88	85	90	319	79.75
16	201403001		男	3班	58	57	70	90	275	68.75
17	201403006		女	3班	78	80	92	88	338	84.5
18	201403002		女	3班	88	80	86	85	339	84.75
19	201403005		男	3班	92	72	96	98	358	89.5

	A	B
1	学号	姓名
2	201401001	谭丽彬
3	201401002	孙贵斌
4	201401003	王岩
5	201401004	倪志峰
6	201401005	田秀伟
7	201402001	钱国余
8	201402002	陶婷婷
9	201402003	高泽世
10	201402004	杨兴涛
11	201402005	王欠
12	201402006	张艳雪
13	201402007	翟超
14	201403001	汤宏亮
15	201403002	刘静静
16	201403003	时瑞强
17	201403004	张晓璇
18	201403005	韩璐
19	201403006	张子卫

图 3.3.10　基础数据(期末成绩表和学号姓名对照表)

(2)利用“条件格式”功能进行下列设置：将数学、外语、计算机网络、C 语言四科中低于 60 分的成绩所在的单元格以一种颜色填充，所用颜色深浅以不遮挡数据为宜。

(3)分别利用 SUM 和 AVERAGE 函数计算每个学生的总分及平均成绩。

(4)学号第 5、6 位代表学生所在的班级，例如：“201402001”代表 14 级 02 班。请通过函数提取每个学生所在的班级并按下列对应关系填写在“班级”列中。

“学号”的第 5、6 位	对应班级
01	1 班
02	2 班
03	3 班

(5)根据学号，请在“期末成绩”工作表的“姓名”列中，使用 VLOOKUP 函数完成姓名的自动填充。“姓名”和“学号”的对应关系在“学号姓名对照”工作表中。

(6)将“期末成绩”内容表复制至 Sheet3，并重命名为“成绩分类汇总表”。通过分类汇总功能求出每个班各科成绩的最大值，并将汇总结果显示在数据下方，并以分类汇总结果为基础，创建一个簇状条形图，对每个班各科最大值进行比较。

2. 操作步骤

(1)请对“期末成绩”工作表进行格式调整，通过套用表格格式方法将所有的成绩记录调整为一致的外观格式，并对该工作表“期末成绩”中的数据列表进行格式化操作：将第一列“学号”列设为文本格式，将所有成绩列设为保留两位小数的数值，设置对齐方式，增加适当的边框和底纹以使工作表更加美观。

步骤 1：套用表格式“表样式浅色 2”。

步骤 2：选中第一列，设置单元格格式，选择“文本”格式。

步骤 3:选择 E1:J19 区域,设置单元格格式,选择“数值”格式,保留两位小数,对齐方式设为“居中”,设置内外边框和底纹填充(颜色任选)。

效果如图 3.3.11 所示。

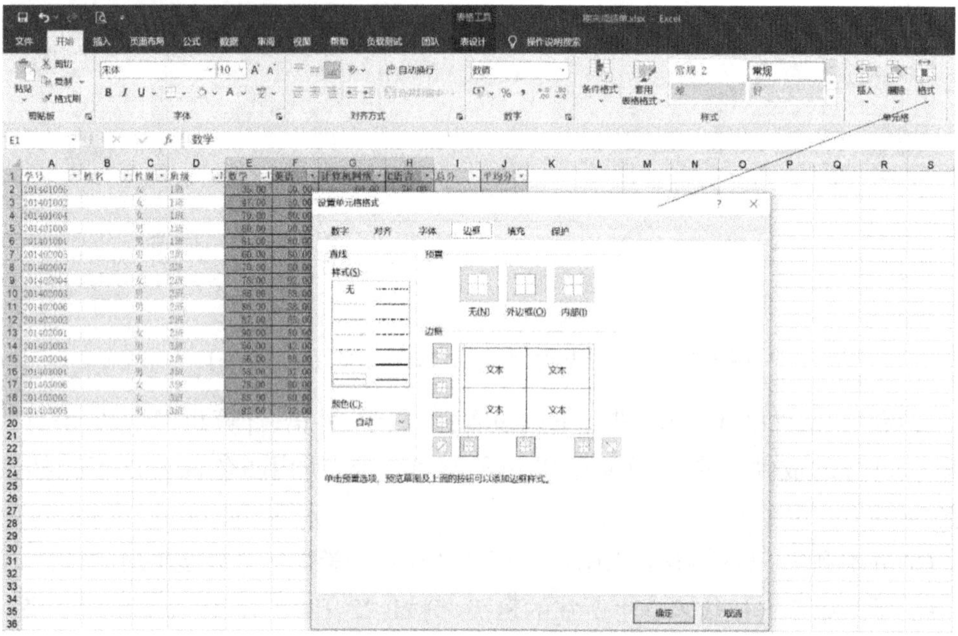

图 3.3.11 表格及单元格格式设置

(2)利用“条件格式”功能进行下列设置:将数学、外语、计算机网络、C 语言四科中低于 60 分的成绩所在的单元格以一种颜色填充,所用颜色深浅以不遮挡数据为宜。

步骤 1:选择 E2:H19 区域。

步骤 2:选择“条件格式”中的“突出显示单元格规则”命令,在打开的下拉列表中选择“小于”,弹出“小于”对话框,按图 3.3.12 所示界面进行设置。

(3)分别利用 SUM 和 AVERAGE 函数计算每一个学生的总分及平均成绩。

步骤 1:在 I2 单元格输入公式“=SUM(E2:H2)”,复制公式至 I3~I19。

步骤 2:在 J2 单元格输入公式“=AVERAGE(E2:H2)”,复制公式至 J3~J19。

效果如图 3.3.13 所示。

(4)学号第 5、6 位代表学生所在的班级,例如:“201402001”代表 14 级 02 班。请通过函数提取每个学生所在的班级并按下列对应关系填写在“班级”列中。

“学号”的第 5、6 位	对应班级
01	1 班
02	2 班
03	3 班

步骤 1：在 D2 单元格中输入公式“＝IF(MID(A2,5,2)＝"01","1 班",IF(MID(A2,5,2)＝"02","2 班","3 班"))”。

步骤 2：复制公式至 D3～D19。

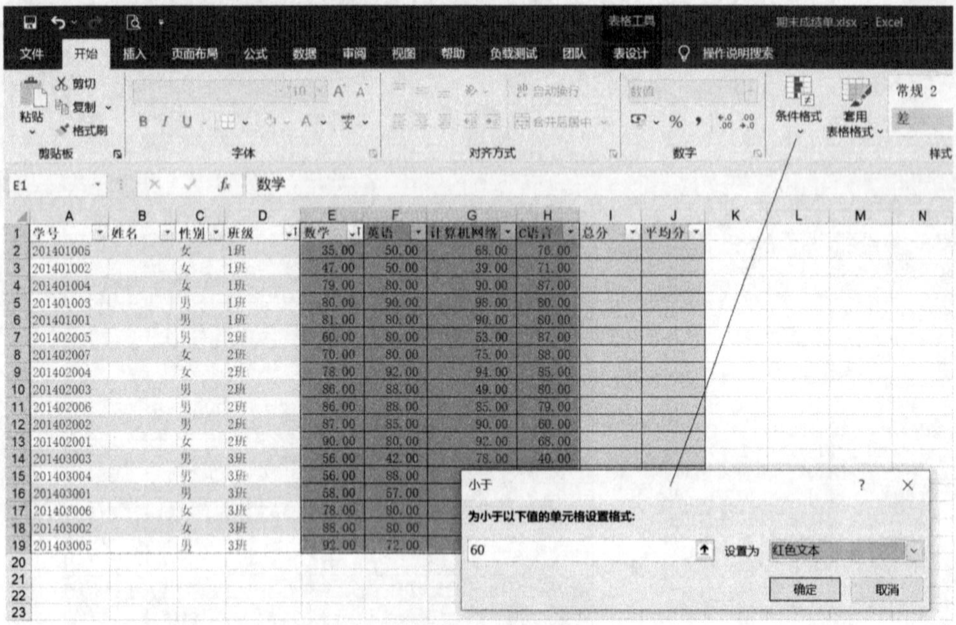

图 3.3.12　条件格式

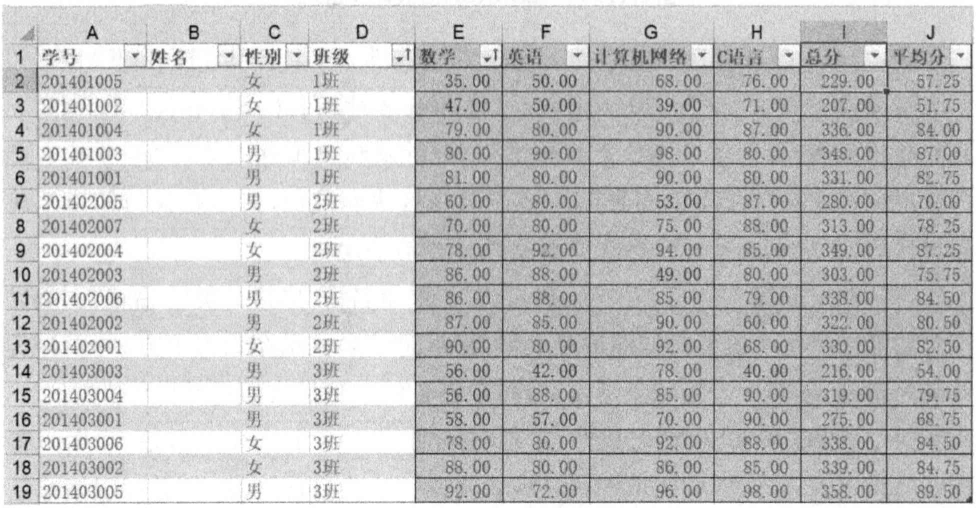

	学号	姓名	性别	班级	数学	英语	计算机网络	C语言	总分	平均分
2	201401005		女	1班	35.00	50.00	68.00	76.00	229.00	57.25
3	201401002		女	1班	47.00	50.00	39.00	71.00	207.00	51.75
4	201401004		女	1班	79.00	80.00	90.00	87.00	336.00	84.00
5	201401003		男	1班	80.00	90.00	98.00	80.00	348.00	87.00
6	201401001		男	1班	81.00	80.00	90.00	80.00	331.00	82.75
7	201402005		男	2班	60.00	80.00	53.00	87.00	280.00	70.00
8	201402007		女	2班	70.00	80.00	75.00	88.00	313.00	78.25
9	201402004		女	2班	78.00	92.00	94.00	85.00	349.00	87.25
10	201402003		男	2班	86.00	88.00	49.00	80.00	303.00	75.75
11	201402006		男	2班	86.00	88.00	85.00	79.00	338.00	84.50
12	201402002		男	2班	87.00	85.00	90.00	60.00	322.00	80.50
13	201402001		女	2班	90.00	80.00	92.00	68.00	330.00	82.50
14	201403003		男	3班	56.00	42.00	78.00	40.00	216.00	54.00
15	201403004		男	3班	56.00	88.00	85.00	90.00	319.00	79.75
16	201403001		男	3班	58.00	57.00	70.00	90.00	275.00	68.75
17	201403006		女	3班	78.00	80.00	92.00	88.00	338.00	84.50
18	201403002		女	3班	88.00	80.00	86.00	85.00	339.00	84.75
19	201403005		男	3班	92.00	72.00	96.00	98.00	358.00	89.50

图 3.3.13　计算总分和平均分

(5)根据学号,请在“期末成绩”工作表的“姓名”列中,使用 VLOOKUP 函数完成姓名的自动填充。“姓名”和“学号”的对应关系在“学号姓名对照”工作表中。

步骤 1:在 B2 单元格中输入公式“=VLOOKUP(A2,学号姓名对照表!$A$1:$B$19,2,FALSE)”。

步骤 2:复制公式至 B3～B19。

结果如图 3.3.14 所示。

学号	姓名	性别	班级	数学	英语	计算机网络	C语言	总分	平均分
201401005	田秀伟	女	1班	35.00	50.00	68.00	76.00	229.00	57.25
201401002	孙贵斌	女	1班	47.00	50.00	39.00	71.00	207.00	51.75
201401004	倪志峰	女	1班	79.00	80.00	90.00	87.00	336.00	84.00
201401003	王岩	男	1班	80.00	90.00	98.00	80.00	348.00	87.00
201401001	谭丽彬	男	1班	81.00	80.00	90.00	80.00	331.00	82.75
201402005	王欠	男	2班	60.00	80.00	53.00	87.00	280.00	70.00
201402007	翟超	女	2班	70.00	80.00	75.00	88.00	313.00	78.25
201402004	杨兴涛	女	2班	78.00	92.00	94.00	85.00	349.00	87.25
201402003	高淨世	男	2班	86.00	88.00	49.00	80.00	303.00	75.75
201402006	张艳雪	男	2班	86.00	88.00	85.00	79.00	338.00	84.50
201402002	陶婷婷	男	2班	87.00	85.00	90.00	60.00	322.00	80.50
201402001	钱国余	女	2班	90.00	80.00	92.00	68.00	330.00	82.50
201403003	时瑞强	男	3班	56.00	42.00	78.00	40.00	216.00	54.00
201403004	张晓璇	男	3班	56.00	88.00	85.00	90.00	319.00	79.75
201403001	汤宏亮	男	3班	58.00	57.00	70.00	90.00	275.00	68.75
201403006	张子卫	女	3班	78.00	80.00	92.00	88.00	338.00	84.50
201403002	刘静静	女	3班	88.00	80.00	86.00	85.00	339.00	84.75
201403005	韩璐	男	3班	92.00	72.00	96.00	98.00	358.00	89.50

图 3.3.14 VLOOKUP 函数计算结果

说明:“=VLOOKUP(A2,学号姓名对照表!$A$1:$B$19,2,FALSE)”中的“A2”是要查找的值,例如:201401001。“学号姓名对照表!$A$1:$B$19”表示查找的数据区域,由于该区域位于其他工作表,所以加上工作表名称“学号姓名对照表”,使用绝对地址“$A$1:$B$19”表示数据区域和范围,因为查找的范围是固定的数据区域,用绝对地址可以防止复制公式时自动修改。

(6)将“期末成绩”表内容复制至 Sheet3,并重命名为“成绩分类汇总表”。通过分类汇总功能求出每个班各科成绩的最大值,将汇总结果显示在数据下方,并以分类汇总结果为基础,创建一个簇状条形图,对每个班各科成绩最大值进行比较。

步骤 1:全选“期末成绩”表数据,复制粘贴到 Sheet3 工作表中,如果数据为筛选状态或已设定表格样式,则需取消筛选或者将其转换为普通区域(可通过表格标签进行操作)。

步骤 2:双击 Sheet3 的表标签,将其重命名为“成绩分类汇总表”。

步骤 3:单击“数据”选项卡下的“分级显示”选项组中的“分类汇总”按钮,在弹出的“分类汇总”对话框中设置分类字段为“班级”,汇总方式为“最大值”,并选中四门课,如图 3.3.15 所示。

步骤 4:按住 Ctrl 键,同时选中各班级的最大值汇总行,插入“簇状条形图”,结果如图 3.3.16 所示。

如果在选取数据时未按 Ctrl 键,而是选择所有数据,则插入的图表将包含较多的数据,导致图形复杂,数据特征不太明显。具体的操作步骤需要根据实际需求来设定。

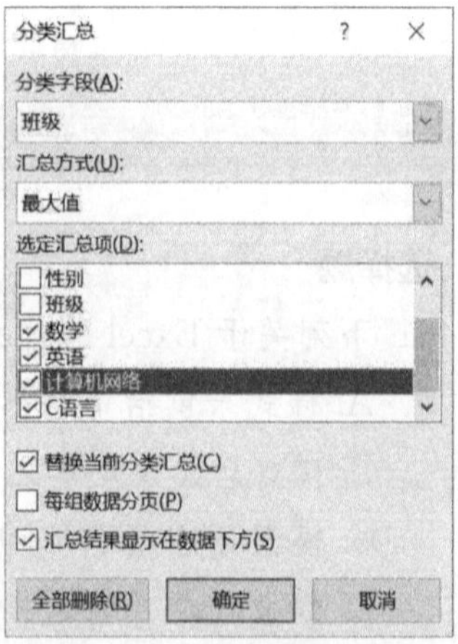

图 3.3.15　分类汇总设置

条形图的外观也可以调整,例如针对水平轴的标签,在选择数据源后,单击水平轴标签的编辑按钮,选择四门课的名称,单击确定即可,如图 3.3.17 所示。

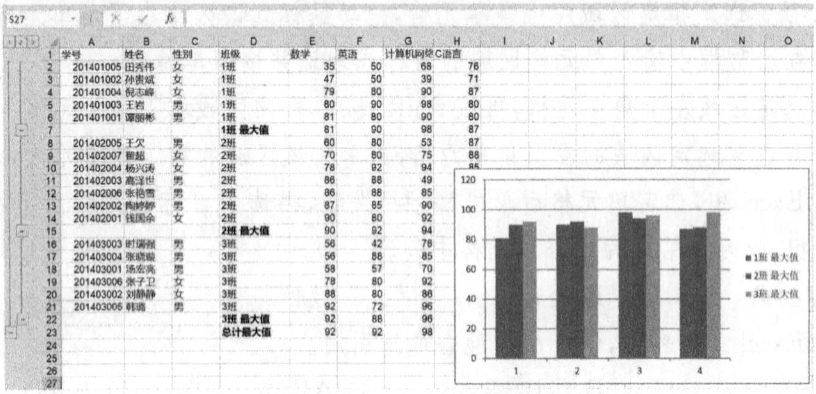

图 3.3.16　插入簇状条形图

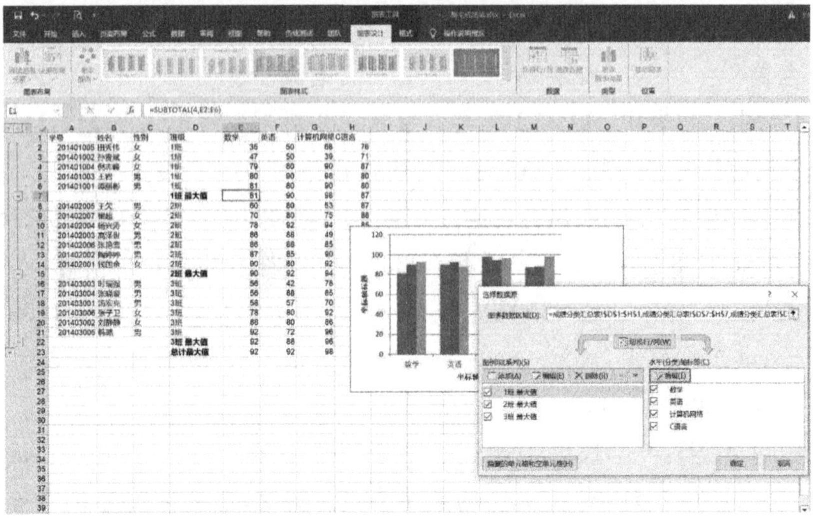

图 3.3.17　修改簇状条形图的水平轴标签

习题3

一、选择题

1. 下列关于 Excel 的样式与模板的叙述,正确的是(　　)。
   A. 样式只包括单元格格式的设定,模板则包括工作表的内容与所有格式
   B. 样式只能设定单元格格式,而模板则用来设定单元格的大小
   C. 模板与样式不同,但都只包括单元格格式的设定
   D. 模板就是样式的另一种叫法

2. 在 Excel 工作表中,不能进行操作的是(　　)。
   A. 恢复被删除的工作表　　B. 修改工作表名称
   C. 移动工作表　　D. 复制工作表

3. 在 Excel 中,关于选定单元格区域的说法,错误的是(　　)。
   A. 鼠标选定指定区域左上角单元格,拖动鼠标到该区域右下角单元格
   B. 在名称框中输入单元格区域的名称或地址并按回车键
   C. 选定区域左上角单元格,再按 Shift 键、单击该区域右下角单元格
   D. 单击要选定区域的左上角单元格,再单击该区域的右下角单元格

4. 在 Excel 中,选定单元格后单击"复制"按钮,再选中目标单元格后单击"粘贴"按钮,此时被粘贴的是源单元格中的(　　)。
   A. 公式　　B. 全部　　C. 数值　　D. 格式

5. 在 Excel 工作表中,(　　)是混合地址引用。
   A. C7　　B. $B$3　　C. A1　　D. $F8

6. 在 Excel 中,为了加快输入速度,在相邻单元格中输入"二月"到"十月"的连续字符时,可使用(　　)功能。
   A. 复制　　B. 移动　　C. 自动计算　　D. 自动填充

7. 在 Excel 工作表中,A1,A2 单元格中数据分别为 2 和 5,若选定 A1:A2 区域并向下拖动填充柄,则 A3:A6 区域中的数据序列为(　　)。
   A. 6,7,8,9　　B. 3,4,5,6　　C. 2,5,2,5　　D. 8,11,14,17

8. 要在 Excel 单元格中输入邮政编码 231000(字符型数据),应该输入(　　)。
   A. 231000'　　B. '231000　　C. 231000　　D. '231000'

9. 在 Excel 工作表中,表示一个以单元格 C5、N5、C8、N8 为四个顶点的单元格区域,正确的是(　　)。
   A. C5:C8:N5:N8　　B. C5:N8　　C. C5:C8　　D. N5:N8

10. 在 Excel 中,设定 A1 单元格的数字格式为数值,小数位数为 0,那么在 A1 单

元格中输入“78.88”时，A1 单元格的值显示为(　　)。

A. 78.88　　B. 78　　C. 79　　D. ERROR

11. 在 Excel 单元格内输入以“0”开头的数字字符串文本，如“00010406”，下述选项中输入方式正确的是(　　)。

A. 00010406　　B. =00010406　　C. '00010406　　D. "00010406

12. 在 Excel 中，以下图标是“插入函数”按钮的是(　　)。

A. Σ　　B. S　　C. f　　D. fx

13. 在 Excel 中，单元格输入以(　　)开始则认为该单元格的内容为公式。

A. !　　B. =　　C. *　　D. √

14. 在 Excel 中，在 A1 单元格中输入=4*5，则 A1 单元格将显示(　　)。

A. 4*5　　B. 20　　C. 4　　D. 5

15. 在 Excel 中，(　　)是计算求和的函数。

A. COUNT　　B. SUM　　C. MAX　　D. AVERAGE

16. 在 Excel 中，已知单元格 G2 中有公式“=SUM(C2:F2)”，将该单元格复制到单元格 G3 后，G3 单元格对应编辑栏中的内容为(　　)。

A. =SUM(C2:F2)　　B. =SUM(C3:F3)

C. SUM(C2:F2)　　D. SUM(C3:F3)

17. 某次水平考试成绩出来了，全校有 3000 多人参加考试，成绩都在同一张工作表中，工作表包含学号、姓名、准考证号、课程名、成绩等，现有一个教学班级为 90 人的成绩表，包含学号、姓名、课程名、成绩等数据，成绩数据来源于水平考试成绩表，在 Excel 中使用(　　)函数可以完成对这 90 人的成绩搜索。

A. IF　　B. SUMIF　　C. VLOOKUP　　D. COUNTIF

18. Excel 中公式“=(C1+C2+C3)/3”，可以转换为下列(　　)方式表示。

A. =SUM(C1:C3)　　B. =SUM(C1:C3)/C3

C. =AVERAGE(C1:C3)　　D. =AVERAGE(C1:C3)/3

19. Excel 工作表 G8 单元格的值为 9876.543，执行某些操作之后，在 G8 单元格中显示一串“#”符号，说明 G8 单元格的(　　)。

A. 公式有错，无法计算

B. 数据已经因操作失误而丢失

C. 显示宽度不够，只要适当调整宽度即可

D. 格式与类型不匹配，无法显示

20. 已知在一个 Excel 工作表中，“职务”列的四个单元格中的数据分别为“厅长”“处长”“科长”和“主任”，按字母升序排序的结果为(　　)。

A. 厅长、处长、主任、科长　　B. 科长、主任、处长、厅长

C. 处长、科长、厅长、主任　　D. 主任、处长、科长、厅长

21. 某 Excel 数据表记录了学生的六门课成绩，现要找出六门课成绩均不及格的同学，使用(　　)命令最为方便。

A. 查找　　B. 排序　　C. 筛选　　D. 定位

22. 对 Excel 工作表进行数据筛选操作后，表格中未显示的数据(　　)。

A. 已被删除，不能再恢复　　B. 已被删除，但可以恢复

C. 被隐藏起来，但未被删除　　D. 已被放置到另一个表格中

23. 在 Excel 中，能够很好地反映最近一段时间内数据变化趋势的图表类型是(　　)。

A. 饼图　　B. 折线图　　C. XY 散点图　　D. 柱形图

24. 在 Excel 2010 中，选取制作图表所需的数据区域，再按下 F11 键，就可以生成一个简单的柱形图。这种方法称为(　　)。

A. 使用图表向导创建图表　　B. 复制图表

C. 自动创建图表　　D. 快速创建图表

25. 在 A3、A4、B4、B5 四种纸张中，幅面最小的是(　　)。

A. A3　　B. A4　　C. B4　　D. B5

二、操作题

1. 背景与要求描述。

小李家在皖南，父母经营了一家土特产批发部，小李准备寒假利用所学计算机知识帮助父母整理账目，并按父母要求做相关销售信息的分析和汇总。

请你根据习题 3 二操作题-1 文件夹中的销售数据报表(“Excel. xlsx”文件)，帮助小李按照如下要求完成统计和分析工作。

(1)请对“订单明细”工作表进行格式调整，通过套用表格格式方法将所有的销售记录调整为一致的外观格式，并将“单价”列和“小计”列所包含的单元格调整为“会计专用”(人民币)数字格式。

(2)根据货物编号，请在“订单明细”工作表的“货物名称”列中，使用 VLOOKUP 函数完成货物名称的自动填充。“货物名称”和“货物编号”的对应关系在“编号对照”工作表中。

(3)根据货物编号，请在“订单明细”工作表的“单价”列中，使用 VLOOKUP 函数完成货物单价的自动填充。“单价”和“货物编号”的对应关系在“编号对照”工作表中。

(4)在“订单明细”工作表的“小计”列中，计算每笔订单的销售额。

(5)根据“订单明细”工作表中的销售数据，统计所有订单的总销售金额，并将其填写在“统计报告”工作表的 B3 单元格中。

(6)根据“订单明细”工作表中的销售数据,统计“香菇”在 2024 年的总销售额,并将其填写在“统计报告”工作表的 B4 单元格中。

(7)根据“订单明细”工作表中的销售数据,统计鸿盛公司在 2024 年第 3 季度的总销售额,并将其填写在“统计报告”工作表的 B5 单元格中。

(8)根据“订单明细”工作表中的销售数据,统计鸿盛公司在 2024 年的每月平均销售额(保留 2 位小数),并将其填写在“统计报告”工作表的 B6 单元格中。

(9)保存“Excel. xlsx”文件。

2. 背景与要求描述。

小刘是某高校电子商务专业的新生辅导员,第一学期结束,他想对所管理班级的成绩做整理和分析,以便下学期更好的做好班级管理。

请你在习题 3 二操作题-2 文件夹中打开“课程成绩表. xlsx”,根据下列要求帮助小刘老师对该专业成绩单进行整理和分析,并保存。

(1)对工作表“第一学期成绩”中的数据列表进行格式化操作:将第一列“学号”列设为文本,将所有成绩列设为保留两位小数的数值;适当加大行高列宽,改变字体、字号,设置对齐方式,增加适当的边框和底纹以使工作表更加美观。

(2)利用“条件格式”功能进行下列设置:将高等数学、英语(一)、计算机应用基础三科中不低于 95 分的成绩所在的单元格填充红色,其他几科中低于 60 分的成绩设置字体为绿色。

(3)分别利用 SUM 和 AVERAGE 函数计算每一个学生的总分及平均成绩。

(4)学号第 3、4 位代表学生所在的班级,例如:“240105”代表 24 级 01 班 05 号。请通过函数提取每个学生所在的班级并按下列对应关系填写在“班级”列中。

“学号”的第 3、4 位	对应班级
01	电子商务 2401 班
02	电子商务 2402 班
03	电子商务 2403 班

(5)复制工作表“第一学期成绩”,将副本放置在原表之后;改变该副本表标签的颜色,并重新命名,新表名为“成绩分类汇总”。

(6)通过分类汇总功能求出每个班各科的平均成绩,并将每组结果分页显示。

(7)以分类汇总结果为基础,创建一个簇状柱形图,对每个班各科平均成绩进行比较,并将该图表放置在分类汇总结果下方。

3. 背景与要求描述。

公司财务总监要求负责公司的主管会计小王提供公司 2024 年 11 月各部门应付工资和实发工资情况,以便董事会讨论下个月的支出。

请打开习题 3 二操作题-3 文件夹中的“Excel. xlsx”文档,并根据下列要求帮助小王对该月工资表进行整理和分析,所有操作保存在此文档中(提示:本题中若出现排序问题则采用升序方式)。具体要求如下。

(1)通过合并单元格,将表名“鼎鑫隆公司 2024 年 11 月员工工资表”置于整个表的上端、居中,并调整字体、字号。

(2)在“序号”列中分别填入 1 到 40,将其数据格式设置为数值、保留 0 位小数、居中;将“基础工资”(含)往右各列设置为会计专用格式、保留 2 位小数、无货币符号。

(3)利用公式及函数计算基础工资、应付工资、应纳税所得额三列。其中基础工资=基本工资+岗位津贴+工龄津贴;应付工资=基础工资+奖金+补贴−病事假扣除;利用 IF 函数计算应纳税所得额,应纳税所得额为应付工资扣除社保后,超出 3500 元的部分。

(4)调整表格各列宽度、对齐方式,使得显示更加美观。并设置纸张大小为 A3、横向,整个工作表需调整在一个打印页内。

(5)参考工资薪金所得税税率表(表 1),利用 IF 函数计算“应交个人所得税”。(提示:应交个人所得税=应纳税所得额×对应税率−对应速算扣除数)

表 1 工资薪金所得税税率表

应纳税所得额	对应税率	对应速算扣除数
80001～∞	0.45	13505
55001～80000	0.35	5505
35001～55000	0.3	2755
9001～35000	0.25	1005
4501～9000	0.2	555
1501～4500	0.1	105
0～1500	0.03	0

(6)利用公式计算“实发工资”列,公式为:实发工资=应付工资−扣除社保−应交个人所得税。

(7)复制工作表“2024 年 11 月”,将副本放置在原表的右侧,并重命名为“分类汇总”。

(8)在“分类汇总”工作表中通过分类汇总功能求出各部门“应付工资”“实发工资”的总和,每组数据不分页。

4. 背景与要求描述。

电子信息工程系在 2024 年实施了新一轮的教学改革,其中移动互联网专业采用校企合作方式,其教学方法、教学手段、教学组织方式均有较多变化。学期结束,系领导要求教学秘书小张及时对各专业教学班的期末成绩做成绩统计分析,以便更好地掌握教改实施情况。

请根据习题 3 二操作题-4 文件夹中的“素材. xlsx”文档，帮助小张完成学生期末成绩分析表的制作。具体要求如下。

(1)将“素材. xlsx”文档另存为“成绩分析. xlsx”，以下所有操作均基于此新保存的文档。

(2)在“2024 级期末成绩”工作表最右侧依次插入“总分”“平均分”“年级排名”列；将工作表的第一行根据表格实际情况合并居中为一个单元格，并设置合适的字体、字号，使其成为该工作表的标题。对班级成绩区域套用带标题行的“表样式浅色 20”的表格格式。设置所有列的对齐方式为居中，其中“排名”列为整数，其他成绩列的数值保留 1 位小数。

(3)在“2024 级期末成绩”工作表中，利用公式分别计算“总分”“平均分”“年级排名”列的值。对学生成绩不及格(小于 60 分)的单元格设置背景填充为“黄色(标准色)”，并将单元格中的文本设为“红色(标准色)”。

(4)在“2024 级期末成绩”工作表中，利用公式，根据学生的学号，将其班级的名称填入“班级”列，规则为：学号的第三位为专业代码(1 为“计算机应用”、2 为“网络技术”、3 为“移动互联网”)，第四、五位代表班级序号(10 为“10 班”，11 为“11 班”)。

(5)根据“2024 级期末成绩”工作表，创建一个数据透视表，放置于表名为“各班级平均分”的新工作表中，将工作表标签颜色设置为红色。要求数据透视表中按照高等数学、英语(一)、计算机应用基础、沟通与演讲、毛泽东思想概论的顺序统计各班各科成绩的平均分，其中行标签为班级。为数据透视表格内容套用带标题行的“数据透视表样式浅色 20”的表格格式，所有列的对齐方式设为居中，成绩的数值保留 2 位小数。

(6)在“各班级平均分”工作表中，针对各课程的班级平均分创建二维的簇状柱形图，其中水平簇标签为班级，图例项为课程名称，并将图表放置在表格下方。

第4章 PowerPoint 2016 高级应用

【课程目标】

了解：PowerPoint 的基本功能。

理解：演示文稿的基本概念。

掌握：演示文稿的基本操作、视图模式、外观设计，幻灯片中的对象编辑、交互效果设置、放映和输出。

【课程思政】

在课堂教学设计中，通过选择合适的案例，展示有关社会现象的图片或视频等教学资源，引导学生树立正确的艺术观和创作观，坚持以美育人、以美化人，积极弘扬中华美育精神，引导学生自觉传承和弘扬中华优秀传统文化，全面提高学生的审美和人文素养，增强文化自信。

PowerPoint 2016 是 Office 2016 系列软件的核心组件之一，能够处理文字、图形、图像、声音、视频等多媒体信息。使用其制作的演示文稿可用于教学课件、互动演示、产品展示、竞标方案、广告宣传、主题演讲、技术讨论、总结报告、会议简报等场景。

PowerPoint 2016 演示文稿由幻灯片组成，每张幻灯片可以放置多种元素，内容丰富、形式多样、图文并茂，幻灯片组成演示文稿文件，默认扩展名为. pptx(还有其他类型的扩展名如. pptm 表示启用宏的演示文稿，. potx表示模板等)。

4.1 PowerPoint 2016 基础

4.1.1 PowerPoint 2016 界面

PowerPoint 是基于 Windows 操作系统的应用软件，其启动、保存、退出的方法与 Office 办公套件中的 Word 和 Excel 相似，在此不再赘述。PowerPoint 2016 主界面如图 4.1.1 所示。

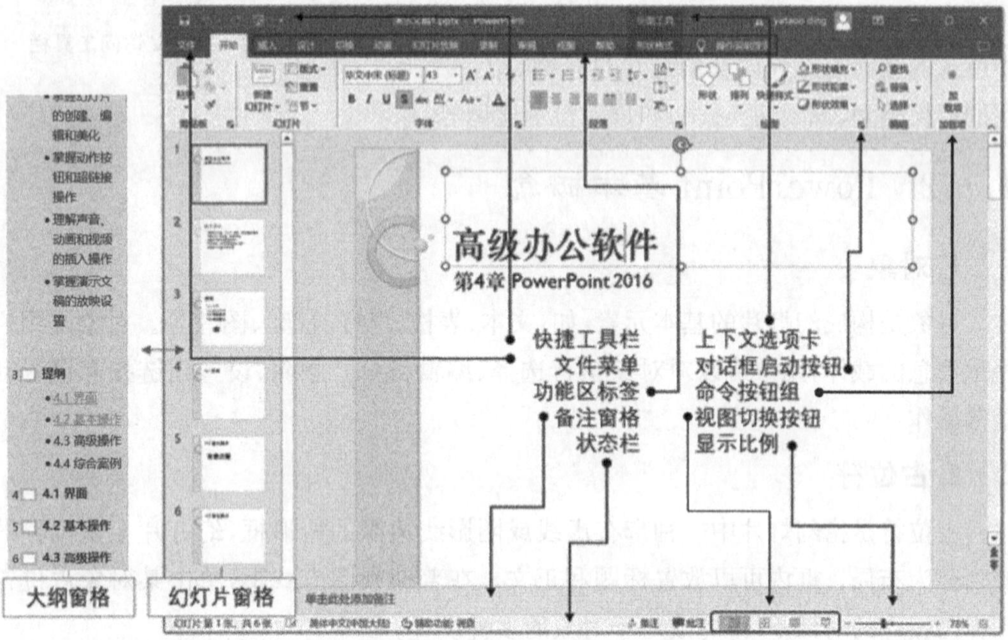

图 4.1.1 PowerPoint 2016 主界面

PowerPoint 2016 界面中包含标题栏、选项卡栏、工具栏、编辑区(大纲窗格、幻灯片窗格、备注窗格)、任务窗格、状态栏、视图切换按钮和滚动条等。

文件菜单包括演示文稿的新建、保存、打开、另存为和退出等。

功能区包括功能选项卡、命令按钮组、对话框启动器、库等。通过功能区可快速找到完成某项任务所需的命令。PowerPoint 2016 中几乎所有命令都集成在几个功能选项卡及其分组中，功能区的布局会随着选项卡的不同而不同，部分选项卡只有在需要时才会显示。例如，涉及表格、绘图的选项卡，在默认状态下并不显示，当选中该类对象时，其选项卡会以“上下文选项卡”的形式出现。功能区上的库是指一组相关可视选项的矩形窗口或菜单。单击命令按钮组右下方的“对话框启动”按钮，可打开相应的对话框。

快捷访问工具栏包括“保存”“撤消”“恢复”“重复键入”等常用工具按钮。单击工具栏上的三角形按钮,打开“自定义工具栏”,可选择添加常用的工具按钮,如图 4.1.2 所示。

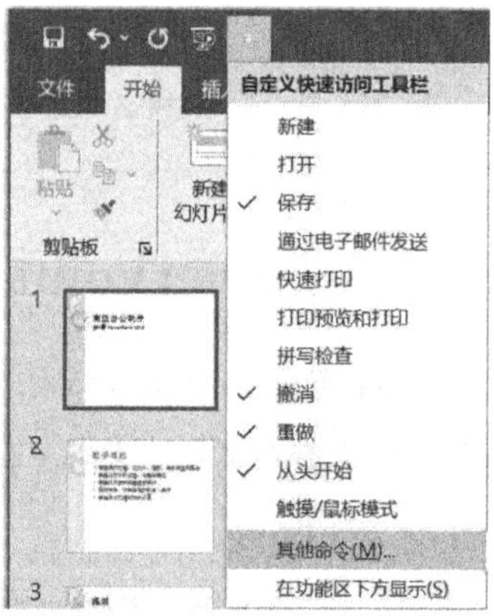

图 4.1.2 自定义访问工具栏

大纲窗格列出了当前演示文稿中各张幻灯片的标题及其之间的层级结构。

幻灯片窗格用于查看、编辑每张幻灯片的内容和外观,可在当前幻灯片中插入图形、影片和声音等对象,创建超链接以及设置动画效果等。

备注窗格可添加演说者的备注信息。

状态栏位于工作窗口最下方,用来显示演示文稿中所选的当前幻灯片以及幻灯片总张数、幻灯片所采用的模板类型、视图切换按钮和页面显示比例等。

4.1.2 PowerPoint 基本概念

1. 对象

对象是构成幻灯片的基本元素,如:文本、表格、声音、视频、图片等。对象是用户展示信息的载体,用户可以对对象执行选择、编辑、移动、删除、设置超链接和设置动画等操作。

2. 占位符

占位符是指幻灯片中一种带有虚线或阴影线边缘的矩形框,幻灯片上占位符的排列称为布局。框内可以放置标题和正文。在普通视图方式下,单击某对象占位符则弹出相应的对话框,可完成对于对象的多种设置。

3. 版式

版式是指各种对象在幻灯片上的布局格式,即幻灯片的结构。版式由占位符构成,不同的占位符可以放置不同的对象,幻灯片版式确定了所包含的对象及对象之间的位置关系。PowerPoint 提供了 11 种不同类型的版式,单击工具栏上的“幻灯片版式”按钮可弹出如图 4.1.3 所示的幻灯片版式列表,单击某一种版式即可完成对当前幻灯片版式的设置。

例如,选择“垂直排列标题与文本”版式,效果如图 4.1.4 所示。

图 4.1.3　幻灯片版式列表

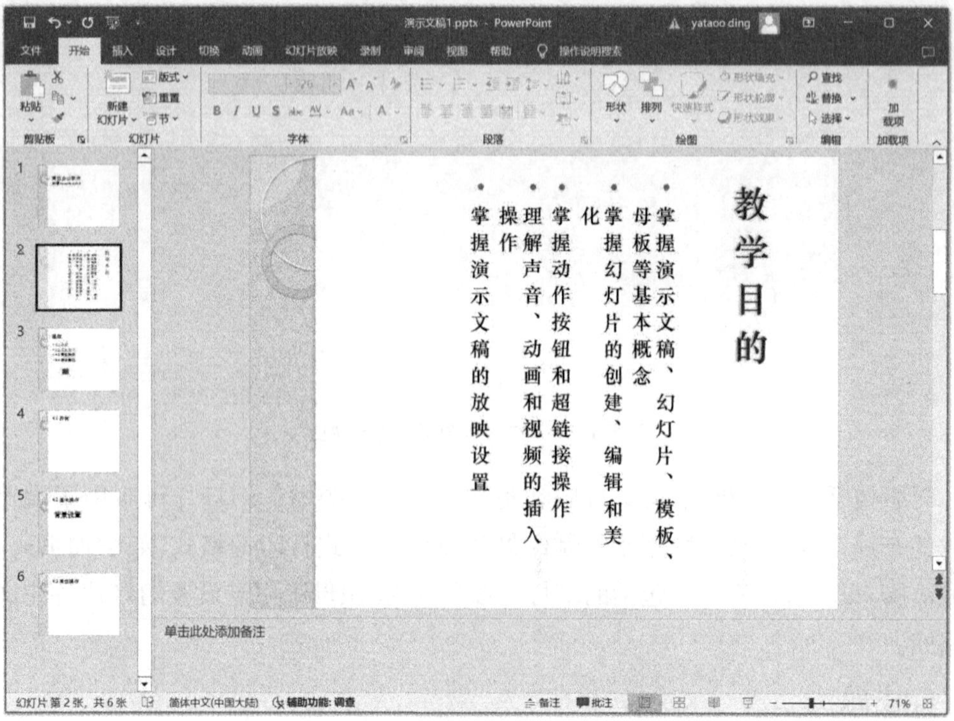

图 4.1.4　“垂直排列标题与文本”版式

4. 母版

母版记录了演示文稿中所有幻灯片的布局信息，如幻灯片的标题、文本的位置和格式、日期和时间、幻灯片编号和页脚等对象的位置与格式。当母版设置完成后，其设置即成为幻灯片的默认样式，演示文稿中的每一张幻灯片均采用与母版相同的结构和样式。

在 PowerPoint 中，用户可以通过更改母版的格式来改变所有基于该母版的幻灯片的格式。单击视图选项卡上的工具按钮可打开幻灯片母版设计窗口和“幻灯片母版”选项卡，以及设计母版所需的工具按钮，如图 4.1.5 所示。

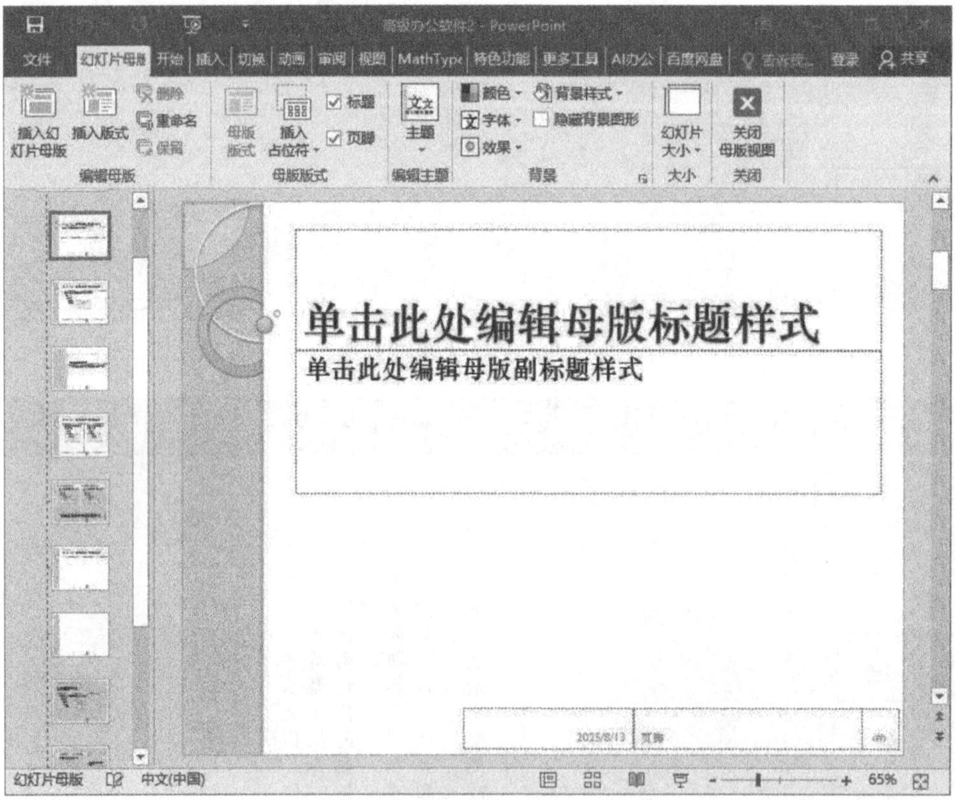

图 4.1.5 “幻灯片母版”设计窗口

母版包括幻灯片母版、讲义母版和备注母版三种类型。幻灯片母版用于设置幻灯片的布局结构；讲义母版用于控制幻灯片以讲义形式打印的格式，如增加页码、页眉和页脚，设置打印一页时包括的幻灯片数量等；备注母版用于设置幻灯片备注文本的格式。

5. 主题

主题是由颜色、字体和效果组合而成的一种设计方案。使用主题可以简化演示文稿的创建过程，设计出具有专业水准和统一风格的演示文稿。

打开“设计”选项卡，在“主题”组中列出了部分可供选择的主题，如图 4.1.6 所示。单击右下角的三角形按钮，可列出全部的主题。若单击某一主题，则文稿中所有幻灯片均应用此主题。选中某一主题，右击弹出快捷菜单，可选择“应用于所有幻灯片”或“应用于选定幻灯片”，也可以将其设置为默认主题。

PowerPoint 2016 内置的主题包括：Office 主题、柏林、大都市、带状、电路、肥皂、风景、红利、花纹、画廊、环保、回顾、积分、基础、包裹、剪切、徽章、框架、离子、离子会议室、木材纹理、平面、切片、石板、水滴、水气尾迹、丝状、网状、引用、主要事件等。

图 4.1.6　幻灯片主题

6. 模板

模板是指一个或多个文件，其中包含的结构和工具构成了已完成文件的样式和页面布局等元素。PowerPoint 2016 模板是一张幻灯片或一组幻灯片的图案或蓝图，定义了幻灯片的版式、主题颜色、字体、效果、背景、占位符的大小和位置、幻灯片切换方式等，甚至还可以包含内容。模板的文件扩展名为.potx。

利用模板，用户可以方便地设计出风格统一、思路清晰、逻辑更严谨的演示文稿，使用模板处理图表、文字、图片等内容也更方便。PowerPoint 提供有多种不同类型的内置免费模板，在微软网站和其他合作伙伴网站上也有很多免费模板供用户下载使用,用户也可以创建自定义的模板,然后存储、重复使用以及与他人共享。

7. 视图

如图 4.1.7 所示,PowerPoint 2016 视图包括普通视图、大纲视图、幻灯片浏览视图、备注页视图、阅读视图、母版视图、幻灯片放映视图。打开“视图”选项卡,可通过单击工具栏上的相应按钮来切换视图。

(1)普通视图。

普通视图是 PowerPoint 的默认视图方式,最为常用。在工作区中一次只能显示一张幻灯片,用户可在该幻灯片中插入、编辑某种对象,设置其内容或格式。

(2)大纲视图。

大纲视图是一种专注于文本内容管理的模式,以纯文本形式呈现演示文稿的标题和正文结构,支持通过拖动或快捷键调整文本层级与幻灯片顺序,方便快速组织、编辑内容逻辑,适用于内容规划、逻辑梳理及演讲提纲准备等场景。用户可在“视图”选项卡中切换至大纲视图,直接编辑文本、调整格式或批量操作,但需注意其不显示图片、图表等非文本元素,且部分格式(如加粗)可能无法完全呈现,最终需切换至普通视图检查效果,此外大纲内容还可导出为 Word 文档以便共享或进一步编辑。

(3)幻灯片浏览视图。

幻灯片浏览视图以缩略图的形式显示演示文稿中的所有幻灯片。在这种视图下,用户可以在创建演示文稿以及准备打印演示文稿时,轻松地对演示文稿的顺序进行排列和组织,方便地完成移动、复制、删除幻灯片等操作。

注意:在浏览视图方式下用户无法修改幻灯片的内容。

(4)备注页视图。

用户可以在备注窗格中键入要应用于当前幻灯片的备注,当需要时可将备注打印出来,在放映演示文稿时进行参考。如果要以整页格式查看和使用备注,可在“视图”选项卡下的“演示文稿视图”组中单击“备注页”按钮。

(5)阅读视图。

阅读视图是一种专为演示文稿全屏浏览设计的模式,用户可在该视图下以类似幻灯片放映的沉浸式界面查看内容,支持通过键盘方向键、鼠标或触控操作轻松翻页,同时可实时访问缩放、批注、查找等工具,便于在脱离编辑环境时专注审阅内容或进行简单交互,尤其适合在会议、课堂或个人设备上快速浏览演示文稿而无须启动完整放映模式。

(6)母版视图。

母版视图包括幻灯片母版视图、讲义母版视图和备注母版视图,是存储有关演示文稿信息的主要幻灯片,其中包括背景、颜色、字体、效果、占位符大小和位置。在幻灯片母版、备注母版或讲义母版上，可以对与演示文稿关联的每个幻灯片、备注页或讲义的样式进行全局更改。

(7)幻灯片放映视图。

幻灯片放映视图用于显示实际的放映效果，此时为满屏状态，无法对幻灯片中的对象进行编辑、格式设置等操作，按 Enter 键或单击鼠标可放映幻灯片，按 Esc 键可退出放映。

以上视图如图 4.1.7 所示。

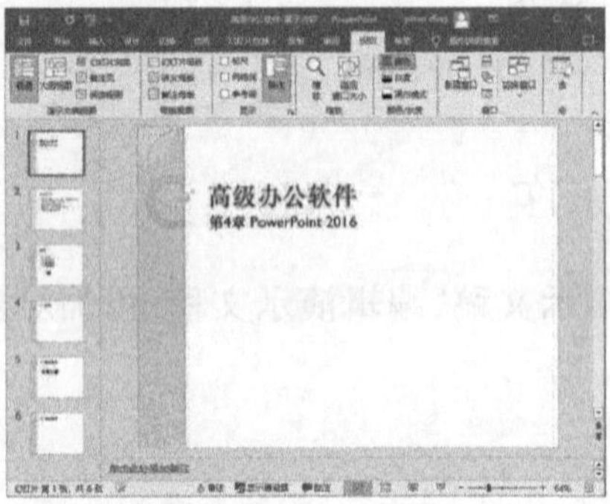

(a)普通视图

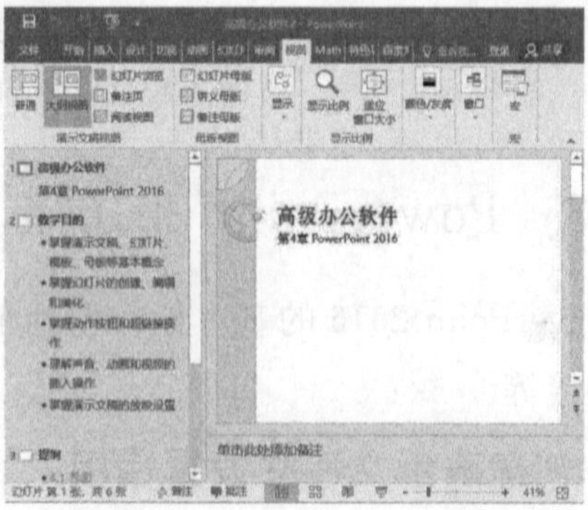

(b)大纲视图

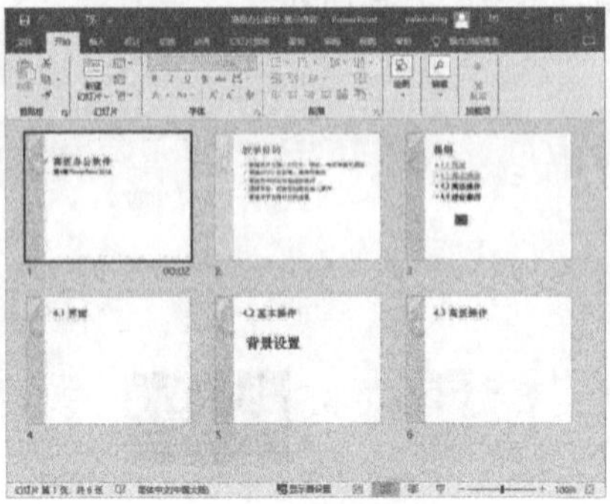

(c)幻灯片浏览视图

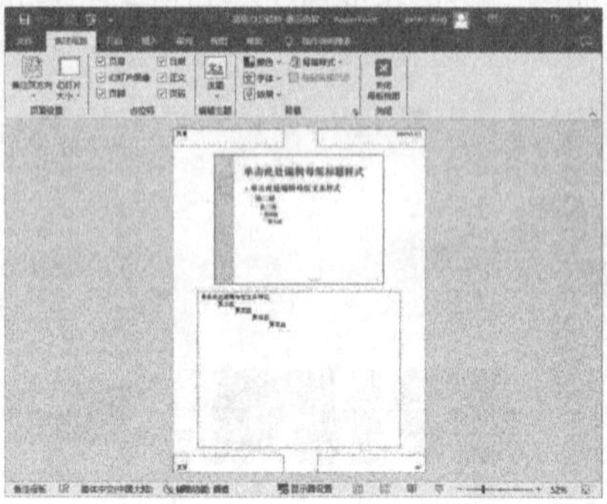

(d)备注页视图

(e)阅读视图

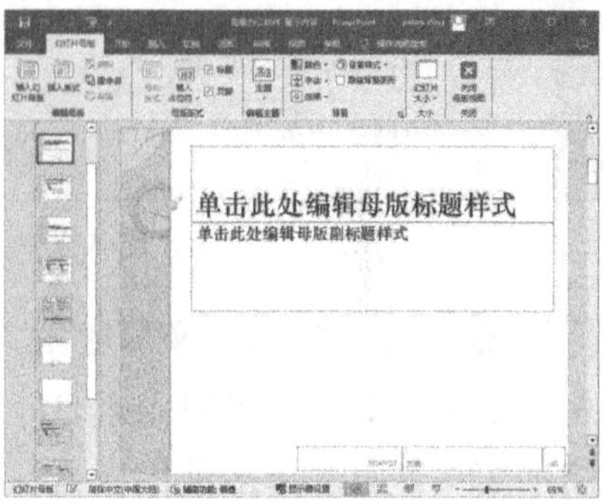

(f)母版视图

(g)幻灯片放映视图

图 4.1.7 PowerPoint 2016 的七种视图

4.1.3 PowerPoint 2016 基本操作

PowerPoint 2016 的基本操作包括创建演示文稿、编辑演示文稿、添加对象和插入超链接等。

1. 创建演示文稿并设置模板

启动 PowerPoint 2016 时，窗口默认在“普通视图”中打开，打开“文件”菜单，单击“新建”命令，根据界面提示新建空白演示文稿，如图 4.1.8 所示。

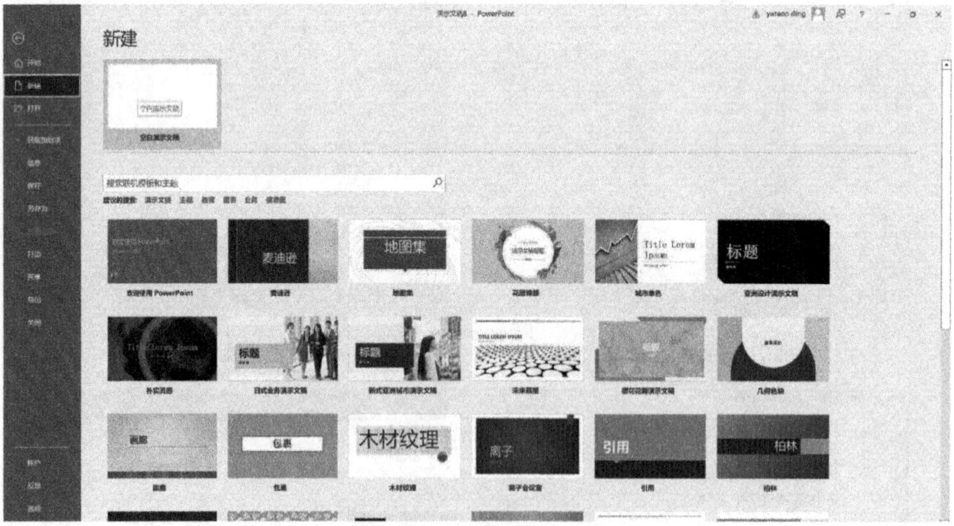

图 4.1.8 新建演示文稿

默认情况下，新建的演示文稿应用“空白演示文稿模板”。

应用模板可使演示文稿的普通幻灯片中包含精心编排的样式以及版式。用户可在新建演示文稿界面选择多种模板，包括“最近打开的模板”“我的模板”“样本模板”“Office. com 模板”和“根据现有演示文稿”。其中在已有演示文稿基础上创建新演示文稿时，系统会生成可创建现有演示文稿的副本，用户可对副本演示文稿进行设计和内容更改。

2. 编辑演示文稿

（1）编辑演示文稿是指对幻灯片执行插入、复制、删除和移动等操作。在插入和新建幻灯片时，可同时选择新幻灯片的布局。

（2）“形状”及其背景。

在 PowerPoint 中，“形状”是最主要的对象，包括基本形状（含文本框）、线条、矩形、箭头、公式、流程图、星与旗帜、标注等，形状的设置包括颜色、边框、图片、渐变、纹理等，如图 4.1.9 所示。

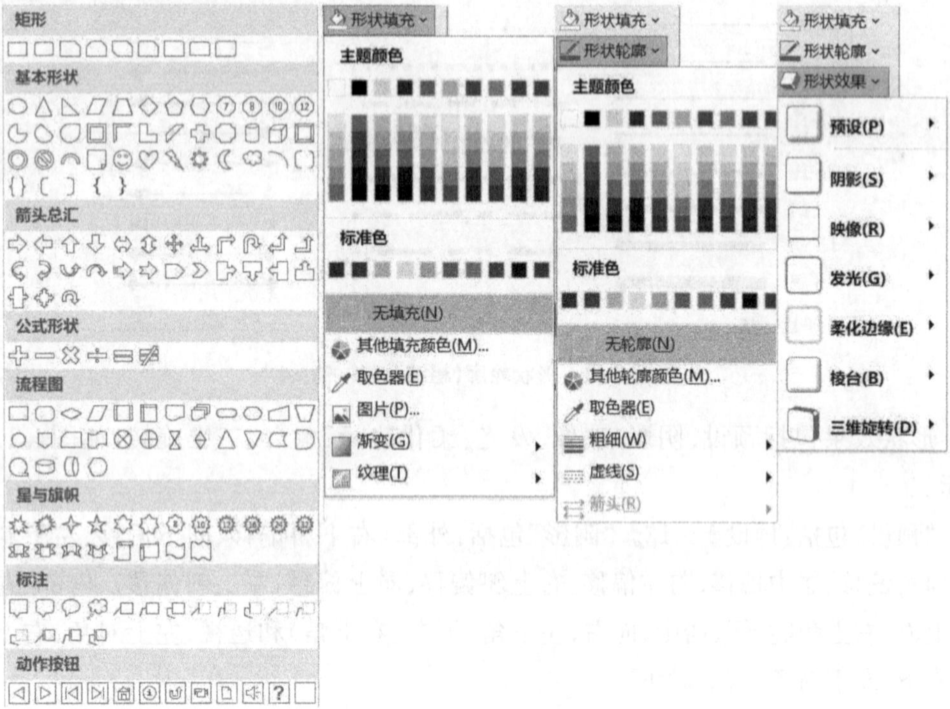

图 4.1.9 形状及其设置

形状填充界面提供颜色、图片、渐变与纹理选项。其中“渐变”包括无渐变、浅色变体、深色变体和其他渐变。纹理包括内置纹理和其他纹理。内置纹理包括纸莎草纸、画布、斜纹布、编织物、水滴、纸袋、鱼类化石、沙滩、绿色大理石、白色大理石、褐色大理石、花岗岩、新闻纸、再生纸、羊皮纸、信纸、蓝色面巾纸、粉色面巾纸、紫色网格、花束、软木塞、胡桃、栎木、深色木质等，如图 4.1.10 所示。

形状轮廓设置包括颜色、粗细、虚线、箭头。“粗细”可直接设置为 0.25、0.5、0.75……6（磅）。“虚线”类型包括：实线、圆点、方点、短划、短划-点、长划、长划-点、长划-点-点。当形状是“箭头”时，可设置箭头样式 1 至箭头样式 11，如图4.1.11所示。

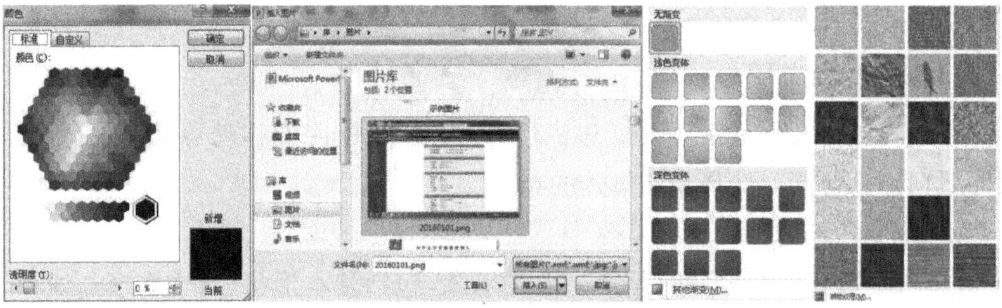

图 4.1.10 形状填充(颜色、图片、渐变、纹理)

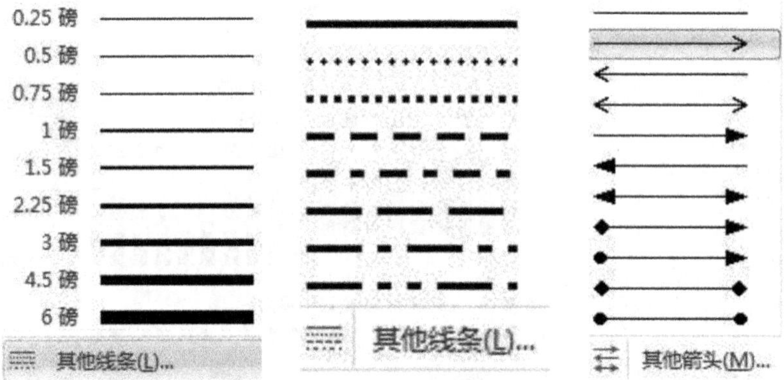

图 4.1.11 形状轮廓(粗细、虚线、箭头)

形状效果包括预设、阴影、映像、发光、柔化边缘、棱台、三维旋转，如图4.1.12所示。

“预设”包括：预设 1～12。“阴影”包括：外部(右下斜偏移、向下偏移、左下斜偏移、向右偏移、居中偏移、向左偏移、右上斜偏移、向上偏移，左上斜偏移)、内部(左上角、上方、右上角、左侧、居中、向右、左下角、下方、右下角)和透视(左上对角、右上对角、靠下、左下对角、右下对角)。

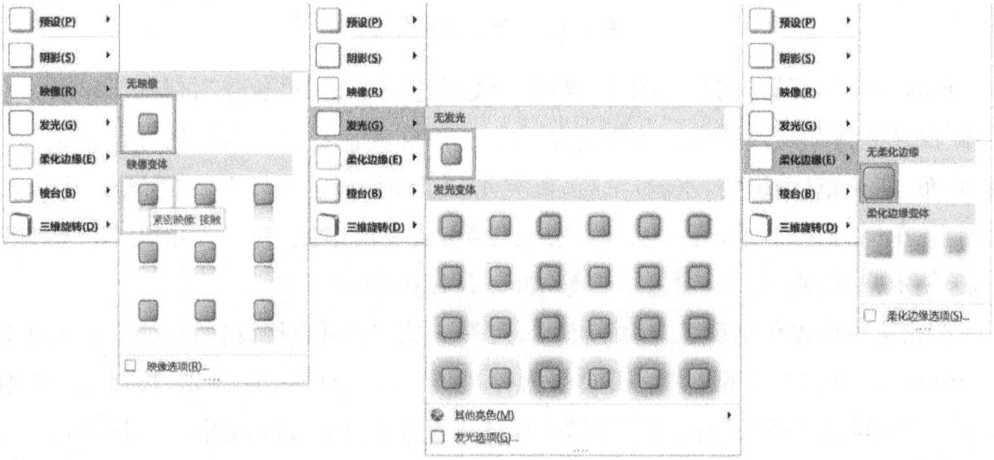

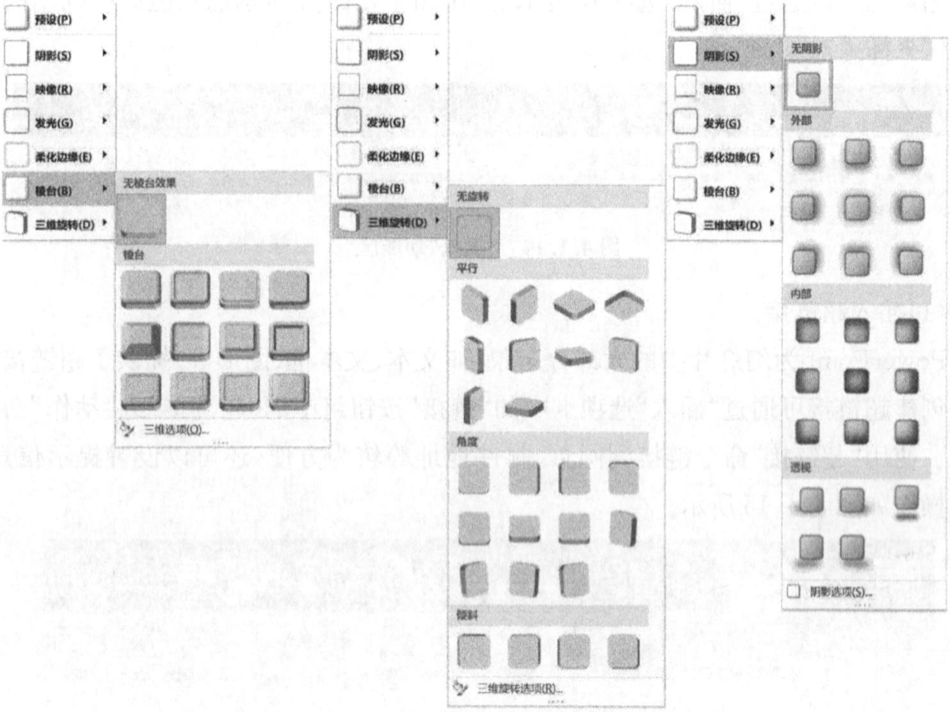

图 4.1.12　形状效果

“映像”包括：紧密映像、半映像和全映像。每种映像又分为：接触、4 pt 偏移量和 8 pt 偏移量。

“发光”包括：发光变体、其他亮色。发光变体包括：水绿、金色、红色、绿色、褐色、靛蓝。每种颜色包括：5 pt、8 pt、11 pt、18 pt 的发光和强调文字颜色。

“柔化边缘”内置：1、2.5、5、10、25、50 磅共 6 种，也可自定义。

“棱台”内置：圆、松散嵌入、十字形、冷色斜面、角度、柔圆、凸起、斜面、草皮、棱纹、硬边缘、艺术装饰共 12 种。

“三维旋转”包括：平行、透视和倾斜。“平行”内置：等轴左下、等轴右上、等长顶部朝上、等长底部朝下、离轴 1(左、右、上)、离轴 2(左、右、上)共 10 种。“透视”内置：前、左、右、下、上、适度宽松、宽松、左向对比、右向对比、极左极大、极右极大共 11 种。“倾斜”内置：上、下、左、右 4 种。

3. 插入对象

在幻灯片中可插入表格、图像、插图、链接、文本、符号和媒体(包括音频、视频)等多种对象。编辑幻灯片时，若已经选择了包含占位符的幻灯片版式，则单击欲插入的对象可完成插入操作，如图 4.1.13 所示。

图 4.1.13　占位符中的插入按钮

用户也可以通过“插入”选项卡,选择使用如图 4.1.14 所示的功能区中列出的对象按钮来插入对象。

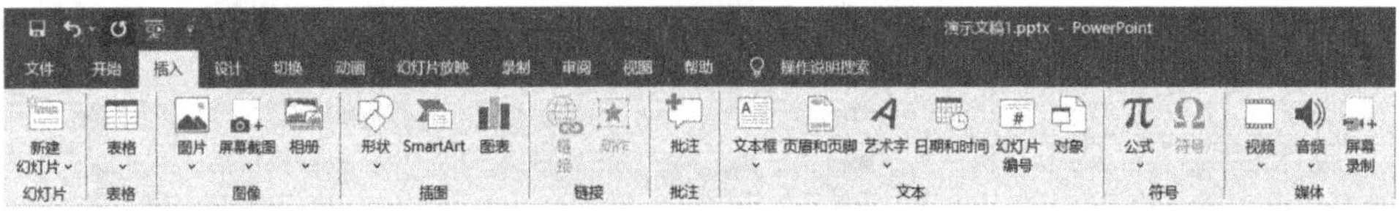

图 4.1.14 “插入”功能区

(1)插入超链接。

PowerPoint 为幻灯片中的大部分对象(如文本、文本框、图形等)提供了超链接功能。创建超链接可通过“插入”选项卡中的“链接”按钮组中的“超链接”或“动作”命令实现。使用“超链接”命令链接到网页、邮件地址等较为方便,还可以设置提示信息。具体操作如图 4.1.15 所示。

(a)插入“超链接”

(b)插入“动作”

图 4.1.15　“超链接”和“动作”设置

PowerPoint 内置多个动作按钮，可以将其直接插入幻灯片中并定义超链接。插入动作按钮的方法是单击“插图”组中的“形状”按钮，选择需要插入的“动作按钮”，如图4.1.16所示。

通过插入“超链接”与“动作设置”创建的超链接在功能上有所区别。前者不支持播放声音，但可以设置“屏幕提示”。在幻灯片放映过程中，当鼠标指针悬停在已设置超链接的对象上时，指针将变为手形图标“👆”，并显示预设的提示文字。

若要删除超链接，可先将鼠标定位至要删除的超链接，然后单击“插入”选项卡的“超链接”，在弹出的“编辑超链接”对话框中单击“删除链接”按钮即可。若要删除用“动作设置”方式创建的超链接，除了上述方式外，还可以右击对象，在弹出的快捷菜单中单击“取消链接”。

(2)插入 SmartArt 图形。

SmartArt 图形是一系列表示文字、图形之间关系的图形组合，是制作高质量演示文稿的重要工具，包括列表、流程、循环、层次结构、关系、矩阵、棱锥图、图片等，如

图4.1.17所示。

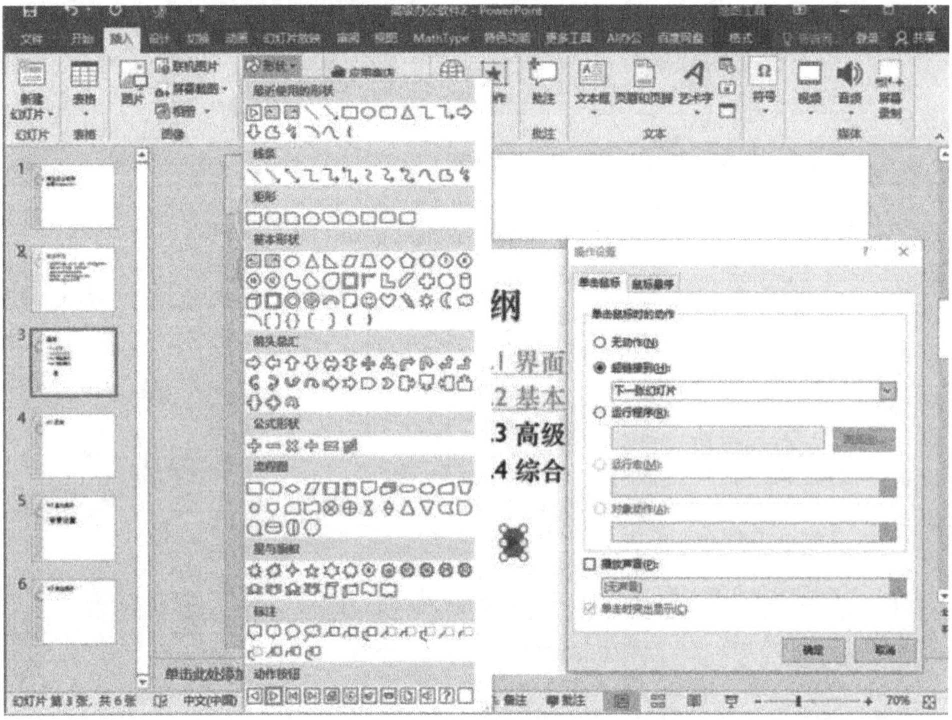

图 4.1.16 “动作”按钮

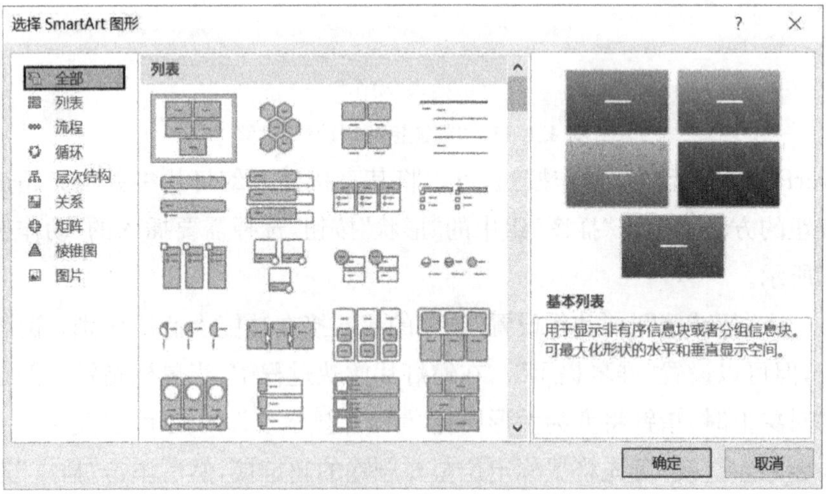

图 4.1.17 插入 SmartArt 图形

(3)插入图表。

PowerPoint 2016 支持插入类似 Excel 2016 中的数据分析图表,其使用方法与 Excel 2016 中的图表操作类似,如图 4.1.18 所示。

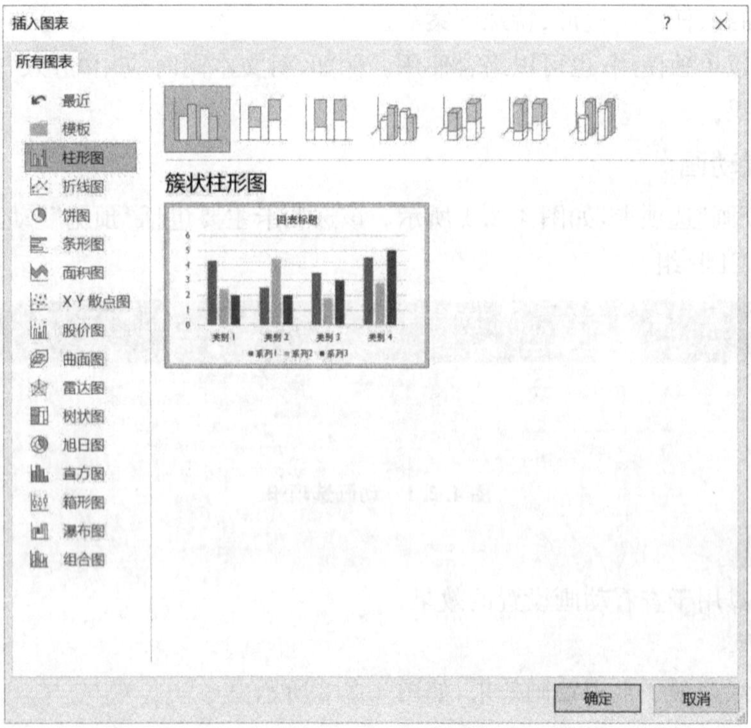

图 4.1.18　插入图表

4.2　PowerPoint 2016 高级操作

4.2.1　动画

1. 概念

动画是演示文稿中的重要元素。通过为文本或对象添加特定的视觉或声音效果，可以起到演示时突出重点、控制播放流程、提高趣味性等作用。用户可以将演示文稿中的文本、图片、形状、表格、SmartArt 图形等对象制作成动画，赋予它们进入、退出、大小变化、颜色变化、移动等视觉效果。

PowerPoint 2016 中有以下四组动画效果，包括：进入、强调、退出和动作路径。

“进入”指对象以特定方式进入幻灯片的效果，包括使对象逐渐淡入焦点、从边缘飞入幻灯片或者跳入视图中。

“强调”效果用于突出对象，包括缩小或放大、更改颜色或沿着其中心旋转。

“退出”效果指对象在某一时刻离开幻灯片时的效果，包括使对象飞出幻灯片、从视图中消失或者从幻灯片旋出等。

“动作路径”效果指对象沿系统提供的路径或用户设定的路径进行移动，路径可以是直线、曲线、任意多边形、特殊图案等。

动画可以单独使用,也可以组合使用。例如,对文本同时应用“进入”效果和放大的“强调”效果。

2. 设置动画

打开“动画”选项卡,如图 4.2.1 所示。该选项卡主要包括“预览”“动画”“高级动画”“计时”等工具组。

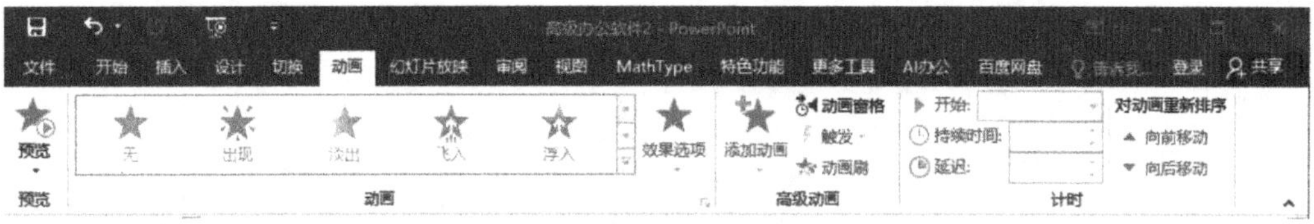

图 4.2.1 动画选项卡

(1)预览。

预览工具用于查看动画设置的效果。

(2)动画。

“动画”组列举了常用动画效果,如图 4.2.2 所示。

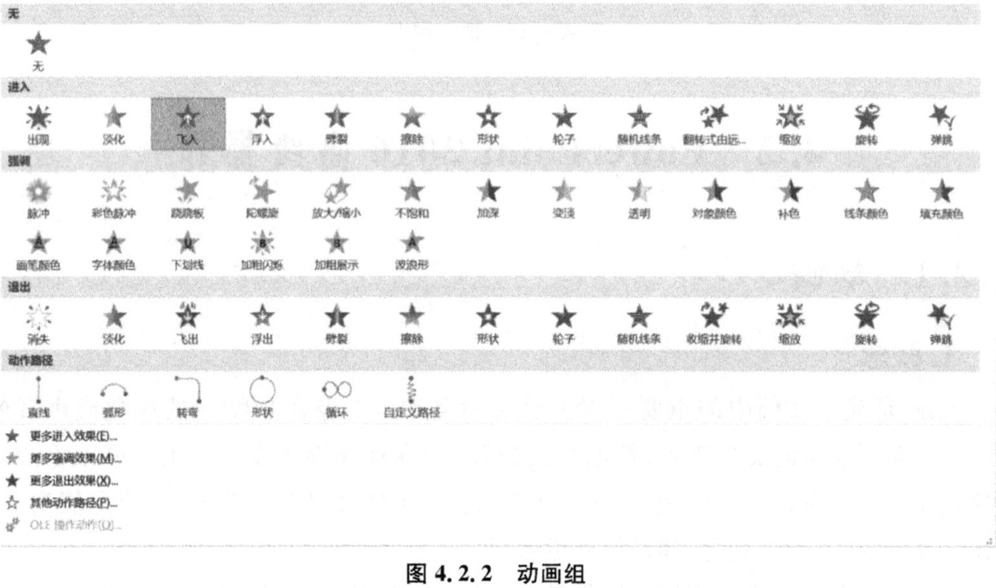

图 4.2.2 动画组

在为对象添加动画时,如果没有看到所需的进入、退出、强调或动作路径动画效果,可从下方的列表中单击“更多进入效果”“更多强调效果”“更多退出效果”或“其他动作路径”等选项进行设置,如图 4.2.3 所示。

(3)高级动画组。

若要对同一对象应用多个动画效果,可在“高级动画”组中,单击“添加动画”,从中选择多个效果。单击“动画窗格”按钮可在窗口右侧打开“动画窗格”,在动画窗格中可以看到已设置动画效果的对象列表，并标有代表播放顺序的数字序号。通过拖拽可调整播放顺序。如图 4.2.4 所示，标题 1 设置了 2 个动画。

图 4.2.3　更多效果列表

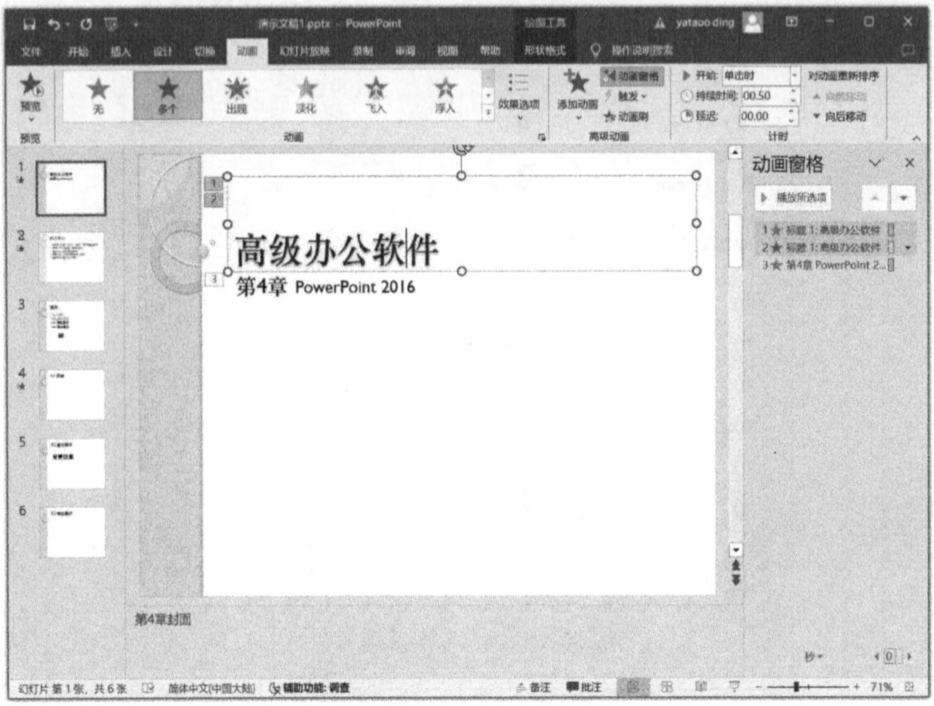

图 4.2.4　多个动画设置

“触发”按钮用于设置动画开始的特殊条件，例如，单击播放按钮播放动画或当播放媒体播放到书签时播放动画。

(4)计时组。

为动画指定开始、持续时间或者延迟时间，只要在“计时”组中单击“开始”下拉列表，然后选择所需的计时方式即可。若要设置动画将要运行的持续时间，可在“计时”组中的“持续时间”框中输入所需的秒数。若要设置动画开始前的延时，可在“计时”组中的“延迟”框中输入所需的秒数。

在将动画应用于对象或文本后，在对象左上角或文本旁边会出现一个编号标记，用于表示对象的动画播放顺序。若要对列表中的动画重新排序，可在“动画窗格”中选择要重新排序的动画，然后在“动画”选项卡的“计时”组中，选择“对动画重新排序”下的“向前移动”，使动画在列表中某一动画之前发生，或者选择“向后移动”，使动画在列表中某一动画之后发生。

注意：仅当选择“动画”选项卡或“动画窗格”可见时，才会在“普通视图”中显示编号标记。

除了上述四个动画效果组以外，还可以通过其他选项细化设置动画效果，如图4.2.5所示为设置“飞入”动画效果的细节。

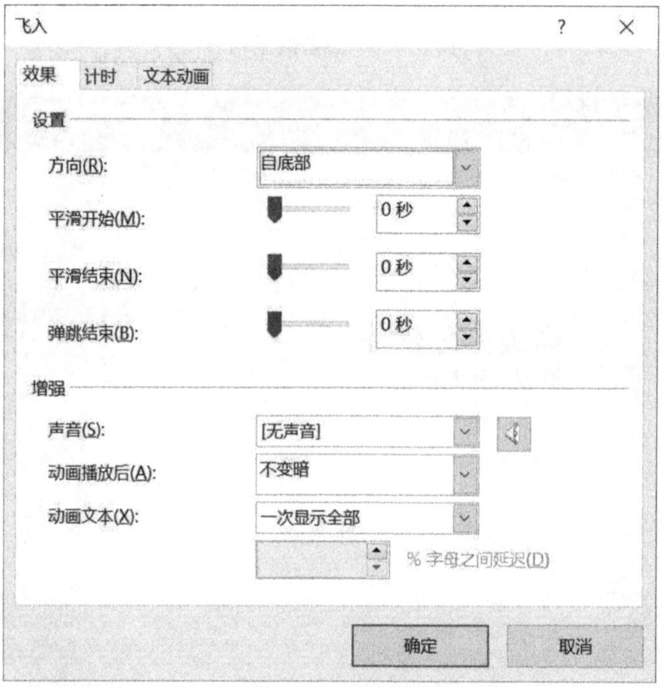

(a)“飞入”—“效果”选项卡

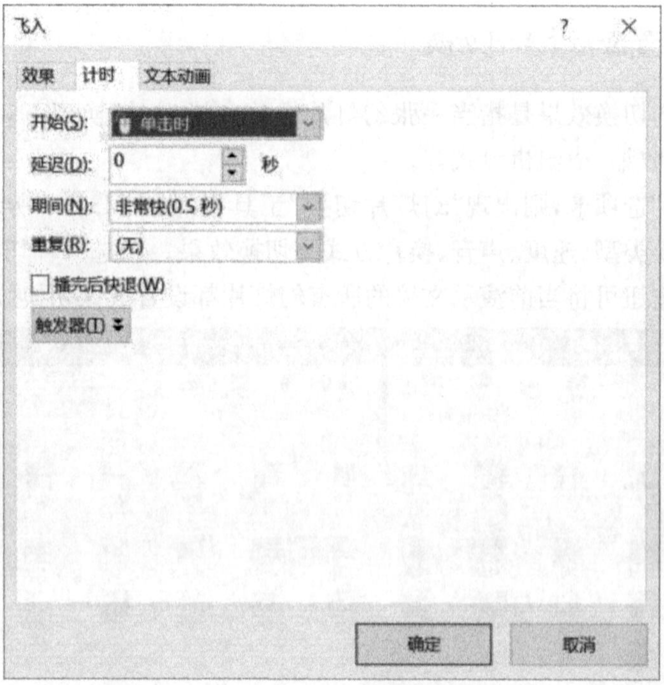

(b)“飞入”—“计时”选项卡

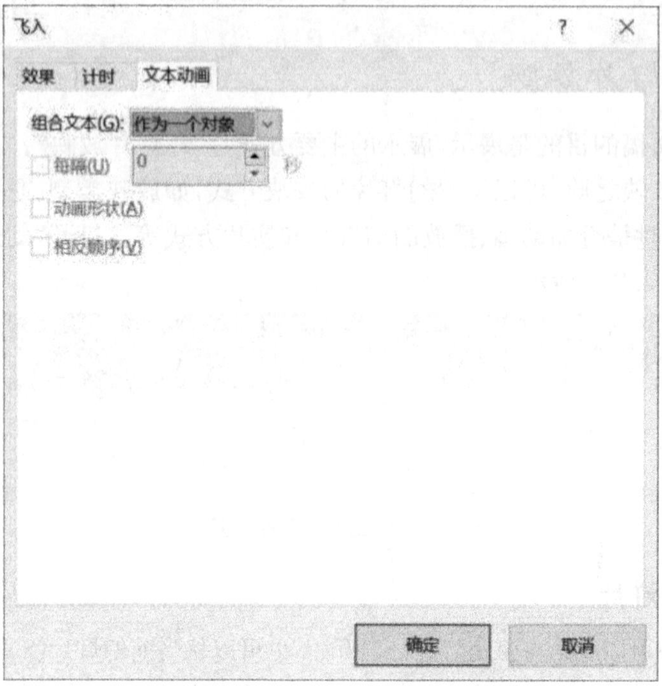

(c)“飞入”—“文本动画”选项卡

图 4.2.5 设置“飞入”动画效果细节

4.2.2 设置幻灯片切换

幻灯片间的切换效果是指当一张幻灯片播放完毕后，切换到下一张幻灯片的过渡效果，如盒状收缩、横向棋盘式等。

打开“切换”选项卡，则出现“幻灯片切换”工具栏，如图 4.2.6 所示，在其中可设置幻灯片的切换类型、速度、声音、换片方式等切换效果。任选一种切换效果，然后单击“全部应用”按钮可将当前演示文稿的所有幻灯片都设置成该切换效果。

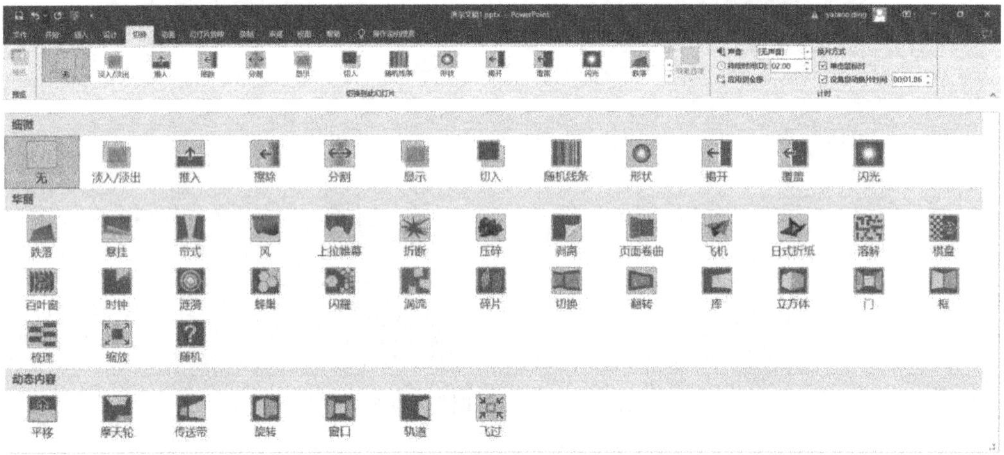

图 4.2.6 幻灯片切换及效果选项

4.2.3 幻灯片放映

制作演示文稿的目的是展示，展示的主要方式是“幻灯片放映”。

在幻灯片放映之前，可以设置幻灯片的放映方式，如放映类型、是否循环放映、是否加旁白、放映时是否加动画、播放的幻灯片和换片方式等。打开“幻灯片放映”选项卡，工具栏如图 4.2.7 所示。

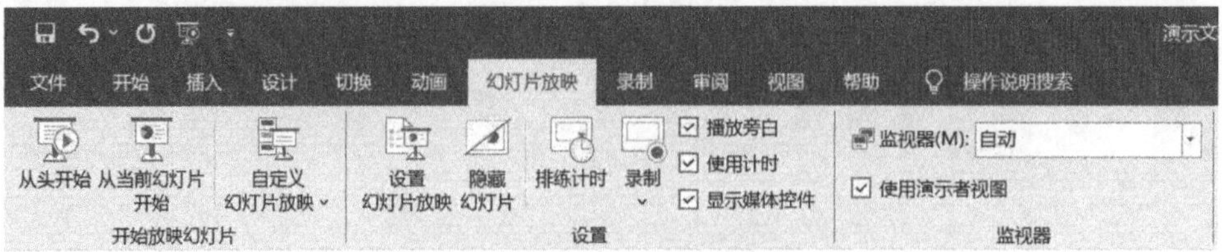

图 4.2.7 幻灯片放映工具栏

1. 放映幻灯片

幻灯片放映可以从第一张幻灯片(F5)开始，也可以从当前幻灯片(Shift+F5)开始。

广播幻灯片是指通过 Internet 向远程访问群体广播的演示文稿，使得访问群体可以通过浏览器同步观看。

自定义放映是指用户自行确定放映的幻灯片以及放映的顺序。单击“自定义幻灯片放映"按钮，选择"自定义放映"，弹出"自定义放映"对话框，单击对话框中的"新建"按钮，弹出"定义自定义放映"对话框，如图 4.2.8 所示。

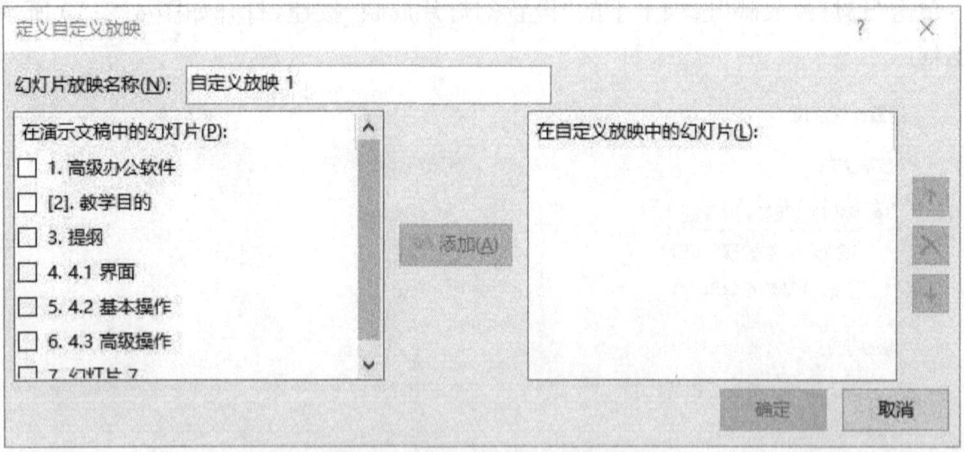

图 4.2.8　"定义自定义放映"对话框

在左侧列出的演示文稿的幻灯片中选择需放映的幻灯片，单击"添加"按钮，将其移到右侧的"在自定义放映中的幻灯片"列表中。在右侧列表中，选中幻灯片，单击"删除"按钮可删除放映的幻灯片，单击上下箭头可调整幻灯片的放映顺序。

2. 排练计时

排练计时是指使用幻灯片计时功能记录每张幻灯片的放映时间，并在正式放映时根据记录的时间自动播放幻灯片。排练计时功能适用于一些特殊场合，如展览会场。

单击"幻灯片放映"选项卡下的"排练计时"按钮，弹出如图 4.2.9 所示的"录制"工具条。工具条左侧显示的时间是当前幻灯片的放映时间，右侧显示的时间是演示文稿的放映时间，工具条上的按钮从左至右依次为："下一张""暂停""重复"。单击"下一张"按钮，即可记录下一张幻灯片的放映时间。完成排练后，单击工具条的"关闭"按钮，在弹出的对话框中，选择"是"，则保留新的幻灯片排练时间，选择"否"，则不保留当前排练时间。如图 4.2.9 所示，可以看出每张幻灯片的放映时间都被记录了下来。

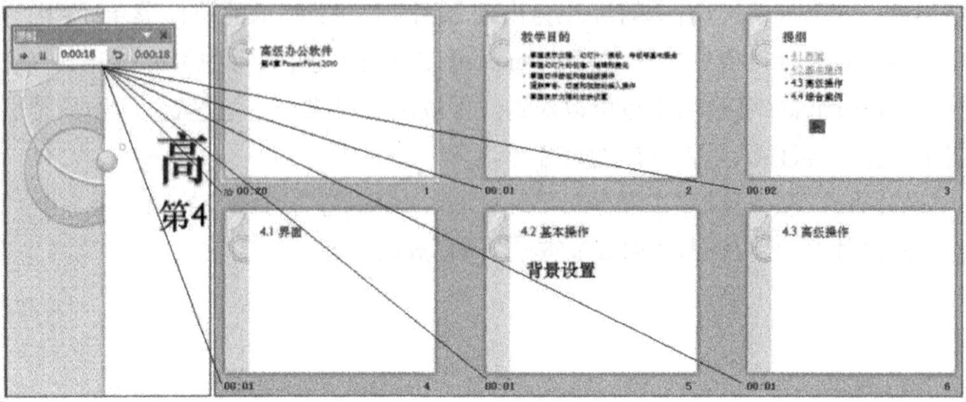

图 4.2.9　设置"排练计时"

3. 设置放映方式

单击“幻灯片放映”选项卡下的“设置幻灯片放映”按钮，打开如图 4.2.10 所示的对话框。

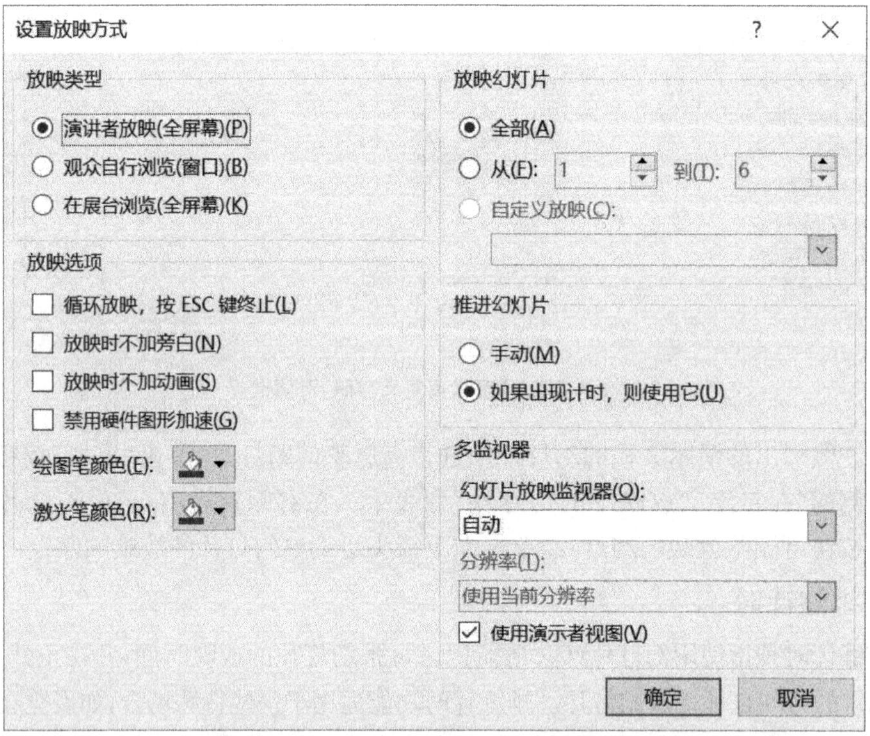

图 4.2.10 “设置放映方式”对话框

通过该对话框可进行以下设置。

放映类型:可以设置为“演讲者放映(全屏幕)”“观众自行浏览(窗口)”或“在展台浏览(全屏幕)”。

放映选项:可设置是否循环放映、是否加旁白、是否加动画，以及绘图笔颜色和激光笔颜色。实际放映时，右击幻灯片会出现如图 4.2.11 所示的快捷菜单，在快捷菜单中可以设置指针选项。另外，在 PowerPoint 2016 的文件菜单中可以打开“选项”对话框，在其中的“高级”选项中也可以对幻灯片放映方式进行一些设置，例如是否退出时提示保留墨迹注释、是否以黑幻灯片结束等。

“换片方式”默认选择“如果存在排练时间，则使用它”;可设置放映时播放“全部”或指定幻灯片播放的范围;也可设置是否“循环放映”。

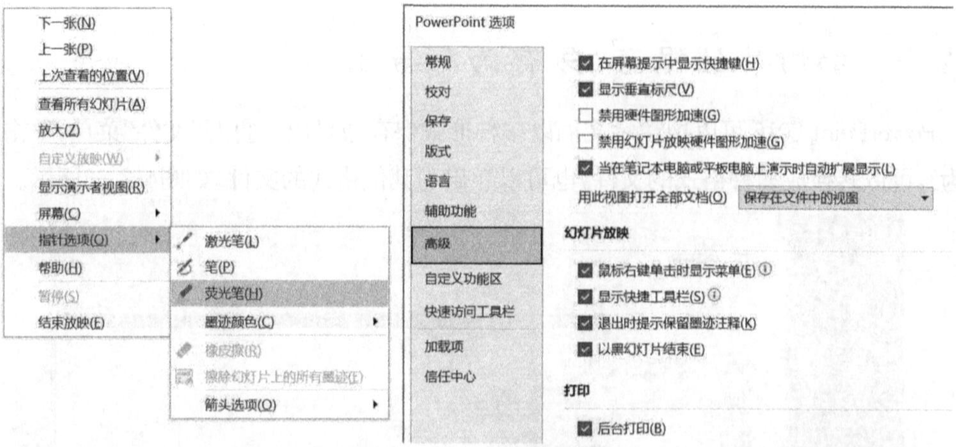

图 4.2.11　其他放映设置

4.2.4　隐藏幻灯片

若不想放映演示文稿中的某张幻灯片,可隐藏该幻灯片。操作步骤为:选中该幻灯片,单击“幻灯片放映”选项卡下的“隐藏幻灯片”按钮,则被隐藏的幻灯片的左上角会显示图标,图标内标有幻灯片编号。隐藏的幻灯片仍然留在演示文稿中,但在放映时不会显示。用户可以对演示文稿中的任意幻灯片单独设置或取消“隐藏幻灯片”选项。具体效果如图 4.2.12 所示。

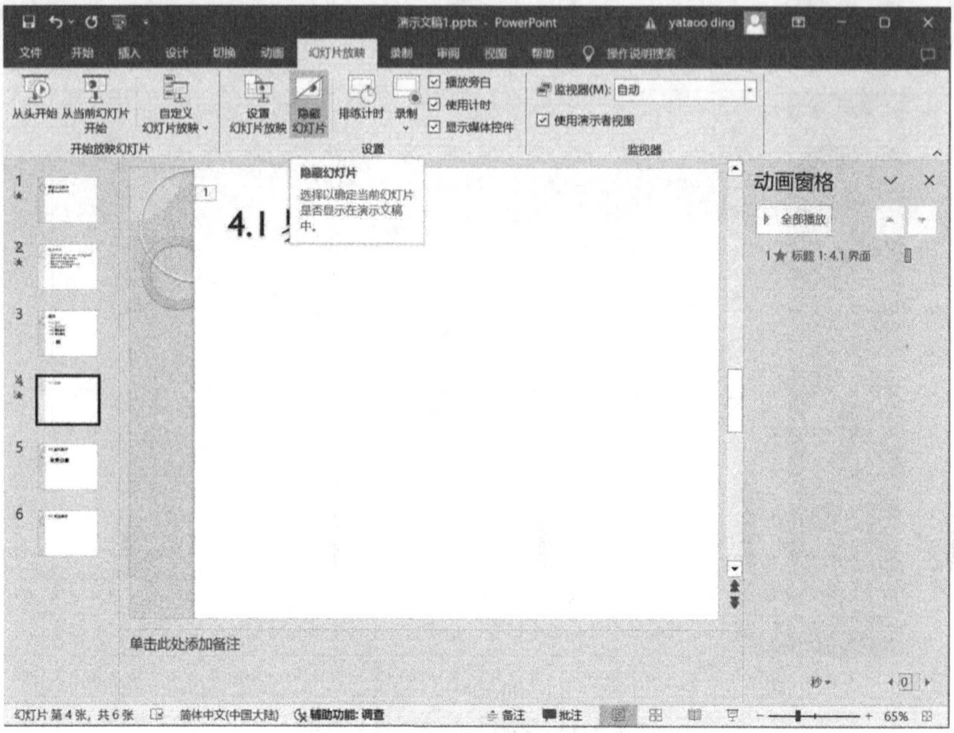

图 4.2.12　隐藏幻灯片

4.2.5 幻灯片的保存、另存为和导出

PowerPoint 2016 可以把演示文稿以多种形式保存或导出。打开“文件”菜单，单击“另存为”，可以转换成多种格式的文件，也可以导出为其他格式的文件，如图4. 2. 13所示。

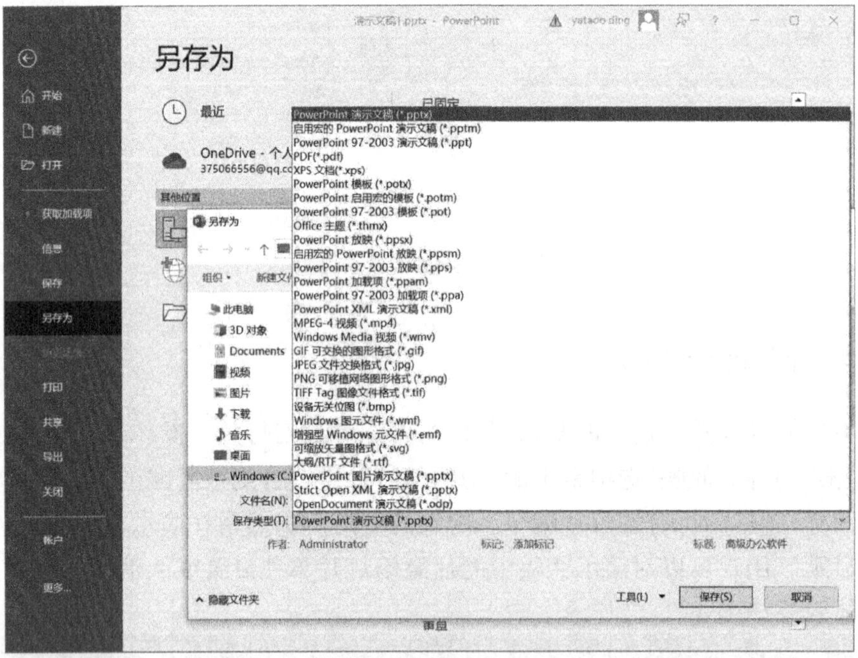

(a)另存为

(b)导出

图 4. 2. 13 幻灯片的另存为与导出

4.3　综合案例

4.3.1　课件制作

1. 要求

(1)在 PowerPoint 2016 中设计“演示文稿 1. pptx”，要求包含两张幻灯片，第一张幻灯片版式为“标题”，第二张幻灯片版式为“标题和内容”，主题为“离子”。

(2)在 PowerPoint 2016 中设计“演示文稿 2. pptx”，要求包含两张幻灯片，版式均为“标题和内容”，主题为“肥皂”。

(3)将两个演示文稿中的所有幻灯片合并到“高级办公应用. pptx”中，要求所有幻灯片保留原有格式。后续的操作均在文档“高级办公应用. pptx”中进行。

(4)在“高级办公应用. pptx”的第一张幻灯片之后插入一张版式为“仅标题”的幻灯片，输入标题文字“教学目的”，在标题下方制作一张射线列表式关系图，具体内容如表 4. 3. 1 所示。

表 4. 3. 1　射线列表内容

教学目的	了解	PowerPoint 系统的特点
	理解	演示文稿、幻灯片、模板、母板等基本概念
	掌握	幻灯片的创建、编辑、动作按钮、超链接、声音、动画和视频、放映

为该关系图添加适当的动画效果，要求同一级别的内容同时出现、不同级别的内容先后出现。

(5)在第五张幻灯片后插入一张版式为“标题和内容”的幻灯片，在该张幻灯片中插入表 4. 3. 2 所示内容，并为该表格添加适当的动画效果。

表 4. 3. 2　进度表

序号	日期	内容
1	周一	4. 1 基本操作
2	周三	4. 2 高级操作
3	周五	4. 2 高级操作

(6)将第四张、第五张幻灯片分别链接到第三张幻灯片的相关文字上。

(7)除标题页外，为其余幻灯片添加编号及页脚，页脚内容为“第 4 章 PowerPoint 高级应用”。

(8)为幻灯片设置适当的切换方式，以丰富放映效果。

2. 操作步骤

步骤 1:在 PowerPoint 2016 中新建“演示文稿 1. pptx”,插入两张幻灯片,第一张幻灯片版式为“标题”,第二张幻灯片版式为“标题和内容”,主题为“离子”。效果如图 4. 3. 1所示。

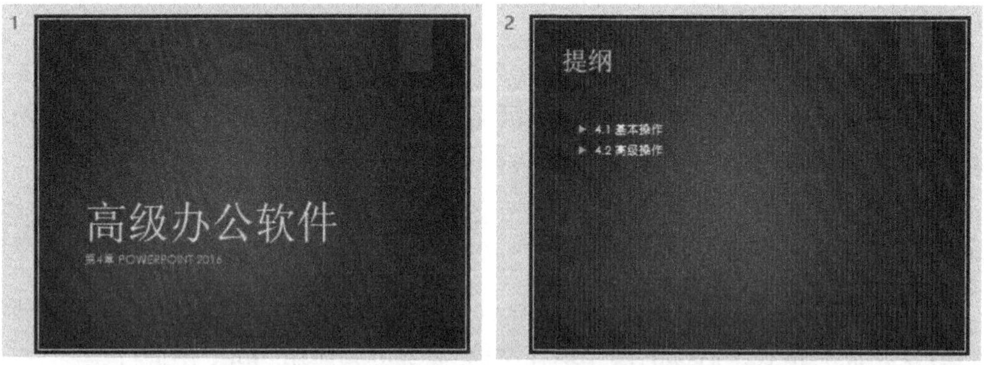

图 4. 3. 1 演示文稿 1 版式设置

步骤 2:在 PowerPoint 2016 中新建“演示文稿 2. pptx”,插入两张幻灯片,版式均为“标题和内容”,主题为“肥皂”。效果如图 4. 3. 2 所示。

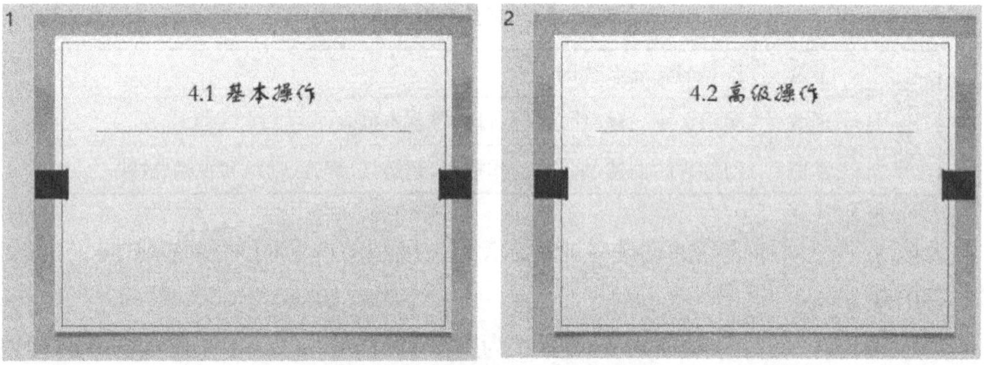

图 4. 3. 2 演示文稿 2 版式设置

步骤 3:关闭所有 PowerPoint 文档,新建演示文稿,如有自动创建的幻灯片,则删除。单击“新建幻灯片”按钮右下方的三角形按钮,在展开的菜单中选择“重用幻灯片”,如图 4. 3. 3 所示。

步骤 4:在“重用幻灯片”窗格中,单击“浏览”,选择“浏览文件”命令,打开“浏览”对话框,定位至“演示文稿 1. pptx”文件后,单击“打开”按钮,该文件中的两张幻灯片出现在窗格中,选择“保留源格式”,单击两张幻灯片即可将其插入新建演示文稿中,如图 4. 3. 4 所示。

步骤 5:同步骤 4 的操作,将“演示文稿 2. pptx”文件中的两张幻灯片保留格式插入当前演示文稿中。

步骤 6:保存演示文稿为“高级办公应用. pptx”。

步骤 7：插入幻灯片，设置其版式为“仅标题”，输入标题文字“教学目的”。

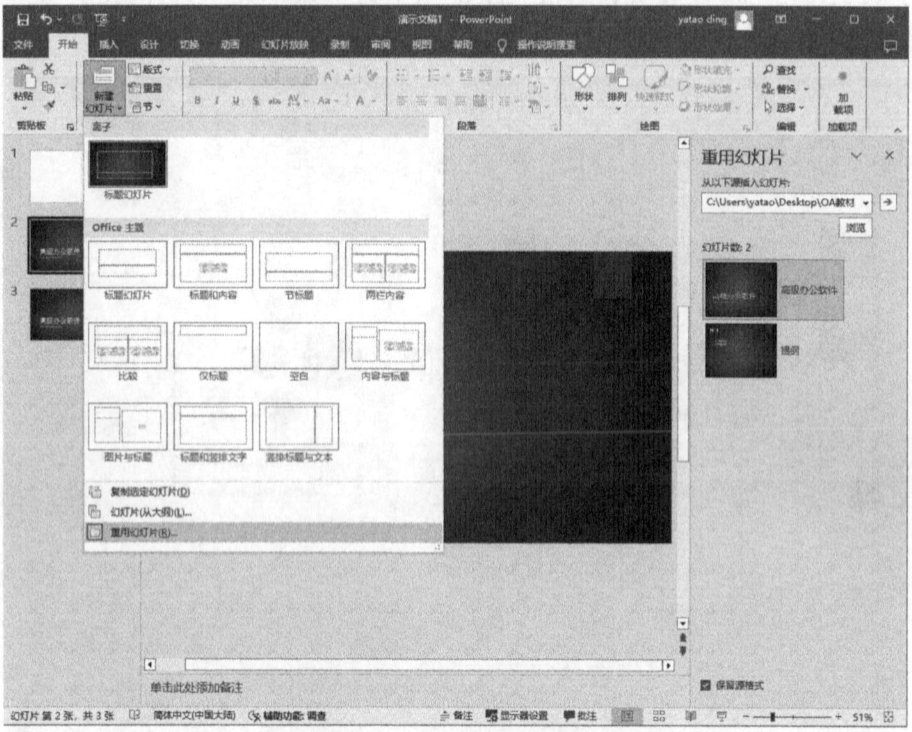

图 4.3.3　重用幻灯片操作

图 4.3.4　插入已有演示文稿中的幻灯片

步骤 8:单击“插入”选项卡,单击“插图”组中的“SmartArt”,选择“关系”类型中的“射线列表”,单击“确定”,如图 4.3.5 所示。

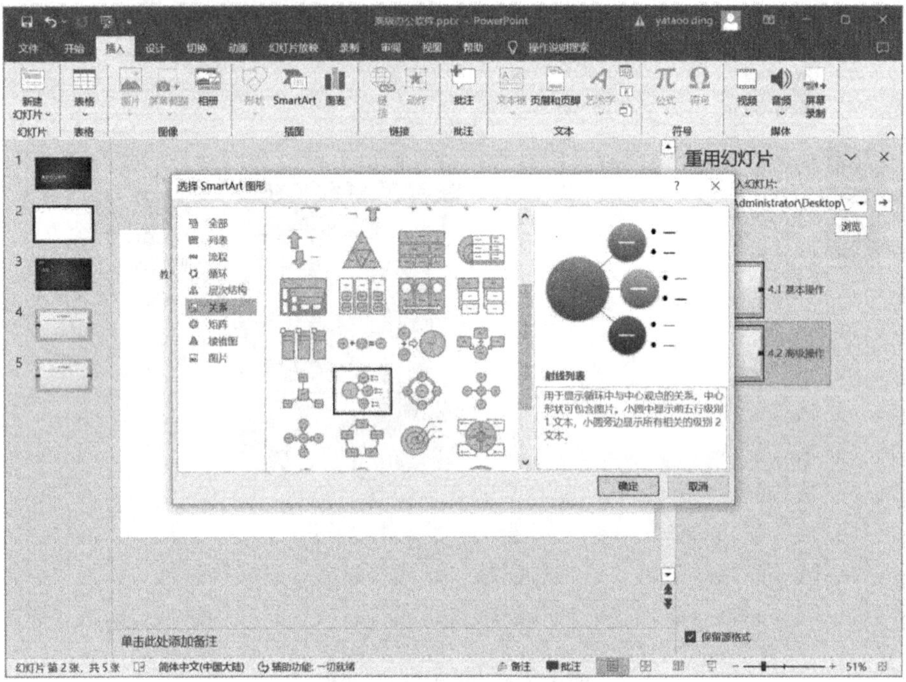

图 4.3.5　插入射线列表

步骤 9:按表 4.3.1 内容编辑 SmartArt 图中的文字,效果如图 4.3.6 所示。

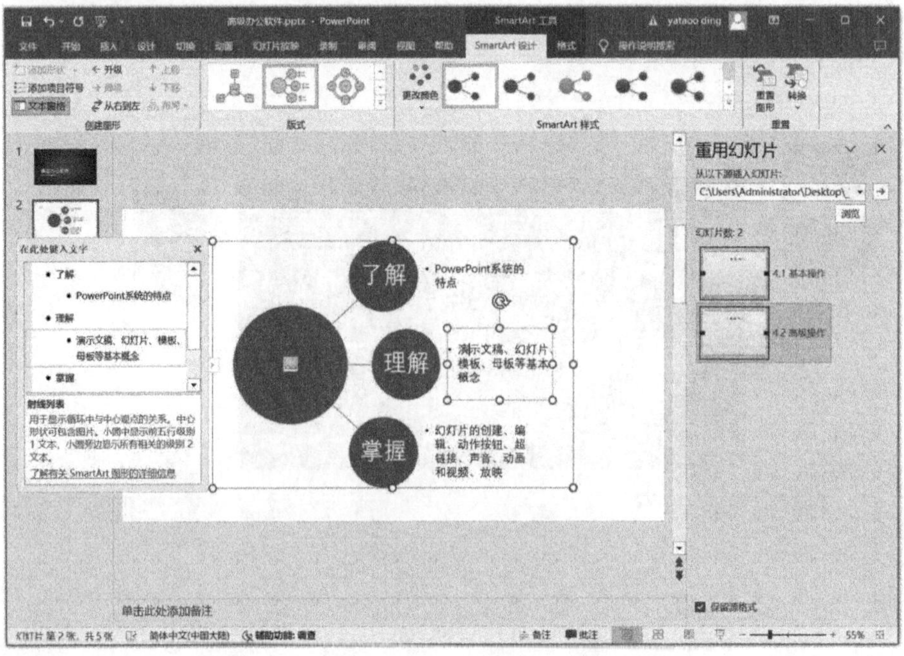

图 4.3.6　SmartArt 射线列表图中的文本编辑

步骤 10:在第五张幻灯片后新建幻灯片,修改版式为“标题和内容”,标题输入“进度表”。

步骤 11:在新建的第六张幻灯片中插入四行三列的表格,输入表 4. 3. 2 所示内容,适当调整字体、表格大小,为表格设置动画,例如“浮入”。将第四张、第五张幻灯片分别链接到第三张幻灯片的相关文字上。

步骤 12:选择第三张幻灯片,选中“4. 1 基本操作”文字,插入“超链接”,链接到第四张幻灯片,如图 4. 3. 7 所示。

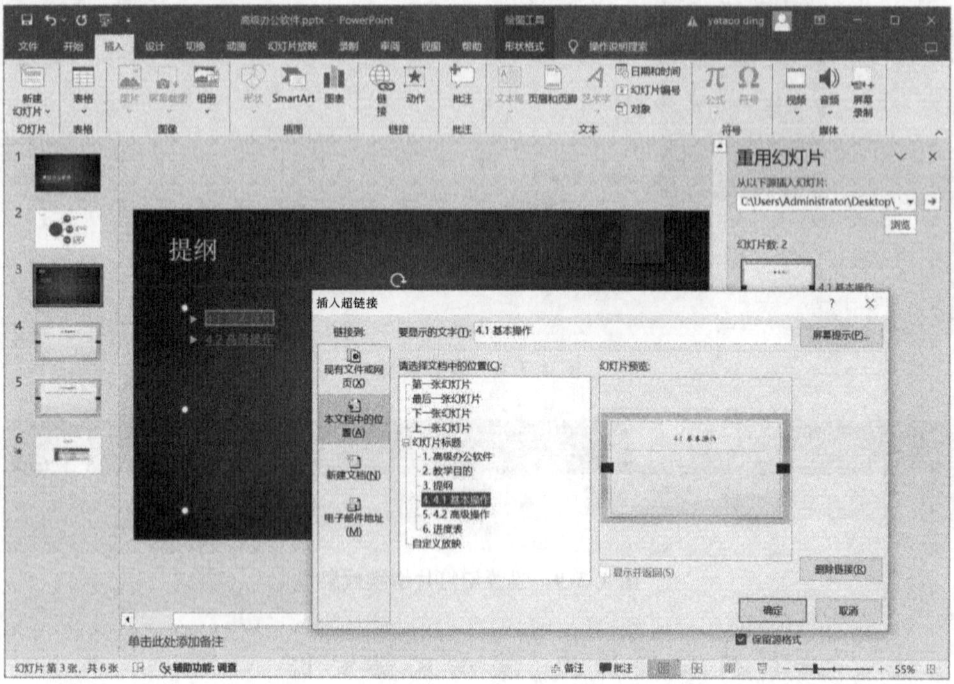

图 4. 3. 7　插入超链接

步骤 13:同步骤 12 的操作,链接文字“4. 2 高级操作”至第五张幻灯片。

步骤 14:单击“插入”选项卡中的“页眉和页脚”,弹出“页眉和页脚”对话框,选中其中的幻灯片编号、标题幻灯片中不显示、页脚,并输入页脚内容为“第 4 章 PowerPoint 高级应用”,如图 4. 3. 8 所示。

步骤 15:单击“切换”选项卡,设置切换效果,例如“随机线条”,然后单击“应用到全部”按钮,如图 4. 3. 9 所示。

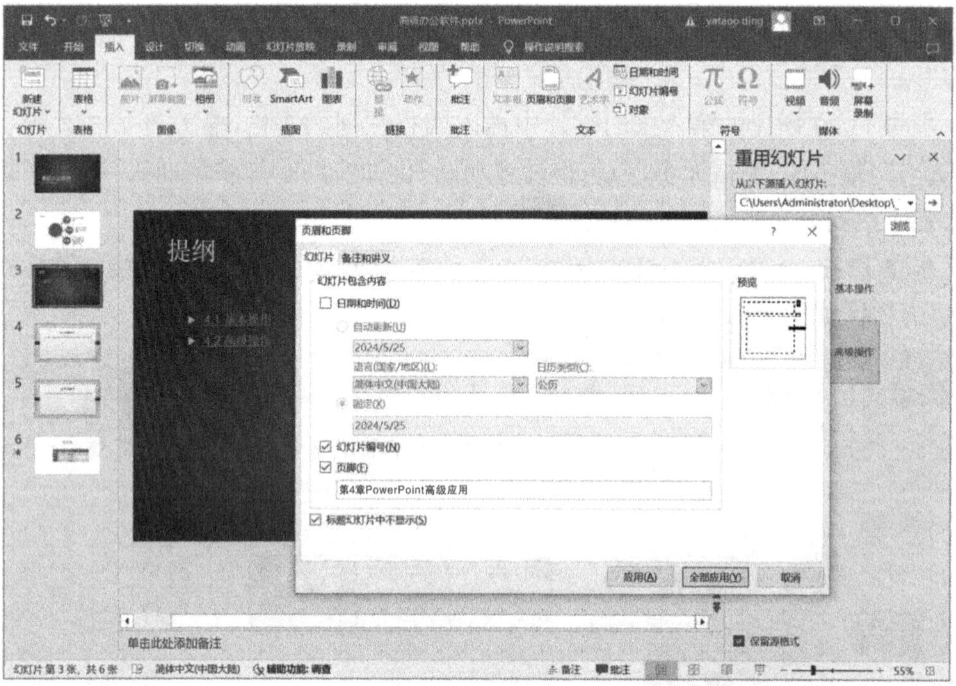

图 4.3.8 设置页脚

图 4.3.9 设置幻灯片切换效果

4.3.2 “计算机发展简史”演示文稿制作

打开第 4 章素材案例 2 文件夹中的演示文稿“yswg. pptx”，根据文件“素材. docx”，按照下列要求完善此文稿并保存。“素材. docx”的内容如下。

> 计算机发展简史
>
> 计算机发展的四个阶段
>
> 1. 第一代计算机：电子管数字计算机(1946—1958 年)
>
> • 硬件方面，逻辑元件采用电子管，主存储器采用汞延迟线、磁鼓、磁芯；外存储器采用磁带；
>
> • 软件方面采用机器语言、汇编语言；
>
> • 应用领域以军事和科学计算为主；
>
> • 特点是体积大、功耗高、可靠性差、速度慢、价格昂贵。
>
> 2. 第二代计算机：晶体管数字计算机(1958—1964 年)
>
> • 硬件方面，逻辑元件采用晶体管，主存储器采用磁芯，外存储器采用磁盘；软件方面出现了以批处理为主的操作系统、高级语言及其编译程序；

- 应用领域以科学计算和事务处理为主，并开始进入工业控制领域；
- 特点是体积缩小、能耗降低、可靠性提高、运算速度提高。

3. 第三代计算机：集成电路数字计算机(1964—1970 年)

- 硬件方面，逻辑元件采用中、小规模集成电路，主存储器仍采用磁芯；
- 软件方面出现了分时操作系统以及结构化、规模化程序设计方法；
- 特点是速度更快，可靠性有了显著提高，价格进一步下降，产品走向通用化、系列化和标准化；
- 应用领域开始进入文字处理和图形图像处理领域。

4. 第四代计算机：大规模集成电路计算机(1970 年至今)

- 硬件方面，逻辑元件采用大规模和超大规模集成电路；
- 软件方面出现了数据库管理系统、网络管理系统和面向对象语言等；
- 特点是 1971 年世界上第一台微处理器在美国硅谷诞生，开始了微型计算机的新时代。
- 应用领域从科学计算、事务管理、过程控制逐步走向家庭。

1. 要求

(1)使文稿包含七张幻灯片，设计第一张为“标题幻灯片”版式；第二张为“仅标题”版式；第三张到第六张为“两栏内容”版式；第七张为“空白”版式；所有幻灯片统一设置背景样式，要求有预设颜色。

(2)第一张幻灯片标题为“计算机发展简史”，副标题为“计算机发展的四个阶段”；第二张幻灯片标题为“计算机发展的四个阶段”；在标题下方的空白处插入 SmartArt 图形，要求含有四个文本框，在每个文本框中依次输入“第一代计算机”……“第四代计算机”，更改图形颜色，适当调整字体和字号。

(3)第三张至第六张幻灯片，标题内容分别为素材中各段的标题；左侧内容为各段的文字介绍和项目符号，右侧为相对应的图片，第六张幻灯片需插入两张图片(“第四代计算机-1. jpg”在下，“第四代计算机-2. jpg”在上)；在第七张幻灯片中插入艺术字，内容为“谢谢”。

(4)为第一张幻灯片的副标题、第三张到第六张幻灯片中的图片设置动画效果；将第二张幻灯片的四个文本框超链接到相应内容幻灯片；为所有幻灯片设置切换效果。

2. 操作步骤

步骤 1：在 PowerPoint 2016 中插入新幻灯片(快速插入方法：在左侧幻灯片窗格单击最后一张幻灯片，按 Enter 键即可插入新幻灯片)，直到共七张幻灯片即可。

步骤 2：选中幻灯片并右击，选择“版式”，进行版式设置：将第一张设为“标题幻灯片”版式，第二张设为“仅标题”版式，第三张到第六张设为“两栏内容”版式，第七张设为“空白”版式。

步骤 3：在“设计”选项卡下的“自定义”组中单击“设置背景格式”按钮，在右侧窗格中的“填充”选项卡下单击“图片或纹理填充”按钮，单击“纹理”右侧下拉列表框，选择填充纹理，例如“羊皮纸”，最后单击“全部应用”，效果如图 4.3.10 所示。

图 4.3.10 设置纹理

步骤 4：选中第一张幻灯片，单击标题占位符，输入“计算机发展简史”，单击副标题占位符，输入“计算机发展的四个阶段”

步骤 5：选中第二张幻灯片，单击标题占位符，输入“计算机发展的四个阶段”。单击“插入”选项卡下的“SmartArt”按钮，在弹出的对话框中，选择“流程”中的“基本流程”，单击“确定”，如图 4.3.11 所示。

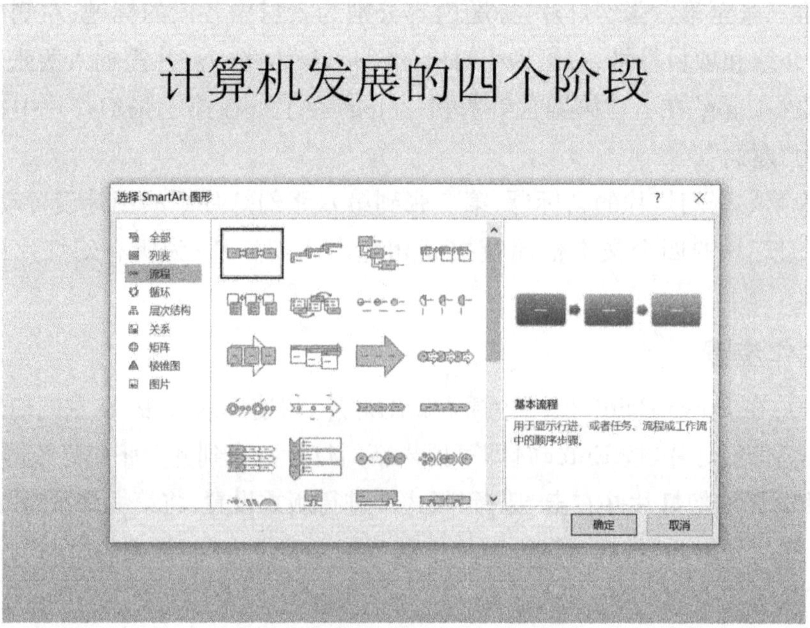

图 4.3.11 插入 SmartArt 流程图

由于插入的流程图中默认只有三个文本框，选中其中一个文本框，在 SmartArt 工具“设计”选项卡下的“创建图形”组中单击“添加形状”按钮右侧的下拉箭头，选择“在后面添加形状”，如图 4. 3. 12 所示。

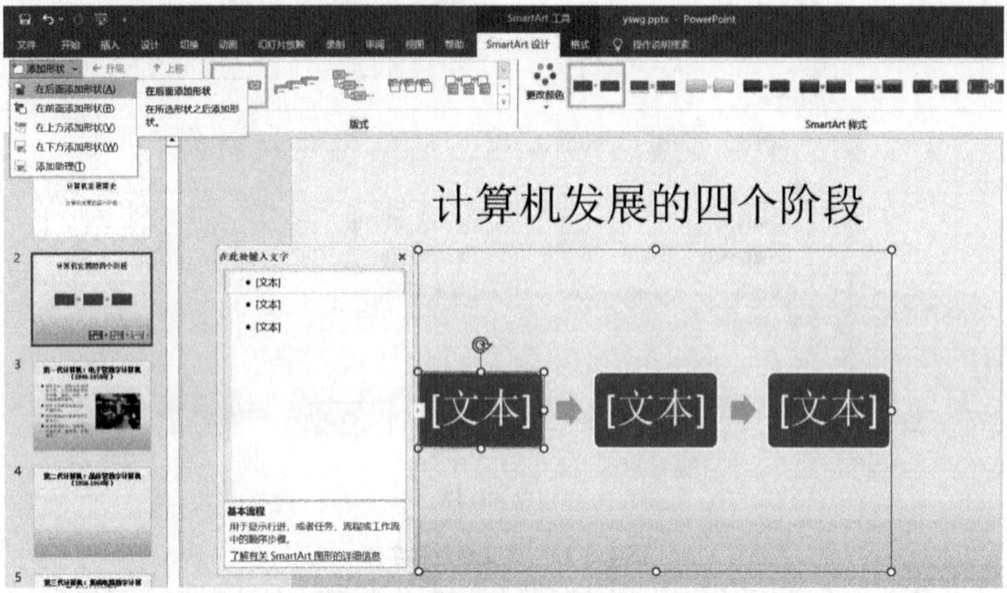

图 4. 3. 12　在流程图中添加文本框

在四个文本框中依次输入“第一代计算机”……“第四代计算机”。

单击 SmartArt 工具“设计”选项卡下的“更改颜色”，在弹出的下拉列表中选择一种主题颜色，如：“彩色”下的“彩色-强调文字颜色 2”；单击“开始”选项卡中的“字体”组右下角的对话框启动器，设置字体为黑体、20 号。如图 4. 3. 13 所示。

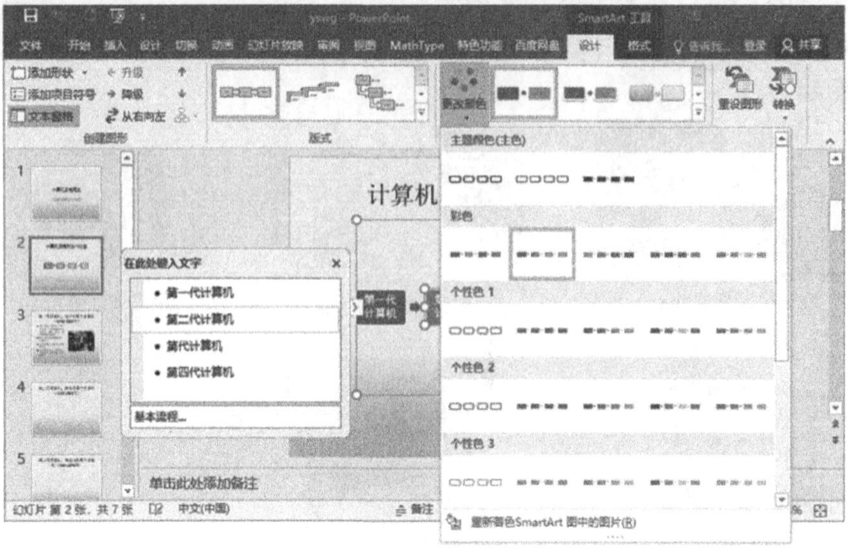

(a)改变颜色

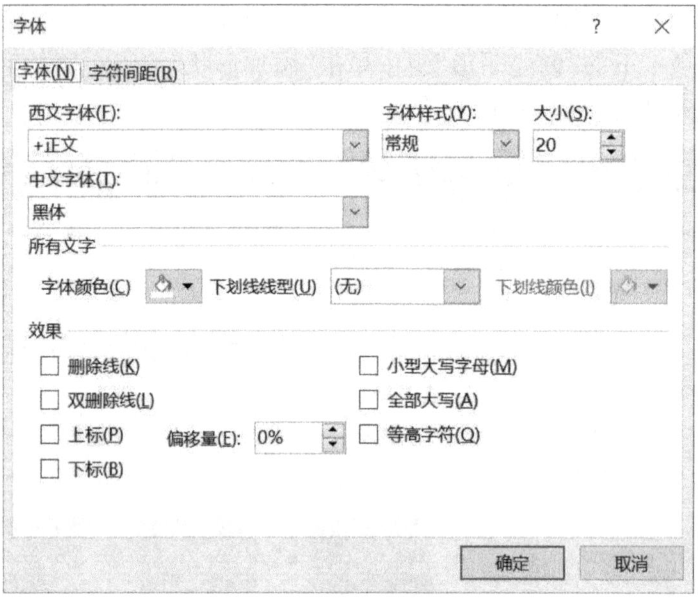

(b)改变字体

图 4.3.13 改变颜色和字体

步骤 6:选中第三张幻灯片,单击标题占位符,输入“第一代计算机:电子管数字计算机(1946—1958)”,将素材中的第一段文字复制粘贴到该幻灯片的左侧内容区,选中左侧文字内容,设置项目符号,例如:带填充效果的大方型项目符号。将鼠标定位至右侧文本区域,单击“插入”选项卡下“图像”组中的“图片”按钮,找到“第一代计算机.jpg”,单击“插入”。

素材、图片文件内容如图 4.3.14 所示。

第一代计算机.jpg

第二代计算机.jpg

第三代计算机.jpg

第四代计算机-1.jpg

第四代计算机-2.jpg

图 4.3.14 素材图片

步骤 7:利用同样的操作在第六张幻灯片中插入两张图片(第四代计算机-1.jpg、第四代计算机-2.jpg),其中“第四代计算机-1.jpg” 在下,“第四代计算机-2.jpg”在上,效果如图 4.3.15 所示。

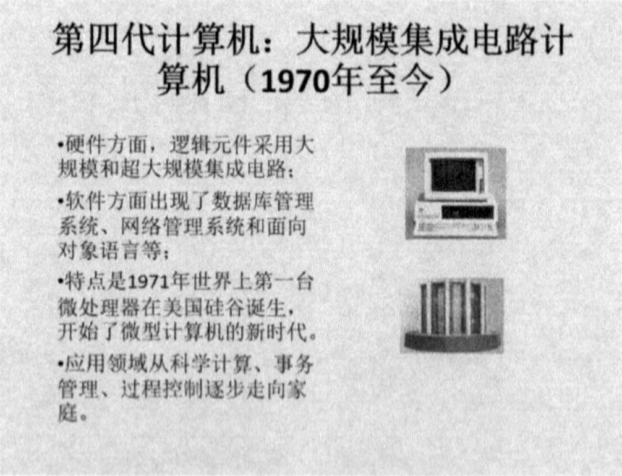

图 4.3.15 插入素材中的图片文件

步骤 8:选中第七张幻灯片,单击“插入”选项卡下“文本”组中的“艺术字”按钮,选择一种艺术字样式(例如,填充:红色,主题色 2;边框:红色,主题色 2),输入文字“谢谢”,如图 4.3.16 所示。

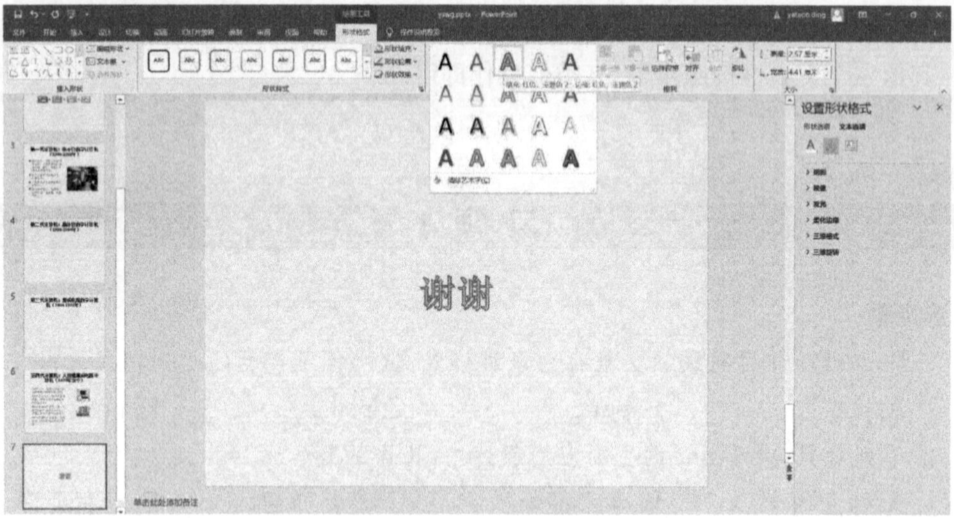

图 4.3.16 插入艺术字

步骤 9:选中第一张幻灯片的副标题,单击“动画”选项卡,设置动画效果,如“飞入”效果,利用同样的操作为第三张到第六张幻灯片的图片设置动画效果。

步骤 10:选中第二张幻灯片 SmartArt 图形中的第一个文本框,单击“插入”选项卡中的“超链接”按钮,在弹出的对话框中设置链接到“本文档中的位置”中的“第三张幻灯片”,如图 4.3.17 所示。

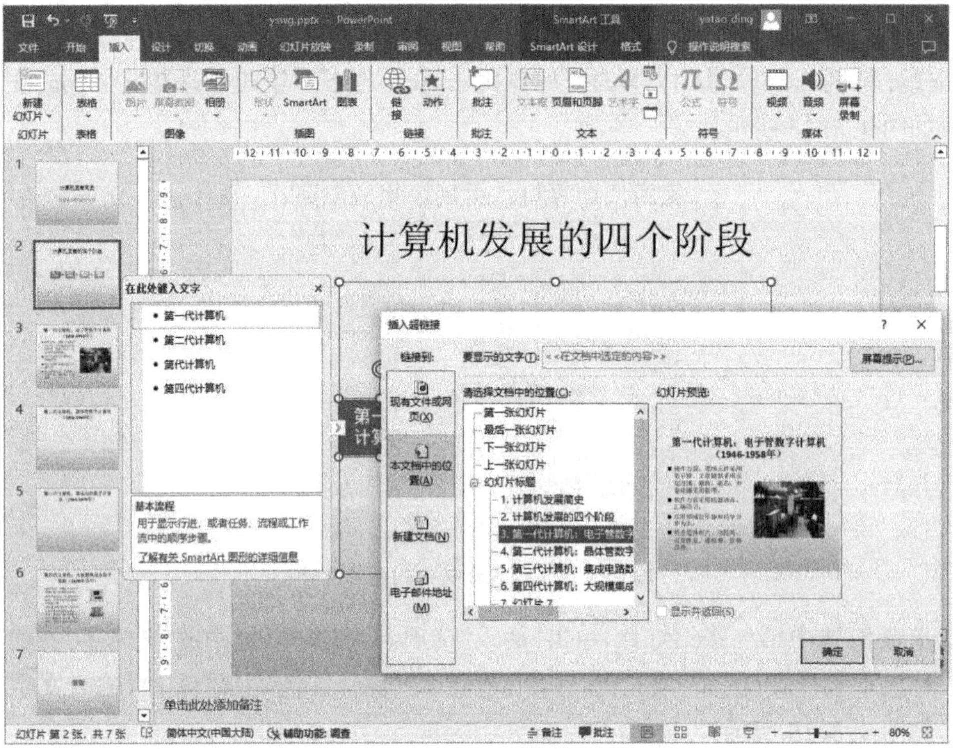

图 4.3.17 插入超链接

其他三个文本框按照步骤 10 类似操作即可。

习题 4

一、选择题

1. PowerPoint 可将编辑文档存为多种格式文件，但不包括(　　)格式。

   A. pot　　B. pptx　　C. psd　　D. pps

2. 下列对 PowerPoint 的主要应用叙述中，错误的是(　　)。

   A. 课堂教学　　B. 学术报告　　C. 产品介绍　　D. 数据处理

3. 在 PowerPoint 中，使所有幻灯片具有统一外观的方法中不包括(　　)。

   A. 使用设计模板　　B. 使用切换　　C. 幻灯片设计　　D. 应用母版

4. 下列关于 PowerPoint 的说法，正确的是(　　)。

   A. 其制作的幻灯片不包含声音和视频

   B. PowerPoint 不可以将演示文稿存为 html 格式

   C. PowerPoint 不支持 OLE 对象

   D. 幻灯片上的对象、文本、形状、声音、图像均可以设置

5. 在 PowerPoint 的“切换”选项卡中，正确的描述是（　　）。
A. 可以设置幻灯片切换时的视觉效果和听觉效果
B. 只能设置幻灯片切换时的听觉效果
C. 只能设置幻灯片切换时的视觉效果
D. 只能设置幻灯片切换时的定时效果

6. 在 PowerPoint 中，如果希望在演示过程中终止幻灯片的放映，随时可按（　　）键。
A. Delete　B. Ctrl+E　C. Shift+E　D. Esc

7. 在 PowerPoint 幻灯片放映时，用户可以利用指针在幻灯片上写字或画画，这些内容（　　）。
A. 自动保留在演示文稿中
B. 放映结束时可以选择保留在演示文稿中
C. 不可以选择墨迹颜色
D. 不可以擦除痕迹

8. 在 PowerPoint 中，（　　）以最小化的形式显示演示文稿中的所有幻灯片，用于组织和调整幻灯片的顺序。
A. 幻灯片浏览视图　B. 普通视图　C. 阅读视图　D. 备注页视图

9.（　　）是幻灯片层次结构中的顶层幻灯片，用于存储有关演示文稿的主题和幻灯片版式的信息，包括背景、颜色、字体、效果、占位符大小和位置。
A. 版式　B. 幻灯片母版　C. 幻灯片放映　D. 超链接

10. 在 PowerPoint 中，下列对幻灯片的超链接叙述错误的是（　　）。
A. 可以链接到外部文档
B. 可以链接到某个网址
C. 可以在链接点所在文档内部的不同位置进行链接
D. 一个链接点可以链接两个以上的目标

11. 欲为幻灯片中的文本创建超级链接，可用（　　）选项卡中的“超链接”命令。
A. 文件　B. 插入　C. 开始　D. 幻灯片放映

12. 幻灯片中占位符的作用是（　　）。
A. 表示图形大小　B. 限制插入对象的数量
C. 为文本、图形预留位置　D. 表示文本长度

13. 在 PowerPoint 中，幻灯片（　　）是一张特殊的幻灯片，包含已设定格式的占位符，这些占位符是为标题、主要文本和所有幻灯片中出现的背景项目而设置的。
A. 模板　B. 母版　C. 版式　D. 样式

14. 在 PowerPoint 中,幻灯片中插入的音频的播放方式是(　　)。

A. 只能设定为自动播放

B. 只能设定为手动播放

C. 可以设定为自动播放,也可以设定为手动播放

D. 取决于放映者使用的放映设备

15. 如果要求幻灯片能在无人操作的条件下自动播放,应该事先对 PowerPoint 演示文稿进行(　　)操作。

A. 存盘　　B. 打包　　C. 排练计时　　D. 幻灯片切换

二、操作题

1. 小李是某培训集团的人事专员,公司招聘了一批新员工,需要对他们进行相关工作培训。她已经制作了一份演示文稿的素材"制定计划. pptx",请打开该文档进行美化,要求如下。

(1)将第二张幻灯片版式设为"标题和竖排文字",将第四张幻灯片的版式设为"比较";为整个演示文稿指定一个恰当的设计主题。

(2)根据第五张幻灯片右侧的文字内容创建一个组织结构图,其中总经理助理为助理级别,结果应类似 Word 样例文件"组织结构图样例. docx"中所示。

(3)为第六张幻灯片左侧的文字"员工守则"加入超链接,链接到 Word 素材文件"员工守则. docx"。

(4)为演示文稿设置不少于三种的幻灯片切换方式。

(5)要求实现幻灯片可以在展台浏览。

2. 某电视台今日话题栏目要针对中国居民目前储蓄情况制作一期节目,请根据提供的素材,为电视台制作一份名为"中国人是存钱不花还是没钱可存. pptx"的演示文稿。

电视台提供的文字资料及素材参见"中国人是存钱不花还是没钱可存(素材). docx",制作要求如下。

(1)第一页幻灯片的版式为"仅标题",内容为"中国人是存钱不花还是没钱可存"。

(2)演示文稿须指定一个主题,幻灯片必须有五页以上,版式必须有三种以上。

(3)演示文稿中幻灯片要有三种以上切换效果。

(4)演示文稿播放的全程需要包含素材中提供的背景音乐。

(5)要求实现幻灯片可以在展台浏览。

(6)将制作完成的演示文稿以"中国人是存钱不花还是没钱可存. pptx"为文件名进行保存。

3. 请根据提供的素材文件"ppt 素材. docx"中的文字、图片设计制作演示文稿,并

以文件名“女性的品格.pptx”存盘，具体要求如下。

(1)将素材文件中每个矩形框中的文字及图片设计为一张幻灯片，并为演示文稿插入素材中提供的背景音乐。

(2)将第一张幻灯片版式设置为“仅标题”，标题为“女性的品格”。为演示文稿选择一个合适的主题。

(3)第二张幻灯片采用 SmartArt 图形中的组织结构图来表示，最上级内容为“女性的品格”，其下级依次为具体的五项内容。

(4)为演示文稿创建两个节，其中“开始”节中包含第一张幻灯片，其余幻灯片均包含在“具体内容”节中。

(5)为演示文稿设置三种以上幻灯片切换效果，设置幻灯片在展台浏览。

4. 请根据图书策划方案(请参考素材中的“图书策划方案.docx”文件)，按照如下要求完成演示文稿的制作，并将其命名为“图书策划方案.pptx”保存。

(1)创建一个新演示文稿，内容需要包含“图书策划方案.docx”文件中所有讲解的要点。

①演示文稿中的内容编排，需要严格遵循 Word 文档中的内容顺序，并仅需要包含 Word 文档中应用了“标题 1”样式的文字内容。

②Word 文档中应用了“标题 1”样式的文字，需要成为演示文稿中每页幻灯片的标题文字。

(2)为演示文稿应用一个美观的主题样式。

(3)在标题为“2024 年同类图书销量统计”的幻灯片中，插入一个六行五列的表格，列标题分别为“图书名称”“出版社”“作者”“定价”“销量”。

(4)在标题为“新版图书创作流程示意”的幻灯片中，将新版图书创作流程示意利用 SmartArt 图形中的组织结构图展现，其中顶层内容为“新版图书创作流程示意”。

(5)在该演示文稿中创建一个演示方案，该演示方案包含第一、二、四、七页幻灯片，并将该演示方案命名为“放映方案 1”。

(6)在该演示文稿中创建一个演示方案，该演示方案包含第一、二、三、五、六页幻灯片，并将该演示方案命名为“放映方案 2”。

提 高 篇

第5章 Office 2016 文档安全与VBA应用

【课程目标】

了解:VBA 基本知识、宏病毒的含义。

理解:文件权限与文档保护、宏。

掌握:文件权限与文档保护的设置方法、录制宏。

应用:简单的 VBA 程序。

【课程思政】

在课堂教学设计中,通过介绍宏病毒引出“没有信息安全,就没有国家安全”的理念,进而介绍黑客行为与公民应具备的法律意识,以及中科大量子通信技术的发展对提高我国信息产业“独立和可控”能力的战略意义。引导学生在使用微信、QQ、抖音等信息传播工具时,树立道德约束与法律法规意识。

随着网络的普及与云办公的兴起,信息的获取、共享和传播变得更加方便、快捷,但同时也增加了重要信息泄密的风险。为了使操作更加快捷、准确并节省人力,可以利用嵌入在 Office 中的 VBA 进行二次开发使手动操作变成自动操作。

本章将在介绍 Office 安全保护功能的基础上,进一步阐述文档的安全设置、VBA 宏及其应用、宏病毒及宏安全性的相关知识。

5.1 Office 2016 安全保护功能概述

安全权限设定是保证文档安全的一种常用方式。Office 2016 通过信息权限管理(Information Rights Management,IRM)为用户提供了若干种保护 Office 文档安全的方法。如果用户不希望辛苦完成的文档被其他人随意阅读、抄袭、篡改,就可以根据具体情况选用 Office 提供的安全保护功能保护文档,防止未经授权的人员打印、转发或复制敏感信息。通过使用 IRM 限制了文件的权限之后,即使非预期收件人收到了该文件,访问和使用限制仍然有效。这是因为访问权限存储在文档、工作簿或演示文稿内。

在 Office 2016 的 Word、Excel 与 PowerPoint 组件中,单击"文件"菜单,选择"信息"→"保护文档"(或"保护工作簿""保护演示文稿"),如图 5.1.1 所示。可以看到 Office 提供的几种安全保护功能:始终以只读方式打开、用密码进行加密、限制编辑、限制访问、添加数字签名、标记为最终。

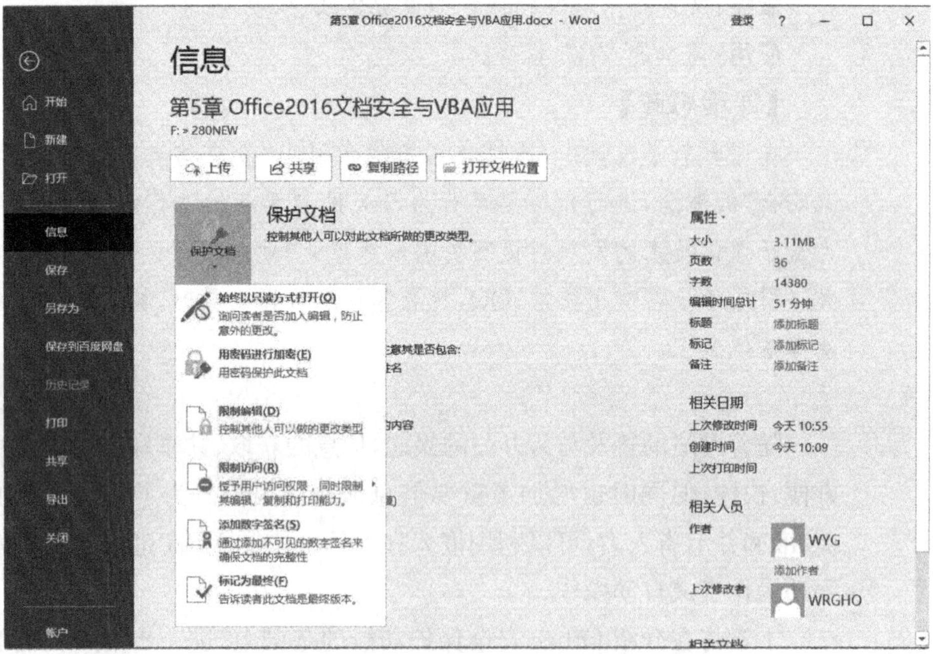

图 5.1.1 Word"保护文档"菜单

1. 始终以只读方式打开

"始终以只读方式打开"是一项安全设置功能,启用后,用户打开文档时默认以只读模式访问,可查看内容但无法直接修改原文件,需手动选择"另存为"或"编辑文档"才能进行更改,此功能既能保护原始文件免受意外编辑,又方便用户在审阅或参考时避免误操作,同时支持通过"文件"菜单中的"选项"设置全局启用或针对特定文件单独配置。

2. 用密码进行加密

用密码进行加密就是对 Office 文档设置密码保护，这是一个在早期版本 Office 中便已流行的保护功能。但密码保护功能最大的问题是用户自己也容易忘记密码。一旦忘记密码，只能使用 Advanced Office Password Recovery 等第三方工具进行密码破解，这有可能会损坏文档。

3. 限制编辑

限制编辑功能提供了三个选项：格式设置限制、编辑限制、启动强制保护。格式设置限制可以有选择地限制格式编辑选项，单击其下方的“设置”按钮可进行格式选项自定义；编辑限制可以有选择地限制文档编辑类型，包括“修订”“批注”“填写窗体”以及“不允许任何更改（只读）”，例如在制作表格时，若仅希望对方填写指定的项目而不修改其他内容，就需要用到此功能，可单击其下方的“例外项（可选）”及“更多用户”进行受限用户自定义；启动强制保护可以通过密码保护或用户验证的方式保护文档，此功能需要信息权限管理（IRM）的支持。

4. 限制访问

限制访问是指授予用户访问权限，同时限制其编辑、复制与打印权限。

5. 添加数字签名

添加数字签名也是一项常用的安全保护功能，通过添加不可见的数字签名来确保文档的完整性。数字签名以加密技术为基础，有助于减轻商业交易及文档安全相关的风险。如需新建自己的数字签名，首先需获取数字证书，这个证书将用于证明个人的身份，通常会从受信任的证书颁发机构（CA）获得。如果没有个人数字证书，则可以通过微软合作伙伴获取，或者直接在 Office 中插入签名行或图章签名行。

6. 标记为最终

标记为最终是为了防止文档被进一步修改，确保文档的完整性和准确性。当文档被标记为最终状态后，任何尝试编辑该文档的用户都会收到一个警告消息，提醒他们该文档已被标记为最终版本。这相当于给文档加上了一个保护锁，提示他人这是一个不能再被编辑的版本。

5.2　文档的安全设置

在日常的工作与生活中，我们往往容易忽略文档的安全性，认为只要关闭文档就可确保安全。如果处理的文档非常重要，不允许别人更改或者只允许一些特定的管理人员查看，就需要给文档增加保护措施。另外，编辑好的文档在共享之前，应仔细检查是否存在一些隐藏的信息或者个人与公司隐私等。如果存在这些内容,在共享之前应将其删除。

5.2.1 文件安全性设置

在日常工作生活中,出于安全考虑,往往需要对文件进行一定的限制。常见的文件安全性设置有:防打开、防修改、防丢失、防泄私、防篡改。

1. 防打开

对于一些重要的文件,必须加设密码防止未经授权的用户打开。具体操作步骤如下。

步骤 1:在 Office 2016 版本的 Word 中,单击“文件”→“另存为”选项,弹出“另存为”对话框,如图 5.2.1 所示。

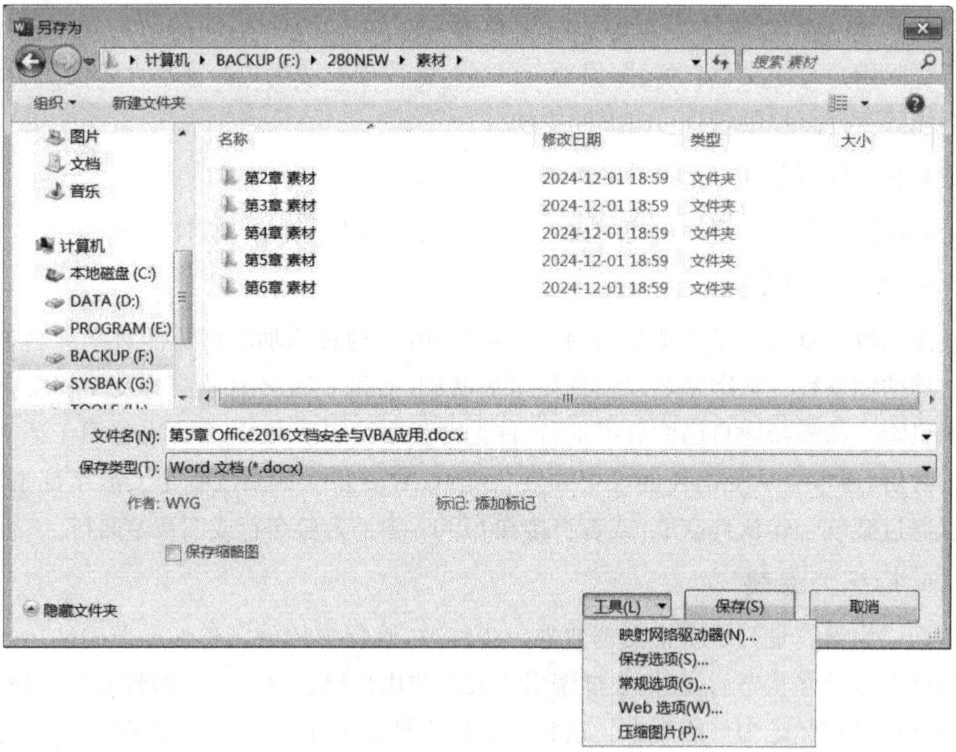

图 5.2.1 “另存为”对话框

步骤 2:单击“工具”→“常规选项”,出现“常规选项”对话框,在“打开文件时的密码”文本框中输入要设置的密码,如图 5.2.2 所示。

步骤 3:单击“确定”按钮,确认密码,如图 5.2.3 所示。

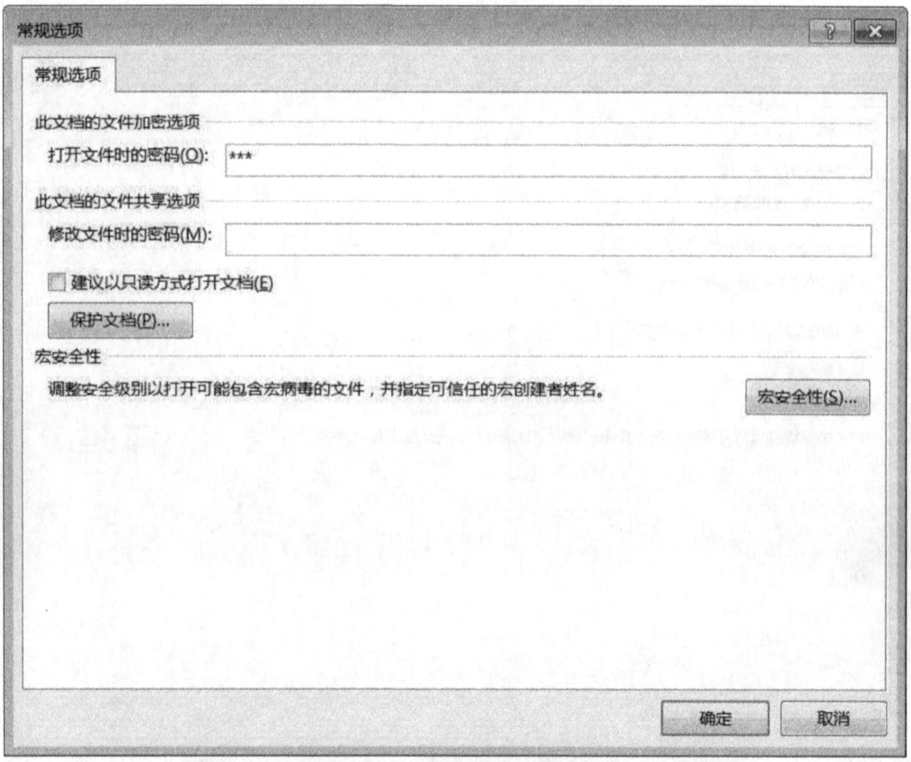

图 5.2.2　“常规选项”对话框

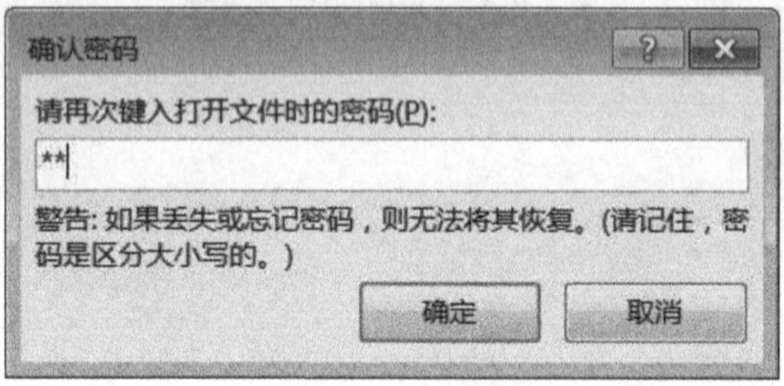

图 5.2.3　确认密码

2. 防修改

步骤 1:打开“常规选项”对话框,在“修改文件时的密码”文本框中输入修改文件时需要输入的密码,如图 5.2.4 所示。

步骤 2:单击“确定”按钮,确认密码。

3. 防丢失

(1)自动备份。

单击“文件”→“选项”菜单项,在弹出的“Word 选项”对话框中单击“高级”选项卡,找到“保存”部分,勾选“始终创建备份副本”复选框,如图 5.2.5 所示。单击“确定”。Excel 和 PowerPoint 都具有自动备份选项,但是与 Word 不同,二者主要通过设置自动保存时间间隔来定期保存临时文件。

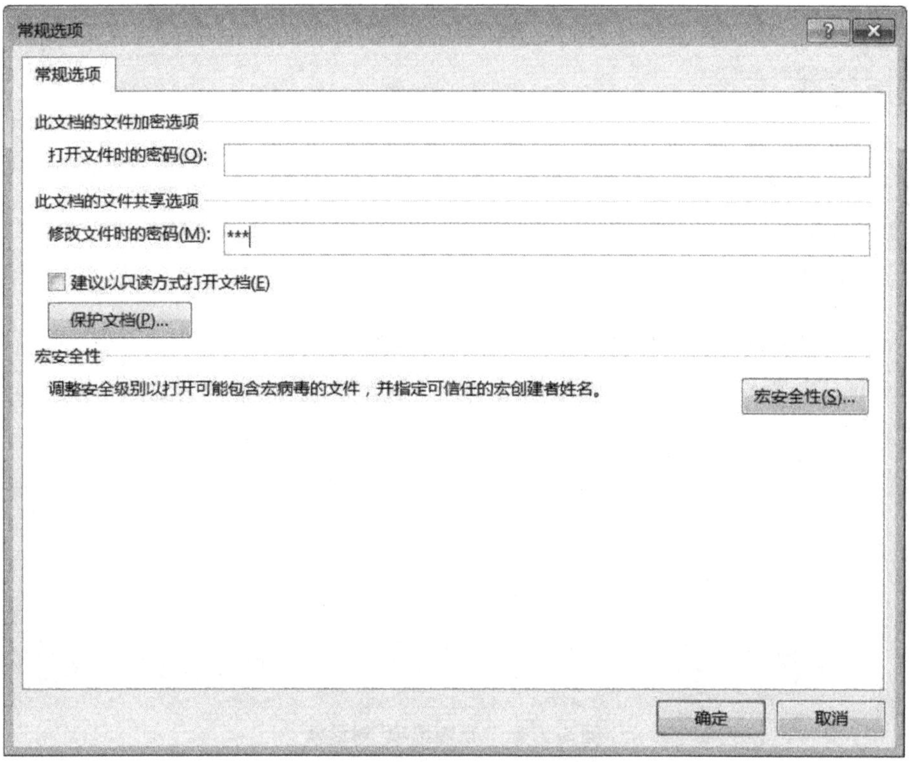

图 5.2.4 “常规选项”对话框

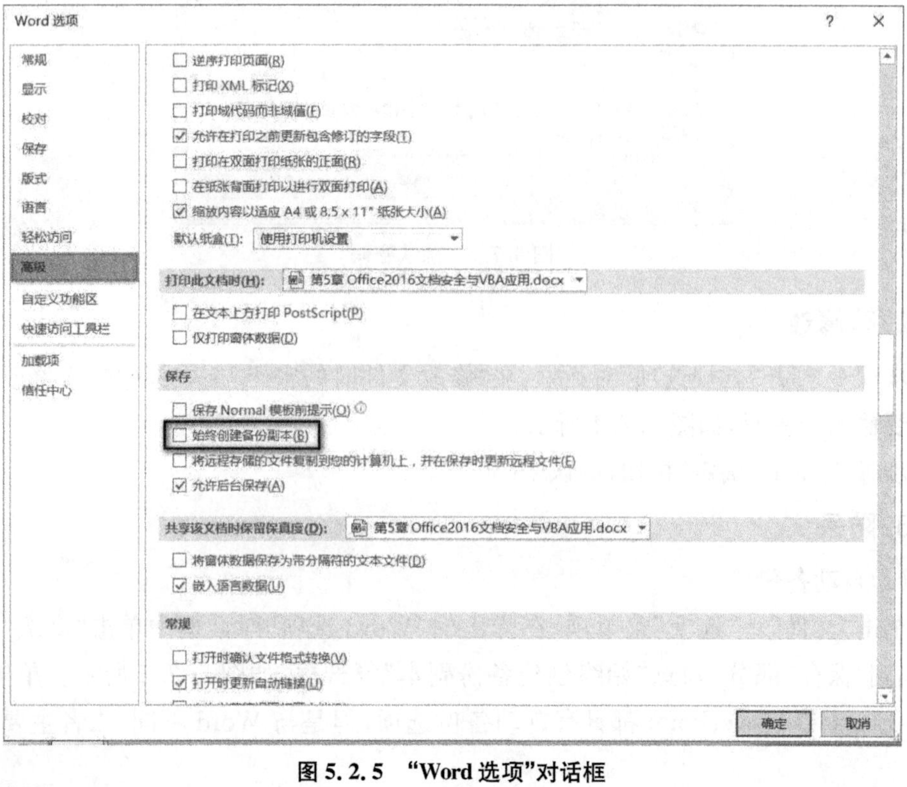

图 5.2.5 “Word 选项”对话框

(2)自动保存。

单击“文件”→“选项”→“保存”选项卡,勾选“保存自动恢复信息时间间隔”复选框,默认情况下,Word 会每隔 10 分钟自动创建文档恢复文件。

4. 防泄私

对于一些包含敏感内容的文档,应在保存时删除文件属性中的关键词或摘要,以防止泄露隐私。

单击“文件”→“信息”→“保护文档”右侧的“属性”下拉菜单(如图 5.2.6 所示),选择“高级属性”,在打开的对话框中单击“摘要”选项卡,删除文本框中的敏感信息,如图 5.2.7 所示。

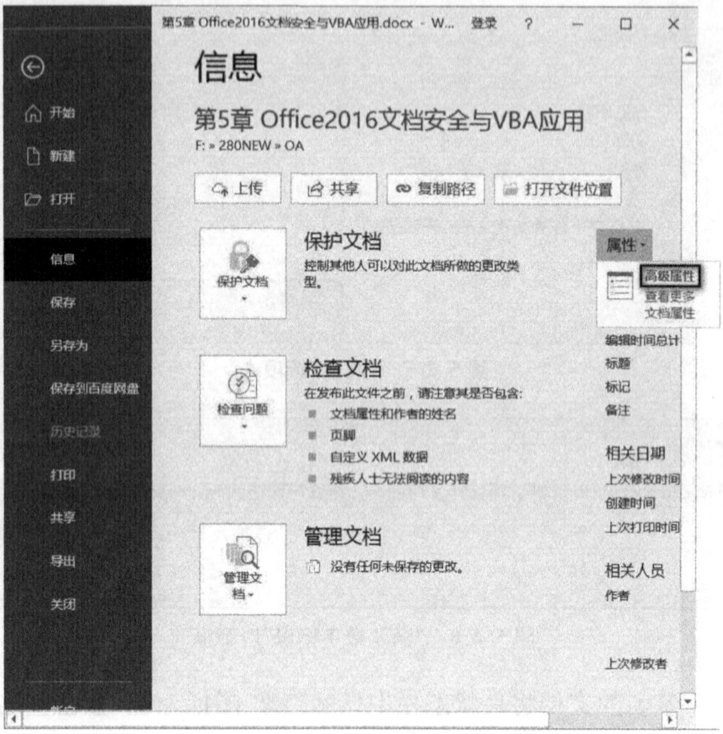

图 5.2.6　“保护文档”“属性”下拉菜单

单击“确定”,然后保存文档即可。

5. 防篡改

Word 提供对文件进行数字签名的功能。通过添加不可见的数字签名来确保文档的完整性,以确认文档是否被其他用户篡改过。添加数字签名的操作步骤如下。

单击“文件”→“信息”→“保护文档”,选择“添加数字签名”,在弹出的对话框中单击“是”即可开启数字签名的添加,如图 5.2.8 所示。

图 5.2.7 “摘要”选项卡

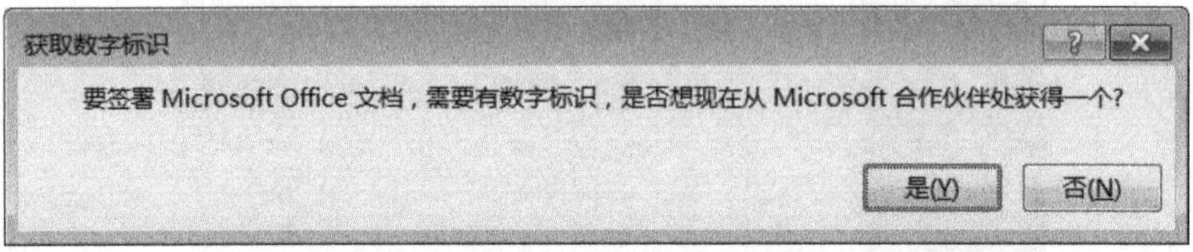

图 5.2.8 “获取数字标识”对话框

已添加数字签名的文档将在状态栏中显示  图标。在“数字签名”对话框中，单击“查看证书”按钮，可查看数字签名的详细内容，进而判断文档是否被篡改。这是因为如果文档被修改过，数字签名就会失效。

5.2.2 文档保护

文档保护用以限制用户对文档或者文档的某些内容进行编辑和格式设置。由于 Office 各组件的文档保护功能各不相同，因此将分别进行介绍。

1. Word 文档保护

Office 2016 中的 Word 组件继承并改进了文档保护功能，可以进行限制格式设置和有选择地允许用户编辑，并引入了权限机制。具体操作步骤如下。

单击“文件”，选择“信息”，单击“保护文档”图标，选择“限制编辑”命令，或者选择“审阅”选项卡→“保护”组→“限制编辑”命令，打开“限制编辑”任务窗格，如图 5.2.9 所示。

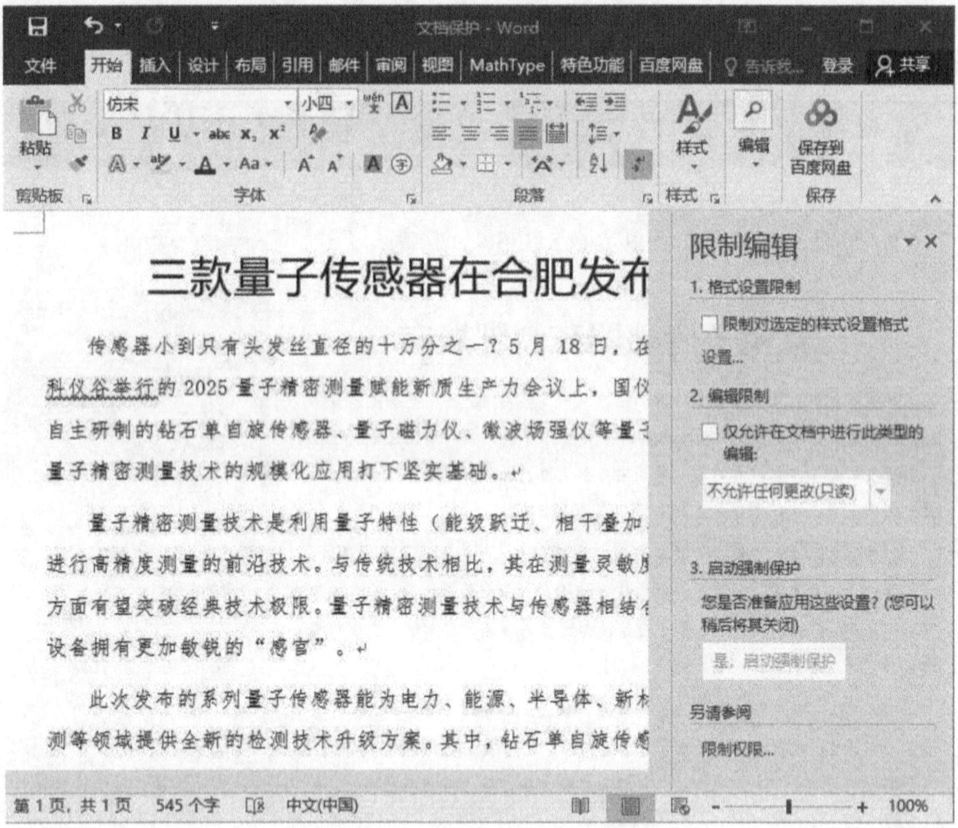

图 5.2.9　“限制编辑”任务窗格

1)格式设置限制

步骤 1：单击“格式设置限制”中的“设置”按钮，打开“格式设置限制”对话框。

步骤 2：选中“格式设置限制”对话框中的“限制对选定的样式设置格式”复选框。系统默认“当前允许使用的样式”选项全部被选中。

对话框中有“全部”“推荐的样式”“无”三个按钮。用户可根据实际需要单击相应的按钮或自行选择需要勾选的复选框。

2)编辑限制

勾选“编辑限制”下的“仅允许在文档中进行此类型的编辑”复选框，可限制用户对文档进行编辑。编辑限制分修订、批注、填写窗体、不允许任何更改(只读)四种，文档保护的编辑限制的形式主要分为局部保护和多用户编辑两种。

(1)局部保护。

步骤 1：选中需要设置局部保护的内容。

步骤 2：勾选“编辑限制”下的“仅允许在文档中进行此类型的编辑”复选框，在下拉列表框中选择“不允许任何更改(只读)”项,在“例外项(可选)”下方的“组”列表框中选中“每个人”复选框。

当启用强制保护后,所选的区域将被添加底纹,并且用户只能在该区域范围内进行编辑。局部保护效果如图 5.2.10 所示。

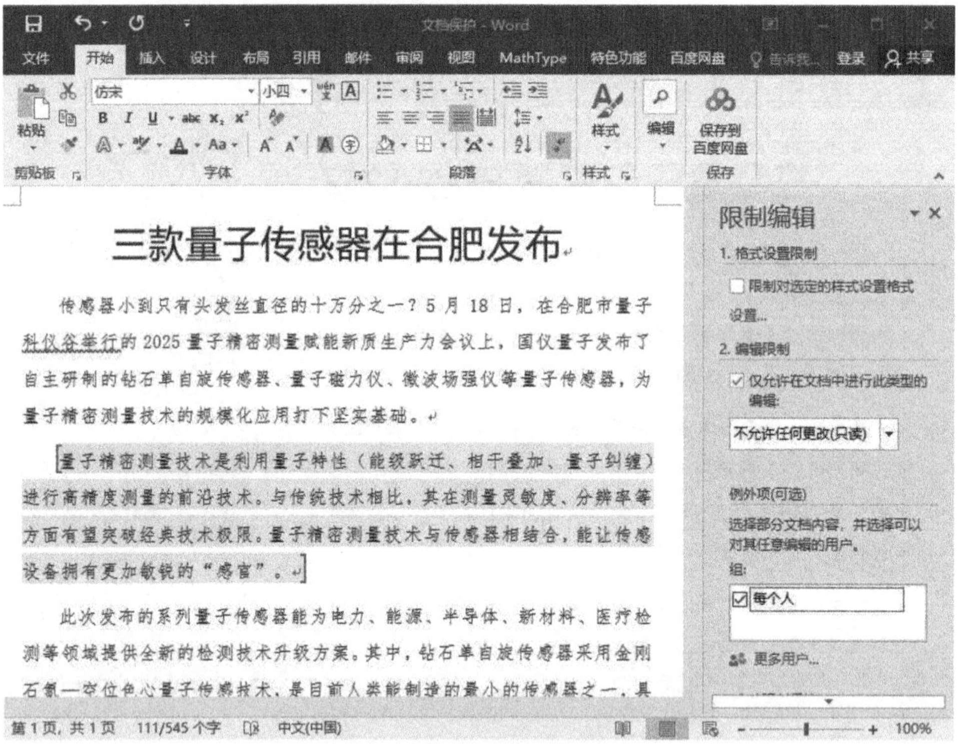

图 5.2.10 局部保护效果

(2)多用户编辑。

多用户编辑允许不同的用户仅对自己被允许编辑的区域进行操作,权限之外的内容会受到保护而不允许更改。具体操作步骤如下。

步骤 1:为该文档添加共享编辑用户,单击“例外项(可选)”下方的“更多用户”,弹出“添加用户”对话框,为用户添加 ygwang21@163.com 和 89027@ahu.edu.cn 两个账户,单击“确定”按钮,接受 Word 验证并添加至用户列表。

步骤 2:给每一个用户设置特定段落的编辑权限,表示该段文字只能由特定用户编辑,同时相应文字将会被添加不同的底纹。

步骤 3:单击“是,启动强制保护”,文档保护即可生效,如图 5.2.11 所示。

3)启动强制保护

若要使格式设置限制或者编辑限制生效,必须启动强制保护。单击“限制编辑”任务窗格中“3. 启动强制保护”下的“是,启动强制保护”按钮,弹出“启动强制保护”对话框,可以通过输入密码的方式来保护文档,如图 5.2.12 所示。

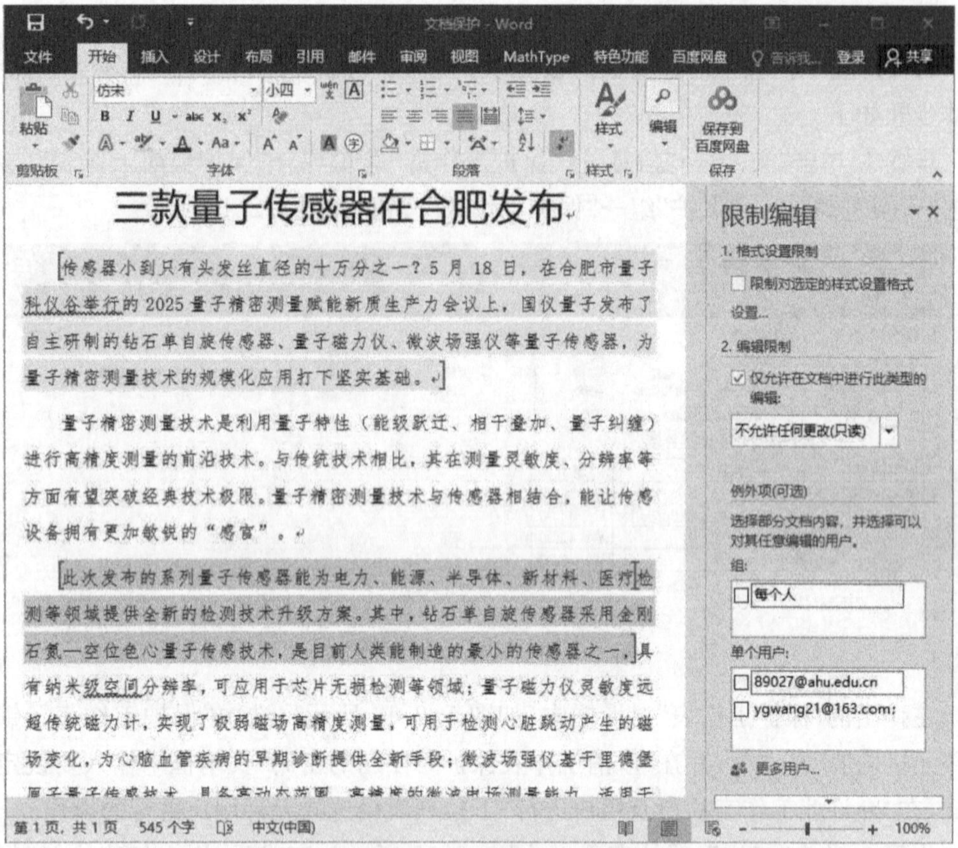

图 5.2.11　多用户编辑效果

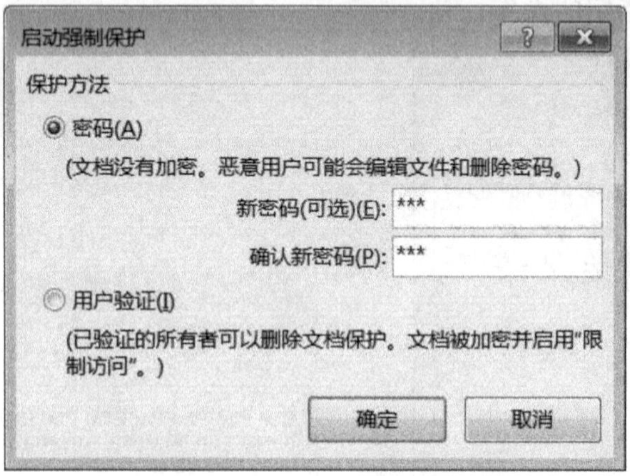

图 5.2.12　“启动强制保护”对话框

2. Excel 文档保护

在 Excel 中，同样可以通过文档保护来保证文件的安全性。在 Excel 中主要包括三种形式的文档保护，分别是保护工作表、保护工作簿和允许用户编辑区域。

1)保护工作表

若要防止工作表中的重要数据被更改、移动或删除，可对特定工作表实施保护，具体步骤如下。

步骤1：单击"文件"→"信息"→"保护工作簿"菜单项→"保护当前工作表"，或者单击"审阅"选项卡→"保护"组→"保护工作表"按钮，如图5.2.13所示。

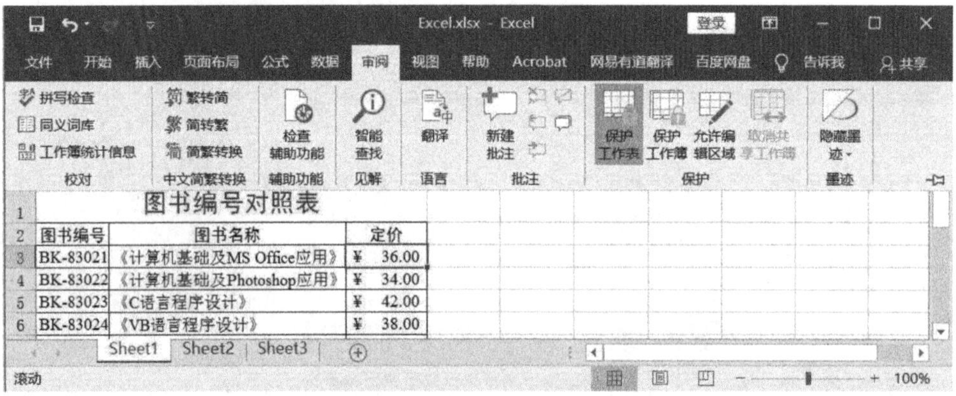

图 5.2.13 "保护工作表"按钮

在弹出的"保护工作表"对话框中(如图5.2.14所示)，选中"保护工作表及锁定的单元格内容"复选框，并在"取消工作表保护时使用的密码"文本框中输入要设定的密码，在"允许此工作表的所有用户进行"下拉列表中选择允许用户进行的操作。

步骤2：单击"确定"，确认密码，如图5.2.15所示。完成后，用户仅能执行"保护工作表"对话框中指定的操作。

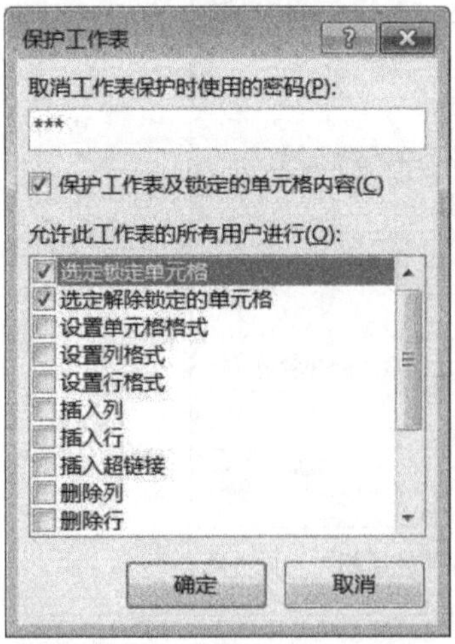

图 5.2.14 "保护工作表"对话框

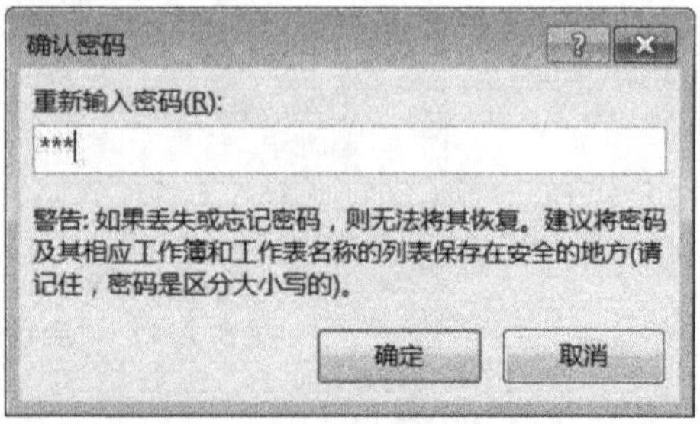

图 5.2.15 确认密码

2)保护工作簿

步骤1：单击"文件"→"信息"→"保护工作簿"菜单项→"保护工作簿结构"，或者单击"审阅"选项卡→"保护"组→"保护工作簿"按钮，在弹出的"保护结构和窗口"对话框中(如图 5.2.16 所示),勾选“保护工作簿”下的“结构”复选框,并在“密码(可选)”文本框中输入要设定的密码。

步骤 2:单击“确定”,弹出“确认密码”对话框(如图 5.2.15 所示),输入确认密码,单击“确定”即可完成对工作簿的保护。此后,用户在需要修改文档的结构和工作簿时,就需要输入密码进行验证。

3)允许用户编辑区域

(1)使用密码访问保护区域。

有时并不是工作表中的所有单元格都需要保护,对部分单元格可以允许拥有访问密码的用户进行编辑,此时需要设置受保护的编辑区域,具体操作步骤如下。

步骤 1:选定单元格或区域,单击“审阅”选项卡→“保护”组→“允许用户编辑区域”按钮,弹出“允许用户编辑区域”对话框,如图 5.2.17 所示。

图 5.2.16　“保护结构和窗口”对话框

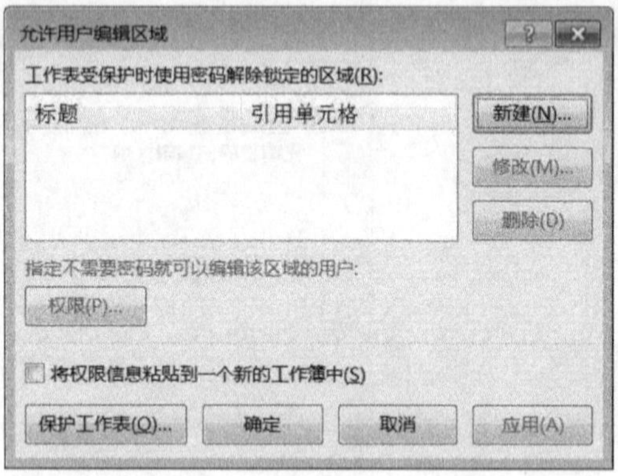

图 5.2.17　“允许用户编辑区域”对话框

步骤 2:单击“新建”按钮,弹出“新区域”对话框(如图 5.2.18 所示),在“引用单元格”文本框中输入单元格区域,然后在“区域密码”文本框中输入密码。

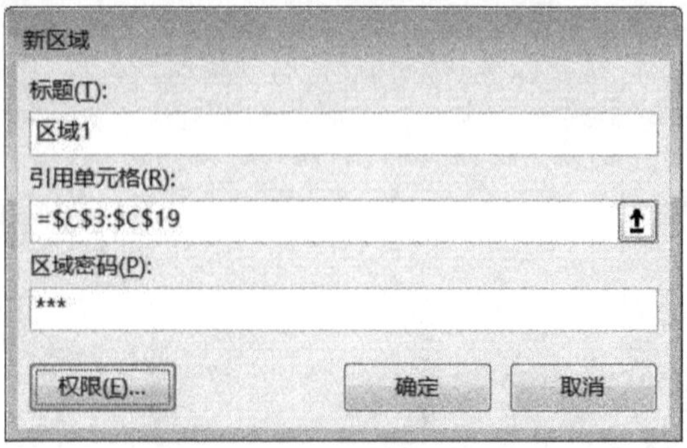

图 5.2.18　“新区域”对话框

步骤 3:单击“确定”,弹出“确认密码”对话框(如图 5.2.15 所示),确认密码。返回“允许用户编辑区域”对话框,单击“保护工作表”,弹出“工作表”对话框,后续操作与保护工作表的操作相同。

(2)设定权限访问保护区域。

若要允许特定的用户不需要密码即可直接访问保护的区域,可给这些用户指定权限,具体操作步骤如下。

步骤 1:单击"审阅"选项卡→"保护"组→"允许用户编辑区域"按钮,弹出"允许用户编辑区域"对话框,单击"新建"按钮,弹出"新区域"对话框,如图 5.2.18 所示。

步骤 2:单击"权限"按钮,弹出"区域 1 的权限"对话框,如图 5.2.19 所示。

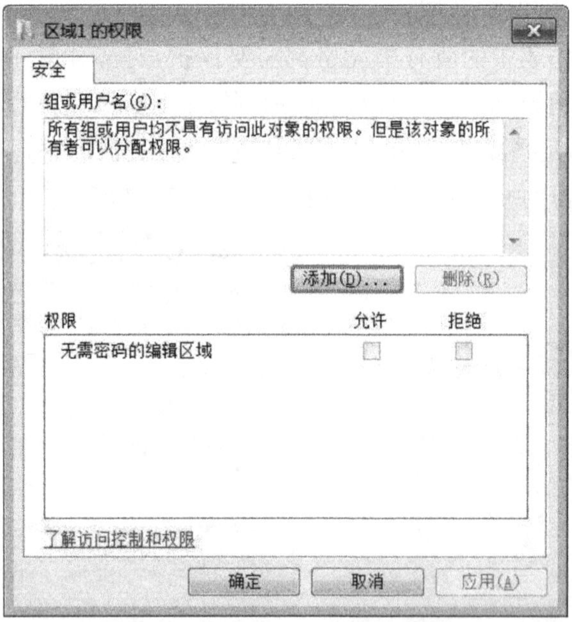

图 5.2.19 "区域 1 的权限"对话框

步骤 3:单击"添加"按钮,弹出"选择用户或组"对话框(如图 5.2.20 所示),选择需要设定的用户,这里输入的 WYG-107241705\Guest 是本机的 Windows 账户下的 Guest 用户。

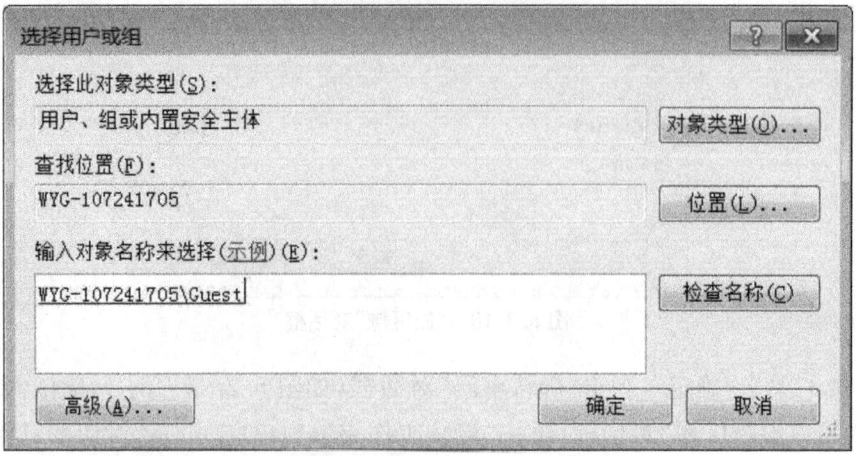

图 5.2.20 "选择用户或组"对话框

步骤 4：单击“确定”，返回“区域 1 的权限”对话框，在对话框中会显示已添加的用户，然后在下方的列表框中选择“允许”复选框，如图 5.2.21 所示。

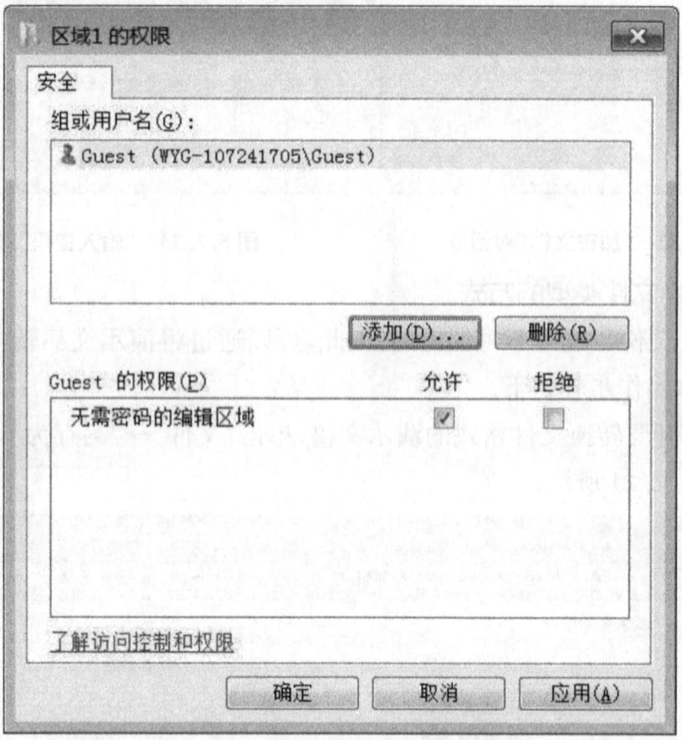

图 5.2.21　“区域 1 的权限”对话框

步骤 5：单击“确定”按钮，返回“允许用户编辑区域”对话框，单击“保护工作表”按钮，后续的操作步骤与上述保护工作表操作相同。

3. PowerPoint 文档保护

在 PowerPoint 中，可以通过两种方式对演示文稿进行保护，第一种与先前所述方法一致，通过对演示文稿设置密码，来保证文件的安全性；第二种是将演示文稿转换成其他文件格式来保存，如 PDF 格式等。

1)通过加密的方式

步骤 1：单击“文件”→“信息”→“保护演示文稿”菜单项→“用密码进行加密”，弹出“加密文档”对话框(如图 5.2.22 所示)，在“密码”文本框中输入要设定的密码。

步骤 2：单击“确定”，弹出“确认密码”对话框，在“重新输入密码”文本框中再次输入密码，单击“确定”。

步骤 3：关闭演示文稿，当该演示文稿再次被打开时，需要用户输入密码，如图 5.2.23所示。

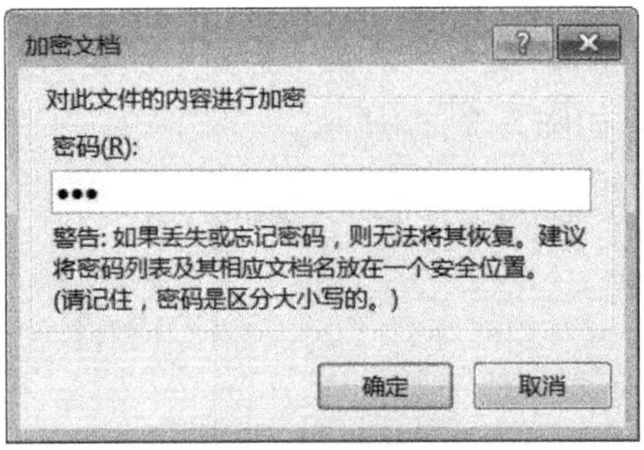

图 5.2.22 “加密文档”对话框

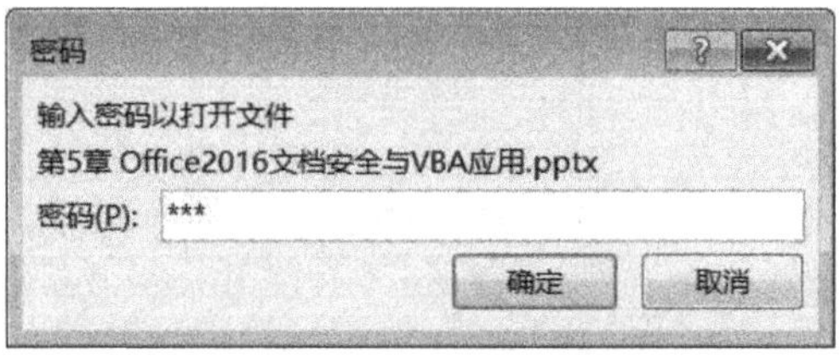

图 5.2.23 “输入密码”对话框

2)通过转换文件类型的方式

由于 PDF 文件一般是不可编辑的，因此，可以通过将演示文稿转换为 PDF 格式进行保护，具体操作步骤如下。

步骤 1:打开要转换文件格式的演示文稿，单击“文件”→“另存为”，弹出“另存为”对话框，如图 5.2.24 所示。

图 5.2.24 “另存为”对话框

步骤 2:单击“选项”按钮，在“选项”对话框中设置要转换成 PDF 格式的文件的属性，如要转换的幻灯片的范围和发布选项等属性，一般情况下可以不用重新设置，如图 5.2.25 所示。

步骤 3：单击“确定”，完成演示文稿到 PDF 文件格式的转换。

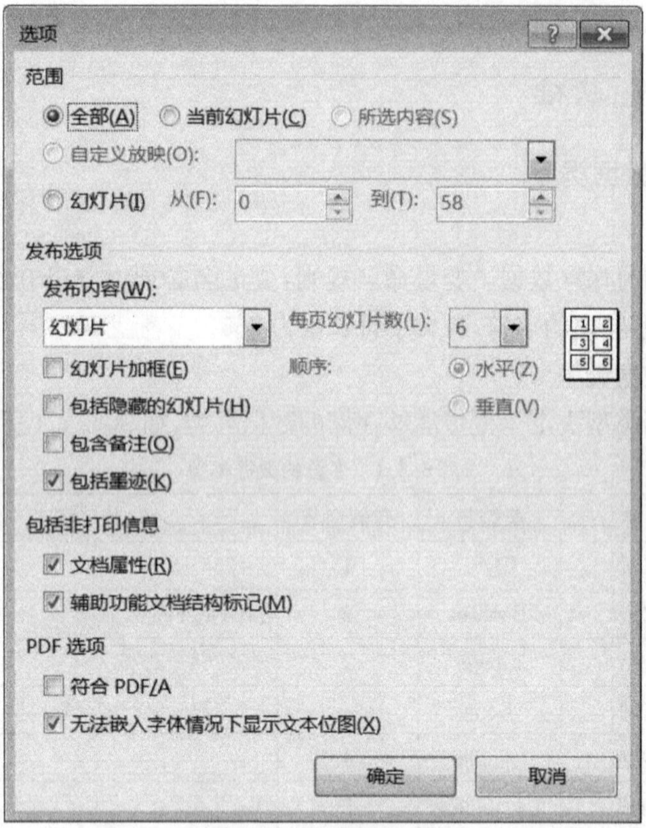

图 5.2.25　“选项”对话框

5.3　VBA 宏及其应用

Visual Basic for Applications 简称 VBA，是基于 Visual Basic(简称 VB)语言发展而来的。VBA 可视为 VB 的简化版，它不能独立运行，必须依附于宿主(Host)的应用程序来调用，如 Excel、Word、PowerPoint、Access 等。

VBA 与 VB 的主要区别在于：VB 是一种可视化的、面向对象的、采用事件驱动方式的高级程序设计语言，可以高效、快速地编制出 Windows 环境下功能强大、图形界面丰富的应用程序。而 VBA 是使已有的应用程序实现自动化，必须寄生或依赖于已有的应用程序而不能独立运行。

VBA 与 VB 有相似的语言结构，它们的集成开发环境 IDE(Intergrated Development Environment)也几乎相同。尽管 VB 的一些功能在 VBA 中无法使用，但多数函数和方法是通用的。对于已掌握 VB 的用户来说，学习 VBA 会非常快，而学习 VBA 也会为进一步学习 VB 打下坚实的基础。对于在工作中需要经常使用

Office套装软件的用户而言,学会VBA可以很方便地对Office进行二次开发,从而实现工作自动化,提高工作效率。

5.3.1 VBA基础

1. 变量和数据类型

1)变量

变量用于临时保存数据。变量命名规则:变量名必须以字母开始并且只能包含字母、数字和某些特定的字符,最大字符长度为255。

2)变量的数据类型

变量的数据类型决定了变量能够存储的数据种类,如表5.3.1所示。

表 5.3.1 变量的数据类型

名 称	类型符	存储字节	范 围
字节型	Byte	1	0~255
布尔型	Boolean	2	True或False
整型	Integer	2	-32768~32767
长整型	Long	4	-2147483648~2147483647
单精度型	Single	4	
双精度型	Double	8	
货币	Currency	8	
小数	Decimal	12	
字符串	String	字符串长度	变长、定长
日期时间	Date	8	
对象	Object	4	任何引用
变体	Variant	22	任何类型

进行程序设计时,应尽量选择占据存储空间小的变量类型来保存所需要的数据。但选择变量类型时留有一定余地也是必要的。

3)变量声明

变量在使用前,最好进行声明,即定义变量的数据类型,这样可以提高程序的可读性并节省存储空间。若变量不经声明直接使用,系统会自动将变量定义为Variant类型。

通常使用Dim语句来声明变量,如:Dim strName As String。

注意:(1)在模块通用说明部分,加入Option Explicit语句可以强制用户进行变量定义。

(2)明确变量定义语句及变量作用域。

(3)符号常量用 Const 定义，且定义时必须赋值，程序运行中不能改变其值。

(4)同一类型的多个变量可以使用数组进行管理。

2. 运算符

VBA 中的运算符如表 5.3.2 所示。

表 5.3.2 运算符

类　型	符　号
算术运算符	+ － * / ^ \(整除) mod(求余)
关系运算符	< <= > >= = <>
逻辑运算符	And Or Not
字符串运算符	& +

运算符由高到低优先级别依次是：括号→指数→一元减→乘法和除法→整除→求余→加法和减法→连接→比较→逻辑(Not，And，Or)。

3. 程序控制结构

分支语句 if…then 的语法形式：

if <条件> then
　　<语句组 1>
[else
　　<语句组 2>]
end if

循环语句 for…next 的语法形式：

for 循环变量=初值 to 终值 step 步长
　循环体 1
　[exit for]
　循环体 2
next 循环变量

4. 子程序过程、函数及 VBA 内部函数

1)子程序过程

子程序过程(Sub)由一组执行特定操作任务的 VBA 语句组成。子程序过程不返回值。

其语法为：

[Private|Public] [Static] Sub <过程名> ([参数])
　[语句]

```
  [Exit Sub]
  [语句]
End Sub
```

2)函数

函数(Function)是指能完成特定任务并返回结果的相关语句和表达式的集合。当函数执行完毕时,会向调用它的语句返回一个值。若未显示指定函数的返回值类型,就返回默认的数据类型值。

函数的声明语法为:

```
[Private|Public] [Static] Function <函数名> ([参数]) [As 类型]
  [语句]
  [函数名=表达式]
  [Exit Function]
  [语句]
  [函数名=表达式]
End Function
```

3)VBA 内部函数

VBA 提供了多种内部函数,主要包括:测试类函数、数学函数、字符串函数、转换函数、时间函数及其他常用函数。

例如消息框函数,MsgBox("显示在对话框中的消息","按钮数及图标样式","标题栏")。

注意:通过宏录制方法只能得到子程序过程而得不到函数过程。

有关 VBA 语言及其函数的详细知识,建议参考 Visual Basic 或 VBA 编程的相关书籍。

5. VBE 开发环境

VBE(Visual Basic Editor)是 VBA 的容器,用于存放 VBA 代码。进入 VBE 界面的具体步骤如下。

(1)单击"文件"→"选项",打开"Word 选项"对话框。

(2)单击"自定义功能区",在"主选项卡"下勾选"开发工具"复选框,如图 5.3.1 所示。

(3)单击"确定"按钮,在功能区出现"开发工具"选项卡,如图 5.3.2 所示。

(4)选择"开发工具"选项卡,单击"代码"中的"Visual Basic"按钮,出现如图5.3.3 所示的 VBA 编辑器窗口。

接下来,我们将在 VBE 中,利用 VBA 语言,编写一个简单的程序。

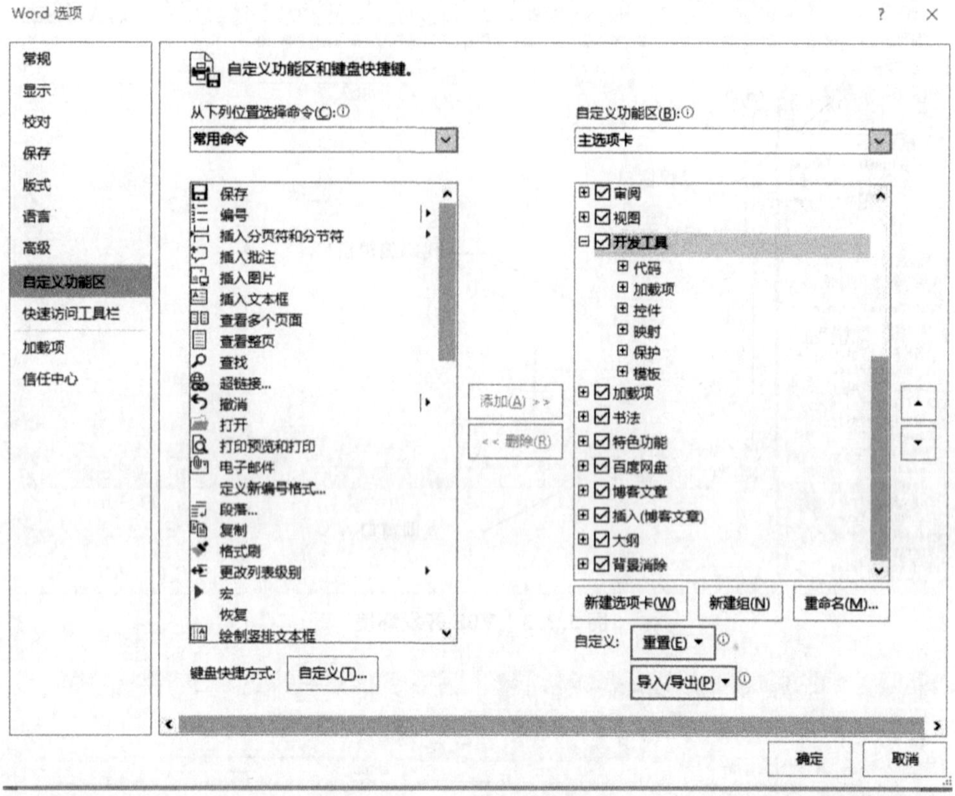

图 5.3.1　“Word 选项”对话框

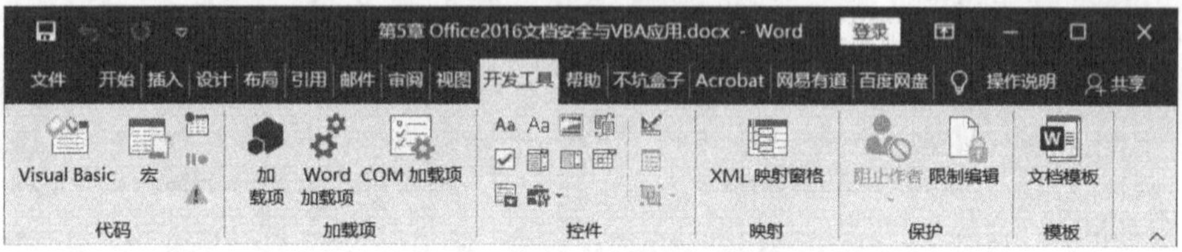

图 5.3.2　“开发工具”选项卡

在“代码编辑窗口”输入如下示例代码。

```
Sub MySub()
    Dim a
    a = MsgBox("VBA 编程体验",vbInformation,"信息提示")
End Sub
```

单击工具栏上的“运行”按钮(绿色三角形图标)，或按下 F5 键运行该程序，弹出如图 5.3.4 所示的消息框。

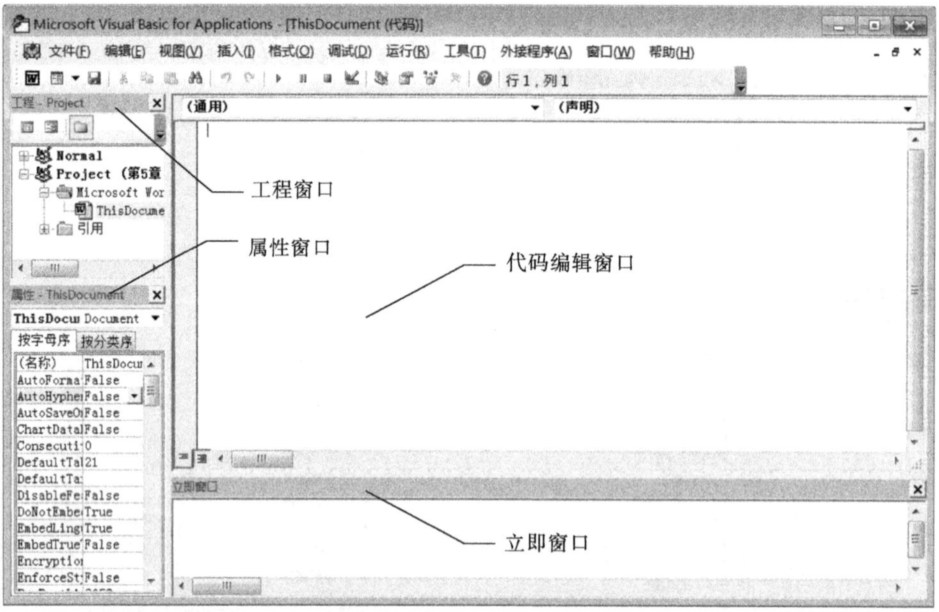

图 5.3.3 VBE 开发环境

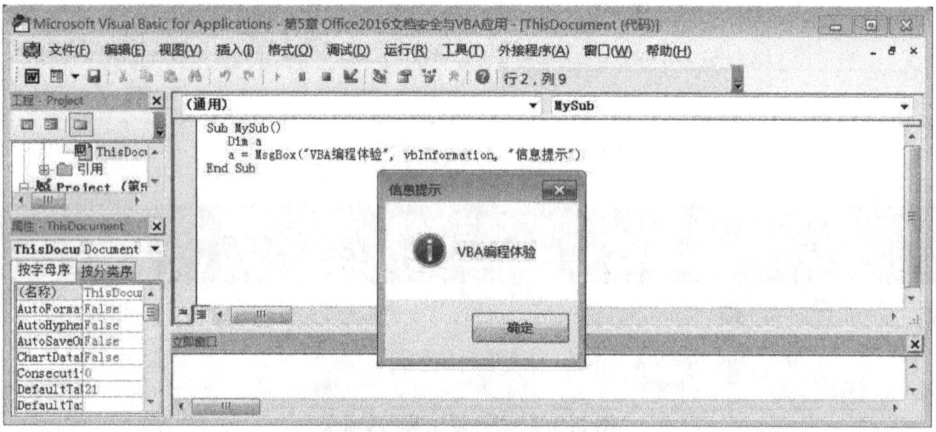

图 5.3.4 示例运行效果

注意:

(1)利用半角单引号添加程序注释可提高程序的可读性;

(2)当程序行较长时,可在行尾加空格与下划线"_"进行续行。

5.3.2 宏的概念及其简单应用

1. 宏的概念

宏(Macro)是一组 VBA 语句,可以将其理解为一个程序段或一个子程序。简而言之,宏是通过一次单击就可以作为一个单独命令完成一个特定任务的命令集。宏可以实现的功能如下。

(1)自动执行一串操作。

若需要经常进行一些有规律的特定任务，则可以制作一个宏来代替这些操作。

(2)自动执行重复操作。

例如，在 D:\WYG 中有五个 Word 文档，依次命名为“A1. docx”……“A5. docx”，现需要把这五个文件的格式改为文本文件，即. txt 文件。可以先以“A1. docx”为例，录制一个宏，执行打开文档，另存为. txt 文件，再关闭该活动文档。对生成的 Visual Basic 代码进行编辑修改，用一个循环语句依次打开各个文件，再次运行该宏，便可以轻松完成任务。

(3)创建定制的命令。

可以将多个菜单项命令结合在一起，然后通过一次键盘指令执行这一组合操作。

(4)创建定制的工具栏按钮。

用户可以根据自己的工作需要自定义工具栏，执行自己创建的宏。

(5)创建自定义插件。

用户可以根据自己工作的需要创建自定义插件，扩展 Office 的功能，实现特定的操作。

2. 宏的简单应用

“录制宏”是一个很实用的工具，用户可通过阅读生成的代码，深入地了解 VBA，并将 Office 2016 用户需要了解的知识与程序员所需了解的知识紧密联系起来。

1)Word 宏

步骤 1:单击“开发工具”选项卡→“录制宏”(或“视图”→“宏”→“录制宏”)，打开“录制宏”对话框。

步骤 2:在“宏名”文本框中输入宏的名称“MySub”，如图 5.3.5 所示。

步骤 3:在“将宏保存在”下拉列表框中选择一个文件，设置宏的作用范围。

步骤 4:默认情况下，Word 将自动添加有关宏的说明。

步骤 5:单击“将宏指定到”下的  按钮，弹出“Word 选项”中的“快速访问工具栏”选项卡，如图 5.3.6 所示。选中创建的宏，单击“添加”，将宏添加到工具栏中，单击“确定”后，进入宏的录制操作。

步骤 6:打开 D:\WYG\A1. docx 文档，另存为 D:\WYG\A1. txt 文件，再关闭该活动文档。

步骤 7:单击“开发工具”选项卡中的“停止录制”，完成该宏的录制操作。

步骤 8:单击“开发工具”选项卡中的“Visual Basic”，会看到生成的 Visual Basic 代码如下。

图 5.3.5 “录制宏”对话框

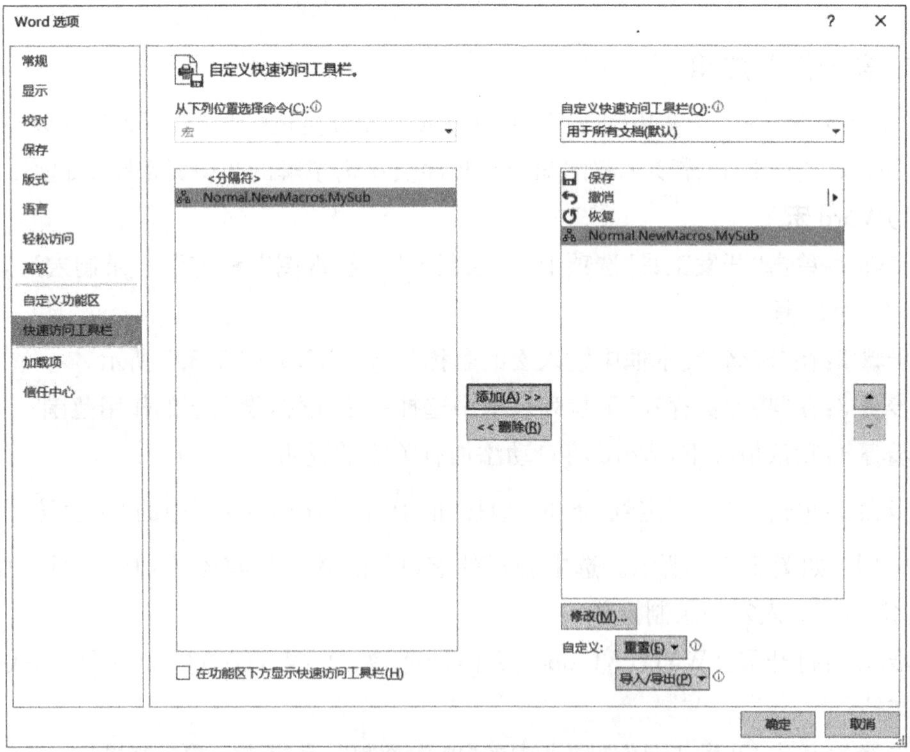

图 5.3.6 “快速访问工具栏”选项卡对话框

```
Sub MySub()
'
'MySub 宏
'
    ChangeFileOpenDirectory "D:\WYG\"
     Documents.Open FileName:="A1.docx", ConfirmConversions:=
False,ReadOnly:= _
          False, AddToRecentFiles:=False, PasswordDocument:="",
PasswordTemplate:= _
             "", Revert:=False, WritePasswordDocument:="",
WritePasswordTemplate:="",_
         Format:=wdOpenFormatAuto,XMLTransform:=""
     ActiveDocument.SaveAs2 FileName:="A1.txt", FileFormat:=
wdFormatText,_
          LockComments:=False, Password:="", AddToRecentFiles:=
True,WritePassword _
          :="",ReadOnlyRecommended:=False,EmbedTrueTypeFonts:=
False,_
          SaveNativePictureFormat:=False, SaveFormsData:=False,
SaveAsAOCELetter:= _
             False, Encoding:=936, InsertLineBreaks:=False,
AllowSubstitutions:=False,_
          LineEnding:=wdCRLF,CompatibilityMode:=0
    ActiveWindow.Close
End Sub
```

步骤 9:对上述代码进行修改,用一个循环语句依次打开各个文件,格式转换完成后再关闭。代码如下。

```
Sub MySub()
'
'MySub 宏
'
  Dim i As Integer
  For i = 1 To 5
    ChangeFileOpenDirectory "D:\WYG\"
Documents.Open FileName:="A" & i & ".docx",ConfirmConversions:=
False,ReadOnly:= _
        False, AddToRecentFiles:= False, PasswordDocument:="",
PasswordTemplate:= _
        "", Revert:= False, WritePasswordDocument:= "",
WritePasswordTemplate:="",_
        Format:=wdOpenFormatAuto,XMLTransform:=""
    ActiveDocument.SaveAs2 FileName:="A" & i & ".txt",FileFormat:=
wdFormatText,_
        LockComments:= False, Password:="", AddToRecentFiles:=
True,WritePassword _
        :="",ReadOnlyRecommended:= False, EmbedTrueTypeFonts:=
False,_
        SaveNativePictureFormat:= False, SaveFormsData:= False,
SaveAsAOCELetter:= _
        False, Encoding:= 936, InsertLineBreaks:= False,
AllowSubstitutions:=False,_
        LineEnding:=wdCRLF,CompatibilityMode:=0
    ActiveWindow.Close
  Next i
End Sub
```

步骤 10:单击图 5.3.7 所示界面中的“宏”按钮,在弹出的“宏”对话框中选择“Normal.NewMacros.MySub”,单击“运行”,即可轻松完成将“A1.docx”……“A5.docx”等五个文件的格式全部改变为文本文件的任务。

注意:

(1)为宏指定快捷键会覆盖默认的快捷键。例如:把“Ctrl+C”指定给某个宏,那么“Ctrl+C”就不再执行复制命令。

(2)宏对文件的一切操作是不可撤消的。在不了解宏的功能之前，最好的方法是先将文件备份，再运行宏。如果发现宏运行后的结果有误，可以关闭文件且不保存。这样再打开文件就可以还原到运行宏前的状态。如果在宏中保存了文件，则该方法无效。

图 5.3.7　“Normal. NewMacros. MySub”宏按钮

2)Excel 宏

Excel 中宏录制的方法跟 Word 中类似，不同的是 Excel 将宏保存在工作表或工作薄中，且不能将宏添加到工具栏中，只能为宏指定某个快捷键。

下面录制一个用于将 A1 单元格复制到 B1 单元格的宏。操作步骤如下。

步骤 1：单击“视图”选项卡→“宏”组→“宏”下拉菜单→“录制宏”，打开“录制宏”对话框，创建一个新的名为“Copy”的宏，单击“确定”，如图 5.3.8 所示。

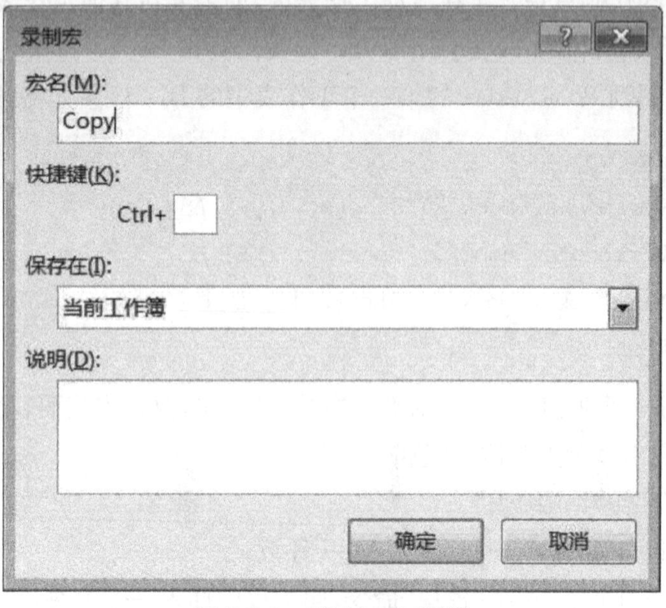

图 5.3.8　“录制宏”对话框

步骤 2：选中 A1 到 A5 单元格，单击“开始”选项卡下“剪贴板”组的“复制”按钮，再单击 B1 单元格，最后单击“剪切板”组的“粘贴”。

步骤 3:选择“宏”下拉菜单中的“停止录制”,再选择“宏”→“查看宏”→“编辑”,打开 VBE 窗口得到如下代码。

```
Sub Copy()
'
' Copy 宏
'
'
    Range("A1:A5").Select
    Selection.Copy
    Range("B1").Select
    ActiveSheet.Paste
End Sub
```

除去注释的部分,各语句的作用如下。第一句选中 A1:A5 单元格,第二句复制选中的单元格,第三句选中 B1 单元格,第四句粘贴。上述代码实际上可以简化为:

```
Sub Copy()
    Range("A1:A5").Copy Range("B1")
End Sub
```

但是,以上的代码只是发生在活动工作表内,如果要在其他工作表或工作薄中实现复制粘贴的命令,只需要改变引用即可。如我们要将 Book1.xlsx 的第一个工作表中的 A1:A5 复制到 Book2.xlsx 的第一个工作表中的 B1:B5 单元格,则代码为:

```
Sub MyCopy()
    Workbooks("Book1").Sheets(1).[A1:A5].Copy _
    Workbooks("Book2").Sheets(1).[B1:B5]
    Workbooks("Book2").Sheets(1).[B1]
End Sub
```

以下再列举一个通过单击“显示不及格学生”按钮,执行宏代码,将学生成绩表中的不及格成绩突出显示为粗体、红色的示例。

步骤 1:打开“学生成绩表”。

步骤 2:按组合键“Alt+F11”进入 VBE 环境。

步骤 3:单击“插入”,选择“模块”命令,向工程中插入一个模块,并编写以下代码。

```
Sub BJG()
    Dim i As Integer
```

```
        For i = 3 To 11
            If Sheets(1).Cells(i,4).Value < 60 Then
                Sheets(1).Cells(i,4).Select
                Selection.Font.FontStyle = "加粗"
                Selection.Font.Color = RGB(255,0,0)
            End If
        Next
    End Sub
```

步骤 4:关闭 VBE 开发环境,返回 Excel 界面。

步骤 5:在功能区"开发工具"选项卡的"控件"组中,单击"插入"按钮,弹出"表单控件"面板,如图 5.3.9 所示。

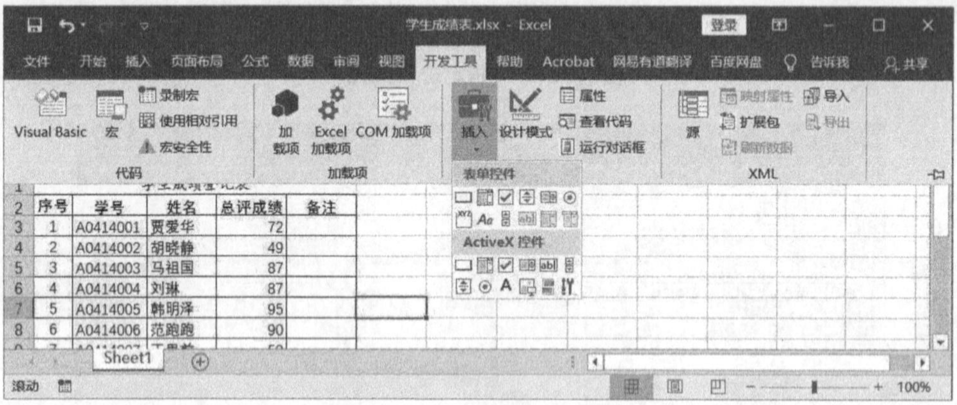

图 5.3.9　"表单控件"面板

步骤 6:在"表单控件"面板中单击 □ 按钮,拖动鼠标在工作表中绘制一个按钮。当松开鼠标时,将弹出"指定宏"对话框,如图 5.3.10 所示。

步骤 7:在"指定宏"对话框中,单击选中"BJG"宏,单击"确定"按钮。

步骤 8:右击工作表中的按钮,在弹出的快捷菜单中,单击"编辑文字"命令,修改按钮中的提示文字为"显示不及格学生",如图 5.3.11 所示。

步骤 9:单击"显示不及格学生"按钮,运行宏,成绩表中不及格成绩将突出显示为粗体、红色,如图 5.3.12 所示。

步骤 10:单击"文件"→"另存为",选择"保存类型"为"Excel 启用宏的工作簿(*.xlsm)"格式,再单击"保存"按钮,如图 5.3.13 所示。

注意:为确保安全性,不能以默认的 Excel 格式(.xlsx)保存带有宏的工作簿,而必须将宏保存到具有特殊扩展名(.xlsm)的文件中。同样地,对于 PowerPoint 演示文稿,若包含宏,则不应使用标准的演示文稿格式(.pptx)保存,而必须将宏保存到具有特殊扩展名(.pptm)的文件中。

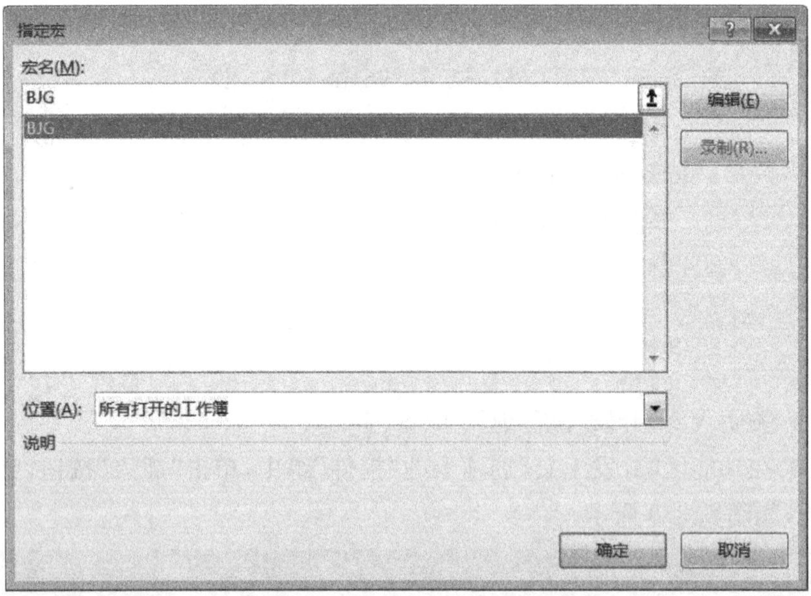

图 5.3.10 “指定宏”对话框

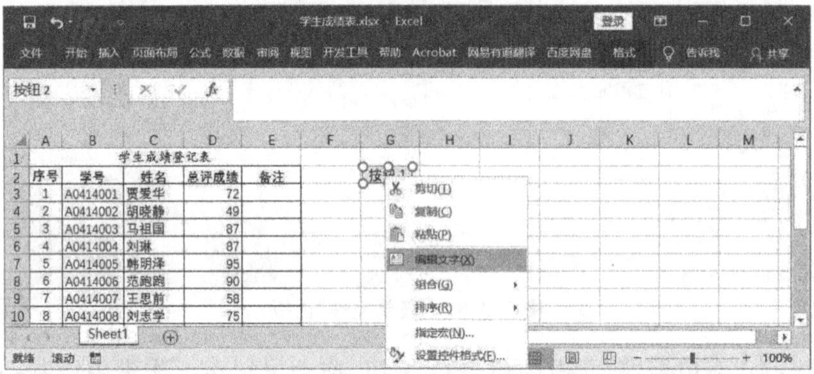

图 5.3.11 编辑文字

图 5.3.12 执行结果

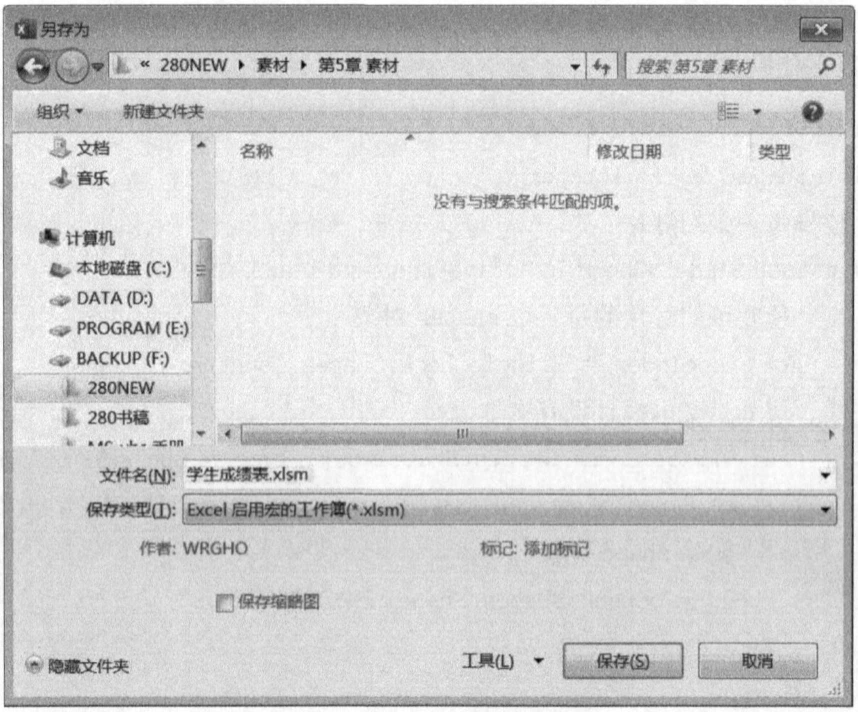

图 5.3.13　“另存为”对话框

3)PowerPoint 宏

与 Word 和 Excel 不同的是，PowerPoint 2016 中没有宏录制器，创建宏的唯一方法是编写 VBA 代码。

启用“开发工具”选项卡的方法为：单击“文件”→“选项”→“PowerPoint 选项”对话框→“自定义功能区”→“主选项卡”，选中“开发工具”复选框→“确定”，在 PowerPoint 主界面的功能区会出现“开发工具”选项卡，如图 5.3.14 所示。

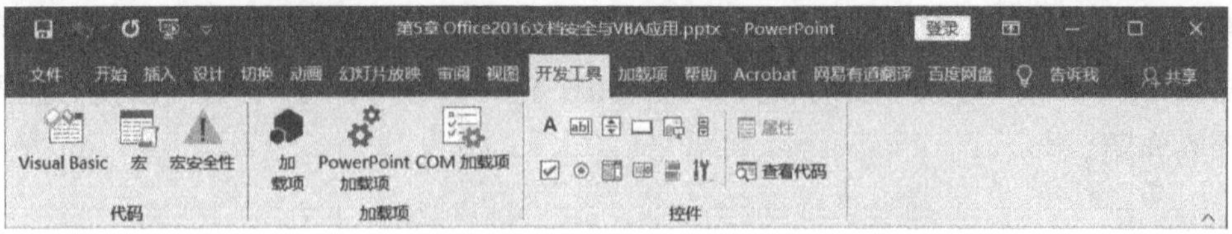

图 5.3.14　PowerPoint 2016 中的“开发工具”选项卡

接下来将以创建一个能够删除演示文稿中所有空文本框的宏 MoveText 为例，具体介绍 PowerPoint 宏的创建过程。

步骤 1：启动 PowerPoint 并将新演示文稿另存为启用宏的 PowerPoint 演示文稿(* . pptm)。

步骤 2：单击“开发工具”中的“宏”，在弹出的“宏”对话框中输入宏名：MoveText，单击“创建”。

步骤 3:在弹出的 VBE 编辑界面的代码编辑窗口的 Sub MoveText()与 End Sub 间键入以下代码。

```
Dim SlideToCheck As Slide
Dim ShapeIndex As Integer
'枚举每一张幻灯片
For Each SlideToCheck In ActivePresentation.Slides
    '检查该幻灯片的每一个 shapes 对象
    For ShapeIndex = SlideToCheck.Shapes.Count To 1 Step -1
    '假如是文本框且没有文本
      If SlideToCheck.Shapes(ShapeIndex).Type = msoTextBox And _
        Not SlideToCheck.Shapes(ShapeIndex).TextFrame.HasText Then
        '删除 shape 对象
        SlideToCheck.Shapes(ShapeIndex).Delete
      End If
    Next
Next
```

步骤 4:将演示文稿中所有幻灯片删除,然后插入一张标题幻灯片和几张空幻灯片。在其中的每张空幻灯片中随机插入几个文本框,并在一些(不是全部)文本框中键入内容,为了便于区分,将空文本框填充不同颜色。

步骤 5:运行该宏,空文本框消失,但含有内容的文本框以及标题幻灯片中的空占位符框仍保留在演示文稿中。

以上只是宏的一些简单应用,若要掌握更为复杂的应用,如:Excel 文件间的数据交换、Word 与 Excel 文件间的数据交换、Word 与 PowerPoint 文件间的数据交换等,则需要了解 Office 对象模型的相关知识,如图 5.3.15 所示。由于篇幅限制,这里不再深入介绍。

图 5.3.15　Word 对象模型

5.3.3　宏病毒及宏安全性

1. 宏病毒

宏病毒是一些制作病毒的专业人员利用 Microsoft Office 的开放性，即 Office 中提供的 VBA 编程接口，专门制作的一个或多个具有病毒特点的宏的集合，这种病毒宏的集合会影响计算机的正常使用，并能通过文档及模板进行自我复制及传播。

宏病毒通常寄存在文档或模板的宏中。一旦用户打开受感染的文档，宏病毒即被激活，转移到计算机上，并驻留在 Normal 模板上。此后，所有自动保存的文档都会“感染”上这种宏病毒，而且病毒可通过共享文档传播至其他计算机。这些宏病毒轻则降低工作效率，重则破坏文件，使用户遭受巨大损失。

1)宏病毒的特点

相对于其他病毒，宏病毒有以下几大特点。

(1)传播极快。宏病毒通过 Office 文档及模板进行自我复制与传播，而 Office 文档是交流最广的文件类型。人们大多重视保护自己计算机的引导部分和可执行文件不被感染宏病毒，而对外来的文档基本是直接浏览使用，这给宏病毒传播带来很多便利。特别是 Internet 网络的普及和 E-mail 的大量应用更为宏病毒传播提供了渠道。

(2)制作、变种方便。以往病毒是以二进制的机器码形式出现的，而宏病毒则是以人们容易阅读的源代码形式出现的,所以编写和修改宏病毒比以往的病毒更容易。

(3)破坏潜力极大。鉴于宏病毒用 VBA 语言编写,而该语言提供了许多系统级底层调用,如直接使用 DOS 系统命令,调用 Windows API、DDE 或 DLL 等。这些操作均可能对系统直接构成威胁。

(4)多平台交叉感染。宏病毒冲破了以往病毒在单一平台上传播的局限,当 Word、Excel 这类应用软件在不同平台(如 Windows、Windows NT、OS/2 和 MACINTOSH 等)上运行时,会被宏病毒交叉感染。

2)宏病毒的预防

Office 本身不带病毒,即初次进入 Office 环境时没有病毒,一旦在其中打开带宏病毒的文件,病毒就会留在 Office 环境中,如果这时打开其他文件,这些文件就会被感染。更严重的是,当关闭 Office 组件时,环境可能已携带宏病毒,从而导致此后处理的所有文档都将感染上宏病毒。以下介绍几种有效抑制病毒感染,并保证文档安全的方法。

(1)安装并更新杀毒软件。反病毒软件是一种高效、安全和方便的清除病毒方法,也是一般计算机用户的首选方法。但是宏病毒并不象某些厂商或麻痹大意的用户所认为的有所谓的"广谱"查杀软件,这方面的突出例子就是 ETHAN 宏病毒。ETHAN 宏病毒相当隐蔽,它能悄悄地取消 Word 中的宏病毒防护选项,并且某些情况下会把被感染的文档设置为只读属性,从而更好地保护自己。因此,对付宏病毒应该和对付其他种类的病毒一样,要尽量使用最新版的查杀病毒软件。

(2)将宏安全性级别设置为高。将宏安全性级别设置为高,文档中所有宏及其有关的安全警报将全部被禁用或可以根据需要选择是否启用。

(3)锁定 Word 中的公用模板。为了防止病毒的侵入,在新安装 Word 后,可以对公用模板进行备份,如 Normal. dot 等。在遇到有宏病毒或怀疑感染了宏病毒的时候,可以使用备份的模板文件覆盖。

(4)禁止名为 Auto 的宏。Auto 宏又称自动宏,可在执行某项操作(例如启动 Microsoft Office Word 或打开文档)时自动运行宏。表 5. 3. 3 所示为 Auto 类的宏。

表 5. 3. 3 Auto 类的宏

宏 名	运行条件
AutoExec	启动 Word 或加载全局模板时
AutoNew	每次新建文档时
AutoOpen	每次打开已有文档时
AutoClose	每次关闭文档时
AutoExit	退出 Word 或卸载共用模板时

例如,可以建立一个名为 Autoexec 的宏,并在其中写入指令:DisableAutoMacros 1。

2. 宏安全性设置

当打开一个可能携带宏病毒的文档时，系统将自动显示宏警告信息，允许用户选择打开文档时是否要包含宏。如果希望文档包含要用到的宏，打开文档时就选择包含宏。如果用户并不希望在文档中包含宏，或者不了解文档的确切来源。例如，文档是作为电子邮件的附件收到的，或是来自网络。在这种情况下，为了防止可能发生的病毒传染，打开文档过程中出现宏警告提示框时最好单击“取消宏”按钮，以取消该文档允许宏。

当然，如果觉得每次打开 Office 文档出现这样的警告有碍心情，则可以在 Word、Excel、PowerPoint 中进行如下设置。

单击“文件”→“选项”，选择“信任中心”选项卡，单击“信任中心设置”，选择“宏设置”选项卡，或者选择“开发工具”选项卡→“代码”组→“宏安全性”，进入宏的安全性设置，如图 5.3.16 所示。

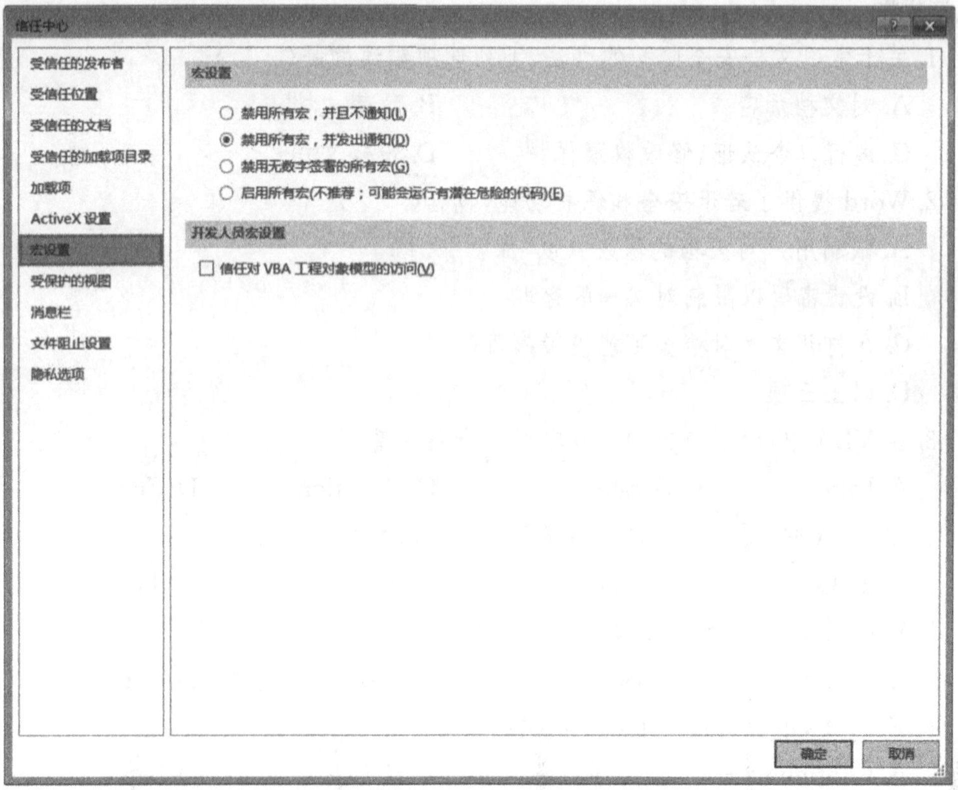

图 5.3.16　“信任中心”的宏设置部分

在“信任中心”的宏设置部分，提供了四个单选按钮供用户选择合适的安全级别，具体如下。

(1)禁用所有宏，并且不通知。该选项安全级别最高，一旦选中，则文档中所有宏及其有关的安全警报将全部禁用。

(2)禁用所有宏,并发出通知。该选项为默认选项,一旦选中,则宏的运行将被禁止,此时用户可以根据需要选择是否启用宏。

(3)禁用无数字签署的所有宏。该选项被选中意味着,如果宏是由发行者进行数字签名后的,则只有受信任的发行者运行该宏才被允许,否则将发出安全警报。

(4)启用所有宏。该选项安全级别最低,当其被选中时,文档中所有宏都将可以运行。

用户可以根据实际需要,从上述选项中选择合适的安全级别,单击“确定”,重新启动程序使安全级别更改生效。

习题 5

一、选择题

1. 关于常用文档安全防护的办法,下列选项错误的是(　　)。

A. 对文档加密　　B. 隐藏文档

C. 进行口令认证、修改权限保护　　D. 粉碎文档

2. Word 提供了若干安全和保护功能,包括(　　)。

A. 限制用户对文档的修改权以“保护”文档

B. 设置密码以限制对文档的存取

C. 在打开文档时检查可能携带病毒的宏

D. 以上三项

3. 在 VBA 中,以下(　　)关键字用于声明变量。

A. Dim　　B. Sub　　C. Function　　D. End

4. 在 VBA 中,用于将字符串转换为大写的函数是(　　)。

A. StrConv　　B. Lcase　　C. Ucase　　D. Trim

5. VBA 中,以下(　　)关键字用于定义一个过程。

A. Function　　B. Sub　　C. Property　　D. Const

6. VBA 中,用于结束一个循环结构的关键字是(　　)。

A. Continue　　B. Loop　　C. Exit　　D. Next

7. 在 VBA 中,以下(　　)事件用于在工作表被激活时触发。

A. Workbook_Open　　B. Worksheet_ Activate

C. Worksheet_BeforeDoubleClick　　D. Worksheet_SelectionChange

8. (　　)是一系列操作的集合。

A. 窗体　　B. 报表　　C. 宏　　D. 模块

9. 若一个宏中包含多个操作，则在运行宏时将按(　　)的顺序来运行这些操作。

A. 从下到上　　B. 从上到下　　C. 随机　　D. 上述都不对

10. 下列关于宏的说法中，错误的是(　　)。

A. 宏能够一次完成多个操作

B. 每一个宏操作都有相同的宏操作参数

C. 宏操作不能自定义

D. 使用宏可以启动其他应用程序

11. VBA 的自动运行宏，应当命名为(　　)。

A. AutoExec　　B. Autoexe　　C. Auto　　D. AutoExec. bat

12. 下列关于宏病毒的说法不正确的是(　　)。

A. 宏病毒是一种寄存在文档或模板的宏中的计算机病毒

B. 一旦打开存在宏病毒的文档，其中的宏就会被执行，于是宏病毒就会被激活，转移到计算机上，并驻留在 Normal 模板上

C. 如果某个文档中包含了宏病毒，我们就称此文档感染了宏病毒

D. Word 系统中的模板一定不包含宏病毒

13. 以下关于宏病毒的说法正确的是(　　)。

A. 宏病毒主要感染可执行文件

B. 宏病毒仅向办公自动化程序编制的文档进行传染

C. 宏病毒主要感染软盘、硬盘的引导扇区或主引导扇区

D. CIH 病毒属于宏病毒

14. 下列关于宏病毒的叙述中，正确的是(　　)。

A. 宏病毒只攻击 Windows 操作系统

B. 宏病毒感染的是可执行文件

C. 宏病毒经常通过电子邮件等网络工具传播

D. 宏病毒是微软公司编写 Office 程序时的附属品

15. 以下关于 Word 宏病毒说法正确的是(　　)。

A. Word 宏病毒利用 Word 提供的宏功能，侵入带有宏的. docx 文件或. dotx 文件中

B. 在提供宏功能的其他软件中不存在宏病毒

C. Word 宏病毒基本不消耗计算机的系统资源

D. Word 宏病毒种类很多，传播速度很慢

二、操作题

1. 请使用 VBA 在 Word 中创建一个宏，该宏能够执行以下操作。

(1)打开一个新的 Word 文档。

(2)在文档的开头插入一个标题,标题内容为“VBA 操作示例”。

(3)在标题下方插入一段正文,正文内容为“这是使用 VBA 在 Word 中自动生成的文本。”

(4)将标题的字体设置为“宋体”,字号设置为“二号”,并加粗显示。

(5)将正文的字体设置为“楷体”,字号设置为“五号”。

(6)保存该文档到指定路径(例如:C:\VBA_Test.docx)。

要求:

(1)请编写完整的 VBA 代码实现上述功能。

(2)确保代码能够正确运行,并在运行后生成符合要求的 Word 文档。

2. 假设在 Excel 中 A1 到 A50 单元格中包含数字,请编写一个 VBA 宏,计算这些数字的总和及平均值,并分别将结果显示在该工作表的 B1 与 B2 单元格中。

考　试　篇

第6章 计算机水平考试指导

【课程目标】

了解：考试纲要与考试题型。

掌握：上机考试软件的操作。

【课程思政】

在课堂教学设计中，通过介绍竞争激烈的就业市场环境引入证书考试，拓展学生就业和创业的本领，增强职场竞争力。

考试是检验学习效果的一种重要形式，也是用人单位录用考核的重要依据。随着我省计算机水平考试的进一步深入，报名参加考试的学生越来越多。为了让应试者更好地了解试题设计、考试模式，熟悉上机软件的操作环境，提高应试能力，取得理想成绩，下面对考试大纲、模拟练习系统做系统介绍。本部分对于办公人员检验操作技能，以及考生参加全国计算机等级考试《二级 MS Office 高级应用》也具有很好的指导作用。

6.1 考纲概述

6.1.1 基本情况

先修知识:计算机应用基础

考试安排:每年两次考试,一般安排在学期期末

考试方式:机试

考试时间:90 分钟

机试环境:Windows 7(或 Windows 10)+ Microsoft Office 2016

满分成绩:100 分

题型与分值:见表 6.1.1

表 6.1.1 各代计算机的主要特征

题 型	题 数	每题分值	总分值	题目说明
单项选择题	10	1	10	计算机基础知识
Word 操作题	1	35	35	
Excel 操作题	1	35	35	
PowerPoint 操作题	1	20	20	

6.1.2 考试纲要

全国高等学校(安徽考区)计算机水平考试二级 MS Office 办公软件高级应用考试纲要

一、基本要求

了解计算机基础、多媒体、计算机病毒、计算机网络及常用办公设备等知识。熟练应用文字处理软件 Word、电子表格软件 Excel、演示文稿制作软件 PowerPoint。熟练掌握各模块之间的信息共享。

二、考试内容

(一)计算机基础知识

1. 计算机的发展、类型、特点、应用及新技术。
2. 计算机软硬件系统的组成及主要技术指标。
3. 计算机中数据的表示与存储。
4. 多媒体技术。
5. 计算机病毒。

6. 计算机网络、计算机与网络信息安全、Internet 网络服务。

7. 打印机、扫描仪、复印机、投影仪等常用办公设备的认识和使用。

(二)Word 的功能和使用

1. Word 的功能、特点。

2. 多窗口和多文档的编辑、视图的使用等。

3. 对象选取,设置字体和段落格式。

4. 应用文档样式和主题,调整页面布局等。

5. 文档的页面设置,分栏、分页、分节等操作。

6. 页眉、页脚的使用。

7. 样式与模板设置。

8. 使用脚注、尾注、题注、交叉引用、索引和目录等。

9. 域的创建、插入和更新等。

10. 文档批注、修订模式、审阅等。

11. 文档中表格的制作、编辑。

12. 文档中图形、图像和 SmartArt 图形的编辑和处理。

13. 文本框和文档部件的使用,符号与数学公式的输入与编辑等。

14. 封面页的创建与编辑等。

15. 拆分窗口、重排窗口和并排比较等。

16. 使用邮件合并批量制作和处理文档。

17. 限制编辑与文档加密。

18. 分析图文素材,并根据需求提取相关信息引用到 Word 文档中。

(三)Excel 的功能和使用

1. Excel 的功能、特点。

2. 工作簿、工作表和单元格的基本操作,表格视图的使用等。

3. 工作表数据的输入、编辑和修改等。

4. 单元格格式化操作、单元格的引用、公式和函数的使用。

5. 图表的创建、编辑与修饰。

6. 工作簿和工作表的保护、共享及审阅等。

7. 数据的排序、筛选、分类汇总、分组显示和合并计算。

8. 数据透视表和数据透视图的使用。

9. 多个工作表的联动操作、跨工作簿和工作表的数据引用等。

10. 宏的建立与使用。

11. 分析数据素材并根据需求提取相关信息引用到 Excel 文档中。

(四)PowerPoint 的功能和使用

1. PowerPoint 的功能、特点。

2. 演示文稿的视图模式和使用等。

3. 演示文稿中幻灯片的主题设置、背景设置,创建、使用、修改、删除配色方案,母版制作和使用等。

4. 幻灯片中文本、图形、SmartArt 图形、图像、图表、音频、视频、艺术字等对象的编辑和应用。

5. 幻灯片中对象动画、幻灯片切换效果、链接操作等交互设置。

6. 幻灯片放映设置、将演示文稿发布成 Web 和打包成 CD 的方法。

7. 分析图文素材并根据需求提取相关信息引用到 PowerPoint 文档中。

6.1.3 机试样题及参考答案

一、机试样题

(一)单项选择题(每题 1 分,共 10 分)

1. 计算机的发展阶段通常是按计算机所采用的____来划分的。

A. 内存容量　　B. 操作系统　　C. 程序设计语言　　D. 电子器件

2. 如果删除一个非零无符号二进制偶整数后的 2 个 0,则此数的值为原数____。

A. 4 倍　　B. 2 倍　　C. 1/2　　D. 1/4

3. 一个完整的计算机系统的组成部分的确切提法应该是____。

A. 计算机主机、键盘、显示器和软件　　B. 计算机硬件和应用软件

C. 计算机硬件和系统软件　　D. 计算机硬件和软件

4. 计算机硬件能直接识别、执行的语言是____。

A. 汇编语言　　B. 机器语言　　C. 高级程序语言　　D. C++语言

5. 若对音频信号以 10 kHz 采样率、16 位量化精度进行数字化,则每分钟的双声道数字化声音信号产生的数据量约为____。

A. 1.2 MB　　B. 1.6 MB　　C. 2.4 MB　　D. 4.8 MB

6. 下列关于计算机病毒的叙述中,正确的是____。

A. 反病毒软件可以查、杀任何种类的病毒

B. 计算机病毒是一种被破坏了的程序

C. 反病毒软件必须随着新病毒的出现而升级,提高查、杀病毒的功能

D. 感染过计算机病毒的计算机具有对该病毒的免疫性

7. 用“综合业务数字网”(又称“一线通”)接入因特网的优点是上网通话两不误,它的英文缩写是____。

A. ADSL　　B. ISDN　　C. ISP　　D. TCP

8. 假如安装的是唯一一台打印机，那么它被指定为____打印机。

A. 普通　B. 默认　C. 本地　D. 网络

9. 在 Word 中，如果要用某段文字的字符格式去设置另一段文字的字符格式，而不是复制其文字内容，可使用常用工具栏中的____按钮。

A. 格式选定　B. 格式刷　C. 格式工具框　D. 复制

10. 人工智能是让计算机能模仿人的一部分智能。下列____不属于人工智能领域的应用。

A. 机器人　B. 银行信用卡　C. 人机对奕　D. 机械手

(二)Word 操作题(共 35 分)

请选择【打开考生文件夹】命令，进入考生文件夹，并按照题目要求完成下面的操作。

注意：以下文件必须都保存在考生文件夹下。

在考生文件夹下打开文档 Word.docx。

某高校学生会计划举办一场名为“大学生创新创业交流会”的活动，拟邀请部分专家和老师给在校学生进行演讲。因此，校学生会外联部需制作一批邀请函，并分别递送给相关的专家和老师。

请按如下要求，完成邀请函的制作。

1. 调整文档版面，要求页面高度为 18 厘米、宽度为 30 厘米，上、下页边距均为 2 厘米，左、右页边距均为 3 厘米。

2. 将考生文件夹下的图片“背景图片.jpg”设置为邀请函背景。

3. 根据“Word—邀请函参考样式.docx”文件，调整邀请函中文字的字体、字号和颜色。

4. 调整邀请函中文字段落的对齐方式。

5. 根据页面布局需要，调整邀请函中“大学生创新创业交流会”和“邀请函”两个段落的间距。

6. 在“尊敬的”和“先生”文字之间，插入拟邀请专家和老师的姓名，拟邀请专家和老师的姓名在考生文件夹下的“通讯录.xlsx”文件中。每页邀请函中只能包含一位专家或老师的姓名，所有的邀请函页面请另外保存在一个名为“Word—邀请函.docx”文件中。

7. 邀请函文档制作完成后，请保存“Word.docx”文件。

(三)Excel 操作题(共 35 分)

请选择【打开考生文件夹】命令，进入考生文件夹，并按照题目要求完成下面的操作。

注意：以下文件必须都保存在考生文件夹下，题中若出现排序问题未作特别说明的则均默认采用升序方式。

在考生文件夹下打开工作簿 Excel. xlsx,按照要求完成下列操作并以该文件名(Excel. xlsx)保存工作簿。

某汽车集团公司拟对其产品三季度销售情况进行统计,打开"Excel. xlsx"文件,按以下要求操作。

1. 分别在"七月销售情况表""八月销售情况表""九月销售情况表"工作表内,计算"七月销售额"列、"八月销售额"列、"九月销售额"列内容,均为数值型,保留小数点后 1 位。

2. 在"产品销售汇总图表"内,计算"三季度销售总量"和"三季度销售总额"列内容,数值型,保留小数点后 0 位;在不改变原有数据顺序的情况下,按三季度销售总额给出销售额排名。

3. 复制工作表"产品销售汇总图表",将副本放置到原表之后;改变该副本表标签的颜色,并重新命名,新表名为"销售分类汇总"。

4. 按"生产厂"作升序排序,再通过分类汇总功能求出每个厂的销售总量、销售总额,并将每组结果分页显示。

5. 以分类汇总结果为基础,创建一个簇状柱形图,对每个厂的销售总量、销售总额进行比较,并将该图放置在分类汇总下方。

6. 选择"产品销售汇总图表"内 A1:E15 单元格区域内容,建立数据透视表,行标签为产品型号,列标签为生产厂,求和计算三季度销售额的总计,将表置于现工作表以 G1 为起点的单元格区域内。

(四)PowerPoint 操作题(共 20 分)

请选择【打开考生文件夹】命令,进入考生文件夹,并按照题目要求完成下面的操作。

注意:以下文件必须都保存在考生文件夹下。

某学校两位老师共同制作一份课件。两位老师分别制作完成的第一章前两节内容存放在文件"第 1—2 节. pptx"中,后三节内容存放在文件"第 3—5 节. pptx"中。你需要按下列要求完成课件的整合制作。

1. 将演示文稿"第 3—5 节. pptx"和"第 1—2 节. pptx"中的所有幻灯片合并到"会议管理课件. pptx"中,要求所有幻灯片保留原来的格式,为整个演示文稿设定一个恰当的设计主题。以下操作均在文档"会议管理课件. pptx"中进行。

2. 在"会议管理课件. pptx"的最后插入一张幻灯片,将其版式设置为"空白"。

3. 在"会议管理课件. pptx"的第八张幻灯片中插入与素材"会议追踪事项表. docx"文档中所示内容相同的表格。

4. 将第一张幻灯片中的标题内容链接到第八张幻灯片上。

5. 为整个幻灯片添加页脚，页脚内容为“会议的成本分析”。

6. 为幻灯片设置两种以上切换方式，以丰富放映效果。

二、参考答案

（一）单项选择题

D D D B C C B B B B

（二）Word 操作题

1. 解题步骤。

步骤1：启动考生文件夹下的 Word. docx 文件。

步骤2：根据题目要求，调整文档版面。单击“页面布局”选项卡下“页面设置”组中的对话框启动器按钮，弹出“页面设置”对话框。切换至“纸张”选项卡，在“高度”微调框中设置“18厘米”，在“宽度”微调框中设置“30厘米”。

步骤3：切换至“页边距”选项卡，在“上”微调框和“下”微调框中都设置“2厘米”，在“左”微调框和“右”微调框中都设置“3厘米”。设置完毕后单击“确定”按钮即可。

2. 解题步骤。

步骤1：单击“页面布局”选项卡下“页面背景”组中的“页面颜色”下拉按钮，在弹出的下拉列表中选择“填充效果”命令，弹出“填充效果”对话框，切换至“图片”选项卡。

步骤2：单击“选择图片”按钮，从目标文件夹下选择“背景图片. jpg”，单击“插入”按钮，返回“填充效果”对话框，单击“确定”按钮即可完成设置。

3. 解题步骤。

步骤1：根据“Word—邀请函参考样式. docx”文件给定的参考样式，选中标题，单击“开始”选项卡下“段落”组中的“居中”按钮。再选中“大学生创新创业交流会”，单击“开始”选项卡下“字体”组中的对话框启动器按钮，弹出“字体”对话框。切换至“字体”选项卡，设置中文字体为“微软雅黑”，字号为“一号”，字体颜色为“蓝色”。

步骤2：按照同样的方式，设置“邀请函”字体为“微软雅黑”，字号为“一号”，居中显示。最后选中正文部分，字体设置为“微软雅黑”，字号为“五号”。

4. 解题步骤。

步骤1：选中文档中“尊敬的”下方两段内容。

步骤2：单击“开始”选项卡下“段落”组中的对话框启动器按钮，弹出“段落”对话框，切换至“缩进和间距”选项卡，单击“缩进”组中的“特殊格式”下拉按钮，选择“首行缩进”，在“磅值”微调框中调整磅值为“2字符”，单击“确定”按钮。

步骤3：选中文档最后两行的文字内容，单击“开始”选项卡下“段落”组中的“文本右对齐”按钮。

5. 解题步骤。

步骤:选中“大学生创新创业交流会”和“邀请函”,单击“开始”选项卡下“段落”组中的对话框启动器按钮,弹出“段落”对话框,切换至“缩进和间距”选项卡,在“间距”组中设置“段前”和“段后”分别为“0.5行”。设置完毕后单击“确定”按钮。

6. 解题步骤。

步骤1:把鼠标定位在“尊敬的”和“先生”文字之间,在“邮件”选项卡上的“开始邮件合并”组中,单击“开始邮件合并”下的“邮件合并分步向导”命令。

步骤2:打开“邮件合并”任务窗格,进入“邮件合并分步向导”的第1步。在“选择文档类型”中选择一个希望创建的输出文档的类型,此处选择“信函”。

步骤3:单击“下一步:正在启动文档”超链接,进入“邮件合并分步向导”的第2步,在“选择开始文档”选项区域中选中“使用当前文档”单选按钮,以当前文档作为邮件合并的主文档。

步骤4:单击“下一步:选择收件人”超链接,进入第3步,在“选择收件人”选项区域中选中“使用现有列表”单选按钮。

步骤5:单击“浏览”超链接,打开“选取数据源”对话框,选择“通讯录.xlsx”文件后单击“打开”按钮,进入“邮件合并收件人”对话框,单击“确定”按钮完成现有工作表的链接工作。

步骤6:选择了收件人的列表之后,单击“下一步:撰写信函”超链接,进入第4步。在“撰写信函”区域中选择“其他项目”超链接。打开“插入合并域”对话框,在“域”列表框中,按照题意选择“姓名”域,单击“插入”按钮。插入完所需的域后,单击“关闭”按钮,关闭“插入合并域”对话框。文档中的相应位置就会出现已插入的域标记。

步骤7:在“邮件合并”任务窗格中,单击“下一步:预览信函”超链接,进入第5步。在“预览信函”选项区域中,单击“<<”或“>>”按钮,可查看具有不同邀请人的姓名和称谓的信函。

步骤8:预览并处理输出文档后,单击“下一步:完成合并”超链接,进入“邮件合并分步向导”的最后一步。此处,我们选择“编辑单个信函”超链接,打开“合并到新文档”对话框,在“合并记录”选项区域中,选中“全部”单选按钮。

步骤9:设置完成后单击“确定”按钮,即可在文中看到,每页邀请函中只包含一位专家或老师的姓名,单击“文件”选项卡下的“另存为”按钮,保存文件名“Word—邀请函.docx”到考生文件夹后关闭。

7. 解题步骤。

单击“保存”按钮,保存文件名为“Word.docx”。

(三)Excel操作题

1. 解题步骤。

步骤1:启动考生文件夹下的Excel.xlsx文件。

步骤2:在“七月销售情况表”的D2单元格中输入“=产品基本信息表! C2*D2”后按回车键,选中“D2”单元格,将鼠标指针移动到该单元格右下角的填充柄上,当鼠标指针变为黑十字**+**时,按住鼠标左键,拖动单元格填充柄到要填充的单元格中。

步骤3:在“八月销售情况表”的D2单元格中输入“=产品基本信息表! C2*D2”后按回车键,选中“D2”单元格,将鼠标指针移动到该单元格右下角的填充柄上,当鼠标指针变为黑十字**+**时,按住鼠标左键,拖动单元格填充柄到要填充的单元格中。

步骤4:在“九月销售情况表”的D2单元格中输入“=产品基本信息表! C2*D2”后按回车键,选中“D2”单元格,将鼠标指针移动到该单元格右下角的填充柄上,当鼠标指针变为黑十字**+**时,按住鼠标左键,拖动单元格填充柄到要填充的单元格中。

步骤5:在“七月销售情况表”中,选中单元格区域D2:D15,单击“开始”选项卡下“数字”组中的“数字”按钮,弹出“设置单元格格式”对话框,在“数字”选项卡下的“分类”中选择“数值”,在“小数位数”微调框中输入“1”,单击“确定”按钮。

步骤6:按步骤5的方法,设置“八月销售情况表”“九月销售情况表”的单元格区域D2:D15为数值型,保留小数点后1位。

2.解题步骤。

步骤1:在“产品销售汇总图表”的C2单元格中输入“=七月销售情况表! C2+'八月销售情况表'! C2+'九月销售情况表'! C2”后按“Enter”键,选中C2单元格,将鼠标指针移动到该单元格右下角的填充柄上,当鼠标指针变为黑十字**+**时,按住鼠标左键,拖动单元格填充柄到要填充的单元格中。

步骤2:在“产品销售汇总图表”的D2单元格中输入“=七月销售情况表! D2+'八月销售情况表'! D2+'九月销售情况表'! D2”后按“Enter”键,选中D2单元格,将鼠标指针移动到该单元格右下角的填充柄上,当鼠标指针变为黑十字**+**时,按住鼠标左键,拖动单元格填充柄到要填充的单元格中。

步骤3:在“产品销售汇总图表”中,选中单元格区域C2:D15,单击“开始”选项卡下“数字”组中的“数字”按钮,弹出“设置单元格格式”对话框,在“数字”选项卡下的“分类”中选择“数值”,在“小数位数”微调框中输入“0”,单击“确定”按钮。

步骤4:在“产品销售汇总图表”的E2单元格中输入“=RANK(D2,$D$2:$D$15,0)”后按“Enter”键,选中E2单元格,将鼠标指针移动到该单元格右下角的填充柄上,当鼠标指针变为黑十字**+**时,按住鼠标左键,拖动单元格填充柄到要填充的单元格中。

3.解题步骤。

步骤1:右击“产品销售汇总图表”,在弹出的快捷菜单中选择“移动或复制(M)…”,在弹出的“移动或复制工作表”窗口中,单击“移至最后”并选中下面“建立副本”前的复选框,单击“确定”。

步骤2:双击生成的“产品销售汇总图表(1)”,标签呈可编辑状态,重新命名为“销售分类汇总”。

步骤3:右击“销售分类汇总”,在弹出的快捷菜单“工作表标签颜色”的级联菜单中选择“红色”命令。

4. 解题步骤。

步骤1:按照题意,首先对“生产厂”按升序进行排序,选中A2:A15,单击“数据”选项卡下“排序和筛选”组中的“升序”按钮,弹出“排序提醒”对话框,单击“扩展选定区域”单选按钮。单击“排序”按钮后即可完成设置。

步骤2:选中A16单元格,单击“数据”选项卡下“分级显示”组中的“分类汇总”按钮,弹出“分类汇总”对话框,单击“分类字段”组中的下拉按钮,选择“生产厂”选项,单击“汇总方式”组中的下拉按钮,选择“求和”选项,在“选定汇总项”组中勾选“销售总量”“销售总额”复选框。最后勾选“每组数据分页”复选框。

步骤3:单击“确定”按钮。

5. 解题步骤。

选中“生产厂”所在列的单元格A1:A19,按住“Ctrl”键再选中每个厂的销售总量、销售总额所在的单元格C1:D19,单击“插入”选项卡下“图表”组中“柱形图”按钮,在弹出的下拉列表中选择“簇状柱形图”。

6. 解题步骤。

步骤1:在“产品销售汇总图表”中,单击“插入”选项卡下“表格”组中的“数据透视表”按钮,从弹出的下拉列表中选择“数据透视表”,弹出“创建数据透视表”对话框,设置“表/区域”为“产品销售汇总图表! $A$1:$E$15”,选择放置数据透视表的位置为现有工作表,“位置”为“产品销售汇总图表! $G$1”,单击“确定”按钮。

步骤2:在“数据透视字段列表”任务窗格中拖动“产品型号”到行标签,拖动“生产厂”到列标签,拖动“三季度销售总额(万元)”到∑数值。

步骤3:单击Excel左上角“自定义快速访问工具栏”中的“保存”按钮,保存文件Excel.xlsx。

(四)PowerPoint操作题

1. 解题步骤。

步骤1:在考生文件夹下新建一个演示文稿并命名为“会议管理课件.pptx”,在“开始”选项卡下“幻灯片”组中单击“新建幻灯片”下拉按钮,从弹出的下拉列表中选择“重用幻灯片”,打开“重用幻灯片”任务窗格,单击“浏览”按钮,选择“浏览文件”,弹出“浏览”对话框，从考生文件夹下选择“第1—2节.pptx”，单击“打开”按钮，勾选“重用幻灯片”任务窗格中的“保留源格式”复选框，分别单击这四张幻灯片。将光标定位到第四张幻灯片之后，单击“浏览”按钮，选择“浏览文件”，弹出“浏览”对话框，从考生文件夹下选择“第3—5节.pptx”，单击“打开”按钮，勾选“重用幻灯片”任务窗格中的“保留源格式”复选框，分别单击每张幻灯片。关闭“重用幻灯片”任务窗格。

步骤2：在“设计”选项卡下“主题”组中，选择“暗香扑面”选项，单击“保存”按钮。

2. 解题步骤。

在普通视图下选中第七张幻灯片，在“开始”选项卡下“幻灯片”组中单击“新建幻灯片”下拉按钮，从弹出的下拉列表中选择“空白”。

3. 解题步骤。

在普通视图下选中第八张幻灯片，参考素材“会议追踪事项表.docx”，在第八张幻灯片中插入表格，并在相应的单元格中输入文本。

4. 解题步骤。

选中第一张幻灯片中的标题“第一章 会议成本”，单击“插入”选项卡下“链接”组中的“超链接”按钮，弹出“插入超链接”对话框，在“链接到：”下单击“本文档中的位置”，在“请选择文档中的位置”中选择第八张幻灯片，然后单击“确定”按钮。

5. 解题步骤。

在“插入”选项卡下“文本”组中单击“页眉和页脚”按钮，弹出“页眉和页脚”对话框，选中“页脚”复选框并在“页脚”下的文本框中输入“会议的成本分析”，单击“全部应用”按钮。

6. 解题步骤。

步骤1：为幻灯片设置切换方式。选中第一张幻灯片，在“切换”选项卡的“切换到此幻灯片”组中选择一种切换方式，此处可选择“推进”，单击“效果选项”下拉按钮，从弹出的下拉列表中选择“自右侧”；按同样方法对第二张幻灯片、第三张幻灯片、第四张幻灯片等分别设置不同的切换效果。

步骤2：保存演示文稿。

6.2 考试指南

全国高等学校（安徽考区）计算机水平考试《二级 MS Office 办公软件高级应用》是在 Windows 平台下开发的应用软件。它提供了开放式的考试环境，具有自动计时、断点保护、自动阅卷和成绩回收等功能。若在考试中发生意外死机或异常退出系统等情况，可以使用二次登录密码或延时密码再次进行登录，较好地保护考生利益。

为了更好地让考生在考前了解和掌握考试系统环境及模式，熟练操作考试系统，提高应试能力,下面对安徽省教育招生考试院发布的《办公软件高级应用》2024年下半年模拟系统的安装、使用与操作进行详细介绍。

6.2.1 系统安装与配置

1. 系统安装

运行光盘上的 2024下模拟setup.exe 程序,默认安装在 D:\ahcre 下,如图6.2.1所示。

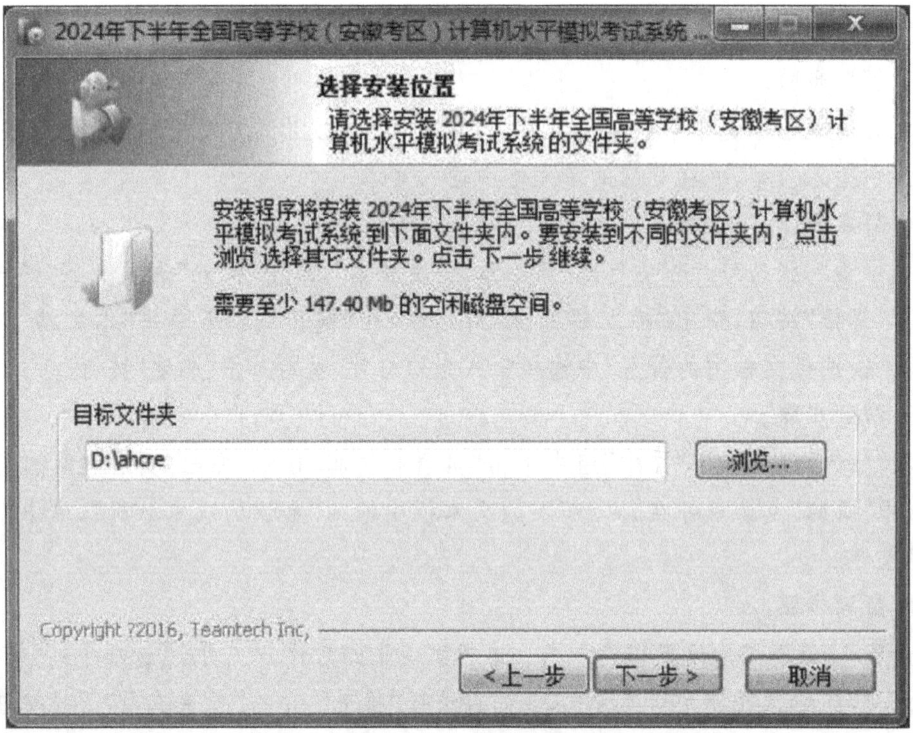

图 6.2.1 安装向导

2. 文件配置

系统提供两种模式进行模拟考试:单机版和服务器—客户端版。

单机版系统配置方法:打开程序安装目录(默认为 D:\ahcre)下的 system.ini 文件,编辑 system.ini 文件内容,如图 6.2.2 所示。

图 6.2.2 单机版设置

6.2.2 系统操作指南

模拟考试系统提供了开放式的考试环境，考生可以在操作系统环境下自由地使用各种应用软件或工具。

模拟考试系统的主要功能是考试项目的登录和执行、控制上机考试时间、试题内容的显示和答题评分等。

1. 启动登录窗口

考生单击桌面上的快捷方式图标启动模拟考试程序，如图 6.2.3 所示。

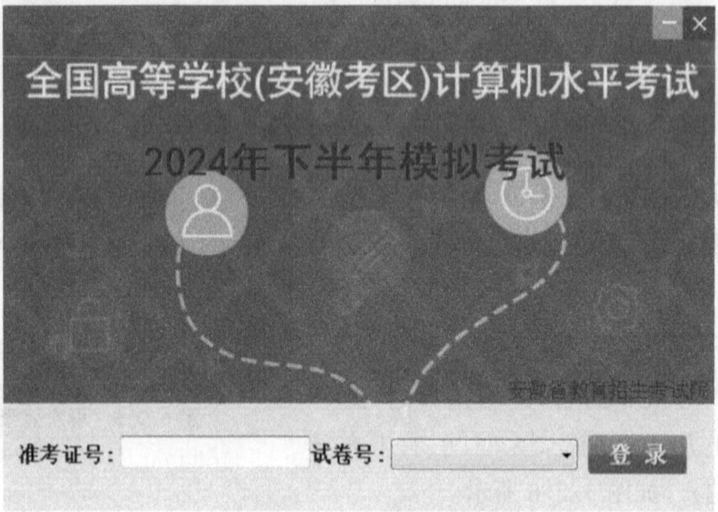

图 6.2.3 启动界面

2. 输入准考证号

考生输入正确的准考证号，系统会通过准考证号自动识别科目，展示试卷号选择列表，如图 6.2.4 所示。

注意：

(1)准考号编排方式为“考点号＋语种号＋年份与考次＋考场号＋座位号”。

(2) 本科目 2024 年第 2 次模拟考试准考号：111280242100001～111280242100699。

选择试卷号后，单击“登录”按钮，如果出现无此准考证号等情况，请立即向考场管理员寻求帮助。

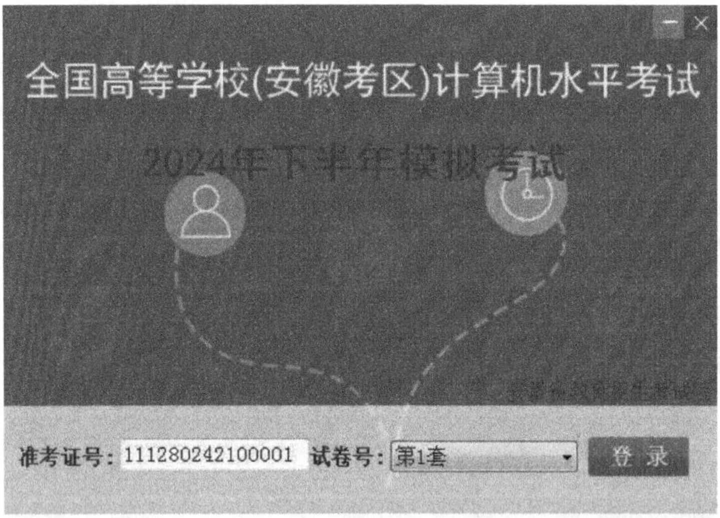

图 6.2.4 考试登录界面

考生再次登录考生号模拟测试时,系统会弹窗询问考生登录方式,是续考、重考还是延考,如图 6.2.5 所示。

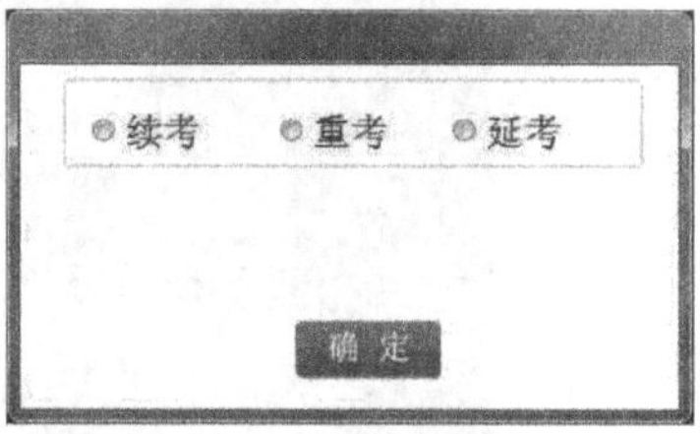

图 6.2.5 再次登录界面

3. 开始模拟考试

考生进入考试界面后,开始倒计时,此时考试界面右上方显示考试剩余时间、右下方显示考生基本信息,如图 6.2.6 所示。

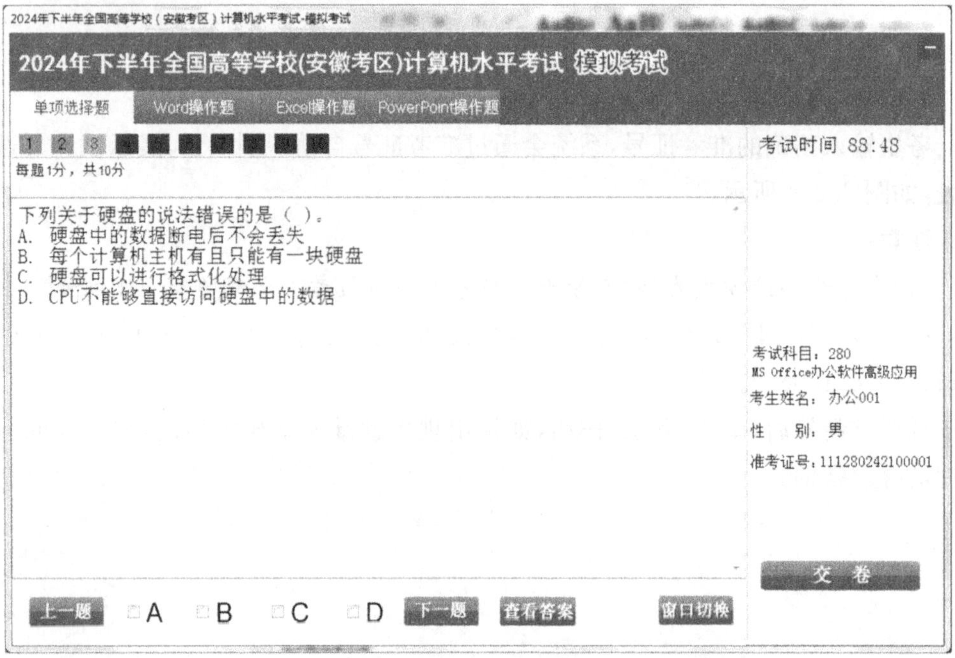

图 6.2.6 考试界面

(1)选择题查看答案。

模拟系统单项选择题可以随时单击“查看答案”按钮了解正确答案。考生已做题号背景色为蓝色,未做题号背景色为红色。如图 6.2.7 所示。

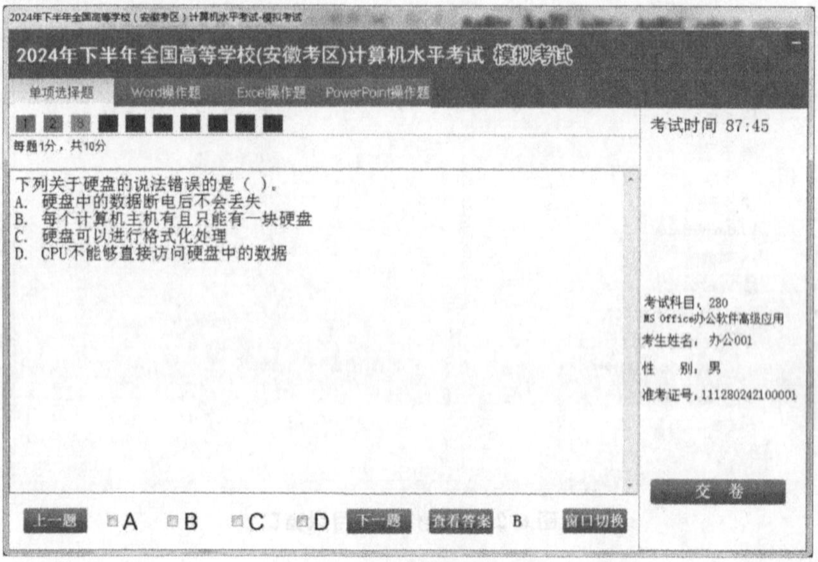

图 6.2.7　查看答案界面

(2)窗口模式切换。

为了方便操作题的操作与答题,系统提供了“窗口切换”按钮,单击该按钮试题界面切换至简化模式,并可以拖动调节窗口大小;单击关闭按钮,返回主页面,如图6.2.8所示。

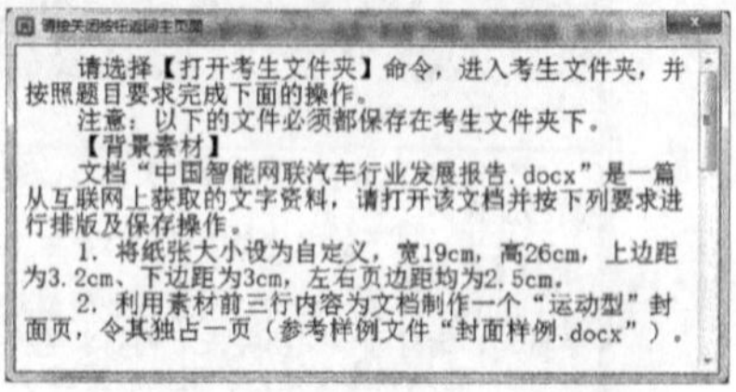

图 6.2.8　考试界面—窗口切换

(3)测试得分。

考生作答操作题时,界面右侧出现黄色按钮“打开考生文件夹”,单击按钮,系统会打开该题操作环境目录窗口,考生在该目录窗口进行操作考试,如图 6.2.9 所示。

二级办公软件高级应用科目 Word 操作题的考试界面如图 6.2.10 所示。

单击图 6.2.10 所示界面中的“测试得分”按钮,无须交卷就可看到得分及实时测试做题的情况。评分结果如图 6.2.11 所示。

图 6.2.9 操作环境目录窗口

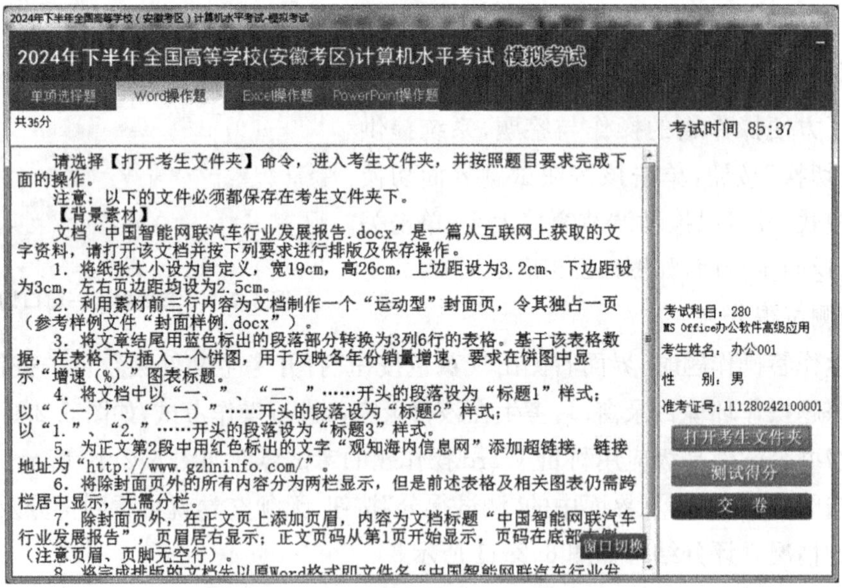

图 6.2.10 考试界面—Word 操作题

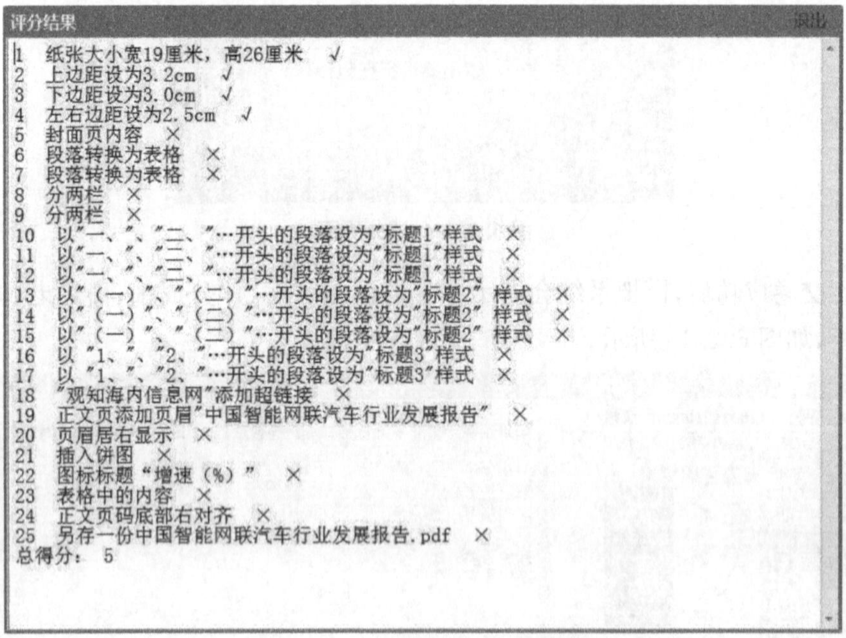

图 6.2.11　测试得分—评分结果

4. 交卷

系统会自动计算剩余考试时间，并且会在剩余 15 分钟、10 分钟、5 分钟、1 分钟时弹窗提示考生将应用程序的数据存盘，做好交卷的准备工作。

考生如果提前答题结束，请保存并关闭答题文件。单击考试界面右下方的"交卷"按钮，系统将弹出提示窗口，如图 6.2.12 所示。

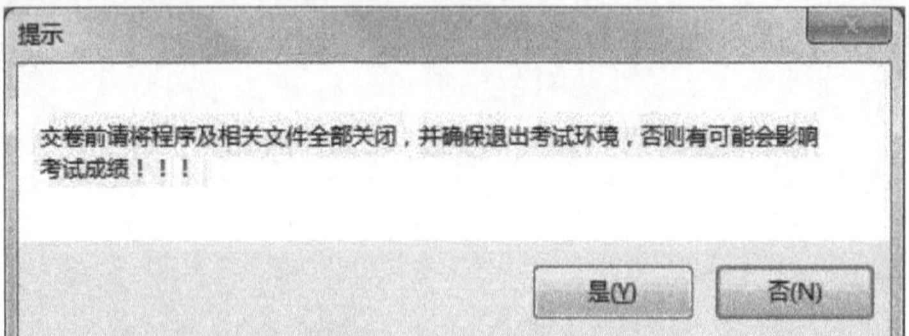

图 6.2.12　交卷提示窗口

考生如果选择"是"按钮，将弹出交卷确认提示窗口，如图 6.2.13 所示。

若考生需要继续做题，则选择"否"按钮继续考试。确认模拟考试交卷后，系统将进行短暂评分，如图 6.2.14 所示。

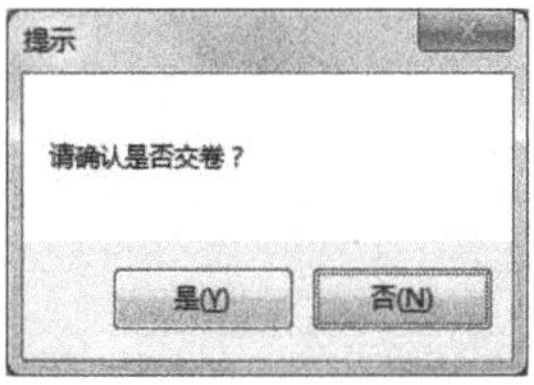

图 6.2.13　交卷确认提示窗口

图 6.2.14 评分界面

考生交卷成功后，模拟系统会展示考生的做题答案、评分成绩、命题老师编写的试题分析，如图 6.2.15 所示。

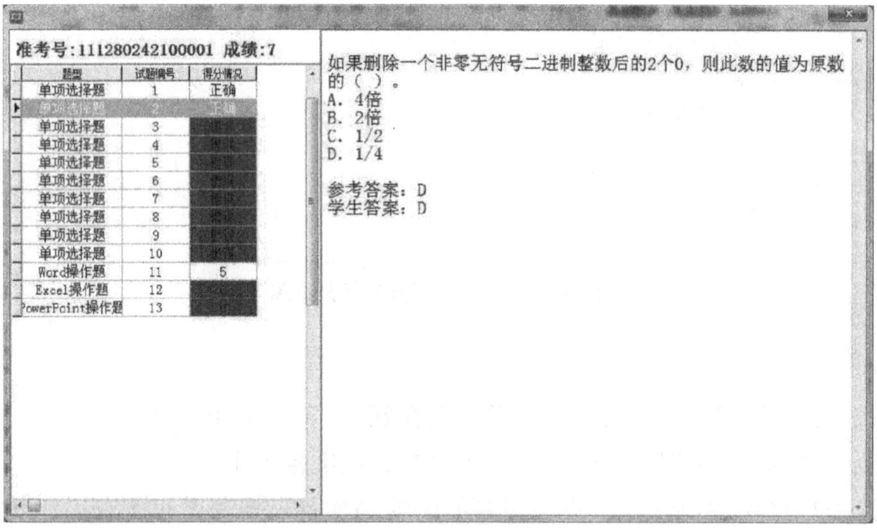

图 6.2.15 评分结果界面

评分结束退出考试系统，考生文件夹不删除。